电工电子技术基础

主　编　范次猛
副主编　刘进英　谭星祥
主　审　陈庆胜

北京理工大学出版社
BEIJING INSTITUTE OF TECHNOLOGY PRESS

内容简介

本书的主要内容包括：直流电路、电容与电感、单相正弦交流电路、三相正弦交流电路、用电技术和常用低压电路、电动机及基本控制电路、常用半导体器件、直流稳压电源、放大电路及集成运算放大器、数字电路基础知识、组合逻辑电路与时序逻辑电路等。每章后面都附有本章小结及思考与练习，以便于学生自学。本书采用理论实践一体化的教学模式，各章配套技能实训项目，书中的"动手做""应用提示"突出工程应用能力的培养。

本书可作为高等学校机电类、电子信息类、计算机类等非电类专业学生的教学用书，也可作为工程技术人员学习电工电子技术基础的参考书。

图书在版编目（CIP）数据

电工电子技术基础 / 范次猛主编. —北京：北京理工大学出版社，2019.12
ISBN 978-7-5682-8036-5

Ⅰ. ①电…　Ⅱ. ①范…　Ⅲ. ①电工技术②电子技术　Ⅳ. ①TM②TN

中国版本图书馆 CIP 数据核字（2020）第 001889 号

出版发行 / 北京理工大学出版社有限责任公司
社　　址 / 北京市海淀区中关村南大街 5 号
邮　　编 / 100081
电　　话 /（010）68914775（总编室）
（010）82562903（教材售后服务热线）
（010）68948351（其他图书服务热线）
网　　址 / http://www.bitpress.com.cn
经　　销 / 全国各地新华书店
印　　刷 / 涿州市新华印刷有限公司
开　　本 / 787 毫米×1092 毫米　1/16
印　　张 / 18.25
字　　数 / 435 千字
版　　次 / 2019 年 12 月第 1 版　2019 年 12 月第 1 次印刷
定　　价 / 82.00 元

责任编辑 / 多海鹏
文案编辑 / 多海鹏
责任校对 / 周瑞红
责任印制 / 李志强

前　言

“电工电子技术基础”是高等院校机电类专业的专业基础课程，本书着重介绍了电工电子技术的基本知识，以及与机电类专业目标岗位群密切相关的技能项目，在编写过程中力求体现理论与实践一体化的边教、边学、边做的特色。

本书的特点主要有以下几个方面。

1. 本书参照国家标准《电工》《家用电子产品维修工》《无线电装接工》《家用电器产品维修工》等工种的要求，精选教材内容。

2. 本书在内容的编排设计上，把能力本位放在首位，将电工电子技术的基本原理与生产生活实际应用相结合，注重实践技能的培养，注意反映电子技术领域的新知识、新技术、新工艺和新材料，删除了陈旧的元器件，增加了节约用电、新型电光源等新技术及新器件的实际应用。

3. 淡化器件内部结构分析，重点介绍器件的符号、特性、功能及应用，注意突出集成电路的外部特性和应用；突出基本概念、基本原理和基本分析方法，采用较多的图表来代替文字描述和进行归纳、对比。

4. 体现以技能训练为主线、相关知识为支撑的编写思路，较好地处理了理论教学与技能训练的关系，有利于帮助学生掌握知识、形成技能、提高能力。

5. 书中，注重生活实例与知识点的链接，可以培养学生诚实守信、善于沟通、团结合作的职业素养和品质，让其树立环保、节能、安全意识。

本书由范次猛老师任主编，并完成全书的统稿工作。全书共分 11 章，第 1、2、6 章由刘进英编写，第 3、4 章由谭星祥、范次猛编写，第 5、7、8、9、10、11 章由范次猛编写。

由于编者学识和水平有限，书中难免存在缺点和错误，恳请同行和使用本书的广大读者批评指正。

编　者

目　录

第 1 章

电路基础

学习目标

1. 掌握电路的组成及各部分的作用。
2. 掌握常用电气元件的符号，熟悉电路图的画法和电路的 3 种状态。
3. 掌握电压、电流、电位、电动势、电能和电功率的基本概念及其在实际电路中的应用。
4. 了解电阻的基本概念，掌握绝缘电阻的测量方法。
5. 掌握欧姆定律及其应用。
6. 掌握电阻串联电路、并联电路和混联电路的特点。
7. 掌握基尔霍夫定律，能运用基尔霍夫定律列方程。
8. 掌握支路电流法求解复杂直流电路的方法及步骤。

任务导入

任何电子设备的电路以及各种常用的机械电气设备（如车床、磨床、铣床等）的电气控制线路都是由各种各样的元器件有机地组合在一起的。工厂常用的台式钻床的电气部分就属于一个最简单的电气控制线路，它是由 380 V 交流电源、熔断器、三相开关、三相异步电动机及连接线路有机地组合而成。本章就由最简单的电路开始，重点介绍电路的组成、电路的基本物理量和基本定律，其中包括电流、电压、电动势、电位、电功率等基本物理量，电阻串并联的特点、欧姆定律和基尔霍夫定律等，为进一步学习专业知识打下牢固的基础。

1.1 电　路

1.1.1 电路的组成

电流流过的路径称为电路。最简单的电路由电源、负载、开关和连接导线 4 部分组成。图 1-1-1（a）所示为日常生活中使用的手电筒的实物接线图，它就是通过开关、连接导线把电池和电灯连接起来的一个照明电路。当合上开关时，电流就会流过电灯使电灯点亮；断开开关时，电灯熄灭。在工厂的车床和钻床中，电动机通过开关、连接导线和电源接通时，电动机就会得电并转动起来。如图 1-1-1（b）所示就是一个最基本、最简单的电路，它是由干电池、电灯、开关和连接导线组成的照明电路。实际中，任何一个完整的电路都是由电源、负载、开关和连接导线 4 部分组成的。

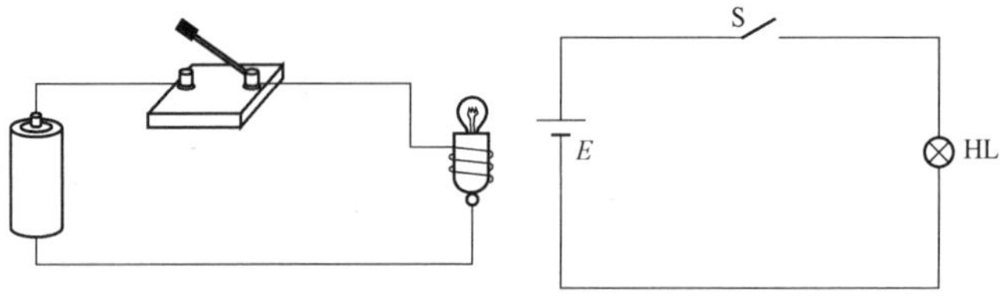

(a)　　　　(b)

图 1–1–1　实物接线图与电路图

（a）实物接线图；（b）电路图

1. 电源

电源是产生电能的装置，它的作用是把其他形式的能转换成电能，如发电机、蓄电池、干电池等都是电源。

2. 负载

负载是消耗电能的装置，它的作用是把电能转换成其他形式的能，所以负载又称为用电器。例如，电灯能把电能转换成光能，电烙铁能把电能转换成热能，电动机能把电能转换成动能，因此它们都属于负载。

3. 开关

开关是控制装置，在电路中起接通或断开电路的作用。

4. 连接导线

连接导线起连接作用，它可以通过导线把电源、负载和开关连接起来，组成一个完整的电路。

电路的主要作用有两个方面：一是用于电能的传输、分配和转换，如供电线路可以把发电厂发出的电能传输到远处的各个负载，再由负载转换成各种不同形式的能；二是电路可以实现电信号的产生、传递和处理，如计算机就是通过电路实现各种信息的计算、存储和显示的。

1.1.2　电气元件符号及电路图

电路是由电特性相当复杂的元器件组成的，为了便于使用数学方法对电路进行分析，可将电路实体中的各种电器设备和元器件用一些能够表征它们主要电磁特性的理想元件（模型）来代替，而对它的实际上的结构、材料、形状等非电磁特性不予考虑。例如，若忽略电灯通电时的磁效应，只考虑其发光、发热的效应，就可以用一个电阻元件来表示；一台电动机中的线圈，若忽略它的导线电阻，就可以用一个电感元件来表示等。由理想元件构成的电路叫作实际电路的电路模型，也叫作实际电路的电路原理图，简称为电路图。如图 1–1–1（b）所示的手电筒电路。常用的理想元件及其图形符号如表 1–1–1 所示。

表 1–1–1　常用的理想元件及其图形符号

名称	符号	名称	符号
电阻		电压表	V
电池		接地	或
电灯		熔断器	
开关		电容	
电流表	A	电感	

1.1.3 电路的状态

电路的工作状态常有以下 3 种。

1. 通路（闭路）

通路是指电源与负载连通的电路，也称闭合电路，电路中有工作电流，电气设备或元器件可获得一定的电压和电功率进行能量转换，如图 1－1－2（a）所示。但须注意，处于通路状态下的各种电气设备的电压、电流、电功率等数值不能超过其额定数值。

2. 断路（开路）

断路是指电路中某处断开，不能使电路构成通路的状态。此时电路中没有电流流过，如图 1－1－2（b）所示。这种因某一处断开而使电路中没有电流的状态叫开路，又称为空载状态。

在测试或检修电路时，经常需要将某一部分电路断开进行测试或判断故障。

3. 短路

短路是指整个电路或某一部分被导线直接短接，电流直接流经导线而不再经过电路中的负载。如图 1－1－2（c）所示的电路，电源处于短路状态，此时电流不再流过负载，而直接经短路点流回电源，这时，电路中的电流往往较大，容易损坏电源或发生火灾，一般应该避免短路的情况发生。短路状态的特点：短路电流很大，电源端电压为 0 V。

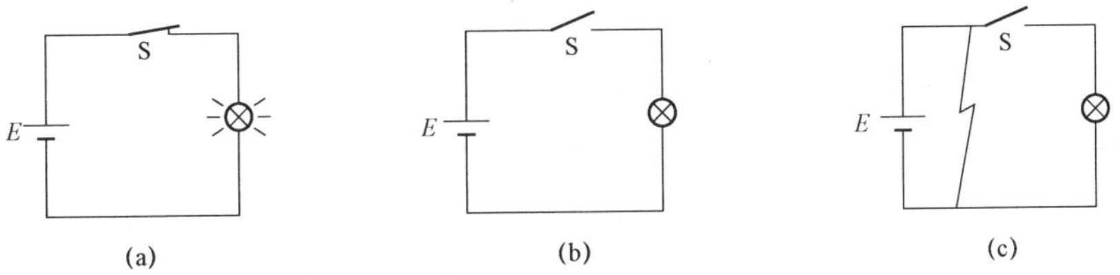

图 1－1－2 电路的 3 种状态

（a）通路；（b）断路；（c）短路

1.2 电路中的常用物理量

1.2.1 电流

电路中电荷沿着导体的定向运动形成电流。电流是有大小和方向的。

1. 电流的方向

自然界存在着许多种运动形式，电流只是物质运动的一种形式而已。在金属导体中，电流是电子在外电场作用下有规则地运动形成的；而在某些液体和气体中，电流是由正离子和负离子在外电场作用下有规则地运动所共同形成的。可见，在不同的导体中，形成电流的运动电荷是不同的。为了统一起见，习惯上，人们把正电荷运动的方向规定为电流的正方向。

在分析计算较复杂电路时，往往需要确定电流的方向，但有时对某段电路中电流的方向又难以作出判断。此时可先任意假定电流的参考方向（也称正方向），然后根据电流的参考方向列出方程求解。如果解得的电流为正值（$I>0$），表明电流的实际方向与假设的参考方向相同，如图 1–2–1（a）所示；如果解得的电流为负值（$I<0$），表明电流的实际方向与假设的参考方向相反，如图 1–2–1（b）所示。

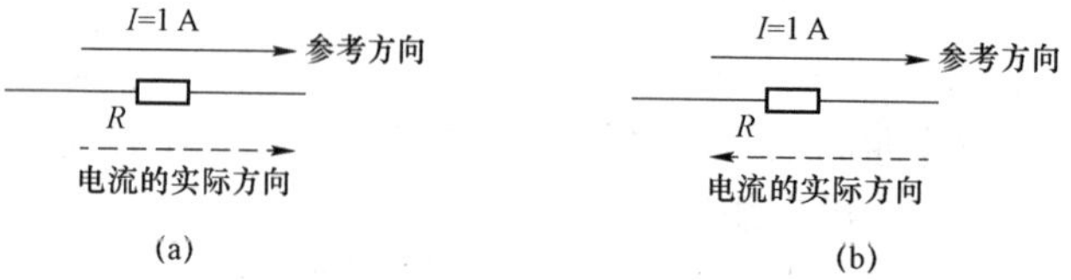

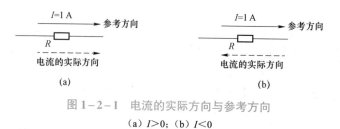

图 1–2–1　电流的实际方向与参考方向

（a）$I>0$；（b）$I<0$

2. 电流的大小

电流的大小定义为：在单位时间内通过导体横截面电荷量的多少。在直流电路中，如果在时间 t 内通过导体横截面的电荷量为 Q，则电流 I 为

$$I=\frac{Q}{t}$$

在交流电路中，电流随时间而变化，如果在很短的时间间隔Δt 内，通过导体横截面的电荷量为ΔQ，则瞬时电流大小为

$$i=\frac{\Delta Q}{\Delta t}$$

式中　$\frac{\Delta Q}{\Delta t}$——电量的变化率，表示的是电量的变化快慢。

上式说明，通过导体横截面的电荷量变化得越快，电流越大；反之，电流越小。

为了区别直流电流和交流电流，直流电流用大写的 I 表示，交流电流用小写的 i 表示。电流的单位是安［培］，用符号 A 表示。除安［培］外，常用的电流单位还有千安（kA）、毫安（mA）和微安（μA）。它们之间的换算关系为

$$1\ \text{kA}=10^3\ \text{A}$$
$$1\ \text{A}=10^3\ \text{mA}$$
$$1\ \text{mA}=10^3\ \mu\text{A}$$

3. 电流的分类

根据电流的大小和方向随时间变化的情况，可把电流分为直流电流和交流电流两大类。直流电流又可细分为稳恒直流电流和脉动直流电流两大类，见表 1–2–1。工矿企业车间里的各种车床、照明灯等使用的都是交流电流，干电池提供的是稳恒直流电流，而整流电路输出的是脉动直流电流。

表 1–2–1　电流的分类

分类		符号	特征	波　形
直流电流	稳恒直流电流	DC	电流的大小和方向都不随时间变化	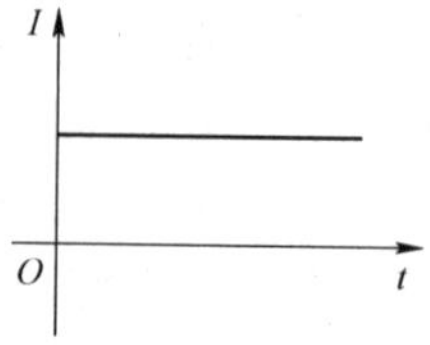

续表

分类		符号	特征	波形
直流电流	脉动直流电流	DC	电流的方向不变，但大小随时间变化	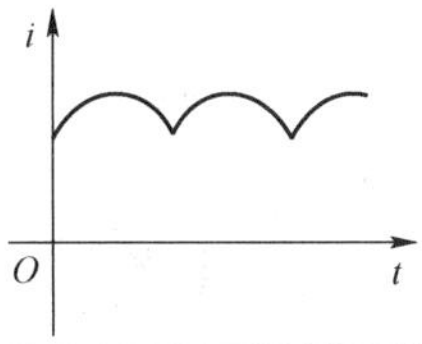
交流电流		AC	电流的大小和方向都随时间而变化	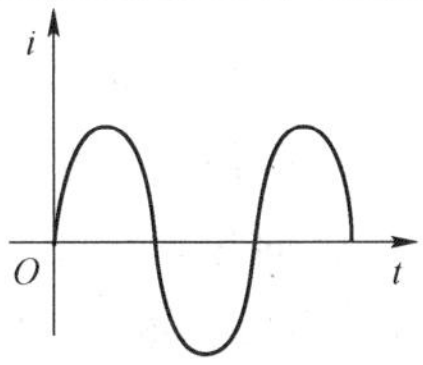

1.2.2 电压

为了衡量电场力对电荷做功本领的大小，引入了电压这个物理量。电压是指电路中 A、B 两点之间的电位差（简称为电压），其大小等于单位正电荷从 A 点移动到 B 点时电场力所做的功，电压的方向规定为从高电位指向低电位。

电压的国际单位为伏［特］（V），常用的单位还有千伏（kV）、毫伏（mV）、微伏（μV）等，它们与伏［特］的换算关系为

$$1\ \text{kV}=10^3\ \text{V}$$
$$1\ \text{V}=10^3\ \text{mV}$$
$$1\ \text{mV}=10^3\ \mu\text{V}$$

电压与电流相似，不但有大小，而且有方向。对于负载来说，电流流入端为正端，电流流出端为负端。电压的方向是由正端指向负端，也就是说负载中电压实际方向与电流方向一致。与电流方向的处理方法类似，可任选一方向为电压的参考方向。电压的参考方向与实际方向的关系如图 1-2-2 所示，当电压的参考方向与实际方向一致时，电压值为正值，即 $U>0$，如图 1-2-2（a）所示；当电压的参考方向与实际方向相反时，电压值为负值，即 $U<0$，如图 1-2-2（b）所示。

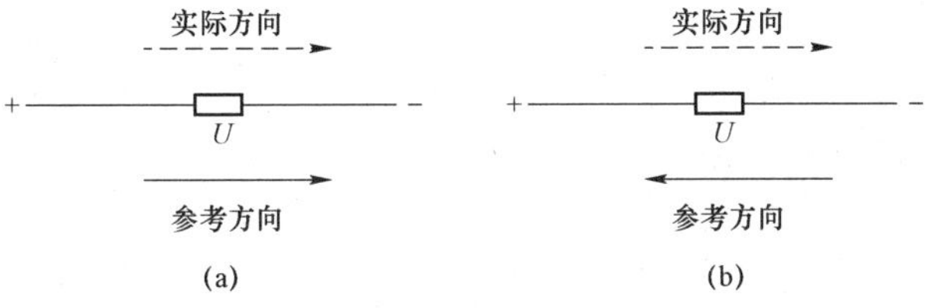

图 1-2-2　电压的参考方向与实际方向的关系

（a）$U>0$；（b）$U<0$

与电流相似，把大小和方向都不随时间变化的电压称为稳恒直流电压，用 U 表示；把大小和方向都随时间做周期性变化的电压称为交流电压，用 u 表示。电压可用电压表来测量，测量时应将电压表并联在被测电路中。

1.2.3 电位

在电工电子技术中，经常用到电位的概念。特别是在分析较复杂的电工电子电路时，运用电位的概念进行分析会显得较为方便。

定义：如果任选电路中一点 o 为参考点，那么电路中 a 点的电位 U_a 就等于电场力将单位正电荷从 a 点移到参考点 o 所做的功，即

$$U_a = \frac{W_{ao}}{Q}$$

式中 W_{ao}——电场力做的功，W；

Q——电荷量，C。

在电路分析中，参考点的电位通常设定为 0 V，所以参考点又叫零电位点。如果在电路中任选一个参考点，并令它的电位为零，则电路中某一点的电位就应等于该点到参考点之间的电压。可见，电位实质上也是电压，只不过是相对参考点的电压。所以，电位的单位也是 V。电路中任意两点间的电位之差称为两点的电位差，也就是电压，即

$$U_{ab} = U_a - U_b$$

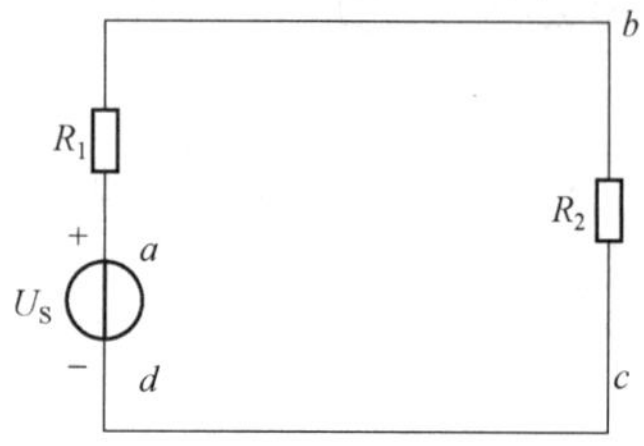

图 1-2-3 例 1-2-1 图

【例 1-2-1】如图 1-2-3 所示电路中，$U_S = 10$ V，$R_1 = R_2 = 2\Omega$，求各点电位。

解：该电路中 c 点是零电位点，则有 $I = 2.5$ A，$U_a = U_{ac} = 10$ V，$U_b = U_{bc} = 5$ V，$U_c = U_d = 0$ V。

电位和电压的异同点是：电位是某点对参考点的电位差，电压是某两点间的电位差。因此，电位相同的各点间的电位差为 0，电流也为 0；电位是相对量，随参考点的改变而改变，而某两点间的电位差的绝对值不随参考点的改变而改变，所以电压是绝对量。

测量电路中某点电位的大小时，通常也采用电压表或万用表的电压挡。

1.2.4 电动势

电动势是衡量电源将非电能转换成电能本领的物理量。电动势的定义是：在电源内部，非静电力将单位正电荷从电源的负极移到电源正极所做的功，用符号 E 表示，即

$$E = \frac{W}{Q}$$

式中 W——非静电力做的功，W；

Q——电荷量，C。

可见，电动势的作用与水泵的作用非常相似。在水路中，水泵的作用是把水从低水位抽到高水位；而在电路中，电动势的作用是把正电荷从低电位搬到高电位。

电动势的单位和电压一样，也是 V。

电动势的方向规定为：在电源内部，由负极指向正极，即由低电位指向高电位。

需要指出的是，对于一个实际的电源来说，它的内部既有电动势又有电压。例如，常用的电池就是一个电源，随着电池使用时间的延长，电池两端的电压将下降，当降低到一定的

数值时，电池就不能使用了。

电动势在电路中主要起提供电能的作用。要测量电源电动势的大小，通常也采用电压表或万用表的电压挡。

1.2.5　电能

电能是指在一定的时间 t 内负载所消耗的能量，用符号 W 表示，其国际单位制为焦［耳］（J），电能的计算公式为

$$W=P\cdot t=UIt$$

式中　P——电功率，W；

t——时间，s；

W——电能，J。

在实际工程中，电能的单位常用千瓦・时（kW・h），也叫“度”。人们经常说的 1 度就是 1 千瓦・时。1 度（电）＝1 kW・h＝3.6×10^6 J。

【例 1－2－2】 有一电功率为 60 W 的电灯，每天使用它照明的时间为 4 h，如果平均每月按 30 d 计算，那么每月消耗的电能为多少度？

解： 该电灯平均每月工作时间 $t=4\times30=120$ h，则

$$W=P\cdot t=60\times120=7\,200\ (\text{W}\cdot\text{h})=7.2\ \text{kW}\cdot\text{h}$$

即每月消耗的电能为 7.2 度。

1.2.6　电功率

电功率（简称功率）所表示的物理意义是电路元件或设备在单位时间内吸收或发出的电能。两端电压为 U、通过电流为 I 的任意二端元件（可推广到一般二端网络）的功率大小为

$$P=UI=I^2R=\frac{U^2}{R}$$

功率的国际单位为瓦［特］（W），常用的单位还有毫瓦（mW）、千瓦（kW），它们与 W 的换算关系是

$$1\ \text{mW}=10^{-3}\ \text{W}$$

$$1\ \text{kW}=10^{3}\ \text{W}$$

一个电路最终的目的是电源将一定的电能传送给负载，负载将电能转换成工作所需要的一定形式的能量，即电路中存在发出功率的器件（供能元件）和吸收功率的器件（耗能元件）。

习惯上，通常把耗能元件吸收的功率写成正数，把供能元件发出的功率写成负数，而储能元件（如理想电容、电感元件）既不吸收功率也不发出功率，即其功率 $P=0$。

【例 1－2－2】 一只标有“220 V，40 W”的白炽灯，问它正常工作时的电流有多大？

解： 由题干可知计算式为

$$I=\frac{P}{U}=\frac{40}{220}=0.18\ (\text{A})$$

1.3 电　　阻

1.3.1 电阻

1. 基本概念

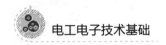

当电流通过导体时，由于自由电子在运动中不断与导体内的原子、分子发生碰撞，以及自由电子相互之间的碰撞，都会使其运动受到阻碍，这种导体对电流的阻碍作用就称为电阻，用字母 R 或者 r 表示。

电阻的单位是欧［姆］，用符号 Ω 表示。除了欧［姆］之外，常用的电阻单位还有千欧（kΩ）和兆欧（MΩ）。它们之间的换算关系是

$$1\ \text{k}\Omega = 10^3\ \Omega$$

$$1\ \text{M}\Omega = 10^3\ \text{k}\Omega$$

2. 电阻定律

实验证明，在温度一定时，导体的电阻与导体长度成正比，与导体横截面积成反比，还与导体的材料有关。导体的电阻可用下式表示，即

$$R = \rho \times \frac{L}{S}$$

式中 R——导体电阻，Ω；

L——导体长度，m；

S——导体横截面积，m^2；

ρ——导体的电阻率，Ω・m。

电阻的倒数称为电导，用字母 G 表示，其定义式为

$$G = \frac{1}{R}$$

电导的单位是西门子，用 S 表示。电导 G 用来表示导体的导电能力，G 越大表示材料的导电能力越强，G 越小表示材料的导电能力越弱。

表 1-3-1 列出了几种常用材料的电阻率。由表 1-3-1 可以看出，银的导电性最好，但是由于银的价格昂贵，用它作导线太不经济，因此目前多用铜和铝来作导线。又因为自然界中的铝矿蕴藏丰富，价格便宜，所以在很多场合常用铝代替铜作导线。

表 1-3-1　几种常用材料的电阻率

材料	电阻率/（Ω・m）	材料	电阻率/（Ω・m）
银	1.6×10^{-8}	铁	1.9×10^{-7}
铜	1.7×10^{-8}	锰铜	4.4×10^{-7}
铝	2.9×10^{-8}	康铜	5.9×10^{-7}
钨	5.3×10^{-8}	橡胶	1.6×10^{16}

物体按照其导电性能好坏可分为导体、绝缘体和半导体三大类，各种材料的导电性能可用电阻率表示。一般导体材料的电阻率在 10^{-8}～10^{-6} Ω · m 范围内；绝缘体的电阻率在 10^{6}～10^{16} Ω · m 范围内；半导体的电阻率介于上述两者之间。

3. 常见电阻器

在电子线路中，电阻器（简称电阻）是使用最多的元件之一。常用的电阻器种类很多，按照其结构不同可分为固定电阻器、可变电阻器和微调电阻器。常见的电阻器主要有碳膜电阻器、金属膜电阻器、金属氧化膜电阻器和线绕电阻器等，如图 1－3－1 所示。

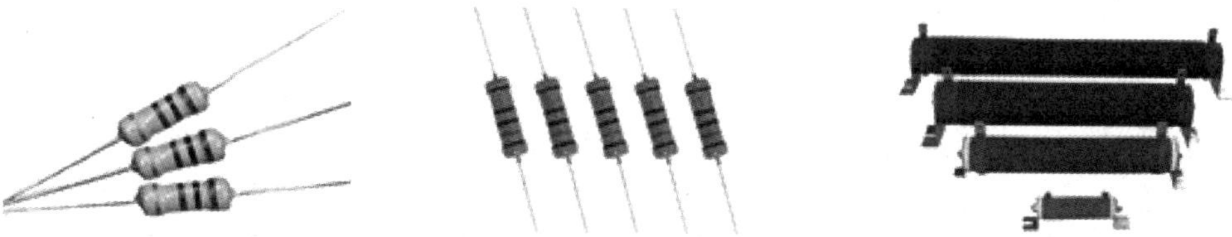

(a)　(b)　(c)

图 1－3－1　常见电阻器外形

（a）碳膜电阻器；（b）金属膜电阻器；（c）金属氧化膜电阻器

可变电阻器是一种常见的可调电子元件，常用于需要调节电阻大小的场合，通过调节电阻的大小达到调节电位的目的，故又称为电位器，如用于调节收音机音量大小的电位器。电位器一般是由一个电阻和一个转动或滑动装置组成，当其滑动臂的接触刷在电阻上滑动时，就能连续改变滑动臂与电阻两端间的电阻值。如果是调节阻值范围很小的可变电阻器，则称为微调电阻器（微调电位器）。图 1－3－2 所示为几种常见的电位器。

(a)　(b)　(c)

图 1－3－2　常见电位器

（a）普通电位器；（b）带开关电位器；（c）微调电位器

4. 电阻器常用标注方法

电阻器常用的标注方法有直标法和色环法两种。

（1）直标法。直标法就是把元件的主要参数直接印制在元件的表面上，这种方法主要用于功率比较大的电阻器。如，在电阻值为 680 Ω的电阻上标有“6.8”或“6 R8”的字样，在电阻值为 6.8 kΩ的电阻上标有“6.8 k”或“6 k8”的字样。

（2）色环法。随着电子元器件的不断小型化，使得电阻器的体积越来越小，已经很难在电阻上标记数字了，因此，目前小功率的电阻器广泛使用色环法。色环法就是用不同的颜色环标在电阻上表示不同的数字，通过颜色的不同来表示电阻值和精度的方法。一般用背景颜色区别电阻器的种类：浅色（淡绿色、淡蓝色、浅棕色）表示碳膜电阻器，红色表示金属或金属氧化膜电阻器，深绿色表示线绕电阻器等。一般用色环表示电阻器阻值的数值及精度，如图 1－3－3 所示。

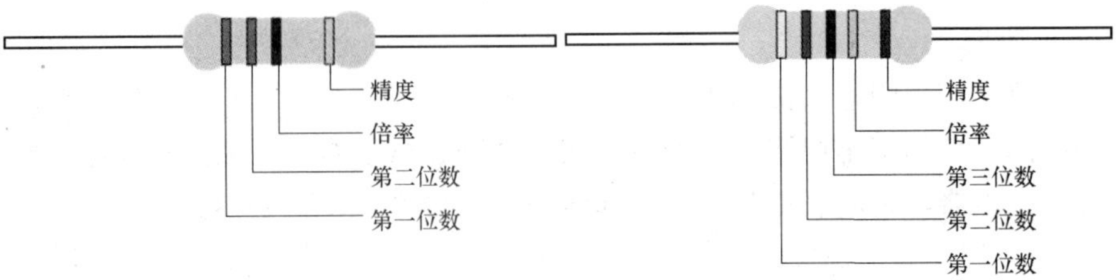

图 1－3－3　两种色环电阻阻值的标注

普通电阻器用 4 个色环表示其阻值和允许偏差。第一、第二环表示有效数字，第三环表示倍率（乘数），与前三环距离较大的第四环表示精度。精密电阻器通常采用 5 个色环。第一、第二、第三环表示有效数字，第四环表示倍率，与前四环距离较大的第五环表示精度。有关色码标注的定义见表 1－3－2。

表 1－3－2　色码标注的定义

颜色	有效数字/Ω	倍率（乘数）	允许偏差/%
黑	0	$10^0=1$	±1
棕	1	$10^1=10$	±2
红	2	$10^2=100$	—
橙	3	$10^3=1\ 000$	—
黄	4	$10^4=10\ 000$	±0.5
绿	5	$10^5=100\ 000$	±0.25
蓝	6	$10^6=1\ 000\ 000$	±0.1
紫	7	$10^7=10\ 000\ 000$	—
灰	8	$10^8=100\ 000\ 000$	—
白	9	$10^9=1\ 000\ 000\ 000$	—
金	—	$10^{-1}=0.1$	±5
银	—	$10^{-2}=0.01$	±10
无色	—	—	±20

例如，有一只外表标有蓝、灰、橙、金 4 个色环的电阻，其阻值大小为 $68\times1\ 000=68$（kΩ），允许偏差为±5%。

1.3.2　欧姆定律

欧姆定律是德国物理学家欧姆通过大量实验总结出的电流与电压、电阻 3 者之间的关系，是研究和分析任何电路的最基本定律之一。

1. 部分电路的欧姆定律

部分电路是指一端不含电源的电路，如图 1－3－4 所示的电路。欧姆定律就是反映电阻元件两端的电压与通过该元件的电流和电阻 3 者之间关系的定律，其数学表达式为

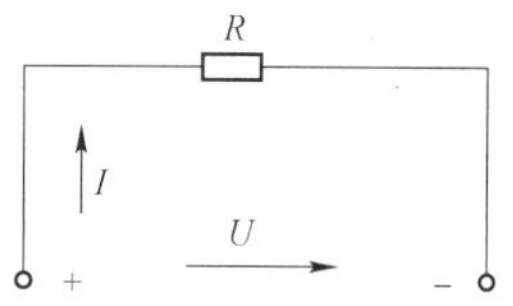

图 1－3－4 部分电路欧姆定律的电路

$$I=\frac{U}{R}$$

式中 I——电流，A；

U——电压，V；

R——电阻，Ω。

由上式可知，通过电阻的电流与电阻两端的电压成正比，而与电阻成反比。

对于任一段电阻电路，只要知道电路中的电压、电流和电阻这 3 个量中的任意 2 个量就可由欧姆定律求得第三个量。

由于这个欧姆定律适合于“某一部分电路”，所以此欧姆定律有时也称为“部分电路的欧姆定律”。

【例 1－3－1】 有一只量程为 250 V 的直流电压表，它的内阻为 50 kΩ，用它测量电压时，允许通过的最大电流是多少？

解： 根据题意，可画出电路示意图，如图 1－3－5 所示。由于电压表内阻为一定值，所测量的电压越高，通过的电流就越大。因此，被测电压是 250 V 时，流过电压表的电流应为最大值，即

$$I=\frac{U}{R_S}=\frac{250}{50\times 10^3}=0.005\text{（A）}$$

2. 全电路的欧姆定律

含有电源的闭合电路称为全电路，它由内电路和外电路两部分组成，其中内电路是指电源内部的电路，它包括电源电动势和电源内部的电阻（即内电阻）两部分，电流由电源的负极流向正极；外电路是指电源以外的电路，如图 1－3－6 所示。全电路欧姆定律的内容是：闭合电路中的电流与电源的电动势成正比，与电路的总电阻成反比，数学表达式为

$$I=\frac{E}{R+r}$$

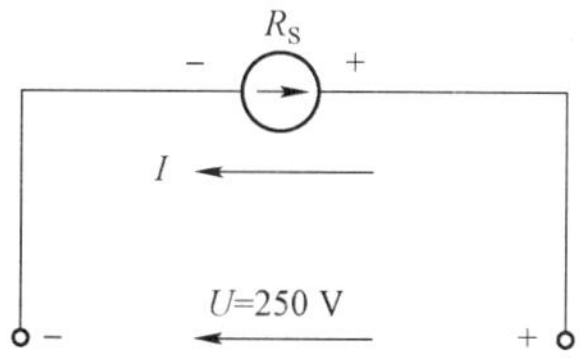

图 1－3－5 例 1－3－1 图

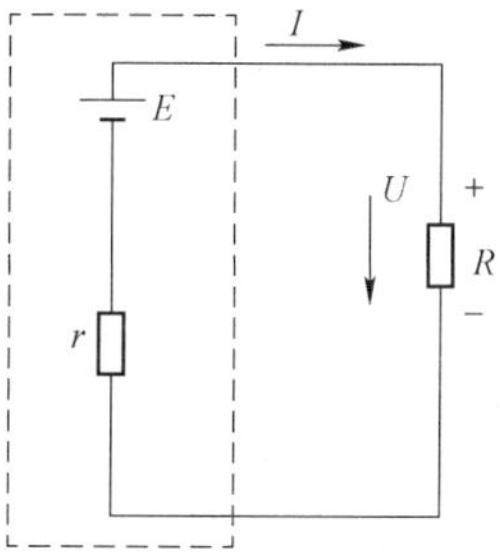

图 1－3－6 全电路欧姆定律的电路

也可整理成

$$E = IR + Ir = U_{外} + U_{内}$$

式中 $U_{内}$——电源内阻上的电压降；

$U_{外}$——外电路的电压降，也是电源两端的输出电压，称为电源的端电压。

上式说明，电源的电动势在数值上等于闭合电路中内外电路电压降的和。

1.4 电阻的连接

1.4.1 电阻串联电路及特点

1. 电阻的串联电路

在电路中，若将 2 个或 2 个以上的电阻按顺序一个接一个地连成一串，使电流只有 1 条通路，电阻的这种连接方式叫作电阻的串联。图 1-4-1 即为 3 个电阻的串联电路。

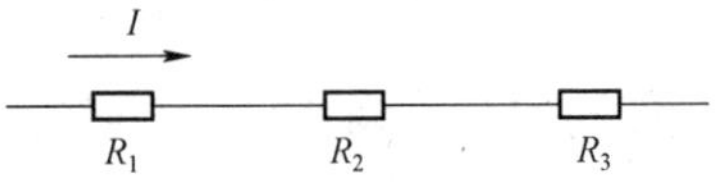

图 1-4-1 3 个电阻的串联电路

2. 串联电路的特点

（1）串联电路中 $I = I_1 = I_2 = I_3 = \cdots = I_n$。该式说明，在串联电路中各处电流相等。这是因为电阻串联时，电路中无分支，电路只有一条通路，使得单位时间内通过导体任意横截面的电荷都相等。

（2）串联电路中 $U = U_1 + U_2 + U_3 + \cdots + U_n$。该式说明，串联电路两端的总电压等于各个电阻两端的电压之和。

（3）串联电路中 $R = R_1 + R_2 + R_3 + \cdots + R_n$。在串联电路中，总电阻（也叫做等效电阻）等于各串联电阻之和。

（4）在串联电路中，各电阻上的电压与电阻的大小成正比，即

$$\frac{U_1}{U_n} = \frac{R_1}{R_n},\quad \frac{U_n}{U_{总}} = \frac{R_n}{R_{总}}$$

由上式可得出

$$U = U_1{:}U_2{:}U_3 = R_1{:}R_2{:}R_3$$

上式表明，在串联电路中，各电阻上的电压与电阻的大小成正比，即阻值越大的电阻所分配的电压越大，反之电压越小。

（5）在串联电路中，各电阻消耗的功率与电阻的大小成正比，即在串联电路中，阻值越大的电阻消耗的功率越大，阻值越小的电阻消耗的功率越小。

这是因为，功率公式为

$$P = IR$$

由此可以得到

$$P_1{:}P_2{:}P_3 = R_1{:}R_2{:}R_3$$

1.4.2 电阻并联电路及特点

1. 电阻的并联电路

把几个电阻的一端连接到电路中的一个点上，另一端连接到另外一个点上，这种连接方式叫作电阻的并联，如图 1-4-2 所示。

2. 并联电路的特点

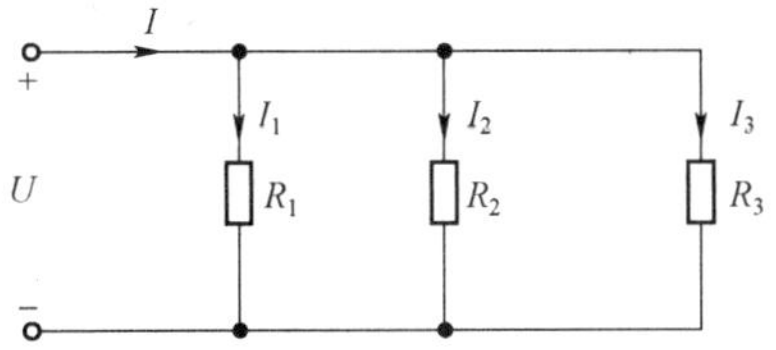

图 1-4-2 电阻的并联

（1）并联电路中 $U_1 = U_2 = U_3 = \cdots = U_n$。该式说明，并联电路中各电阻两端的电压相等，且等于电路两端的电压。这是因为各并联电阻都是接在相同的两点之间，它们承受的电压必然也是相同的。

（2）并联电路中 $I = I_1 + I_2 + I_3 + \cdots + I_n$。该式说明，并联电路的总电流等于各电阻支路电流之和，并且总电流大于任何一个分电流。

（3）并联电路中 $\frac{1}{R} = \frac{1}{R_1} + \frac{1}{R_2} + \frac{1}{R_3} + \cdots + \frac{1}{R_n}$。该式说明，并联电路中电阻（等效电阻）的倒数为各电阻的倒数之和，并且并联电阻的总电阻小于任何一个分电阻。

（4）并联电路中 $I_1 : I_2 : I_3 = \frac{1}{R_1} : \frac{1}{R_2} : \frac{1}{R_3}$。该式说明，在并联电路中，电流的分配与电阻大小成反比，即阻值越大的电阻所分配到的电流越小；反之电流越大。这个结论是并联电路特点的重要推论。

（5）由电阻功率公式 $P = \frac{U^2}{R}$，可得并联电路的功率特点是

$$P_1 : P_2 : P_3 = \frac{1}{R_1} : \frac{1}{R_2} : \frac{1}{R_3}$$

上式说明，在并联电路中，功率的分配也与电阻成反比，即阻值越大的电阻消耗的功率越小，阻值越小的电阻消耗的功率越大。电阻的总功率为 $P = UI = P_1 + P_2 + P_3$。

1.4.3 电阻的混联电路

电阻的串联与并联是电路最基本的连接形式，但在一些实际电路中，可能既有电阻的串联，又有电阻的并联，这种电路叫作电阻的混联电路，如图 1-4-3 所示。

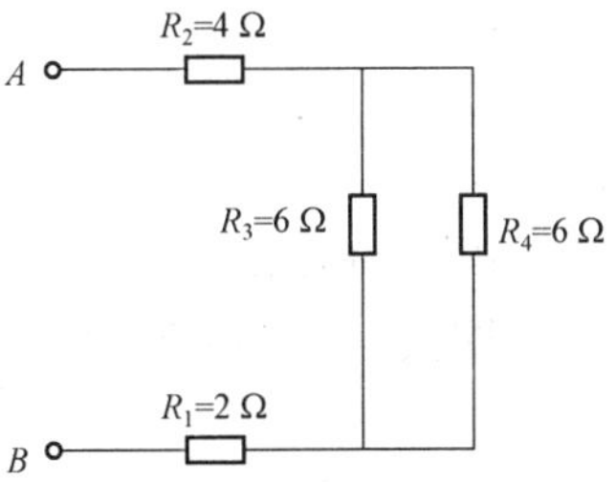

图 1-4-3 电阻的混联电路

分析、计算混联电路的方法如下：

（1）应用电阻的串联、并联特点，逐步简化电路，求出电路的等效电阻；

（2）由等效电阻和电路的总电压，根据欧姆定律求出电路的总电流；

（3）根据总电流、欧姆定律和电阻串并联的特点，求出各支路的电压和电流。

1.5 电路基本定律

1.5.1 电路的几个名词

1. 支路

电路中流过同一电流的每个分支叫作支路。支路是构成复杂电路的基本单元，是由一个

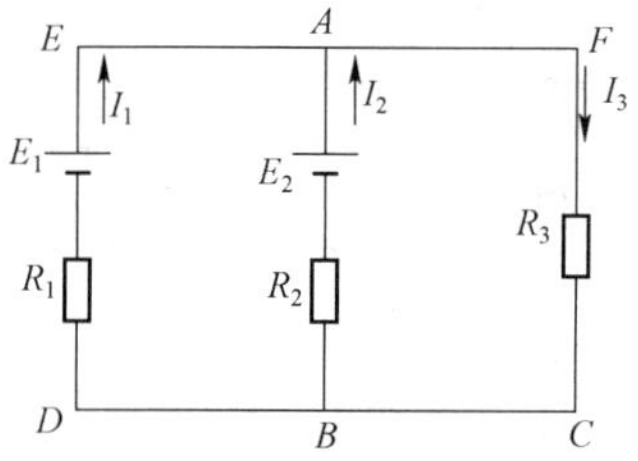

图 1-5-1 复杂电路

或几个串联的电路元件构成的。如图 1-5-1 所示电路中的 *ED*、*AB*、*FC* 均为支路，该电路的支路数目为 $b=3$。

2. 节点

3 个或 3 个以上支路的汇交点称为节点，节点数一般用 *n* 表示。如图 1-5-1 所示电路的节点为 *A*、*B* 两点，节点数 $n=2$。

3. 回路

电路中任意一个闭合路径称为回路，如图 1-5-1 所示电路中的 *CDEFC*、*AFCBA*、*EABDE* 路径均为回路，该电路的回路有 3 个。

4. 网孔

不含有分支的闭合回路称为网孔。如图 1-5-1 所示电路中的 *AFCBA*、*EABDE* 回路均为网孔，该电路的网孔数目为 $m=2$。

1.5.2 基尔霍夫定律

1. 基尔霍夫电流定律（KCL）

基尔霍夫定律包含两部分，其中基尔霍夫电流定律表征了连接于同一节点上的各支路电流之间的相互关系，所以又称为节点电流定律，具体表达内容是：在电路中的任意节点，流入节点的电流之和等于流出该节点的电流之和。数学表达式为：$\sum I_{入} = \sum I_{出}$。

如图 1-5-2 所示，在节点 *A* 上有：$I_1+I_3=I_2+I_4+I_5$。

电流定律（基尔霍夫电流定律）的第二种表述为：在任何时刻，电路中任一节点上的各支路电流代数和恒等于零，即

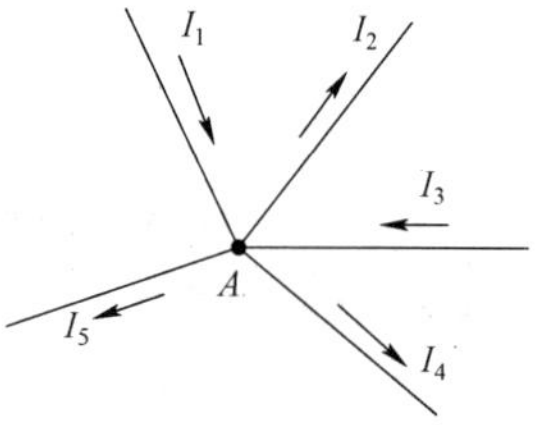

图 1-5-2 节点电流

$$\sum I = 0$$

一般可在流入节点的电流前面取“+”号，在流出节点的电流前面取“−”号，反之亦可。如图 1-5-2 中，在节点 *A* 上有：$I_1-I_2+I_3-I_4-I_5=0$。

在使用电流定律时，必须注意：

（1）对于含有 *n* 个节点的电路，只能列出 $n-1$ 个独立的电流方程；

（2）列节点电流方程时，只需考虑电流的参考方向，然后再代入电流的数值。

为分析电路的方便，通常需要在所研究的一段电路中事先选定（即假定）电流流动的方向，叫作电流的参考方向，通常用“→”号表示。

电流的实际方向可根据数值的正、负来判断，当 $I>0$ 时，表明电流的实际方向与所标定的参考方向一致；当 $I<0$ 时，则表明电流的实际方向与所标定的参考方向相反。

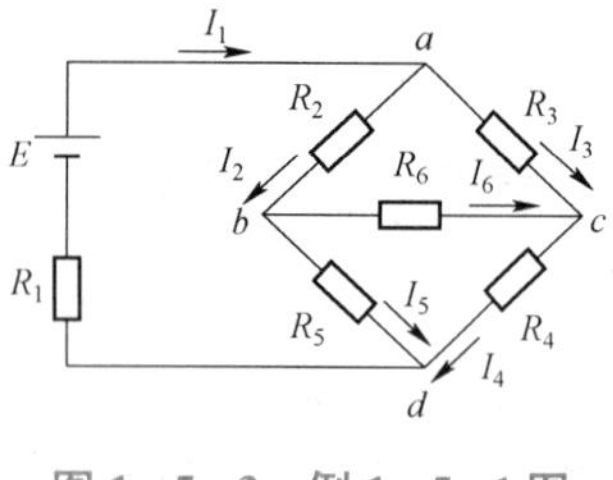

图 1-5-3 例 1-5-1 图

【例 1-5-1】如图 1-5-3 所示电桥电路，已知 $I_1=25$ mA，$I_3=16$ mA，$I_4=12$ A，试求其余电阻中的电流 I_2、I_5、I_6。

解：在节点 *a* 上有

$$I_1=I_2+I_3$$

则

$$I_2=I_1-I_3=25-16=9\text{（mA）}$$

在节点 *d* 上有

$$I_1=I_4+I_5$$

则

$$I_5=I_1-I_4=25-12=13\text{（mA）}$$

在节点 b 上有

$$I_2=I_6+I_5$$

则

$$I_6=I_2-I_5=9-13=-4\text{（mA）}$$

电流 I_2 与 I_5 均为正数，表明它们的实际方向与图中所标定的参考方向相同，I_6 为负数，表明它的实际方向与图中所标定的参考方向相反。

2. 基尔霍夫电压定律（KVL）

基尔霍夫电压定律（简称 KVL）又称为回路电压定律，是描述电路中各部分电压之间相互关系的定律。

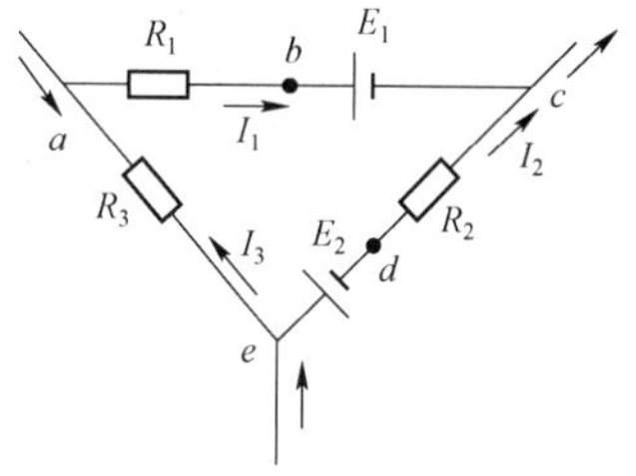

图 1－5－4　基尔霍夫第二定律

基尔霍夫电压定律的第一种表述为：在任何时刻，沿着电路中的任一回路绕行方向，回路中各段电压的代数和恒等于零，即

$$\sum U=0$$

在图 1－5－4 中，若选择 $abcdea$ 为回路绕行方向，根据基尔霍夫电压定律可得到

$U_{ac}=U_{ab}+U_{bc}=R_1I_1+E_1$，$U_{ce}=U_{cd}+U_{de}=-R_2I_2-E_2$，$U_{ea}=R_3I_3$

则

$$U_{ac}+U_{ce}+U_{ea}=0$$

即

$$R_1I_1+E_1-R_2I_2-E_2+R_3I_3=0$$

上式也可写成

$$R_1I_1-R_2I_2+R_3I_3=-E_1+E_2$$

由此可得

$$\sum RI=\sum E$$

上式表明：对于电阻电路来说，任何时刻，在任一闭合回路中，所有电阻电压降的代数和等于各电源电动势的代数和。这是基尔霍夫电压定律的另外一种表达形式。

利用 $\sum RI=\sum E$ 列回路电压方程的原则如下。

（1）标出各支路电流的参考方向并选择回路绕行方向（既可沿着顺时针方向绕行，也可沿着逆时针方向绕行）。

（2）电阻元件的端电压为 $\pm RI$，当电流 I 的参考方向与回路绕行方向一致时，选取“＋”号；反之，选取“－”号。

（3）电源电动势为 $\pm E$，当电源电动势的标定方向与回路绕行方向一致时，选取“＋”号；反之，应选取“－”号。

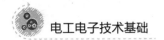

1.5.3 支路电流法

1. 基本概念

支路电流法是利用基尔霍夫定律求解复杂电路的基本方法。以各支路电流为未知量，应用基尔霍夫定律列出节点电流方程和回路电压方程，解出各支路电流，从而可确定各支路（或各元件）的电压及功率，这种解决电路问题的方法叫作支路电流法。

2. 运用支路电流法解题的步骤

运用支路电流法解题的步骤如下。

（1）先标注各支路电流的参考方向和假定的回路绕行方向。

（2）列出独立节点的 KCL 方程。电路有 n 个节点，就可列出 $n-1$ 个独立方程。

（3）列出网孔的 KVL 方程。回路电压方程数为 $m-（n-1）$。

（4）联立方程组，求出各支路电流。

确定各支路电流的方向。电流的实际方向由计算结果决定：当计算结果为正时，实际方向与参考方向一致；当计算结果为负时，实际方向与参考方向相反。

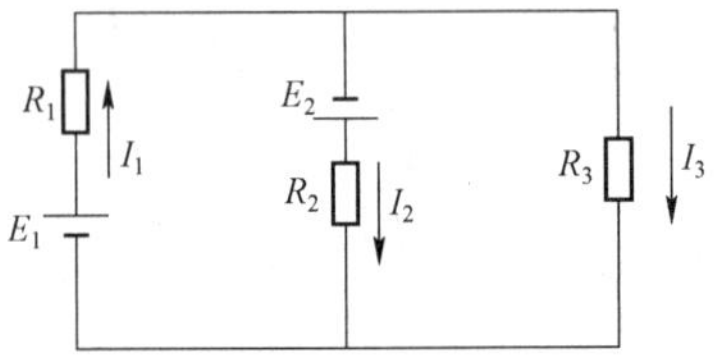

图 1-5-5　例 1-5-2 图

【例 1-5-2】 如图 1-5-5 所示电路，已知 $E_1=42$ V，$E_2=21$ V，$R_1=12\ \Omega$，$R_2=3\ \Omega$，$R_3=6\ \Omega$，试求各支路电流 I_1、I_2、I_3。

解： 该电路支路数 $m=3$、节点数 $n=2$，所以应列出 1 个节点电流方程和 2 个回路电压方程，并按照 $\sum RI=\sum E$ 列回路电压方程，即

$$\begin{cases} I_1=I_2+I_3 & （任一节点）\\ R_1I_1+R_2I_2=E_1+E_2 & （网孔1）\\ R_3I_3-R_2I_2=-E_2 & （网孔2）\end{cases}$$

代入已知数据，解得 $I_1=4$ A，$I_2=5$ A，$I_3=-1$ A。

电流 I_1 与 I_2 均为正数，表明它们的实际方向与图中所标定的参考方向相同；I_3 为负数，表明它的实际方向与图中所标定的参考方向相反。

1.6 任务训练

1.6.1 直流电流、电压的测量

技能目标

（1）掌握用万用表测量直流电流的方法。

（2）掌握用万用表测量直流电压的方法。

工具和仪器

（1）模拟式万用表 1 块。

（2）9 V 直流电源 1 个。

（3）电阻若干。

知识准备

1. 直流电流的测量

直流电流的测量要求如下。

（1）电流表必须串联在电路中。各种类型的毫安表、电流表和万用表在测量电流时，要串联连接在电路中，如图 1－6－1（a）所示。

（2）直流电流表测量电流时要注意方向，连线应使电流从电流表“＋”端流进，从“－”端流出。

（3）电流表不准与电源并联，即电流表不准与不带负载的电源连接在一起，如图 1－6－1（b）所示，因为电流表的内阻很小，这样连接会因流过电流表的电流过大，而把表烧坏。

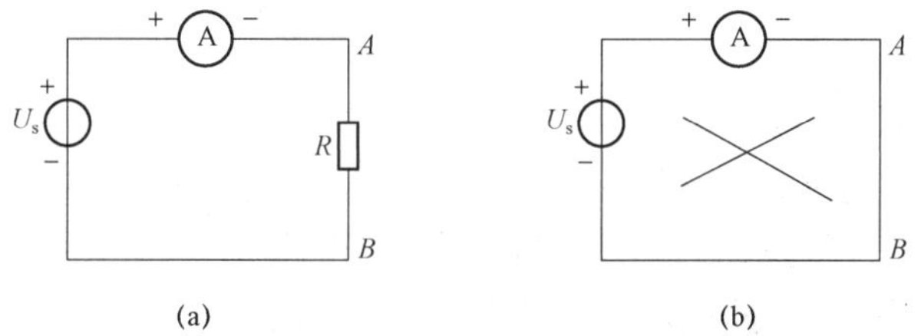

图 1－6－1　电流表的接线

（a）电流表串联在电路中；（b）电流表不能与电源并联

2. 直流电压的测量

直流电压的测量要求如下。

（1）电压表必须并联在电路中。各种类型的毫伏表、电压表和万用表在测量电压时，要并联连接在电路中，如图 1－6－2（a）所示。

（2）用直流电压表测量电压时，应注意电路电压的“＋”“－”端极性，电压表与电路的接线如图 1－6－2（b）所示。

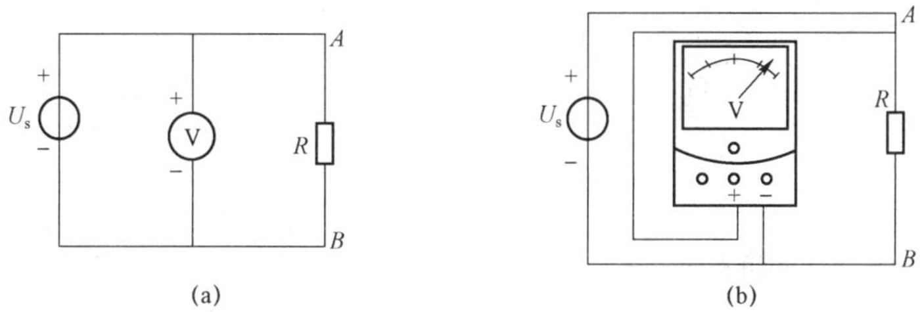

图 1－6－2　电压表与电路的接线

（a）电压表并联在电路中；（b）电压表连接时的极性

（3）当被测电阻较大（$R>10\ \mathrm{k\Omega}$）时，常采用电压表外接电路，如图 1－6－3（a）所示。这是因为常用电压表的内阻较大，当负载电阻较大时，采用图 1－6－3（a）所示的电压表外接电路，电压表的读数是电阻 R_L 上的电压降与电流表内阻的电压降之和，由于电流表的内阻很小，其电压降可以忽略不计，所以电压测量的误差较小。

同理，当负载电阻较小时，采用图 1-6-3（b）所示的电压表内接电路，这样，电流表的读数是电阻 R_L 和电压表的电流之和，由于电压表的内阻很大，电流可以忽略不计，所以电流表测量的是流经 R_L 的电流，测量误差较小。

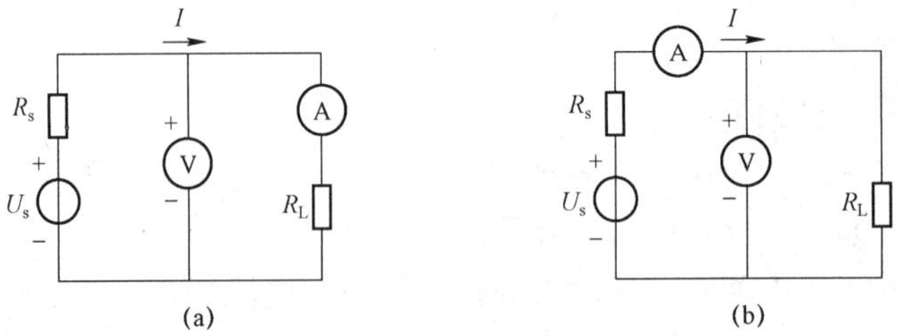

图 1-6-3　电压表的两种接法

（a）电压表外接电路；（b）电压表内接电路

实训步骤

1. 用万用表测量直流电流

用万用表测量直流电流的电路如图 1-6-4 所示，测量步骤如下。

（1）先将万用表量程转换开关拨到直流电流适当的量程。

（2）将红表笔插入“+”插孔，黑表笔插入“-”插孔。

（3）然后将两表笔串联接入被测电路，同时使红表笔接高电位端，黑表笔接低电位端，保证电流从红表笔流入，从黑表笔流出，否则万用表指针将会反转。

所谓的直流电流适当的量程，是指万用表指针指在刻度盘靠右的一侧，因为这时测量的准确度较高。如果事先不知道被测电流的大概数值，可以先用最大电流量程试测一下，然后根据指针的偏转情况，逐步减小电流量程。上述情况同样适用于电压测量中选择万用表的电压量程，但不适用于电阻测量中选择万用表的电阻量程。

2. 用万用表测量直流电压

用万用表测量直流电压的电路如图 1-6-5 所示，测量步骤如下。

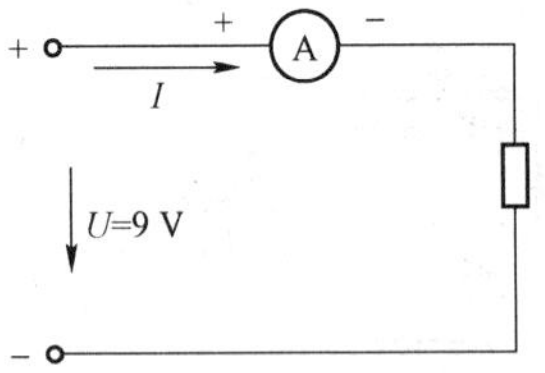

图 1-6-4　用万用表测量直流电流

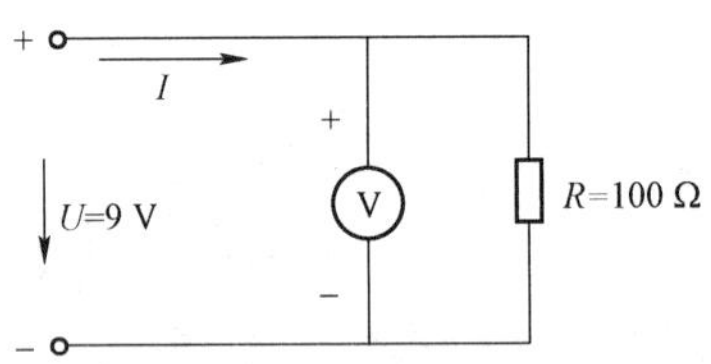

图 1-6-5　用万用表测量直流电压

（1）将万用表量程转换开关拨到直流电压适当的量程，根据电压值的范围选择适当的量程，若被测电压数值范围不清楚，则先选用较大的量程，再调整选用较低的量程，此时，应先将电源断开，再转动开关。

（2）将万用表红表笔插入“+”插孔，黑表笔插入“-”插孔。

（3）将万用表并联接入被测电路，红表笔接到被测电压的正极（或高电位一端），黑表笔接到被测电压的负极（或低电位一端）。如果极性接反则显示负值。

1.6.2　绝缘电阻的测量

技能目标

（1）　了解绝缘电阻表的分类与特点。
（2）　学会使用兆欧表正确测量绝缘电阻。

工具和仪器

（1）　手摇式兆欧表 1 块。
（2）　绝缘电阻若干。

知识准备

1. 兆欧表的分类和特点

常用兆欧表的分类和特点，见表 1－6－1。

表 1－6－1　常见兆欧表的分类和特点

类别	图示	特　　点
手摇式兆欧表	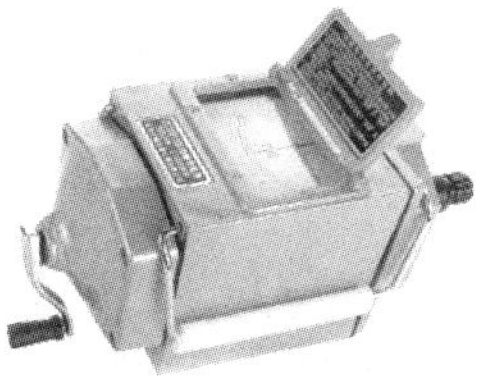	1. 手摇式兆欧表由高压手摇发电机及磁电式双动圈流比计组成，具有输出电压稳定、读数正确、噪声小、振动轻等特点，且装有防止测量电路泄漏电流的屏蔽装置和独立的接线柱。 2. 有测试 500 V、1 000 V、2 000 V 等规格（注：该电压规格是与被测电气设备的工作电压相匹配的，即 1 000 V 的兆欧表宜用来测量工作电压为 1 000 V 以下的电气设备）
电子式兆欧表	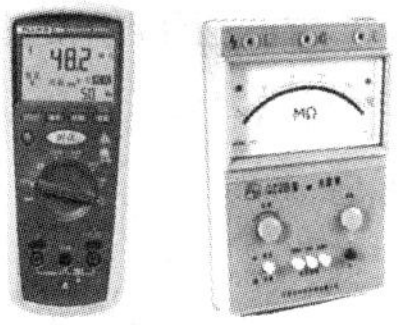	1. 采用干电池供电，带有电量检测，有模拟指针式和数字式两种，操作方便。 2. 输出功率大、带载能力强，抗干扰能力强。 3. 输出短路电流可直接测量，无须带载测量进行估算

2. 兆欧表的面板介绍

1）手摇式兆欧表的面板认识

手摇式兆欧表的面板上主要有摇柄、刻度盘和 3 个接线端子，如图 1－6－6 所示。

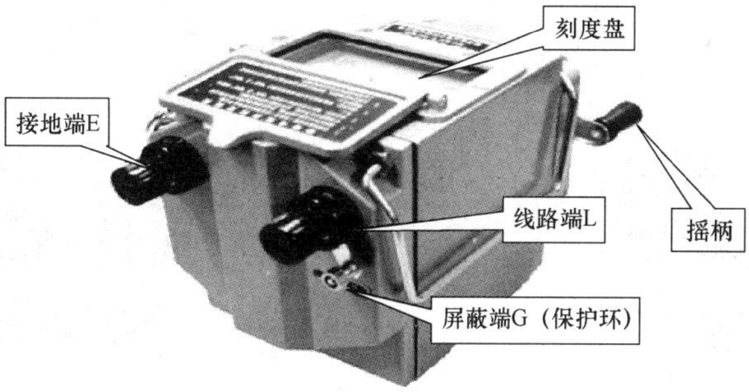

图 1－6－6　手摇式兆欧表的面板

2）电子式兆欧表的面板认识

电子式兆欧表的面板也有和手摇式兆欧表一样的3个接线端子（L、E、G），还有电压规格选择按键和液晶显示屏，如图1–6–7所示。

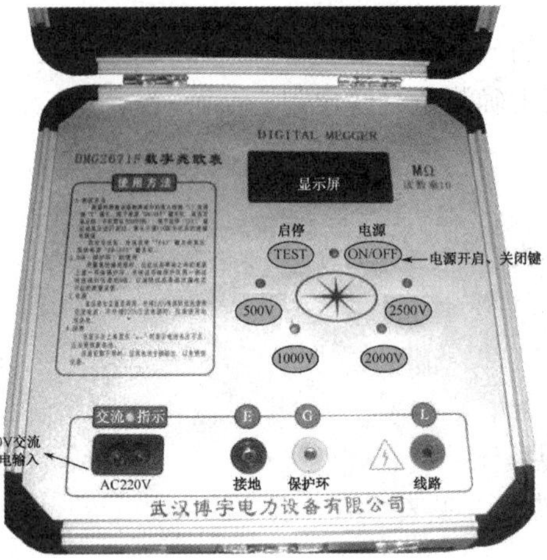

图1–6–7　电子式兆欧表的面板

实训步骤

1. 将兆欧表进行开路试验

将兆欧表进行开路试验的操作如下。

（1）将两连接线开路，摇动手柄指针应指在标度尺的“∞”位置，再把两连接线短接一下，指针应指在标度尺的“0”位置。

（2）在兆欧表未接通被测电阻之前，摇动手柄使发电机达到120 r/min的额定转速，观察指针是否指在标度尺的“∞”位置，如果是，则说明正常。图1–6–8所示为将兆欧表进行开路试验的示意图。

2. 将兆欧表进行短路试验

将兆欧表进行短路试验的操作方法是：将端子L和E短接，缓慢摇动手柄，观察指针是否指在标度尺的“0”位置，如果是，则说明正常。图1–6–9所示为将兆欧表进行短路试验的示意图。

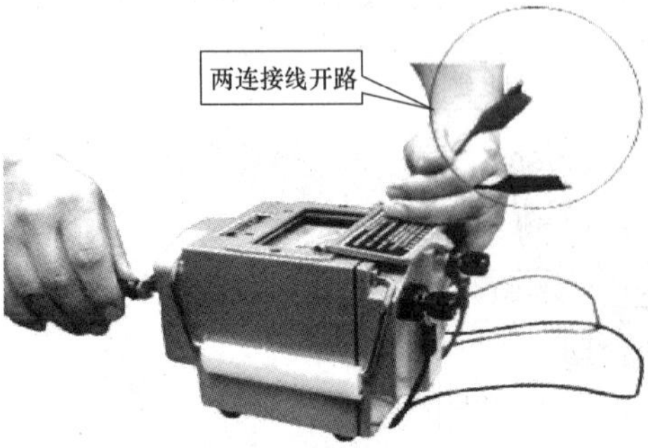

图1–6–8　兆欧表的开路试验

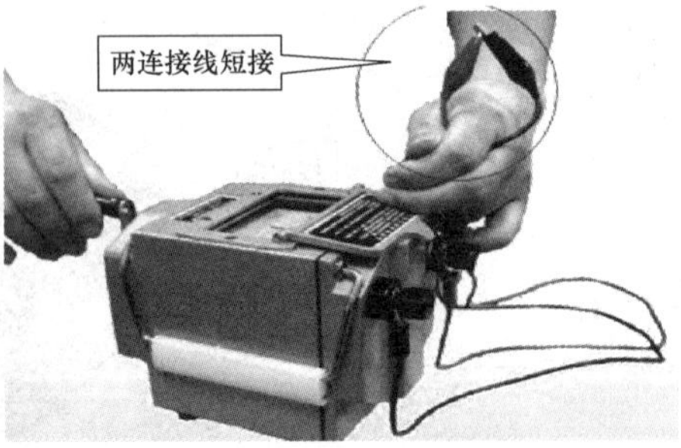

图1–6–9　兆欧表的短路试验

3. 将兆欧表与被测设备进行连接

将兆欧表与被测设备进行连接的操作方法如下。

（1）兆欧表与被测设备之间应使用单股线分开单独连接，并保持线路表面清洁干燥，避免因线与线之间的绝缘不良引起误差。

（2）当测量电气设备内两绕组之间的绝缘电阻时，应将端子 L 和 E 分别接两绕组的接线端。

（3）如测量电缆的绝缘电阻，为消除因表面漏电产生的误差，应将端子 L 接线芯、端子 E 接外壳、端子 G 接线芯与外壳之间的绝缘层。

4. 测量

测量电阻的操作方法如下。

（1）被测设备必须与其他电源断开，测量完毕一定要将被测设备充分放电（需 2～3 min），以保护设备及人身安全。

（2）摇测时，将兆欧表置于水平位置，摇柄转动时其端子间不许短路。摇测电容器、电缆时，必须在摇柄转动的情况下才能将接线拆开，否则反充电将会损坏兆欧表。

（3）一手稳住摇表，另一手摇动手柄，应由慢渐快，均匀加速到 120 r/min，并注意防止触电（不要接触接线柱、测量表笔的金属部分），如图 1－6－10 所示。摇动过程中，当出现指针已指零时（说明被测电阻较小），就不能再继续摇动，以防表内线圈发热损坏。

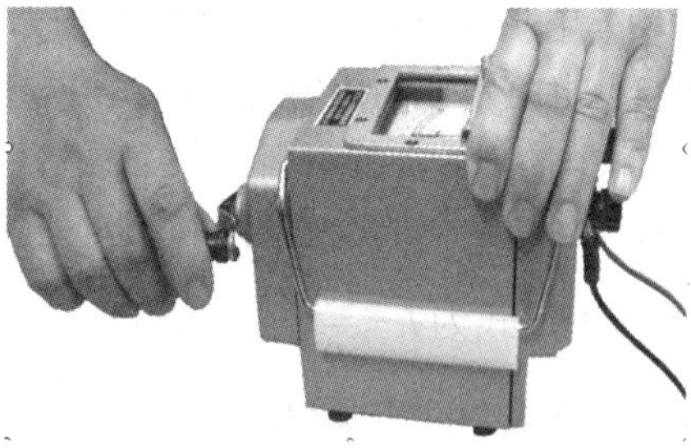

图 1－6－10　测量绝缘电阻时均匀加速到 120 r/min

5. 读数

从刻度盘上指针所指的示数读取被测绝缘电阻值大小，如图 1－6－11 所示。

6. 测量完毕后，给兆欧表放电

测量完毕后，需将接线端子 L、E 两表笔对接，如图 1－6－12 所示，给兆欧表放电，以免发生触电事故。

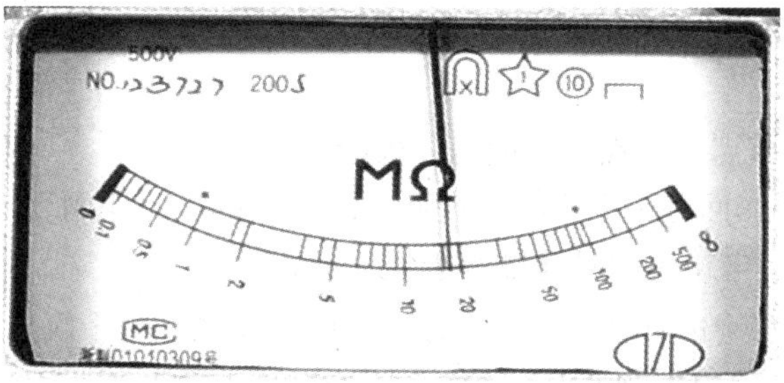

图 1－6－11　手摇式兆欧表的读数

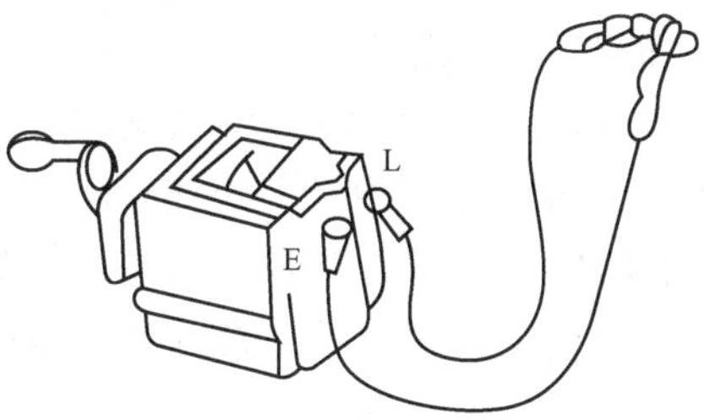

图 1－6－12　给兆欧表放电

本章小结

（1）　电流流过的路径叫作电路。电路由电源、负载、开关和连接导线 4 部分组成。

（2） 由理想元件组成的电路称为实际电路的电路图模型。

（3） 电荷有规则地定向运动称为电流。为统一起见，规定以正电荷运动方向为电流的正方向。

（4） 根据电流随时间的变化情况，电流可以分为直流电流和交流电流两大类，直流电流又可细分为稳恒直流电流和脉动直流电流两大类。

（5） 电流的大小定义为：在单位时间内通过导体横截面电荷量的多少。

（6） 电压是衡量电场力做功本领大小的物理量，其大小定义为：电场力将单位正电荷从 a 点移动到 b 点所做的功。

（7） 电位和电压的异同点是：① 电位是某点对参考点的电位差，电压是某两点间的电位差；② 电位是相对量，随参考点的改变而改变；而其两点间的电位差的绝对值不随参考点的改变而改变，所以电压是绝对量。

（8） 电动势是衡量电源将非电能转换成电能本领大小的物理量。

（9） 电能用来表示负载在一段时间内所消耗电能的大小，即 $W=Pt=UIt$。

（10）电功率就是单位时间内电场力所做的功，它表示电流做功的快慢。

（11）电阻定律的内容是：在温度一定时，导体的电阻与导体长度成正比，与导体横截面积成反比，且与导体的材料有关。

（12）欧姆定律的内容是：通过电阻元件的电流与电阻两端的电压成正比，而与电阻成反比，数学表达式为 $I=\dfrac{U}{R}$。

（13）全电路欧姆定律的内容是：闭合电路中的电流与电源的电动势成正比，与电路电阻成反比，数学表达式为 $I=\dfrac{E}{r+R}$

（14）在电路中，若 2 个或 2 个以上的电阻按顺序一个接一个地连成一串，使电流只有一条通路，电阻的这种连接方式叫作电阻的串联。

（15）把几个电阻的一端连接到电路中的一个点上，另一端连接到另外一个点上，这种连接方式叫作电阻的并联。

（16）把不能用电阻的串、并联简化的电路，统称为复杂直流电路。

（17）电路中的每个分支叫支路，支路是构成复杂电路的基本单元，复杂电路中的支路数一般用 m 表示。

（18）3 个或 3 个以上支路的汇交点称为节点，节点数一般用 n 表示。

（19）电路中任意一个闭合路径称为回路。在回路中间不框入任何其他支路的回路叫网孔，网孔是不可再分的回路，也是最简单的回路，电路中的网孔数等于独立回路数。

（20）基尔霍夫电流定律的内容是：在电路中的任一节点，流进节点的电流之和等于流出该节点的电流之和，即 $\sum I_{入}=\sum I_{出}$。基尔霍夫电流定律的另一种表达形式是：对任一节点来说，流入（或流出）该节点电流的代数和等于零，即 $\sum I=0$。

（21）基尔霍夫电压定律的内容是：在电路的任一闭合回路中，各段电压的代数和等于零，$\sum U=0$。基尔霍夫电压定律的另一种表达形式是：在电路任一闭合回路中，其各个电阻上电压的代数和等于各个电动势的代数和，即 $\sum IR=\sum E$。

（22）支路电流法就是以支路电流为未知数，应用基尔霍夫定律列出所需要的方程组，然后联立求解各未知电流的方法。

思考与练习

1. 电路由哪几部分组成？电路的主要作用是什么？

2. 电位和电压的异同点有哪些？如果电路中两点的电位很高，这两点之间的电压是否就大？

3. 如图 1–a 所示电路，已知 $I_1=2\text{ A}$，$I_2=3\text{ A}$，求 I_3。

4. 如图 1–b 所示电路，已知 $U_1=5\text{ V}$，$U_2=3\text{ V}$，求 U。

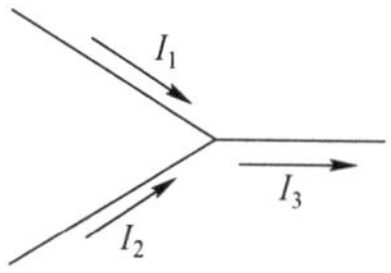

图 1–a　题 3 图

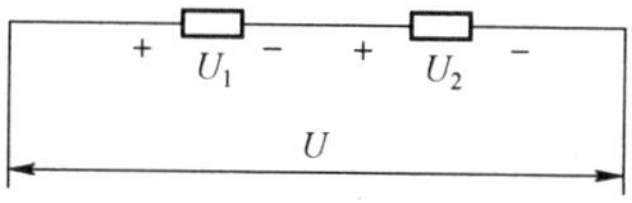

图 1–b　题 4 图

5. 一台抽水用的电动机，功率约为 2.8 kW，每天运行 6 h，问 1 个月（按 30 d 计算）消耗多少度电？

6. 用色标法标志下列各电阻器。

0.02 Ω±0.5%　　205 Ω±1%　4.7 kΩ±10%

7. 在图 1–c 所示电路中，已知 $R_1=25\ \Omega$，$R_2=55\ \Omega$，$R_3=30\ \Omega$，$E=220\text{ V}$。求：（1）开关 S 打开时电路中的电流及各电阻上的电压。（2）开关 S 闭合后，各电压是增大还是减小，为什么？

8. 在电压 $U=220\text{ V}$ 的电路上并联接入一盏“220 V，100 W”的白炽灯和一只“220 V，500 W”的电炉，求该并联电路的总电阻及总电流。

9. 电路如图 1–d 所示，用支路电流法求各支路电流。已知 $R_1=2\ \Omega$，$R_2=4\ \Omega$，$R_3=4\ \Omega$，$E_1=14\text{ V}$，$E_2=4\text{ V}$。

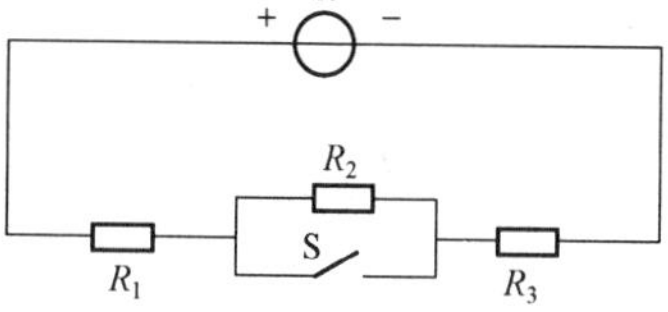

图 1–c　题 7 图

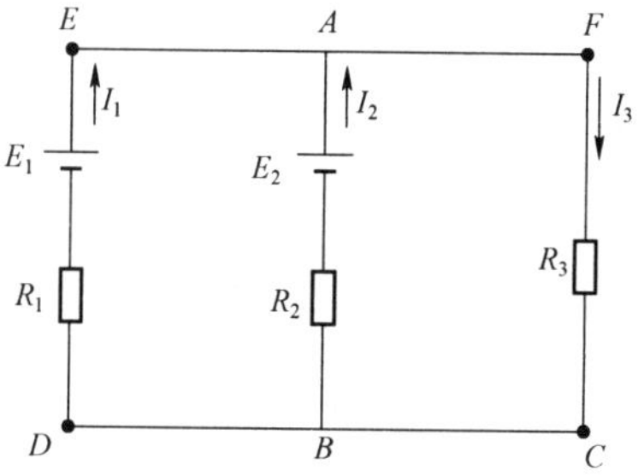

图 1–d　题 9 图

第 2 章

电容器与电感器

学习目标

1. 掌握电容器的基本概念，了解电容器的主要参数及种类，理解电容器的充电和放电工作原理，掌握电容器串、并联的特点及应用。

2. 了解磁场及其性质，掌握磁场的基本物理量，熟悉电磁感应现象，掌握电磁感应定律及应用。

3. 理解电感的基本概念，掌握电感器的电压和电流之间的关系，了解电感器的主要参数和种类。

任务导入

在实际的应用电路中，往往不仅使用电阻和电源，还大量使用电容器和电感元件，电容和电感是电工和电子技术中主要的元件之一。电容器的用途非常广泛，在电力系统中，利用它可以改善系统的功率因数，以提高电能的利用率；在电子技术中，利用它可以起到滤波、耦合、隔直、调谐、旁路和选频等作用；在机械加工工艺中，利用它可以进行电火花加工。电感也广泛应用于生产和生活中，如电力变压器、电动机等。本章主要介绍电容的基本概念、电容器的种类、电容器的充放电过程、电容器的连接、磁场的基本知识、电磁感应现象，以及电感器的电压与电流之间的关系，达到会识别和选用电容、电感器的目的。

2.1 电　容　器

2.1.1 电容器的概念

1. 电容器

什么是电容器呢？任何两个彼此绝缘而又相互靠近的导体都可以构成电容器（简称电容），这两个导体称为电容的两个极板，极板上接有电极，用于和电路连接。中间所充的绝缘物质称为电容器的介质，常见的电容器介质有空气、云母、绝缘纸、塑料薄膜和陶瓷等。常见电容器的结构示意图如图 2–1–1（a）所示，电容器的符号如图 2–1–1（b）所示。

电容器的基本特征是能够储存电荷。如图 2–1–2 所示，把电容器的两个极板分别与电池的两极相连，两个极板就会带等量异号电荷，一旦电容器两极板带上等量异号的电荷，电容器两端就会产生电压，而且电压随着存储的电荷增多而增大，当增大到等于电源电压时，电容器两极板上的正、负电荷将保持一定值，同时电容器的两极板将存在电场。去掉电源后，电容器中仍存储着电能，这些电能存在于电容器两极板间的电场中，因而又称电场能。

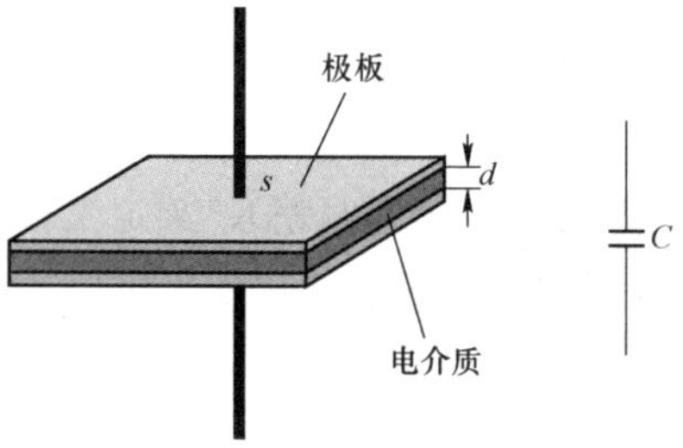

(a)　(b)

图 2-1-1　电容器的结构与符号

（a）电容器结构示意；（b）电容器符号

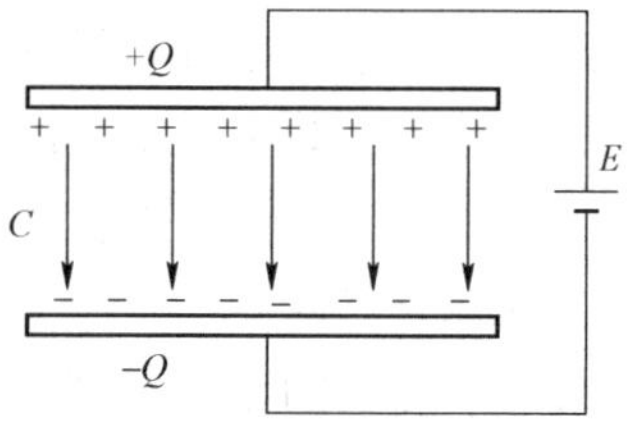

图 2-1-2　电容器存储电荷

2. 电容量

电容器带电时，它的两个极板间就具有电压 U。对于任何一个电容器，这个电压将随着极板所带电荷量 Q 的增加而增加，它们的比值是一个常量。但是，对于不同的电容器，这个比值一般并不相同，可见这个比值反映了电容器存储电荷本领的大小。

电容器所带电荷量 Q 跟它的两个极板间的电压 U 的比值，叫作电容器的电容量，简称电容，用 C 表示，即

$$C=\frac{Q}{U}$$

式中　Q——任一极板上的电荷量，C；

U——两极板间的电压，V；

C——电容，F。

上式表明，要使电容器两极板间的电压 U 达到一定值，所需的电荷量 Q 越大，电容器的电容 C 就越大。这种情况类似于两个不同容量的容器盛水的情形，如图 2-1-3 所示，为使容器中的水达到相同的高度，不同容器所需的水量也是不一样的。

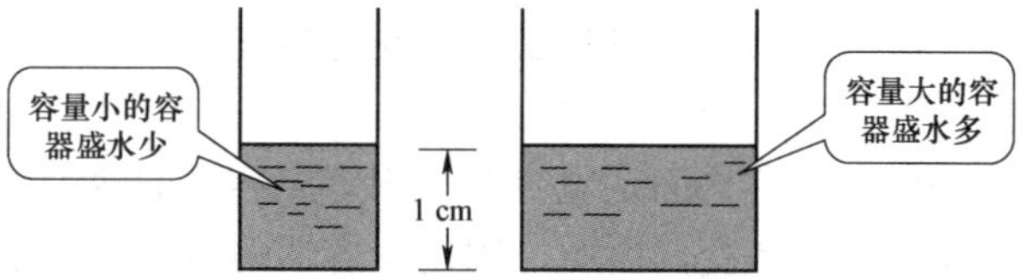

图 2-1-3　不同容器存储水量不同

在国际单位制中，电容的单位是法［拉］，简称法，符号为 F。一个电容器，如果电荷量为 1 C，两极板电位差恰为 1 V，则这个电容器的电容就是 1 F。实际应用中法［拉］这一单位太大，常用较小的单位，微法（μF）和皮法（pF）。

$$1\ \mu F=10^{-6}\ F$$

$$1\ pF=10^{-6}\ \mu F=10^{-12}\ F$$

电容量的大小与极板面积、介质的介电常数和介质的厚度有关；极板面积越大，介质的

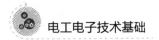

介电常数越大，介质的厚度越薄，则电容量越大。应该注意的是，电容器和电容量都可以简称电容，而且都可以用 C 表示，但两者意义不同。

2.1.2 电容器的参数和种类

1. 电容器的参数

电容器的指标包括标称容量（标称电容量）、允许误差（允许偏差）、额定工作电压、介质损耗和稳定性等。其中最主要的有标称容量、允许误差和额定工作电压，常称为电容器的额定值，一般都直接标注在电容器的外壳上。

1）电容器的标称容量

电容器上所标明的电容量称为标称容量。多数电容器的电容量都是直接标在电容器的表面，但是有些电容器的体积太小，往往只标数值不标单位。如果数值为几十、几百、几千，单位均为 pF，如 3 000 表示 3 000 pF，22 表示 22 pF；如果数值小于 1，则单位均为 μF，如 0.22 表示 0.22 μF，0.047 表示 0.047 μF。还有一些电容器用 3 位数字表示标称容量，其中前两位数字表示电容量的有效数字，最后一位数字表示有效数字后面加多少个 0，单位也是 pF，如 102 表示 1 000 pF，331 表示 330 pF。

2）电容器的允许误差

电容器的标称容量和实际容量（实际电容量）之间总是有一定偏差的，称为误差。因这一误差是在国家标准规定的允许范围内，故称为允许误差（允许偏差）。电容器的允许误差，按其精度分为±1%（00 级）、±2%（0 级）、±5%（Ⅰ级）、±10%（Ⅱ级）、±20%（Ⅲ级）。有的用误差百分数表示，有的用误差等级表示，如 5 100×（1±10%）pF 或 5 100 pFII。

3）电容器的额定工作电压

电容器的额定工作电压又称耐压，是指电容器长时间工作而不会引起介质电性能受到任何破坏的直流电压数值。电容器在工作时，实际所加电压的最大值不能超过额定工作电压，否则电容器介质的绝缘性能将受到破坏，使电容器被击穿，两极间发生短路，不能继续使用。如果电容器两端加上交流电压，所加交流电压的最大值不得超过其额定工作电压。

2. 电容器的种类

电容器是电子产品中最常见的元件之一，也是组成电子电路必不可少的元件。电容器的种类很多，按照其结构不同可分为固定电容器、可变电容器和微调电容器 3 类。

1）固定电容器

电容量固定不可调的电容器称为固定电容器。固定电容器的两组极板的相对面积、距离以及两极板之间的电介质都不能改变，因此，固定电容器的电容量也不能改变。按照介质的种类划分，常用的固定电容器有聚苯乙烯电容器、陶瓷电容器和电解电容器等。电子产品中常用的固定电容器的外形及图形符号如图 2－1－4 所示。

2）可变电容器

可变电容器（可调电容器）是由很多种半圆形动片和定片组成的平行板式结构，动片和定片之间有介质（空气、云母或聚苯乙烯薄膜）隔开，动片组可绕轴相对于定片组旋转 180°，从而改变电容量的大小，可变电容器按结构来分，可分为单联、双联和多联等几种。图 2－1－5 所示为常见小型可变电容器的外形及图形符号。

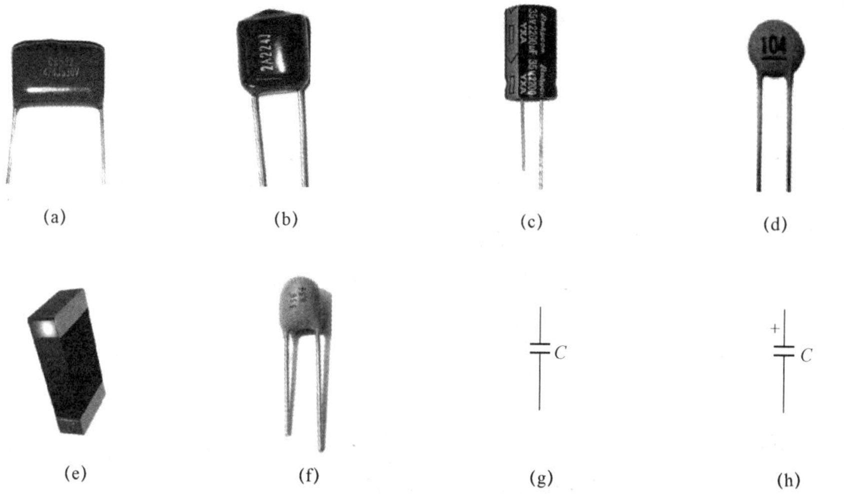

图 2-1-4　常见的固定电容器及符号

（a）涤纶电容器；（b）金属膜电容器；（c）电解电容器；（d）陶瓷电容器；
（e）贴片电容器；（f）钽电容器；（g）电容器符号；（h）电解电容器符号

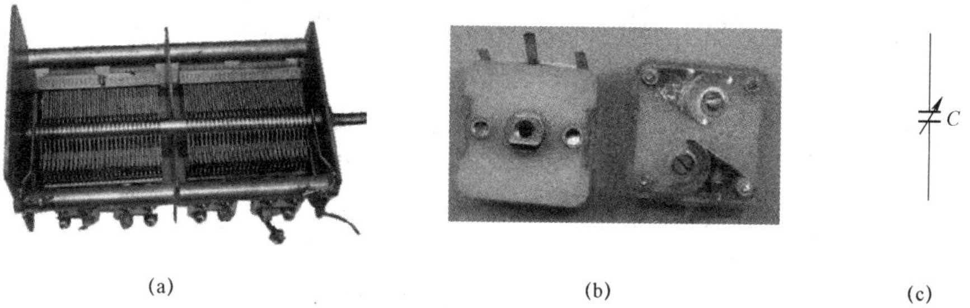

图 2-1-5　常见小型可变电容器的外形及图形符号

（a）空气可调电容器；（b）密封双联可调电容器；（c）可调电容器符号

可变电容器主要用在需要经常调整电容量的场合，如收音机的频率调谐电路。双联可变电容器的最大电容量通常为 270 pF。

2.1.3　电容器的充电和放电

要了解电容器在电路中的作用，必须先知道电容器的充电和放电特性。充电是指将电容器的两个极板带上等量异种电荷的过程，即电容器存储电荷的过程；放电是指把电容器存储的电荷释放的过程。

1. 电容器的充电过程

图 2-1-6 所示为电容器充、放电的实验电路，图中 E 为直流电源，PA1 和 PA2 为直流电流表，PV 是直流电压表，S 为单刀双掷开关，HL 为电灯。

当 S 开关合向触点“1”时，构成充电电路，电源向电容器充电。起初，电灯较亮，然后变暗，说明电路中电流在变化。从电流表 PA1 上观察到，充电电流由大到小变化，而从电压表 V 上观察到，电容器上

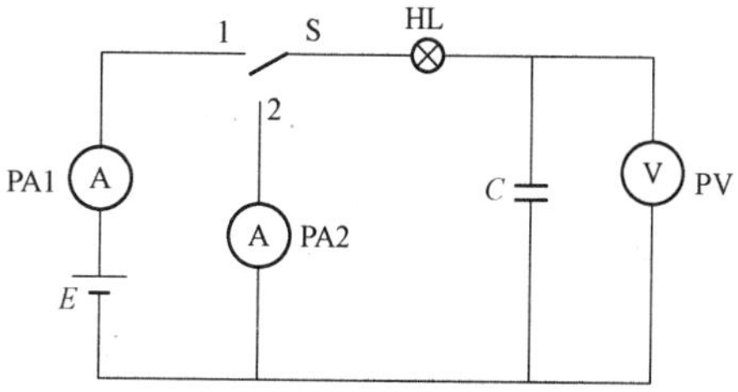

图 2-1-6　电容器充、放电的实验电路

的电压 U_C 由小到大变化，经过一定时间，PA1 指针回到零位，但电压表的示值几乎等于电源电压，即 $U_C \approx E$。

为什么电容器在充电过程中，电流会由大到小，而电容器上的电压却由小到大，并经过一定时间，电容电压近似等于电源电压呢？这是因为当 S 开关合向触点“1”的瞬间，电源正极与电容 A 极板间存在着较大的电位差，所以，开始充电电流较大，电灯较亮。随着充电的进行，电容器上的电压逐渐上升，两者电位差随之减小，充电电流也就越来越小。当两者电位差等于 0 时，充电电流为 0，充电结束，此时 $U_C \approx E$。

2. 电容器的放电过程

电容器存储电荷后，在一定条件下可以释放已经存储的电荷，在图 2–1–6 中，充电结束后，把开关 S 由触点“1”扳向触点“2”时，构成电容器的放电电路，这时可观察到以下现象：电流表 PA2 的读数开始最大，然后逐渐减小为零；电灯开始最亮，然后逐渐变暗直至最后熄灭；电压表 PV 的读数由开始的电源电压 E 逐渐下降为 0。

当开关 S 由触点“1”扳向触点“2”时，由于电容器充电后两极板之间电压的存在，驱使正极板上的正电荷通过导线与负极板上的负电荷中和，并在电路中产生与充电电流方向相反的放电电流。刚开始放电时，两极板之间的电压较大，所以放电电流较大，电灯较亮。随着放电的继续，电容器两极板上的正负电荷不断中和，极板上的电荷不断减少，两极板间的电压随之下降，放电电流逐渐减小，电灯逐渐变暗。当两极板的电荷全部中和后，极板上不再带有电荷，电压下降为 0，电流为 0，小灯泡熄灭，放电过程结束。

可见，电容器的放电过程相当于水容器向外放水的过程。使电容器两极板所带正负电荷中和的过程，叫作电容器的放电。

3. 电容器充、放电的特点

通过电容器充、放电过程的分析，可以认识到，电容器在充放电过程中有以下特点。

（1）电容器是一种储能元件，充电的过程就是极板上电荷不断积累的过程，当电容器充满电时，相当于一个等效电源。但这一等效电源随着放电的进行，原来积累的电荷不断向外释放，电压减小，最后为 0。

（2）电容器充电与放电的快慢，决定充电电路和放电电路中的电阻值 R 与电容量 C 的乘积 RC，而与电压大小无关。改变 RC 的大小，可以改变充放电的快慢。

（3）电容器能够隔直流通交流。电容器接通直流电源时，仅仅在刚接通的短暂时间内发生充电过程，只有短暂的电流，充电结束后，$U_C \approx E$，电路电流为 0，电路处于开路状态，相当于电容器把直流隔断，这就是说电容器具有隔直流的作用，通常把这一作用简称为“隔直”。

如果电容器接通交流电源（交流电的最大值不允许超过电容器的额定工作电压），由于交流电的大小和方向不断交替变化，致使电容器反复进行充、放电，其结果是在电路中出现连续的交流电流，这就是说电容器具有通过交流电的作用，简称为“通交流”，也常常把这种作用称作“通交”。但必须指出，这里所指的交流电流是电容器反复充、放电而形成的，并非电荷能够直接通过电容器的介质。

2.1.4 电容器的连接

在生产实践中，往往会遇到单只电容器的规格（电容量和耐压值）不能满足要求的情形，这时可将若干只电容器作适当连接，以适应电路或电器要求。

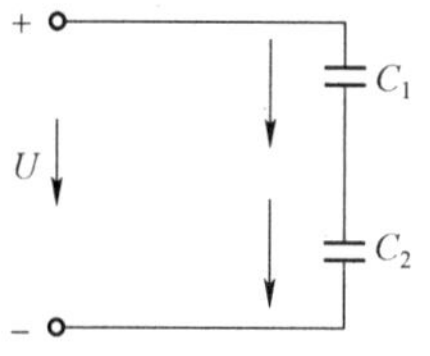

图 2-1-7　电容器串联

1. 电容器串联使用

如图 2-1-7 所示，将几只电容器依次连接，中间无分支的连接方式，叫作电容器的串联，其特点有以下 4 点。

（1）电容串联时，各电容器上所带的电荷量相等，即

$$Q=Q_1=Q_2=\cdots=Q_n$$

在图 2-1-7 中，电容器 C_1 和 C_2 串联后接到电压为 U 的直流电源上，使与电源直接相连的两极板充满异性电荷，其余两极板在静电感应作用下也同样带上异性等量电荷。因此，各电容器所带电荷量相等，并等于串联后等效电容上所带的电荷量。

（2）串联电容器的等效电容（总容量）C 的倒数等于各个电容量倒数之和，即

$$\frac{1}{C}=\frac{1}{C_1}+\frac{1}{C_2}+\cdots+\frac{1}{C_n}$$

上式表明，电容器串联的总电容量（也叫等效电容）小于任何一只电容器的电容量。这是因为电容器串联相当于增大了两极板间的距离，从而使电容量减小。

（3）总电压 U 等于每个电容器上的电压之和，即

$$U=U_1+U_2+\cdots+U_n$$

（4）串联电容器的每个电容器上分配的电压与其电容量成反比。

因为串联电容器每个电容器上的电量相等，即 $Q=Q_1=Q_2=C_1U_1=C_2U_2$，故电容量大的电容器分配的电压低，电容量小的电容器分配的电压反而高。具体计算中，必须慎重考虑各电容器的耐压情况。一般先计算电容量小的电容的电压值，后计算电容量大的电压值，具体计算可采用分压公式 $U_1=\frac{C_2}{C_1+C_2}U_总$ 和 $U_2=\frac{C_1}{C_1+C_2}U_总$。

2. 电容器并联使用

如图 2-1-8 所示，将几只电容器接在相同的两点之间的连接方式，叫作电容器的并联，其特点有以下 3 点。

（1）每个电容器两端承受的电压相等，并等于电源电压 U，即

$$U=U_1=U_2=\cdots=U_n$$

（2）并联后的等效电容量（总容量）C 等于各个电容器的电容量之和，即

$$C=C_1+C_2+\cdots+C_n$$

（3）电容器并联时，等效电容所带的总电荷量 Q 等于各电容器所存储的电荷量之和，即

$$Q=Q_1+Q_2+\cdots+Q_n$$

3. 电容器的混联使用

既有串联又有并联的电容器组合叫作电容器的混联，如图 2-1-9 所示。在实际使用和计算混联电路时，要依据实际电路分别应用串联和并联知识来分析。

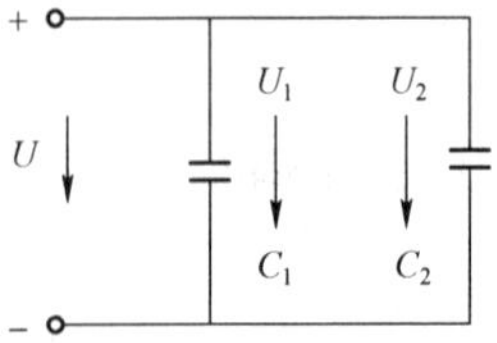

图 2-1-8　电容器并联

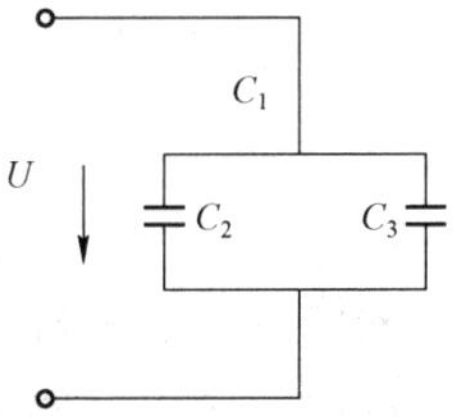

图 2-1-9　电容器混联

2.2　电磁基本知识

2.2.1　磁场

1. 磁体与磁极

人们把物体能够吸引铁、镍、钴等金属及其合金的性质称为磁性。具有磁性的物体称为磁体，磁体分为天然磁体和人造磁体两大类。工业中常见的人造磁体有条形磁体、蹄形磁体、针形磁体和圆形磁体等，如图 2-2-1 所示。

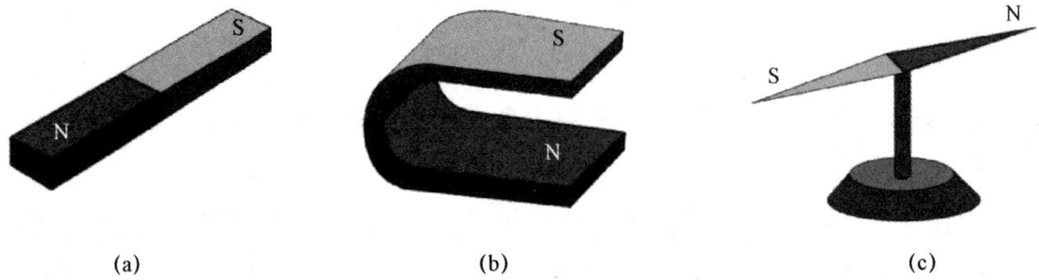

图 2-2-1　常见人造磁体

（a）条形磁体；（b）蹄形磁体；（c）针形磁体

磁体两端磁性最强的部分称为磁极。一个可以在水平面内自由转动的条形磁铁或小磁针，静止后总是一个磁极指南，一个磁极指北。指南的磁极称为指南极，简称南极（S）；指北的磁极称为指北极，简称北极（N）。与电荷之间的作用力相似，磁极之间也有相互作用力：同性磁极相互排斥，异性磁极相互吸引。

2. 磁场与磁感线

两个互不接触的磁体之间为什么会存在相互的作用力呢？这是因为磁体周围的空间存在着一种特殊的物质——磁场，它之所以特殊，在于它是看不见、摸不着的，但是又具有一般物质所固有的一些属性（如力和能的特性）。判断某空间是否存在磁场，一般可用一个小磁针来检验：能使小磁针转动，并总是停留在一个固定方向的空间都存在着磁场。

为了形象地描绘磁场的大小和方向，人们引入磁感线的概念，对磁感线有如下规定。

（1）磁感线是互不交叉的闭合曲线，磁感线在磁体外部由 N 极指向 S 极，在磁体内部由 S 极指向 N 极。

（2）磁感线上任意一点的切线方向就是该点的磁场方向，即小磁针 N 极所指的方向。

（3）磁感线的密疏程度表示磁场的强弱，即磁感线越密的地方磁场越强，反之越弱。磁感线均匀分布而又相互平行的区域称为均匀磁场，反之则称为非均匀磁场。

通常，平行于纸面的磁感线用带箭头的线段表示。垂直于纸面向里的磁感线用符号“×”表示，垂直于纸面向外的磁感线用符号“•”表示。图 2–2–2 所示为条形磁铁（磁铁又称为磁体）的磁感线。

磁感线是人们为研究磁场方便而引入的一种曲线，它不是客观存在的，但是可以用实验的方法把磁感线模拟出来：在蹄形磁铁的上面放一块玻璃板或纸板，撒上一些铁屑并轻敲，铁屑就会有规则地排列成如图 2–2–3 所示的形状，与磁感线相似。因此，可以用磁感线的多少和疏密程度来描述磁场的强弱。

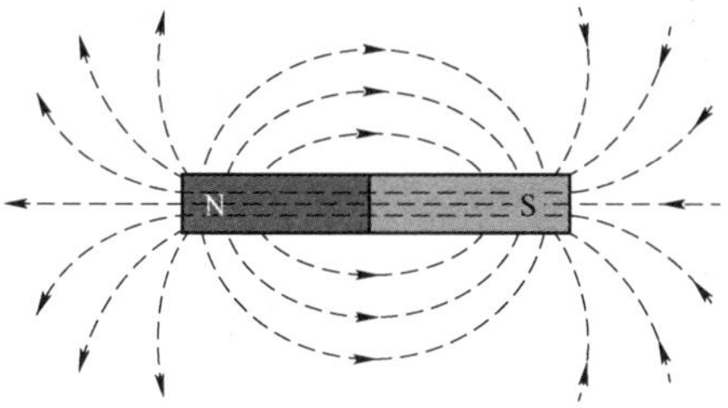

图 2–2–2　条形磁铁的磁感线

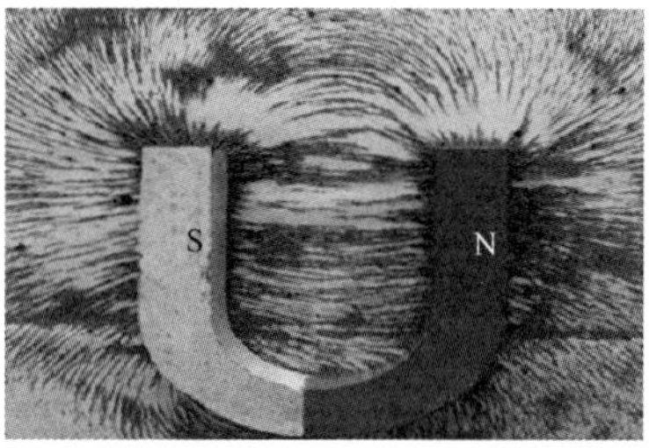

图 2–2–3　用铁屑模拟磁场

2.2.2　磁场的基本物理量

磁场的基本物理量很多，它们从各个不同的角度描述了磁场的性质。如前面所介绍的磁感线，就是定性描述磁场在某一空间分布情况的物理量。

1. 磁感应强度 B

磁感应强度是定量地描述磁场中各点磁场的强弱和方向的物理量。

磁感应强度的定义是：在磁场中垂直于磁场方向的通电导线，所受电磁力 F 与电流 I 和导线有效长度 l 乘积 Il 的比值。磁感应强度用符号 B 来表示，其定义式为

$$B=\frac{F}{Il}$$

磁感应强度的单位是特［斯拉］，简称特（T）。磁感应强度是矢量，方向是该点磁场的方向。

2. 磁通 Φ

磁通是定量描述磁场在某一范围内分布情况的物理量，用符号 Φ 表示。

磁通的定义是：磁感应强度 B 与垂直于磁场方向的面积 S 的乘积，称为通过该面积的磁通 Φ，如图 2–2–4 所示。即

$$\Phi=BS$$

当磁感应强度 B 的单位是 T，面积 S 的单位是 m^2 时，磁通的单位是韦［伯］，简称韦（Wb）。由上式得

$$B=\frac{\Phi}{S}$$

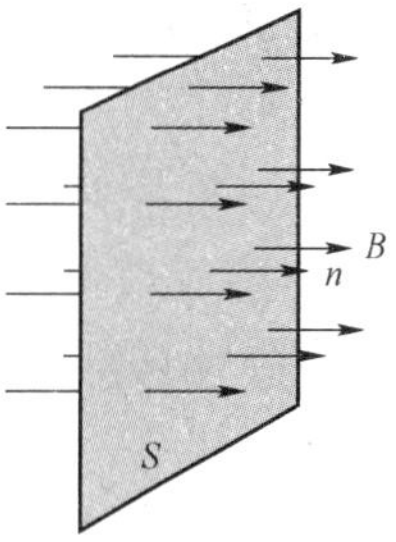

图 2–2–4　磁通

可见，磁感应强度在数值上等于与磁场方向垂直的单位面积上的磁通，所以磁感应强度又称为磁通密度，从而得到它的另一个单位是 Wb/m^2。

3. 磁导率 μ

如果先用插有铁棒的通电线圈去吸引铁屑，然后把通电线圈中的铁棒换成铜棒再去吸引铁屑，便会发现这两种情况下的吸力大小不同，前者比后者大得多。这表明不同的介质对磁场的影响不同，影响的程度与介质的导磁性能有关。

磁导率就是一个用来表示介质导磁性能好坏的物理量，用符号 μ 表示，其单位是 H/m。由实验得到真空的磁导率 $\mu_0 = 4\pi \times 10^{-7}$ H/m，为一常数。

自然界大多数物质对磁场的影响甚小，只有少数物质对磁场有明显的影响。为比较介质对磁场的影响大小，把任一物质的磁导率与真空磁导率的比值称为相对磁导率，用 μ_r 表示，即

$$\mu_r = \frac{\mu}{\mu_0}$$

相对磁导率是个比值，没有单位。它表明在其他条件相同的情况下，介质中的磁感应强度是真空中磁感应强度的多少倍，即 $\mu = \mu_r \mu_0$。根据相对磁导率的大小，可把物质分为两大类，见表 2-2-1。

表 2-2-1　根据相对磁导率大小对物质的分类

分类		特　点	材　料
非铁磁物质	反磁物质	μ_r 稍小于 1	如铜、氢气等
	顺磁物质	μ_r 稍大于 1	如空气、铝、铬等
铁磁物质		μ_r 远大于 1，可达几百甚至数万以上，并且不是一个常数。铁磁物质被广泛应用于电子技术及计算机技术方面	如铁、硅钢、铁氧体、钴、镍等

2.2.3 电磁感应

电流能够产生磁场，那么反过来，磁场能否产生电流呢？英国科学家法拉第于 1831 年用实验回答了这一问题：在一定条件下，磁场是可以产生电流的。这里的“一定条件”可归纳为一个字：变。所谓的变，包括两种情况，一种是导体切割磁感线运动，另一种是穿过线圈内的磁通发生变化。一般把由于磁通变化而在导体或线圈中产生电动势的现象称为电磁感应。

下面通过两个实验介绍电磁感应的现象及其规律。

1. 电磁感应现象

（1）直导体切割磁感线产生感应电动势。在图 2-2-5 所示的均匀磁场中放置一根直导体，导体两端通过一个灵敏检流计接成闭合回路。当直导体在磁场中静止不动，或者沿着磁感线方向上下运动时，检流计指针不动，说明回路中没有电流产生；当直导体沿着与磁感线垂直方向向左或向右做切割磁感线运动时，检流计指针发生偏转，并且两种情况下检流计指针偏转方向相反，说明回路中有电流产生，也说明回路中有电动势存在。

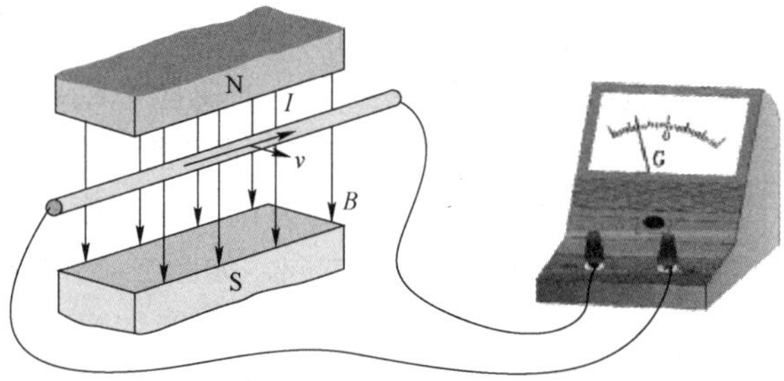

图 2-2-5 直导体切割磁感线

（2）穿过线圈的磁通发生变化产生感应电动势。如图 2-2-6 所示，在线圈的两端也通过一个灵敏检流计接成闭合回路。当把条形磁铁放入线圈中并且与线圈相对静止时，检流计指针不动，说明回路中没有电流产生；当把条形磁铁迅速插入或拔出线圈时，检流计指针发生偏转，并且两种情况下偏转方向相反，这说明回路中有电流，也说明回路中有电动势存在。

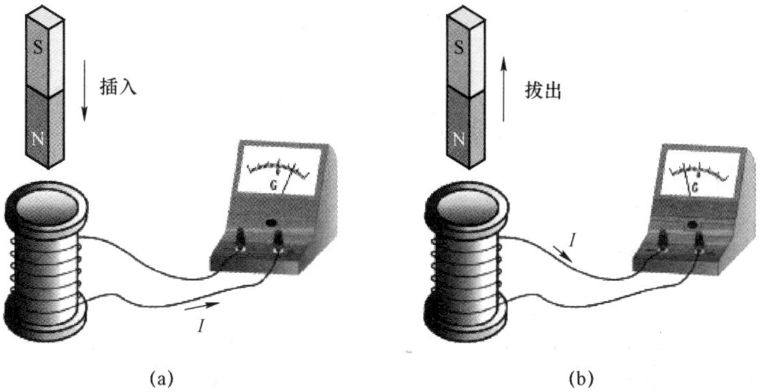

图 2-2-6 穿过线圈的磁通发生变化小问题

（a）磁铁插入时，电流表指针向右偏转；（b）磁铁拔出时，电流表指针向左偏转

分析以上实验可以看出，当直导体相对于磁场运动而切割磁感线，或者穿过线圈的磁通发生变化时，在直导体或线圈中都会产生电动势，若直导体或线圈构成闭合回路，则直导体或线圈会产生电流。这种由于磁通变化而在直导体或线圈中产生电动势的现象称为电磁感应。由电磁感应产生的电动势称为感应电动势，用 e 表示；由感应电动势产生的电流称为感应电流，用 i 表示。

2. 直导体切割磁感线产生感应电动势

1）感应电动势大小的计算

如图 2-2-7 所示，直导体切割磁感线产生的感应电动势 e 的大小，与直导体的长度 l、导体切割磁感线的速度，以及磁感应强度 B 有关，计算公式为

$$e=lvB$$

式中 l——直导体的长度，m；

v——导体切割磁感线的速度，m/s；

B——磁感应强度，T；

e——感应电动势，V。

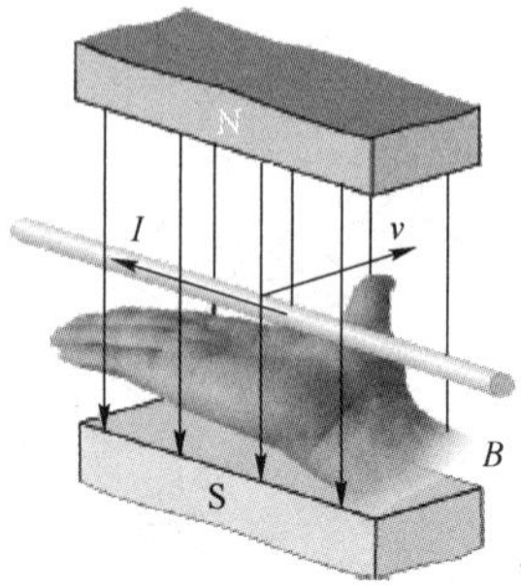

图 2-2-7　右手定则

2）感应电动势方向的判定

直导体切割磁感线产生的感应电动势的方向可用右手定则判定：伸出右手，使大拇指与其余四指垂直，让磁感线垂直穿过手心，拇指指向代表导体运动的方向，则四指指向就是感应电动势的方向，也就是感应电流的方向，如图 2-2-7 所示。

3. 穿过线圈的磁通发生变化产生感应电动势

1）感应电动势大小的计算

当穿过线圈回路的磁通发生变化时，产生感应电动势的大小，可根据法拉第电磁感应定律进行计算。

如图 2-2-6 所示，如果改变条形磁铁插入或拔出线圈的速度，就会发现，磁铁运动速度越快，也就是说磁通变化越快，检流计指针偏转角度越大。法拉第电磁感应定律指出：线圈中感应电动势的大小与线圈中磁通的变化率成正比。如果线圈的匝数为 N，则感应电动势的大小为

$$e = N\frac{\Delta\Phi}{\Delta t}$$

式中　$\Delta\Phi$——磁通的变化量，Wb；

Δt——磁通变化 $\Delta\Phi$ 所需要的时间，s；

$\frac{\Delta\Phi}{\Delta t}$——磁通的变化率，Wb/s；

e——在 Δt 时间内感应电动势的平均值，V。

2）感应电动势方向的判定

俄国物理学家楞次于 1833 年提出了著名的楞次定律。楞次定律主要用于判定由于磁通变化而引起的感应电动势的方向，其内容是：感应电流产生的磁通总是阻碍原磁通的变化。

使用楞次定律的步骤如下：

（1）首先确定原磁通的方向以及原磁通的变化趋势；

（2）根据楞次定律判定感应电流产生的磁通方向；

（3）根据感应电流产生的磁通方向，应用安培定则（右手螺旋定则）判定感应电流的方向；

（4）根据感应电流的方向，确定感应电动势的方向。

2.3　电　　感

2.3.1　电感线圈和电感

1. 电感线圈

用导线绕制成线圈便构成电感器，也称为电感线圈，简称电感。电感线圈是一切电机、变压器、接触器，以及其他电磁器件的重要组成部分之一。电感是一种储存磁场能量的电路元件，在电路中用字母 L 表示，其电路图形符号如图 2-3-1 所示。

2. 电感及自感电动势

由电磁感应现象可知，当一个线圈中的电流发生变化时，这个电流将产生磁场使该线圈具有磁链，人们把线圈中通过单位电流所产生的自感磁链定义为自感系数，也称为电感量，简称电感，用字母 L 表示，即

$$L=\frac{\Psi}{i} \qquad (2-3-1)$$

式中　Ψ ——通过线圈的电流产生的自感磁链，单位为 Wb；

i——流过线圈的电流，单位为 A。

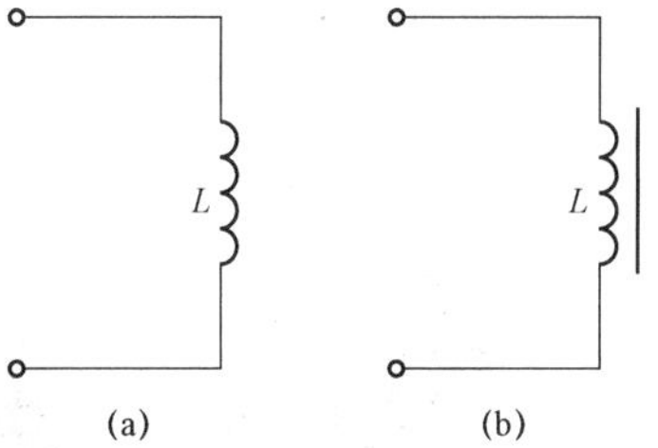

图 2-3-1　电感的电路图形符号

（a）一般线圈；（b）铁芯和线圈

若线圈通过 1 A 电流能够产生 1 Wb 的自感磁链，则该线圈的电感量为 1 H。在实际使用中，一般线圈具有的电感量都比较小，因而常采用比 H 小的单位，即 mH、μH，它们之间的换算关系为

$$1\ \text{H}=10^3\ \text{mH}=10^6\ \mu\text{H}$$

由电磁感应定律可知，当电感线圈中电流发生变化时，就会在线圈两端感应出电动势，这种由于流过线圈本身的电流发生变化而引起的感应电动势叫作自感电动势，用字母 e_L 表示，自感电动势的表示式为

$$e_L=-L\frac{\mathrm{d}i}{\mathrm{d}t} \qquad (2-3-2)$$

式中　$\frac{\mathrm{d}i}{\mathrm{d}t}$——电流的变化率。

式（2-3-2）表明，自感电动势 e_L 与线圈的电感 L 和线圈中电流的变化率 $\frac{\mathrm{d}i}{\mathrm{d}t}$ 的乘积成正比。当线圈电感量一定时，线圈电流变化越快，自感电动势越大；线圈的电流变化越慢，自感电动势越小；线圈电流不变，则没有电动势。反之，在电流变化率一定时，线圈的电感量 L 越大，自感电动势越大，线圈电感量 L 越小，自感电动势越小。所以，电感量 L 也反映了线圈产生自感电动势的能力。

这里需要注意的是，电感线圈和电感量都可以简称电感，而且都可以用字母 L 表示，但两者意义不同。

2.3.2　电感器的参数和种类

1. 电感器的主要参数

1）电感量

电感量 L 是表征产生自感电动势能力的物理量，它是电感器的固有参数，其大小与电感器的匝数、尺寸和导磁材料有关。对于空芯电感器，由于其介质是空气，空气的磁导率是恒定不变的，所以空芯电感器的电感是线性电感；对于铁芯电感器，因为铁芯的磁导率不是常数，所以铁芯电感器的电感是非线性的。

2）额定电流

额定电流是指电感器在正常工作时，所允许通过的最大电流。使用中电感器的实际工作电流必须小于电感器的额定电流，否则将会导致电感器发热甚至烧毁。额定电流用字母标示在电感器上。

2. 电感器的种类

电感器按使用特征可分为固定电感器和可变电感器；按磁芯材料可分为空芯电感器、磁芯电感器和铁芯电感器。常见的电感器如图 2-3-2 所示。

(a)　(b)　(c)　(d)　(e)

图 2-3-2　常见的电感器

(a) 环形电感；(b) 棒形电感；(c) 工字形电感；(d) 色环电感；(e) 贴片电感

电感器除少数可采用现成产品外，通常为非标准元件，需要根据电路要求自行设计、制作。国产电感器的型号命名一般由 4 部分组成，如图 2-3-3 所示。第 1 部分用字母表示电感器的主称，“L”为电感器，“ZL”为阻流圈；第 2 部分用字母表示电感器的特征，“G”为高频；第 3 部分用字母表示电感器的类型，“X”为小型；第 4 部分用字母表示区别代号。

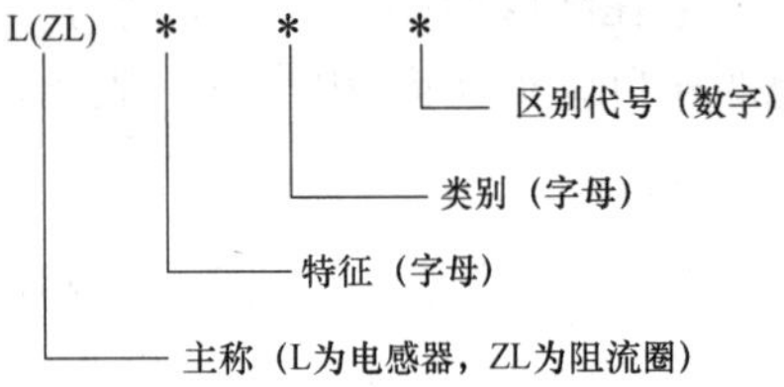

图 2-3-3　电感器的型号命名

2.4 任务训练

2.4.1 电容、电感器的识读和测量

技能目标

（1）掌握常见电容的识读方法。
（2）掌握电容的简易测量方法。
（3）掌握电感的识别方法。
（4）掌握电感的检测方法。

工具和仪器

（1）万用表 1 块。
（2）常见电容器和电感器若干。

知识准备

1. 电容器的识别和测量

1）电容器的标志识别

电容器标注方法主要有直接标识法、数码标识法、字母标识法和色环标识法。

（1）直接标识法。直接标识法主要用在体积较大的电容上，即用文字、数字或符号直接打印在电容器上，它的规格一般为“型号－额定直流工作电压－标称电容－精度等级”，如：CJ3－400－0.01－Ⅱ，表示密封金属化纸介电容器，额定直流工作电压为 400 V，电容量为 0.01 pF，允许误差在±10%内。有极性的电容器还印有极性标志。

（2）数码标识法。数码标识法通常采用 3 位数字表示电容量，单位为 pF，3 位数字中，前 2 位表示有效数字，第 3 位是倍乘数。倍乘数标示数字代表的含义如表 2－4－1 所示，标示数为 0～8 时，分别表示 10^0～10^8，而 9 则表示 10^{-1}。如，203 表示 $20\times10^3=20\,000$（pF）＝0.02 μF；259 表示 $25\times10^{-1}=2.5$（pF）。

（3）字母标识法。字母标识法使用的标注字母有 4 个，即 p、n、μ、m，分别表示 pF、nF、μF、mF。用 2～4 个数字和 1 个字母表示电容量，字母前为容量的整数，字母后为容量的小数。例如，1 p5 表示 1.5 pF，4 n9 表示 4.9 nF。

表 2－4－1 电容器上倍乘数标示数字代表的含义

标示数字	0	1	2	3	4	5	6	7	8	9
乘数（10 的幂）	10^0	10^1	10^2	10^3	10^4	10^5	10^6	10^7	10^8	10^{-1}

2）电容器的测量

利用万用表内部的电池作为充电电源，依据电容器充、放电的规律，可以用万用表欧姆挡简单判断电容器的质量；而要测量电容器的电容量大小，则需使用电容表或数字式万用表的电容挡。这里仅介绍实际生产中广泛使用的模拟式万用表判断电容器好坏的方法。

（1）对于电容量大于 5 000 pF 的电容器，用万用表的“×1 k”或“×10 k”欧姆挡测量电容器的两引线，应该能观察到万用表指针有变化，一般是先向右摆动，再慢慢返回标度尺的“∞”处。指针摆动越大，说明电容器容量越大，否则反之。数值稳定后的读数就是电容器的绝缘电阻（也称漏电电阻）。假如万用表的表针停在距“∞”处较远的位置，表明电容器漏电严重，不能使用；若万用表指针指在标度尺的“0”处，说明电容器已被击穿，也不能使用。

（2）对于电容量在 5 000 pF 以下的电容器，用万用表欧姆挡只能判断其内部是否被击穿。若指针指示为 0，则表明电容器内部介质材料被破坏，两极板之间短路。

（3）用万用表检测电解电容器的好坏。电解电容器的两根引脚有正、负之分，在检查它的好坏时，对耐压较低的电容器（6 V 或 10 V），电阻挡应放在“×10”挡或“×1 k”挡，把红表笔接电容器的负极，黑表笔接电容器的正极，这时万用表的指针将摆动，然后恢复到零位或零位附近，表明电解电容器是好的。电解电容器的容量越大，充电时间越长，指针摆动得越慢。

2. 电感器的识别和测量

1）外观检查

从电感器外观查看电感器是否破裂、松动和变位，引脚是否牢靠，并查看电感器的外表上是否有电感量的标称值，还可进一步检查磁芯旋转是否灵活、有无滑扣等。

2）万用表检测

测量电感器的直流损耗电阻。若测得电感器的电阻趋于无穷大，说明电感器断路；若测

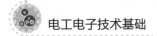

得电感器的电阻远小于标称阻值，说明电感器内部有短路故障。

3）电感器的识读

电感器的标识方法一般有直标法、文字符号法、色标法、数码表示法，电感器在电路中常用 L 加数字表示，如 L_6 表示编号为 6 的电感器。

（1）直标法。直标法是将电感器的标称电感量用数字和文字符号直接标在电感器外壁上，电感量单位后面用一个英文字母表示其允许偏差。如，560 μHK 表示标称电感量为 560 μH，允许偏差为±10%。各字母表示的允许偏差见表 2-4-2。

表 2-4-2　电感器上各字母表示的允许偏差

英文字母	允许偏差/%	英文字母	允许偏差/%
Y	±0.001	D	±0.5
X	±0.002	F	±1
E	±0.005	G	±2
L	±0.01	J	±5
P	±0.02	K	±10
B	±0.05	M	±20
B	±0.1	N	±30
C	±0.25		

（2）文字符号法。文字符号法是将电感器的标称电感量与允许偏差用数字和文字符号按一定的规律组合标志在电感器上。采用这种标示方法的通常是一些小功率电感器，其单位通常为 nH 或 μH，用 N 或 R 代表小数点。如，4N7 表示电感量为 4.7 nH，4R7 则代表电感量为 4.7 μH；47N 表示电感量为 47 nH，6R8 表示电感量为 6.8 μH。采用这种标示法的电感器通常后缀一个英文字母表示允许偏差，各字母代表的允许偏差与直标法相同。

（3）色标法。色标法是指在电感器的壳体上涂印上色环，以不同颜色表示其电感量、倍数及允许误差，如图 2-4-1 所示。其中，第一、第二个环表示电感量的有效数字，第三个环表示倍数（即 10^n），第四个环表示电感值的允许偏差。电感量的单位为 μH。

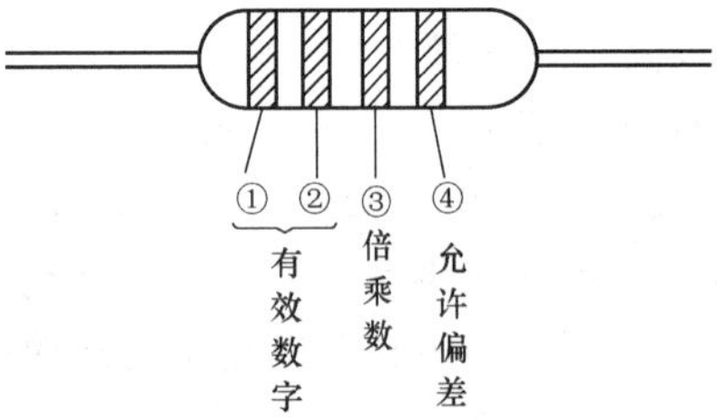

图 2-4-1　色环电感

注意：小型电感器的色标法与电阻器的四色环标志的规律相同，电感器色环表示的数字与电阻器色环表示的数字意义一样，只是最后的单位不一样。例如一个固定电感器，靠近其一端的色环顺序为黄色、紫色、红色和银色，则该电感器的电感量为 47×（1±10%）×10^2 μH。

（4）数码表示法。数码标示法是用 3 位数字来表示电感器电感量的标称值，该方法常见于贴片电感器上。在 3 位数字中，从左至右的第一、第二位为有效数字，第三位数字表示有效数字后面所加“0”的个数（单位为 μH）。如果电感量中有小数点，则用“R”表示，并占一位有效数字。电感量单位后面用一个英文字母表示其允许偏差，各字母代表的允许偏差见

表 2-4-2。如，标示为“102 J”的电感量为 $10\times10^2=1\,000$（μH），允许偏差为±5%；标示为“183 K”的电感量为 18 mH，允许偏差为±10%。需要注意的是要将这种标示法与传统的方法区别开，如标示为“470”或“47”的电感器，其电感量为 47 μH，而不是 470 μH。

实训步骤

1. 电容器的识读和测量

（1）根据提供的电容器，识别电容器的类型。

（2）用万用表检测电容器，对其性能进行判断。

（3）将测量结果填入表 2-4-3 中。

表 2-4-3　电容测量数据记录

<table>
<tr><td>电容器类型</td><td rowspan="4">直接标识法</td><td>额定电压</td><td>标称电容量</td><td>允许偏差</td><td>万用表挡位</td><td>电容器是否合格</td></tr>
<tr><td></td><td></td><td></td><td></td><td></td><td></td></tr>
<tr><td></td><td></td><td></td><td></td><td></td><td></td></tr>
<tr><td></td><td></td><td></td><td></td><td></td><td></td></tr>
<tr><td></td><td rowspan="5">数码标识法</td><td colspan="2">数码读数电容量</td><td></td><td></td><td></td></tr>
<tr><td></td><td>数字</td><td>pF</td><td>μF</td><td></td><td></td></tr>
<tr><td></td><td></td><td></td><td></td><td></td><td></td></tr>
<tr><td></td><td></td><td></td><td></td><td></td><td></td></tr>
<tr><td></td><td></td><td></td><td></td><td></td><td></td></tr>
</table>

2. 电感器的识读和测量

（1）根据提供的电感器，识别电感器的类型。

（2）用万用表检测电感器，对其性能进行判断。

（3）将测量结果填入表 2-4-4 中。

表 2-4-4　电感器识别记录

电感器类型	识读方法	标称电感量	允许偏差	万用表挡位	电感器是否合格

本 章 小 结

（1）任何两个彼此绝缘而又相互靠近的导体都可以构成电容器。电容器所带的电荷量 Q

跟它的两个极板间的电位差 U 的比值，叫作电容器的电容，用 C 表示，即

$$C=\frac{Q}{U}$$

（2）电容器的种类很多，按照其结构不同来分，可分为固定电容器、可调电容器和微调电容器 3 类。电容器的指标主要有标称容量、允许误差和额定工作电压等，这些数值统称为电容器的额定值，一般都直接标注在电容器的外壳上。

（3）电容器的充放电有以下特点：① 电容器两端电压不能突变；② 电容器在刚充电瞬间相当于“短路”；③ 电容器在充电结束之后，具有“隔直”作用；④ 电容器充放电按指数规律变化，充放电的快慢由时间常数 τ 来衡量。

（4）把物体能够吸引铁、镍、钴等金属及其合金的性质称为磁性。具有磁性的物体称为磁体。磁体分为天然磁体和人造磁体两大类。磁极之间有相互作用力：同名磁极相互排斥，异名磁极相互吸引。

（5）对磁感线有如下规定：① 磁感线是互不交叉的闭合曲线，在磁体外部由 N 极指向 S 极，在磁体内部由 S 极指向 N 极；② 磁感线上任意一点的切线方向就是该点的磁场方向，即小磁针 N 极所指的方向；③ 磁感线的密疏程度表示磁场的强弱，即磁感线越密的地方磁场越强，反之越弱。

（6） 磁感线是定性描述磁场在某一空间分布情况的物理量。磁感应强度是定量描述磁场中各点磁场的强弱和方向的物理量，用符号 B 表示。磁通是定量描述磁场在某一范围内分布情况的物理量，用符号 Φ 表示。磁导率是一个用来表示介质导磁性能好坏的物理量，用符号 μ 表示，其单位是 H/m。

（7）楞次定律内容是：感应电流产生的磁通总是阻碍原磁通的变化。法拉第电磁感应定律指出：线圈中感应电动势的大小与线圈中磁通的变化率成正比。如果线圈的匝数为 N，则感应电动势的大小为

$$e=N\frac{\Delta\Phi}{\Delta t}$$

思考与练习

1. 什么叫电容器？由公式 $C=\frac{Q}{U}$ 能否说明当 $Q=0$ 时，电容量 C 也为 0？为什么？

2. 有 2 只电容器，其中一只电容量较大，另外一只电容量较小，如果端电压相等，试问哪一只带电量较多？

3. 在电容器充、放电过程中，为什么电路中会出现电流？这个电流和电容器的端电压有无关系？

4. 若有两只电容器，一只电容为 10 μF、耐压 450 V，另一只电容为 50 μF、耐压 300 V。现将它们串联后接到 600 V 直流电路中，问这样使用是否安全？为什么？

5. 什么叫磁性？什么叫磁场？

6. 什么是电磁感应？是否线圈回路中有磁通就一定有感应电动势？

7. 在均匀磁场中，有一根导线与磁力线垂直，导线长 0.2 m，导线中通有电流 0.45 A，若导线受力为 0.045 N，求磁场的磁感应强度是多少？

8. 在图 2-a 中，箭头表示条形磁铁插入和拔出线圈的方向。根据楞次定律在图中画出感应电流的方向。

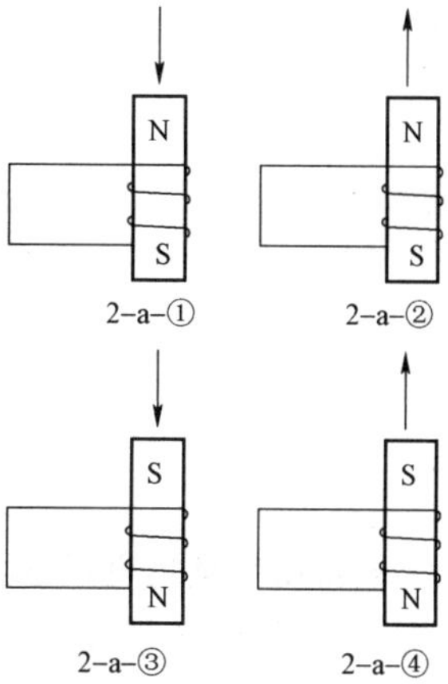

图 2-a　题 8 图

第 3 章

单相正弦交流电路

学习目标

1. 了解正弦交流电的基本概念，知道正弦交流电的 3 要素，了解正弦交流电的表示方法。
2. 知道纯电阻、纯电感、纯电容电路在交流电路中的基本特性。
3. 理解 *RL*、*RC* 串联电路的电压、电流关系，会估算其交流阻抗。
4. 理解电路谐振的概念及串联谐振和并联谐振的特点。
5. 了解功率因数的概念。
6. 掌握交流电表、钳形电流表、万用表、试电笔的使用方法。
7. 学习用示波器观察信号波形。

任务导入

前面介绍的直流电路，电压、电流的大小和方向是恒定的，与时间无关。但在人类的生产与生活中，应用更为广泛的是交流电。现实生活中发电厂发出的电能都是交流电，照明、动力、电热等方面的绝大多数设备也都使用单相交流电。直流电的某些定律、定理在一定条件下可以适用于交流电路，需要注意的是，在交流电路中若有电感器和电容器，就会增加电路的复杂性，故电压与电流的相位关系成为不可忽视的问题。

本章从交流电的基本概念入手，通过分析电阻、电感、电容器在正弦交流电作用下电压、电流的变化规律，掌握交流电路的特点和简单分析方法。

3.1 交流电的基础知识

交流电是指大小和方向随时间做周期性变化，并且在一个周期内的平均值为 0 的电压、电流和电动势。交流电按变化规律可分为正弦交流电和非正弦交流电，如图 3-1-1 所示。

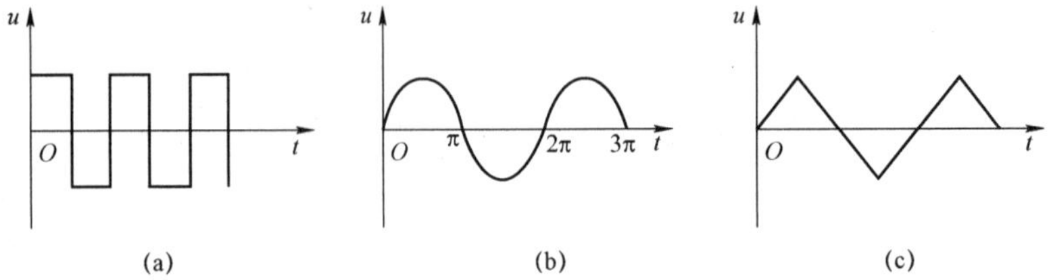

图 3-1-1 交流电的波形

（a）矩形波波形；（b）正弦波波形；（c）锯齿波波形

3.1.1　正弦交流电的 3 要素

正弦交流电实际上可以看成是一个关于时间 t（或 ωt）的数学函数，用小写字母 i、u、e 来表示正弦交流电某一时刻的电流、电压、电动势的大小，称为瞬时值。正弦交流电电流瞬时值的表达式为

$$i = I_m \sin(\omega t + \varphi_0)$$

式中　I_m——电流最大值；

ω——角频率；

φ_0——初相位。

只要知道 I_m、ω、φ_0 3 个值，便可以将正弦交流电的电流描述出来。因此将这 3 个值称为正弦交流电的 3 要素。

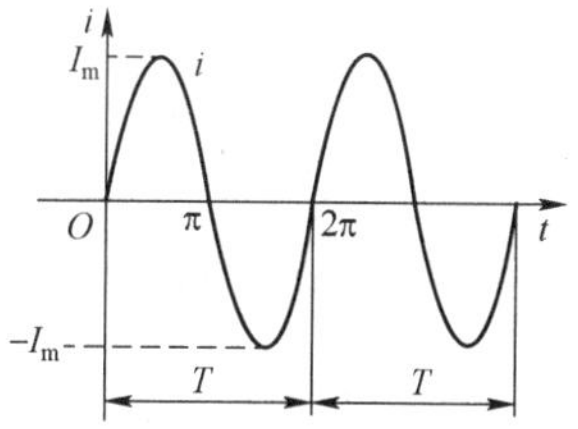

图 3－1－2　正弦交流电波形

1. 最大值

正弦交流电的最大值，也称为幅值或峰值，它表示正弦交流电变化过程中所能达到的最大峰值。如图 3－1－2 所示，正弦交流电波形最高点对应的纵坐标值，表示正弦交流电的最大值，用大写字母带下标 m 来表示，如 I_m、U_m、E_m 等。正弦交流电波形的正、负半周对称，正弦半周的最大值与负半周最大值相等。

动手做

（1）为了测量交流电压的最大值与有效值，按图 3－1－3 所示的方式连接电路，将万用表设置在“10 V”交流电压挡，测量交流电源输出电压的有效值。

（2）用示波器（见图 3－1－4）观测 6 V 交流电输出的电压波形，画出波形图，观测最大值。

（3）根据测量数据得出有效值与最大值之间的关系。

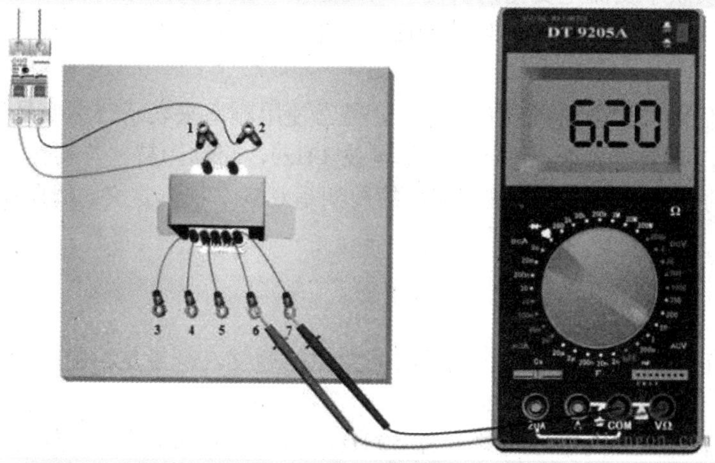

图 3－1－3　万用表测量交流电压

但通常人们所说的交流电流和交流电压的大小以及测量仪表所指示的电流和电压值都是指有效值。当交流电通过一个电阻时，在一个周期内产生的热量与某直流电通过同一电阻在

同样长的时间内产生的热量相等，就将这一直流电的数值定义为交流电的有效值。

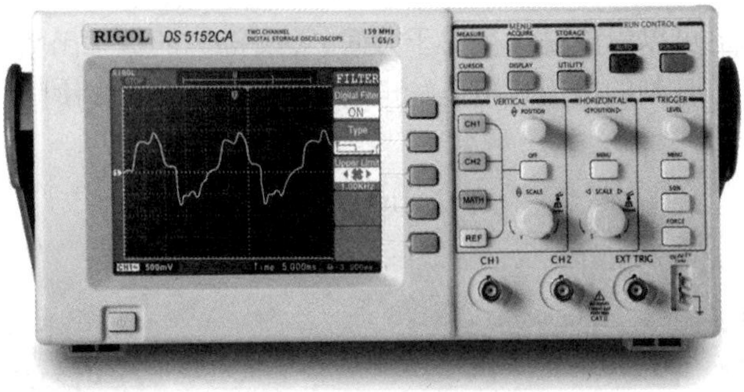

图 3–1–4　示波器

正弦交流电的有效值 I 和最大值 I_m 之间的关系为 $I=\frac{I_m}{\sqrt{2}}=0.707I_m$。

注意

我国生活用电为 220 V 交流电，是指电压的有效值为 220 V，其最大值 $U_m=\sqrt{2}U=311$ V。因此，家用电动电器，如电风扇、洗衣机的启动电容器的额定电压要求大于 311 V，通常选用额定电压为 400 V 以上的电容器。

2. 周期、频率和角频率

1）周期

从图 3–1–2 所示的波形可以看到，正弦交流电 i 从 0 开始逐渐增大至最大值，然后逐渐减小到 0，然后又反向增大到最大值，再减小到 0，完成一次周期变化。正弦交流电的周期就是指交流电完成一次变化所需要的时间，用字母 T 来表示，单位是 s。

周期的大小反映了交流电变化的快慢，周期越小，说明交流电变化一周的时间越短，交流电的变化越快，如我国交流电周期为 0.02 s。

2）频率

交流电的变化快慢除了用周期表示外，还经常使用频率来表示。频率是指 1 s 内交流电重复变化的次数，用字母 f 来表示，单位是赫兹（Hz），简称为赫。若某交流电 1 s 内变化了 2 次，该交流电的频率就是 2 Hz，该交流电的周期是 0.5 s。根据定义，周期和频率互为倒数，关系为 $T=\frac{1}{f}$。

3）角频率

角频率表示正弦交流电对应的角度随时间变化的速度，符号是希腊字母 ω，它的单位是 rad/s。角频率的计算公式为：$\omega=2\pi f$。

【例 3–1–1】我国供电电源的频率为 50 Hz，称为工业标准频率，简称工频，其周期为多少？角频率为多少？

解：工频的周期为

$$T=\frac{1}{f}=\frac{1}{50}\text{ s}=0.02\text{ s}$$

工频的角频率为

$$\omega = 2\pi f = 2\times3.14\times50\ \text{rad/s} = 314\ \text{rad/s}$$

3. 相位、初相位和相位差

1）相位与初相位

在正弦交流电瞬时表达式 $i = I_{\mathrm{m}}\sin(\omega t+\varphi_0)$ 中，角度 $(\omega t+\varphi_0)$ 称为正弦交流电的相位角，简称相位。相位反映了正弦量在突变过程中某一瞬间的状态（方向、增加或减小等）。相位随着时间的变化而变化；初相位则是指正弦交流电在计时起点 $t=0$ 时的相位角值，也就是角度 φ_0。

2）相位差

在正弦交流电路中，电压与电流都是同频率的正弦量，但是它们的相位不一定都相等，会根据交流电路的感抗、容抗相应出现相位差。

相位差是用来表征两个同频率正弦交流电之间的相位关系。如图 3－1－5 所示的交流电 i_1、i_2 的表达式为

$$i_1 = I_{\mathrm{m1}}\sin(\omega t+\varphi_{01})$$
$$i_2 = I_{\mathrm{m2}}\sin(\omega t+\varphi_{02})$$

则这两个正弦量的相位差为 $\varphi=(\omega t+\varphi_{01})-(\omega t+\varphi_{02})=\varphi_{01}-\varphi_{02}$。由此可知，两个同频率的交流电的相位之差就等于它们的初相位之差，是一个不随时间变化的常数，即 $\varphi=\varphi_{01}-\varphi_{02}$。

当 $0<\varphi<\pi$ 时，正弦交流电的波形如图 3－1－5（a）所示，i_1 总比 i_2 先经过对应的最大值和 0，这时就称 i_1 超前 i_2 一个 φ 角（或称 i_2 滞后 i_1 一个 φ 角）。

当 $-\pi<\varphi<0$ 时，正弦交流电的波形如图 3－1－5（b）所示，称为 i_1 滞后 i_2 一个 φ 角（或称 i_2 超前 i_1 一个 φ 角）。

当 $\varphi=0$ 时，正弦交流电的波形如图 3－1－5（c）所示，称为 i_1 与 i_2 相位相同，简称同相。

当 $\varphi=\pi$ 时，正弦交流电的波形如图 3－1－5（d）所示，称为 i_1 与 i_2 相位相反，简称反相。

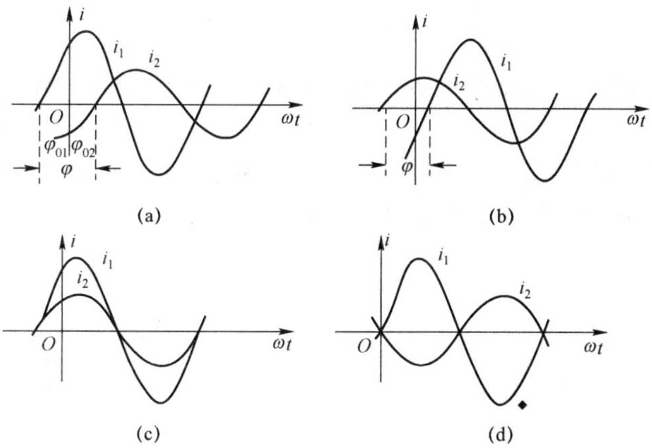

图 3－1－5　正弦交流电的波形

（a）$0<\varphi<\pi$；（b）$-\pi<\varphi<0$；（c）$\varphi=0$；（d）$\varphi=\pi$

一个正弦交流电，其变化幅度可用最大值或有效值来表示，其变化的快慢可以用交流电频率来表示，其变化的起点和先后可以用初相位来表示，这就是正弦交流电的 3 要素。

3.1.2 正弦交流电的表示法

正弦交流电一般有 3 种表示方法：解析式表示法、波形图表示法和相量表示法。

解析式表示法和波形图表示法在前面介绍正弦交流电基本知识时已用到。解析式表示法是用三角函数式表示正弦交流电与时间的变化关系的方法，即瞬时值表达式。波形图表示法是在平面直角坐标系中作出正弦交流电的瞬时值 u（或 i）与时间 t（或 ωt）的变化关系曲线。这两种方法虽然能完整反映正弦交流电的 3 要素，但在分析和计算交流电路时比较麻烦，为此引入相量表示法。

所谓相量表示法，就是用一个在直角坐标中绕原点不断旋转的矢量来表示正弦交流电的方法，也称为旋转矢量表示法。如图 3－1－6 所示。

用旋转矢量表示法表达正弦量时规定如下：

（1）旋转矢量的长度代表正弦量的最大值，用 $\dot{I}_m$、$\dot{U}_m$、$\dot{E}_m$ 表示；

（2）当 $t=0$ 时，旋转矢量与 x 轴正向夹角代表正弦量的初相位 φ_0，当 $\varphi_0>0$ 时，矢量在 x 轴的上方；当 $\varphi_0<0$ 时，矢量在 x 轴的下方；

（3）旋转矢量以角频率 ω 随时间 t 逆时针旋转，任一瞬间，旋转矢量在 y 轴上的投影就是该正弦量的瞬时值，当 $t=t_1$ 时，矢量在 y 轴的投影表示该时刻的瞬时值 i_1，如图 3－1－6 所示。

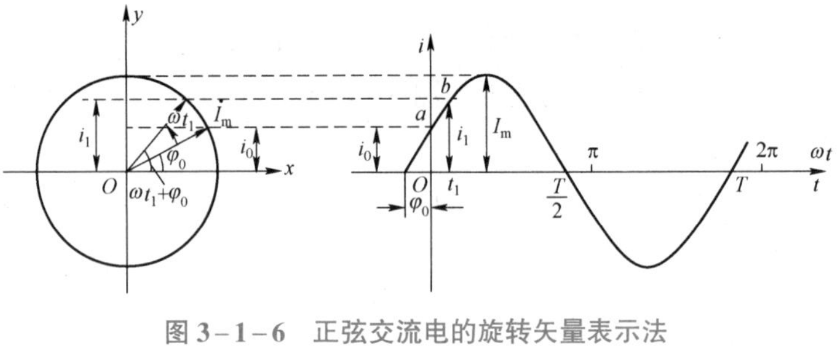

图 3－1－6 正弦交流电的旋转矢量表示法

【例 3－1－2】已知正弦交流电电压 $u=311\sin(\omega t+30°)$，交流电流 $i=20\sin(\omega t+120°)$，试画出它们的相量图。

解：分别选定 311 V 和 20 A 为矢量长度，在横轴上方以 $30°$ 和 $120°$ 的角度作矢量，它们都以同样的 ω 角速度逆时针旋转，如图 3－1－7 所示。

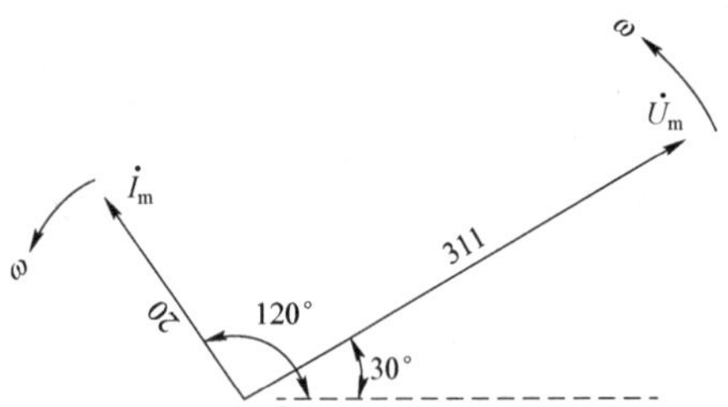

图 3－1－7 例 3－1－2 图

3.2　正弦交流电路的基本电路

由交流电源和负载组成的电路叫交流电路。交流电路中的负载元件有电阻、电容和电感器。纯电阻电路、纯电容电路、纯电感电路是构成正弦交流电路的基本电路。

3.2.1　纯电阻电路

交流电路中只含有电阻器的电路，称为纯电阻电路。如，在实际生活中，由 LED 灯、电加热器、电饭锅、电热水器等组成的电路都可近似看成是纯电阻电路，如图 3－2－1 所示。

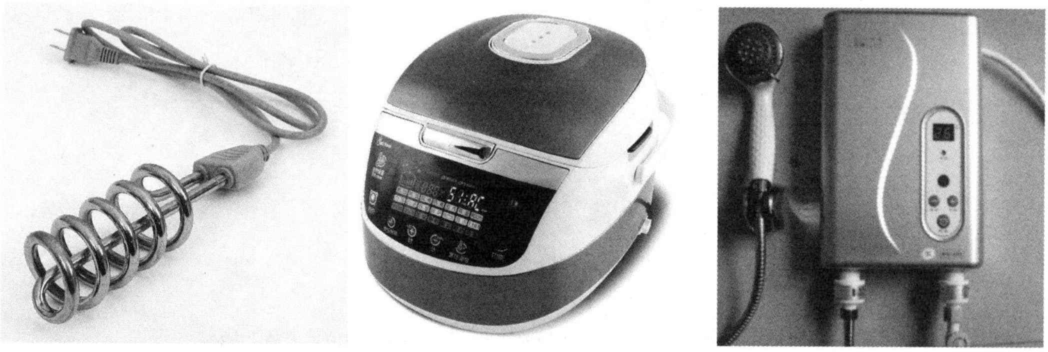

（a）　（b）　（c）

图 3－2－1　纯电阻用电器

（a）电加热器；（b）电饭锅；（c）电热水器

1. 电压与电流的关系

动手做

为了体验交流电路中电阻两端所加电压与流过电阻的电流之间的相位关系，按图 3－2－2 所示的方式连接电路，低频信号发生器输出信号频率设置在 0.5 Hz。

闭合开关，观测电流表和电压表指针的变化情况，分析纯电阻电路中电压与电流的关系。

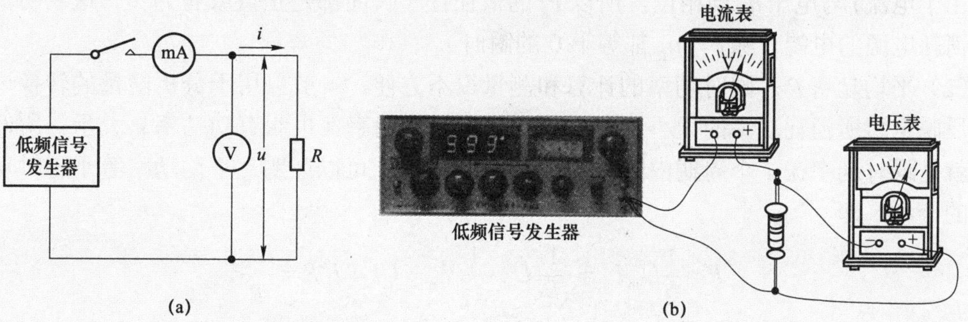

(a)　(b)

图 3－2－2　纯电阻电路中电压与电流变化实验电路

（a）原理图；（b）实物图

➲ 实验现象

电流表和电压表指针同时由左向右偏转，达到右边最大值，然后同时回到 0；接着，电流表和电压表指针又同时由右向左偏转，达到左边最大值。

归纳

在纯电阻电路中，电流与电压变化步调一致，同时达到最大值、0 值和最小值，二者同相位，其波形和矢量如图 3-2-3 所示。

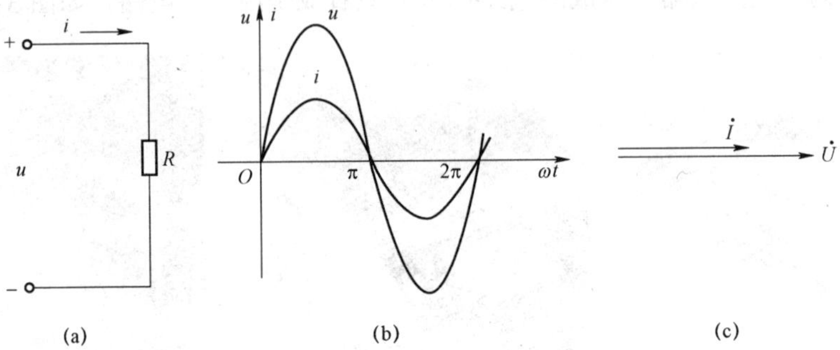

图 3-2-3 纯电阻电路

(a) 电路；(b) 电压与电流的波形；(c) 电压与电流的矢量

在纯电阻电路中，电流的最大值和有效值都满足欧姆定律，即

$$I_m = \frac{U_{Rm}}{R}$$

$$I = \frac{U_R}{R} \quad 或 \quad U_R = IR$$

2. 电路的功率

（1）瞬时功率 P_R。在纯电阻电路中，电流的瞬时值 i 与电压的瞬时值 u_R 的乘积叫作瞬时功率，即 $P_R = iu_R$，单位为瓦［特］(W)，其数学表达式为

$$P_R = iu_R = I_m \sin \omega t \cdot U_m \sin \omega t = U_m I_m \sin^2 \omega t = 2UI \sin^2 \omega t$$

由于电流 i 与电压 u_R 同相位，所以 P_R 的值在任一瞬间都是正值或者为 0。这表明负载总是在消耗电源的电能（除 i 与 u_R 都等于 0 的瞬时）。

（2）平均功率 P。瞬时功率的计算和测量很不方便，一般只用于分析能量的转换过程。为了反映电阻所消耗功率的大小，在工程上常用平均功率（也叫有功功率）表示。所谓平均功率就是瞬时功率在 1 个周期内的平均值，单位是 W。可以证明，平均功率等于瞬时功率最大值的一半，即

$$P = \frac{1}{2} U_m I_m = \frac{1}{\sqrt{2}} U_m \frac{1}{\sqrt{2}} I_m = UI = I^2 R = \frac{U^2}{R}$$

【例 3-2-1】 一把“220 V，75 W”的电烙铁，接在 220 V 的交流电源上，求电烙铁的电阻和通过电流的有效值。若将此电烙铁接在 110 V 的交流电源上，则它消耗的功率为多少？

解：（1）电源电压为 220 V 时，通过电烙铁的电流有效值为

$$I=\frac{P}{U}=\frac{75}{220}\approx 0.341（A）$$

电烙铁的电阻为

$$R=\frac{U^2}{P}\approx 645\ \Omega$$

（2）因为电烙铁的阻值是不变的，所以电源电压为 110 V 时，电烙铁消耗的功率为

$$P'=\frac{110^2}{645}\approx 18.8（W）$$

可见，电压减少$\frac{1}{2}$，电烙铁消耗的功率不是额定功率的$\frac{1}{2}$，而是$\frac{1}{4}$，这是因为功率与电压的平方成正比。

3.2.2　纯电感电路

纯电感电路是负载只有空芯电感器，而且电感器的电阻和分布电容均可忽略不计的交流电路。纯电感电路是理想电路，实际的电感器都有一定的电阻，当电阻很小可以忽略不计时，电感器可看作是纯电感电路。

1. 电压与电流的关系

动手做

为了了解交流电路中电感两端所加电压与流过电感的电流之间的相位关系，先用双踪示波器来观察电感线圈的电压与电流的波形。按图 3-2-4 所示的方式连接电路，Y_A 显示的是电感器的电压 u_L 的波形，Y_B 显示的是通过电感器的电流 i_L 的波形。

低频信号发生器的输出信号设置在 2 V/1 kHz。闭合开关，观测并画出 u_L 和 i_L 的波形，分析它们的相位关系。

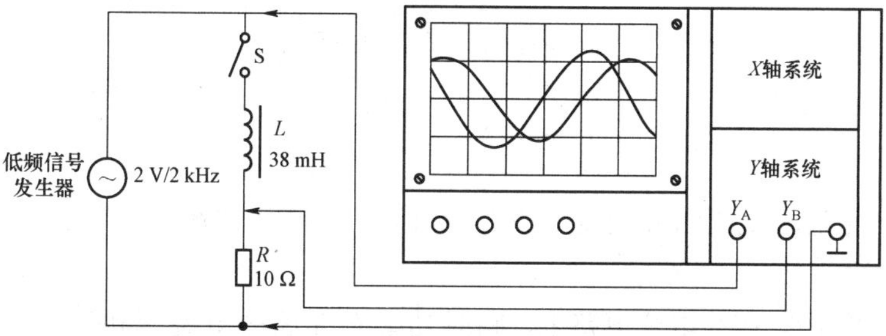

图 3-2-4　纯电感电路中电压与电流变化实验电路

实验现象

在选用的电感器内阻和分布电容很小的理想情况下，实验测得的电感器的电压 u_L 和电流 i_L 的波形如图 3-2-5 所示。

归纳

在纯电感组成的交流电路中，电流与电压是同频率的正弦交流电，电压超前电流 90°，其矢量图如图 3-2-6 所示。

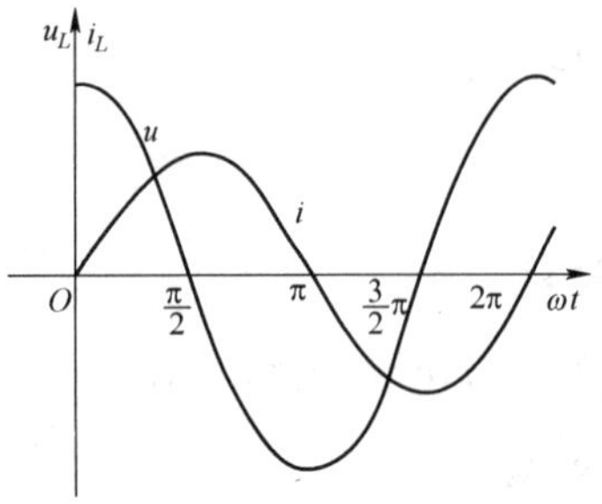

图 3－2－5　纯电感电路电压与电流的波形

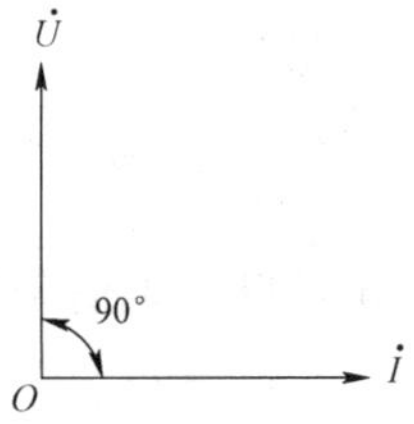

图 3－2－6　纯电感电路电压与电流的矢量

2. 电感器的感抗

交流电通过电感器时，电流时刻在变。变化的电流产生变化的磁场，电感器中必然产生自感电动势阻碍电流的变化，就形成了电感器对电流的阻碍作用。把电感器对交流电的阻碍作用称为电感电抗，简称感抗，用符号 X_L 表示，单位是Ω。

理论和实验证明，感抗的大小与电源频率成正比，与电感器的电感成正比，用公式表示为

$$X_L = \omega L = 2\pi f L$$

式中　X_L——线圈的感抗，单位是Ω；

$f(\omega)$——交流电源的频率（角频率），单位是 Hz；

L——线圈的电感，单位是 H。

感抗是用来表示电感器对交流电阻碍作用大小的一个物理量，对具有一定电感量的电感器而言，f 越高，则 X_L 越大，在相同电压作用下，电感器中的电流就会减小。在直流电路中，因 $f=0$，故 $X_L=0$，纯电感电感器可视为短路。

实验证明，纯电感电路的电流与电压的数量关系为

$$U_{Lm} = X_L I_m \quad 或 \quad I_m = \frac{U_{Lm}}{X_L}$$

$$U_L = X_L I \quad 或 \quad I = \frac{U_L}{X_L}$$

即纯电感电路的电流与电压的最大值（或有效值）符合欧姆定律。

3. 电路的功率

（1）瞬时功率 P_L。在纯电感电路中，瞬时功率 P_L 是瞬时电流 i 与瞬时电压 u_L 的乘积，即

$$P_L = u_L i$$

由　$u_L = U_{Lm}\sin\left(\omega t + \frac{\pi}{2}\right)$，$i = I_m \sin\omega t$，得

$$\begin{aligned} P_L = u_L i &= U_{Lm}\sin\left(\omega t + \frac{\pi}{2}\right) I_m \sin\omega t \\ &= U_{Lm} I_m \sin\omega t \cos\omega t \\ &= \frac{1}{2} U_{Lm} I_m \sin 2\omega t = U_L I \sin 2\omega t \end{aligned}$$

（2）有功功率 P。纯电感电路的瞬时功率曲线如图 3－2－7 所示，从图中可以看到，瞬时功率以电流或电压的 2 倍频率变化；在第一及第三个 $\frac{1}{4}$ 周期内，P_L 是正值，这说明电感器从电源吸收电能并把它转换为磁能，储存在电感器周围的磁场中，此时电感器相当于一个负载。在第二及第四个 $\frac{1}{4}$ 周期内，P_L 为负值，这说明电感器向电源输送能量，也就是电感器把磁能再转换为电能送回电源，此时电感器起着一个电源的作用。

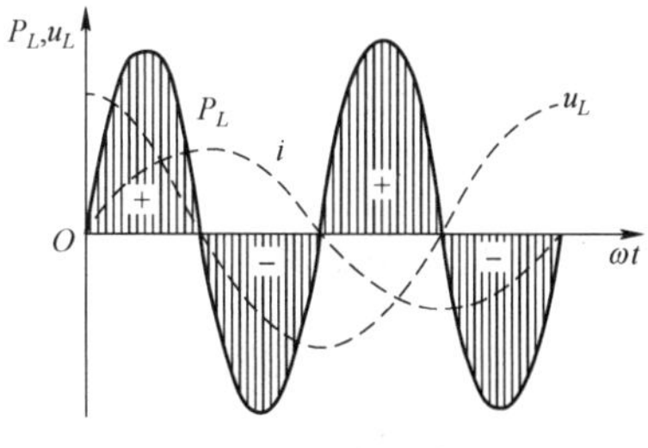

图 3－2－7　纯电感电路瞬时功率与瞬时电压的波形

由此可见：瞬时功率 P_L 在 1 个周期内的平均值应等于零。也就是说，在纯电感电路中有功功率等于零，即 $P=0$。其物理意义是纯电感电路中不消耗电能，即电感器与电源之间只有能量交换关系。

4. 无功功率

电感器与电源之间有能量的往返互换，在一段时间内从电源吸取能量储存在磁场中，而在另一段时间内则将储存的能量又送回电源，不停地进行能量的转换，这部分功率没有被消耗，平均功率不能反映电感器能量交换的规模，而无功功率反映了电感器与电源之间的交换能量的数量大小，一般用瞬时功率的最大值来反映这种能量交换的规模，并把它叫作电路的无功功率，用字母 Q_L 表示，其大小为

$$Q_L = U_L I = I^2 X_L = \frac{U_L^2}{X_L}$$

为与有功功率相区别，无功功率的单位用乏［尔］，简称乏，用 var 表示。

注意

“无功”的含义是“交换”而不是“消耗”，它是相对“有功”而言的，绝不能理解为“无用”。

在交流供电系统中需要提供两种功率：有功功率和无功功率，两者缺一不可。有功功率是电路中电阻部分所消耗的功率，它们转化为热能、光能、机械能或化学能等。

在正常情况下，用电设备不但要从电源取得有功功率，同时还需要从电源取得无功功率。如，电动机需要建立和维持旋转磁场，使转子转动，从而带动机械运动，电动机的转子磁场就是靠从电源取得无功功率而建立的。变压器也同样需要无功功率，才能使变压器的一次线圈产生磁场，在二次线圈感应出电压。因此，没有无功功率，电动机、变压器等电感性负载就无法正常运行。

【例 3－2－2】有一线圈，电感为 0.5 H，电阻很小可以忽略不计，接在 50 Hz 的正弦交流电路中，电压为 220 V。试求通过电路中的电流、无功功率，并写出电流的瞬时值表达式（假设电压的初相位为零）。

解：（1）感抗为

$$X_L = 2\pi fL = 2\times3.14\times50\times0.5 = 157\ (\Omega)$$

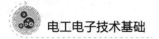

电流的有效值为

$$I=\frac{U}{X_L}=\frac{220}{157}=1.4\text{（A）}$$

（2）无功功率为

$$Q_L=U_LI=220\times1.4=308\text{（var）}$$

（3）在纯电感电路中，电流滞后电压 $\frac{\pi}{2}$，由于取电压为参考正弦量，所以电流的瞬时值为

$$i=I_m\sin\left(\omega t-\frac{\pi}{2}\right)=1.4\sqrt{2}\sin\left(314t-\frac{\pi}{2}\right)\text{A}$$

3.2.3 纯电容电路

交流电路中只含有电容元件的电路，称为纯电容电路。在实际应用中，由介质损耗很小、绝缘电阻很大的电容器组成的交流电路，可近似看成纯电容电路。

1. 电压与电流的关系

动手做

为了了解交流电路中电容器两端所加电压与流过电容器的电流之间的相位关系，先用双踪示波器来观察电容器的电压与电流的波形。按图 3-2-8 所示的方式连接电路，Y_A 显示的是电容器的电压 u_C 的波形，Y_B 显示的是通过电容器的电流 i_C 的波形。

低频信号发生器输出信号设置在 1 V/500 Hz。闭合开关，观测并画出 u_C 和 i_C 的波形，分析它们的相位关系。

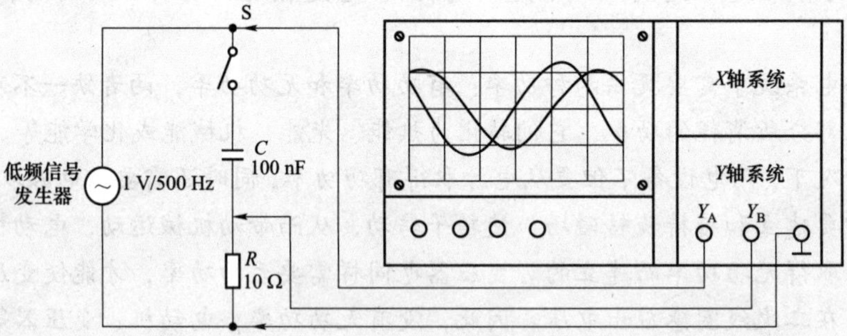

图 3-2-8 纯电容电路中电压与电流变化实验电路

实验现象

实验测得电容两端的电压 u_C 和电流 i_C 的波形如图 3-2-9 所示，电压与电流的矢量如图 3-2-10 所示。

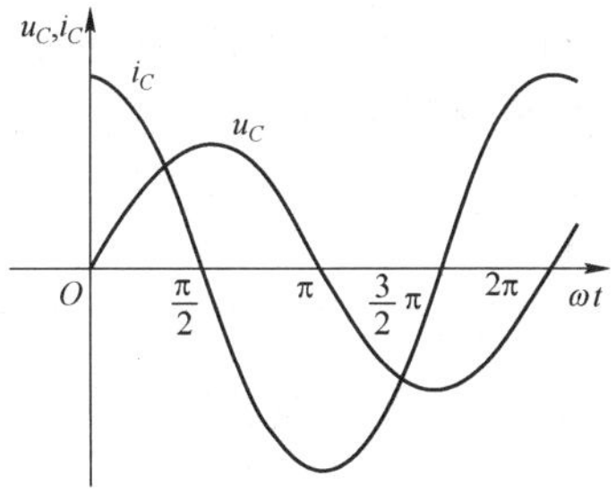

图 3-2-9　纯电容电路电压与电流的波形

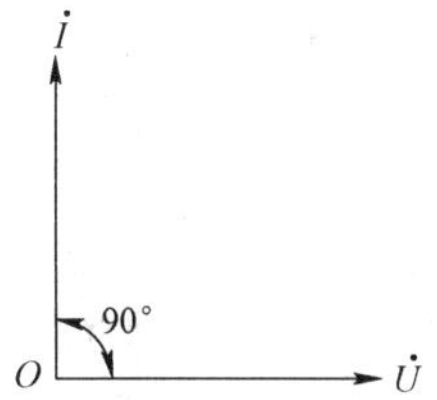

图 3-2-10　纯电容电路电压与电流的矢量

归纳

在纯电容电路中，电流与电压是同频率的正弦交流电，电流超前电压 90°，其矢量如图 3-2-10 所示，电压与电流有效值的关系为 $U=\frac{1}{2\pi fC}I$。

2. 电容器的容抗

交流电通过电容器时，电源和电容器之间不断地充电和放电，电容器对交流电也会有阻碍作用。把电容器对交流电的阻碍作用称为电容电抗，简称容抗，用符号 X_C 表示，单位是Ω。

理论和实验证明，容抗的大小与电源频率成反比，与电容器的电容量成反比，用公式表示为

$$X_C=\frac{1}{\omega C}=\frac{1}{2\pi fC}$$

式中　X_C——电容的容抗，单位是 Ω；

$f(\omega)$——交流电源的频率（角频率），单位是 Hz；

C——电容器的电容量，单位是 F。

容抗是用来表示电容对电流阻碍作用大小的一个物理量，当电容量一定时，频率 f 越高，则容抗越小。在直流电路中，频率 $f=0$，$X_C\to\infty$，可视为开路。

实验证明，纯电容电路的电流与电压的数量关系为

$$U_{Cm}=X_CI_m \text{ 或 } I_m=\frac{U_{Cm}}{X_C}$$

$$U_C=X_CI \quad \text{或} \quad I=\frac{U_C}{X_C}$$

即纯电容电路的电流与电压的最大值（或有效值）符合欧姆定律。

3. 纯电容电路的功率

（1）瞬时功率 P_C。在纯电容电路中，瞬时功率 P_C 是瞬时电流 i 与瞬时电压 u_C 的乘积，即

$$P_C=u_Ci$$

由 $u_C=U_{Cm}\sin\omega t$，$i=I_m\sin\left(\omega t+\frac{\pi}{2}\right)$，得

$$P_C=u_Ci=U_{Cm}\sin\omega tI_m\sin\left(\omega t+\frac{\pi}{2}\right)=U_{Cm}I_m\sin\omega t\cos\omega t$$

$$=\frac{1}{2}U_{Cm}I_m\sin 2\omega t=U_CI\sin 2\omega t$$

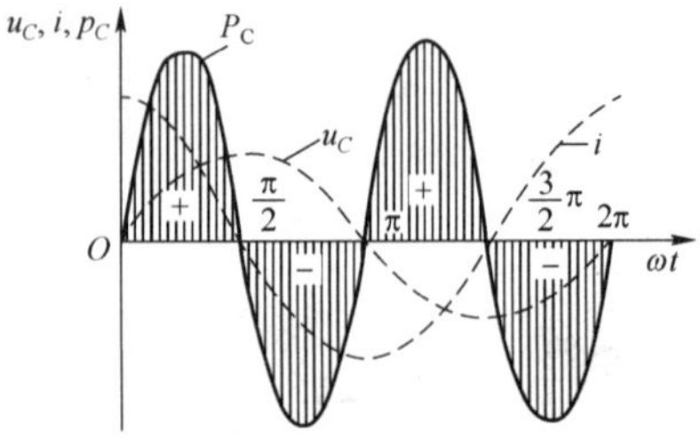

图 3-2-11　纯电容电路的功率曲线

由上式可知，瞬时功率 P_C 随时间按正弦规律变化，纯电容电路的功率曲线如图 3-2-11 所示。从图中可看出，在第一及第三个 $\frac{1}{4}$ 周期内，P_C 是正值，此时电容器充电，从电源吸收能量，并把它储存在电容器的电场中，此时电容器相当于一个负载。在第二及第四个 $\frac{1}{4}$ 周期内，P_C 是负值，此时电容器放电，它把储存在电场中的能量又送回电源，此时电容器相当于一个电源。由此可知，瞬时功率 P_C 在一个周期内的平均值也等于 0，即在纯电容电路中有功功率等于 0。其物理意义是电容器在交流电路中不消耗电能，即电容与电源之间只有能量交换关系。

（2）无功功率。在纯电容电路中和纯电感电路相似，为了衡量电容器与电源之间的能量交换规模，一般用瞬时功率的最大值来表示，并称为无功功率，符号为 Q_C，其大小为

$$Q_C = U_C I = I^2 X_C = \frac{U_C^2}{X_C}$$

无功功率 Q_C 的单位也是 var。

【例 3-2-3】 一个 10 μF 的电容器，接在 $u = 220\sqrt{2}\sin(314t + 30°)$ V 的电源上，试写出电流瞬时值表达式，画出电流、电压的矢量，求出电路的无功功率。

解： 由题意可计算出 X_C、I 为

$$X_C = \frac{1}{\omega C} = \frac{1}{314 \times 10 \times 10^{-6}} \approx 318(\Omega)$$

$$I = \frac{U_C}{X_C} = \frac{220}{318} \approx 0.692(\text{A})$$

所以电流瞬时值表达式为

$$i = \sqrt{2}I\sin(314t + 30° + 90°) = 0.978\sin(314t + 120°)\ \text{A}$$

电流、电压的矢量如图 3-2-12 所示。

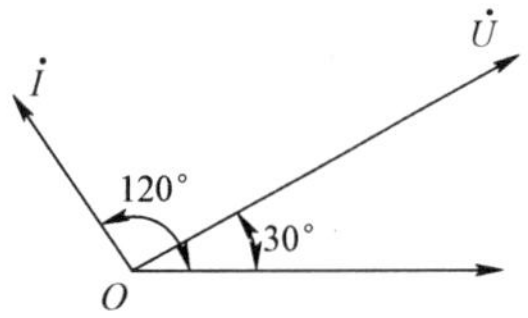

图 3-2-12　例 3-2-3 图

无功功率 Q_C 为

$$Q_C = U_C I = 220 \times 0.692 \approx 152(\text{var})$$

3.3　串联交流电路

由电阻与具有储能作用的电抗性元件（如电容、电感）组成的交流电路应用非常广泛，其电压大小及相位关系的分析是电工电子技术的基础。

3.3.1　电阻与电感串联电路

在实际电路中，电阻 R 与电感 L 串接在交流电源上，就组成了电阻与电感的串联电路，即 RL 串联电路，如图 3-3-1（a）所示。图中标明了各电压与电流的方向。

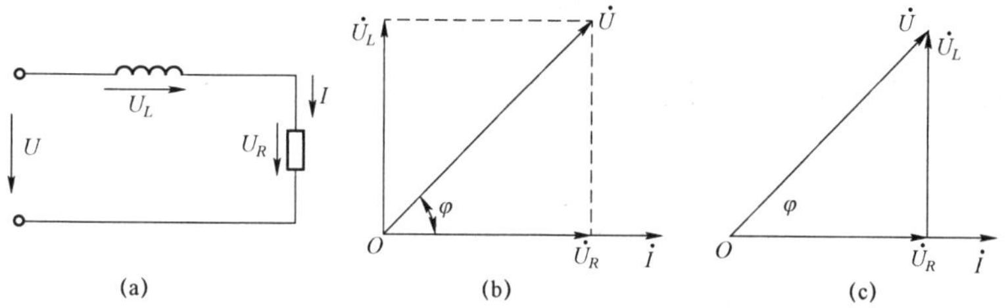

图 3–3–1　*RL* 串联电路、矢量图及电压矢量三角形

（a）*RL* 串联电路；（b）矢量图；（c）电压矢量三角形

1. 电压的关系

当交流电流通过电阻 R 时，电流 i 的相位与电阻两端的电压相位一致；通过电感时，其两端电压的相位比电流超前 90°。因此，求 RL 串联电路的总电压时，不能简单地将各部分电压的数值相加，要通过矢量加减进行计算。

如图 3–3–1（b）所示，图中 $\dot{U}_R$ 表示电阻两端电压有效值矢量，它与电流矢量 $\dot{I}$ 同相位。$\dot{U}_L$ 表示电感两端电压有效值矢量，它比电流矢量 $\dot{I}$ 超前 90°。$\dot{U}$ 表示 $\dot{U}_R$ 与 $\dot{U}_L$ 的矢量和，即电源电压有效值矢量。$\dot{U}_R$、$\dot{U}_L$ 和 $\dot{U}$ 矢量组成直角三角形，如图 3–3–1（c）所示，即 $U=\sqrt{U_R^2+U_L^2}$。

动手做

为了验证 RL 串联电路中 U、U_R、U_L 三者之间的关系，按图 3–3–2 所示的方式连接好荧光灯电路，即将镇流器（电感）和灯管（电阻）串联起来，构成 RL 串联电路。

用电压表测量镇流器两端电压 U_L、灯管两端电压 U_R、电源两端电压 U，并记录在表 3–3–1 中。

根据测量数据，验证 U、U_R、U_L 3 者之间的关系。

表 3–3–1　荧光灯电压实验数据　　单位：V

测　量			计算
镇流器两端电压 U_L	灯管两端电压 U_R	电源电压 U	$U=\sqrt{U_R^2+U_L^2}$

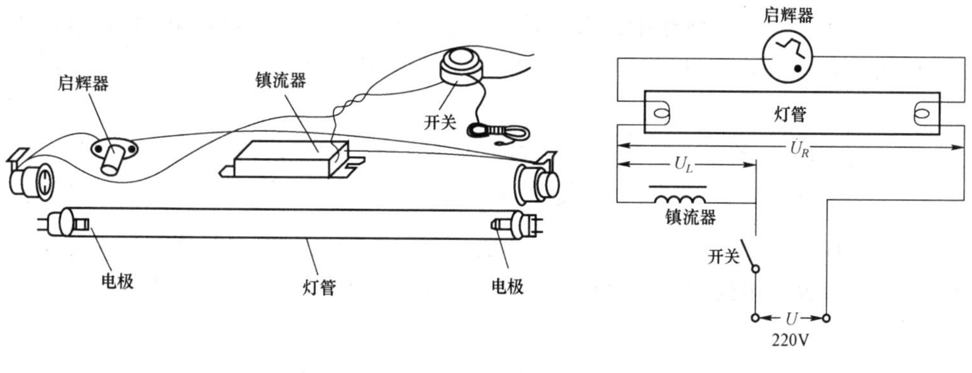

图 3–3–2　荧光灯电路

（a）实物图；（b）原理图

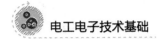

2. RL 串联电路的阻抗

将端电压有效值U与电流有效值I的比值定义为交流电路的阻抗，用Z表示，基本单位是Ω，即

$$Z=\frac{U}{I}=\sqrt{R^2+X_L^2}$$

根据公式$Z=\sqrt{R^2+X_L^2}$中Z、R、X_L之间的关系可用一个直角三角形表示，这个直角三角形称为阻抗三角形，如图3－3－3所示，图中的φ角称为电路的阻抗角，则

$$\varphi=\arctan\frac{U_L}{U_R}=\arctan\frac{X_L}{R}$$

在RL串联电路中，电源电压$\dot{U}$比电流$\dot{I}$超前一个φ角。

3. 电路的功率

在RL串联电路中既有耗能的元件电阻，又有储能元件电感，因此电源提供的功率一部分为有功功率，一部分为无功功率，将电压三角形的三边U、U_R、U_L、U分别乘上电流I，就可以得到有功功率、无功功率、视在功率组成的三角形，如图3－3－4所示。

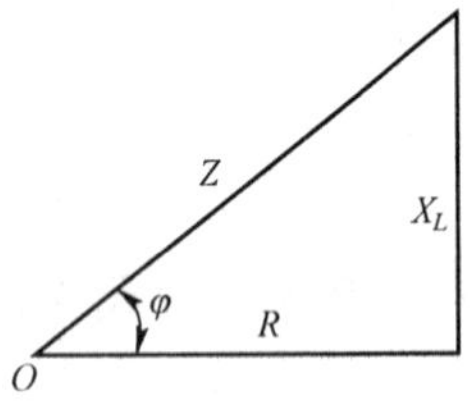

图3－3－3　阻抗三角形

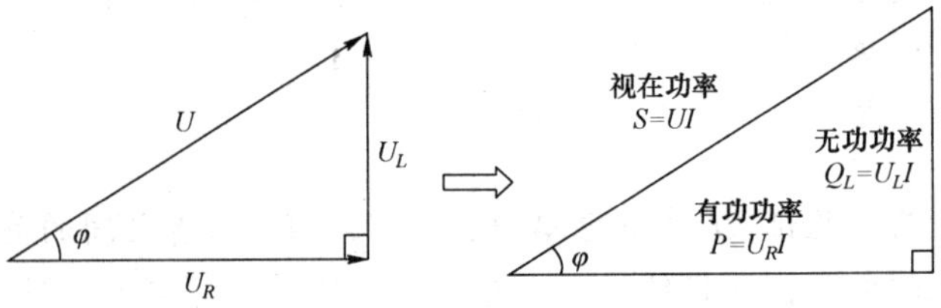

图3－3－4　功率三角形

（1）有功功率P。在RL串联电路中，由于只有电阻消耗能量，所以有功功率为

$$P=I^2R=U_RI$$

由图3－3－1（b）知

$$U_R=U\cos\varphi$$

所以

$$P=U_RI=UI\cos\varphi$$

上式说明：在RL串联电路中，有功功率的大小不仅取决于电压U和电流I的乘积，还取决于阻抗角的余弦$\cos\varphi$的大小。当电源供给同样大小的电压和电流时，$\cos\varphi$越大，有功功率越大。

（2）无功功率Q_L。整个电路的无功功率也就是电感上的无功功率，即

$$Q_L=U_LI=UI\sin\varphi$$

上式说明：在RL串联电路中，无功功率的大小取决于电压U、电流I和$\sin\varphi$的大小。

（3）视在功率S。电源输出的总电流与总电压有效值的乘积叫做电路的视在功率，用S表示，即

$$S=UI$$

为了区别有功功率和无功功率，视在功率的单位是V·A。

根据以上分析可知，P、Q_L 和 S 三者之间的关系为

$$S=\sqrt{P^2+Q_L^2}$$

4. 功率因数

有功功率与视在功率之比称为功率因数，用符号 λ 表示，即

$$\lambda=\frac{P}{S}=\frac{UI\cos\varphi}{UI}=\cos\varphi$$

功率因数也可以由阻抗求得，即

$$\lambda=\cos\varphi=\frac{R}{Z}$$

功率因数的大小与电路的负荷性质有关，如白炽灯、电阻炉等电阻负荷的功率因数为 1，一般具有电感或电容性负载电路的功率因数都小于 1。

【例 3-3-1】有一个 40 W 日光灯用的镇流器，其直流电阻为 27 Ω，当通过 0.41 A、50 Hz 的交流电流时，测得端电压为 164 V。求镇流器的电感量 L 和功率因数 $\cos\varphi$。

解：由题意可得，交流电路的阻抗为

$$Z=\frac{U}{I}=\frac{164}{0.41}=400\ (\Omega)$$

由阻抗三角形得

$$X_L=\sqrt{Z^2-R^2}=\sqrt{400^2-27^2}\approx 399\ (\Omega)$$

最后，利用 $X_L=2\pi fL$，解得

$$L=\frac{X_L}{2\pi f}=\frac{399}{2\times 3.14\times 50}\approx 1.27\ (\text{H})$$

$$\cos\varphi=\frac{R}{Z}=\frac{27}{400}\approx 0.07$$

3.3.2　电阻与电容串联电路

在实际电路中，电阻 R 与电容 C 串接在交流电源上，就组成了电阻与电容的串联电路，即 RC 串联电路，如图 3-3-5（a）所示。

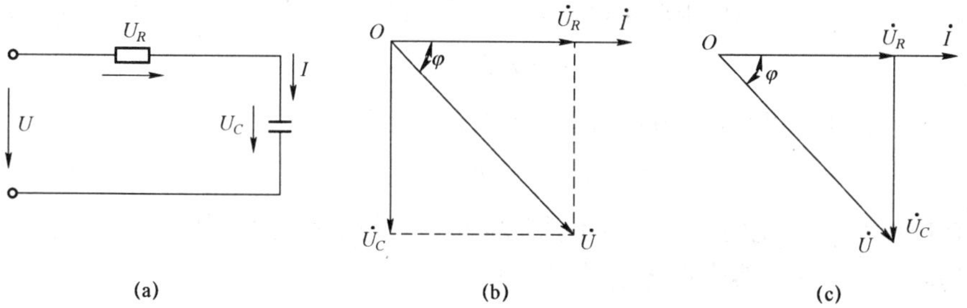

图 3-3-5　RC 串联电路、矢量图及电压矢量三角形

（a）RC 串联电路；（b）矢量图；（c）电压相量三角形

1. 电压的关系

如图 3-3-5（a）所示，当交流电流通过电阻 R 时，电流 i 的相位与电阻两端的电压相位一致；通过电容时，其两端电压的相位比电流滞后 90°。如图 3-3-5（b）所示，图中 $\dot{U}_R$ 表示电阻两端电压有效值矢量，它与电流矢量 $\dot{I}$ 同相位。$\dot{U}_C$ 表示电容两端电压有效值矢量，它比电流矢量 $\dot{I}$ 滞后 90°。$\dot{U}$ 表示 $\dot{U}_R$ 与 $\dot{U}_C$ 的矢量和，即电源电压有效值矢量。$\dot{U}_R$、$\dot{U}_C$ 和 $\dot{U}$ 组成直角三角形，如图 3-3-5（c）所示，即

$$U=\sqrt{U_R^2+U_C^2}$$

2. *RC* 串联电路的阻抗

将端电压有效值 U 与电流有效值 I 的比值定义为交流电路的阻抗，用 Z 表示，基本单位是Ω，即

$$Z=\frac{U}{I}=\sqrt{R^2+X_C^2}$$

根据公式 $Z=\sqrt{R^2+X_C^2}$ 的 Z、R、X_C 之间的关系可用一个直角三角形表示，这个直角三角形称为阻抗三角形，如图 3-3-6 所示，图中的 φ 角称为电路的阻抗角，其计算公式为

$$\varphi=\arctan\frac{U_C}{U_R}=\arctan\frac{X_C}{R}$$

在 RC 串联电路中，电源电压 $\dot{U}$ 比电流 $\dot{I}$ 滞后一个 φ 角。

3. 电路的功率

在 RC 串联电路中既有耗能的元件电阻，又有储能元件电容，因此电源提供的功率一部分为有功功率，一部分为无功功率，将电压三角形的三边 U_R、U_C、U 分别乘上电流 I，就可以得到有功功率、无功功率、视在功率组成的三角形，如图 3-3-7 所示。

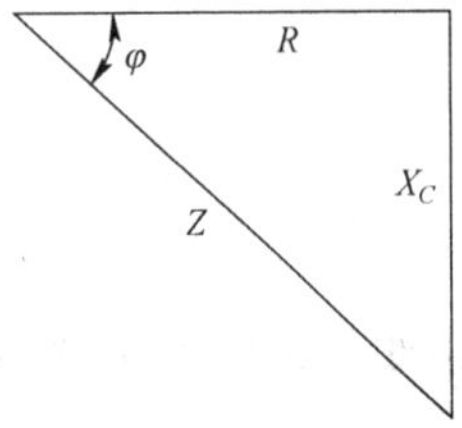

图 3-3-6　阻抗三角形图

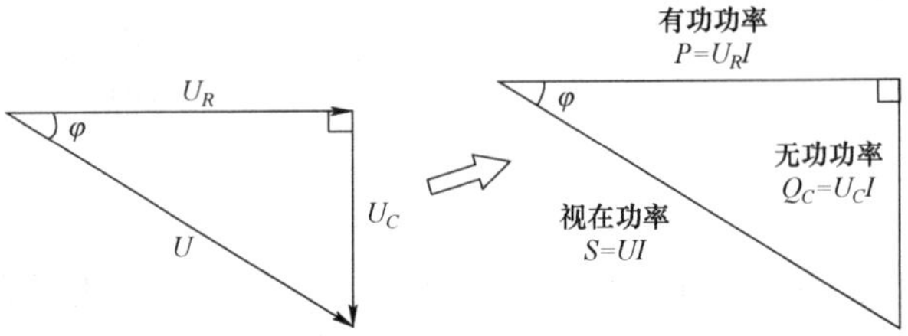

图 3-3-7　功率三角形

（1）有功功率 P。在 RC 串联电路中，由于只有电阻消耗能量 P，所以有功功率为

$$P=I^2R=U_RI$$

由图 3-3-5（b）可知 $U_R=U\cos\varphi$，所以有

$$P=U_RI=UI\cos\varphi=S\cos\varphi$$

（2）无功功率 Q_C。电路中的电容不消耗能量，它与电源之间不停地进行能量交换，整个电路的无功功率也就是电容上的无功功率，即

$$Q_C=U_CI=UI\sin\varphi$$

上式说明：在 RC 串联电路中，无功功率的大小取决于电压 U、电流 I 和 $\sin\varphi$。

（3）视在功率 S。视在功率等于总电流 I 与总电压 U 有效值的乘积，即

$$S = UI$$

视在功率的单位是 V • A。

根据以上分析可知，P 、Q_C 和 S 三者之间的关系为

$$S = \sqrt{P^2 + Q_C^2}$$

4. 功率因数

功率因数为

$$\cos\varphi = \frac{P}{S} = \frac{P}{\sqrt{P^2 + Q_C^2}}$$

功率因数也可以由阻抗求得，即

$$\cos\varphi = \frac{R}{Z} = \frac{R}{\sqrt{R^2 + X_C^2}}$$

【例 3-3-2】在如图 3-3-5（a）所示电路中，已知 $C = 10\,\mu\text{F}$，$R = 100\,\Omega$，电源频率 $f = 50\,\text{Hz}$，$U = 220\,\text{V}$。试求电路中电流、电阻和电容上的电压。

解：电路中电流、电阻和电容上的电压计算过程为

$$X_C = \frac{1}{2\pi fC} = \frac{1}{2\pi \times 50 \times 10 \times 10^{-6}} = 318（\Omega）$$

$$Z = \sqrt{R^2 + X_C^2} = \sqrt{100^2 + 318^2} = 333（\Omega）$$

$$I = \frac{U}{Z} = \frac{220}{333} = 0.66（\text{A}）$$

$$U_R = IR = 0.66 \times 100 = 66（\text{V}）$$

$$U_C = IX_C = 0.66 \times 318 = 210（\text{V}）$$

3.4　LC 谐振电路（选学）

3.4.1　串联谐振电路

将电容 C、线圈 L 和信号源串联连接，就构成了串联谐振电路，如图 3-4-1（a）所示。图中的 R 等效为线圈的电阻。在电路中，由于电感、电容和电阻通过同一电流 I，电感的电压超前电流 90°，电容的电压落后电流 90°，故电感上的电压和电容上的电压相位相反（即相位差为 180°），就是说感抗和容抗的作用是相互削弱的。

1. 电压与电流关系

由于串联电路中电流处处相等，因此，以电流为参考量，令其初相位为 0，再根据电路中各元件电流和电压的相位关系作出矢量图，最后根据矢量图进行计算。具体步骤如下。

（1）作矢量图：在横轴上作电流矢量 $\dot{I}$，然后根据 $\dot{U}_R$ 与 $\dot{I}$ 同相、$\dot{U}_L$ 超前 $\dot{I}$ 90°，$\dot{U}_C$ 滞后 $\dot{I}$ 90°，作出矢量图，如图 3-4-1（b）所示。

（2）由于 $\dot{U}_L$ 与 $\dot{U}_C$ 的方向恰好相反，所以可先求出它们的矢量和（$\dot{U}_L + \dot{U}_C$）。若 $\dot{U}_L$ 的绝对值大于 $\dot{U}_C$，则它们矢量和的方向与 $\dot{U}_L$ 相同；反之，与 $\dot{U}_C$ 的方向相同。

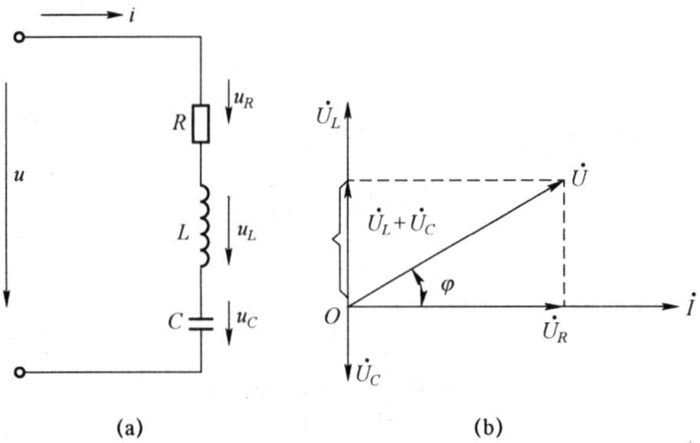

(a) (b)

图 3-4-1 串联谐振电路

（3）将上述矢量（$\dot{U}_L+\dot{U}_C$）和$\dot{U}_R$矢量组成电压矢量三角形，则总电压$\dot{U}$的大小就是这个三角形的斜边长，即

$$U=\sqrt{U_R^2+(U_L-U_C)^2}$$

将 $U_R=IR$，$U_L=IX_L$，$U_C=IX_C$代入式$U=\sqrt{U_R^2+(U_L-U_C)^2}$，得

$$U=I\sqrt{R^2+(X_L-X_C)^2}=IZ$$

式中 Z——电路的阻抗，$Z=\sqrt{R^2+(X_L-X_C)^2}$，单位为Ω。

2. 谐振条件与谐振频率

动手做

为了观察串联谐振电路的谐振现象，动手做以下实验，按图 3-4-2 所示的方式连接好电路，调节低频信号发生器的输出信号频率由 0 逐渐增大，并调节输出电压保持不变。

观察毫安表的数值随信号频率变化的情况。

记录毫安表的数值达到最大值时的频率值。

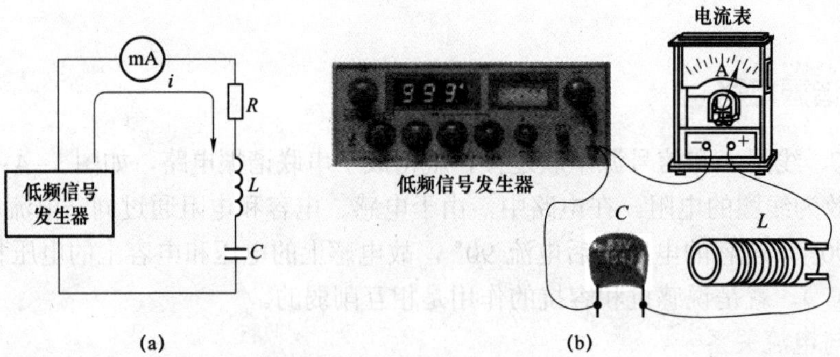

(a) (b)

图 3-4-2 串联谐振实验电路

（a）串联谐振电路；（b）串联谐振电路实物

把低频信号发生器的输出电压保持不变，调节输出信号频率由 0 逐渐增大时，因感抗 X_L 与交流电的频率成正比，故 X_L 越来越大；而电容的容抗 X_C 与交流电的频率成反比，故容抗 X_C 越来越小。故必然在某一频率时，X_L 与 X_C 相等，此时感抗和容抗全部抵消，阻碍电流

的只是电路中的电阻，因电阻很小，所以此时回路中电流 I 最大。

在串联谐振电路中，交流电在某一频率时，使该电路出现最大电流的现象叫串联谐振。这个频率就是谐振频率，用 f_0 表示，图 3－4－3 所示为串联谐振曲线。

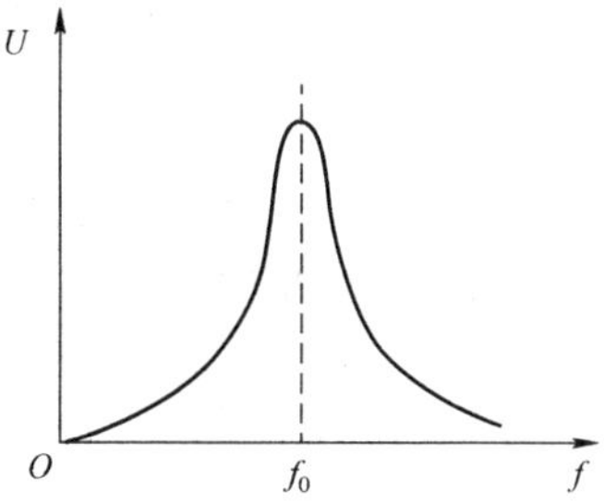

图 3－4－3　串联谐振曲线

根据上述对串联谐振电路的讨论可知，电路发生谐振的条件是 $U_L = U_C$ 或 $X_L = X_C$，即

$$2\pi fL = \frac{1}{2\pi fC}$$

从上式可得到谐振频率 f_0 的表达式为

$$f_0 = \frac{1}{2\pi\sqrt{LC}} \text{ 或 } \omega_0 = 2\pi f_0 = \frac{1}{\sqrt{LC}}$$

当电路参数 L、C 一定时，改变交流电频率 f，达到上述关系时，电路就会发生谐振。当然，如果交流电频率一定，改变电路参数 L 或 C，也可以使电路达到谐振状态。

通常收音机的输入回路，就是通过改变电容 C 的大小，来选择不同电台频率的串联谐振电路。但在电力工程上有时应尽量避免谐振出现，因为强大的谐振电压往往会造成电路电流过大，产生熔断器熔断或烧毁电气设备的事故。

3. 串联谐振电路的特点

串联谐振电路有以下特点。

（1）串联谐振时，阻抗最小，且呈纯电阻性。因为 $X_L = X_C$，所以 $Z=R$。

（2）电路中的电流最大并与电压同相，谐振时，谐振电流为

$$I_0 = \frac{U}{Z} = \frac{U}{R}$$

3.4.2　并联谐振电路

将电容 C、线圈 L 和信号源并联连接，就构成了并联谐振电路，如图 3－4－4（a）所示，图中的 R 等效为线圈的电阻。在电路中，由于线圈和电容是并联的，故线圈支路和电容支路两端的电压是同一电压。假定线圈是纯电感，电容是纯电容，那么通过线圈的电流 I_L 落后电压 90°，而通过电容的电流 I_C 超前电压 90°，两个支路的电流相差 180°，因此这两个支路的电流 I_L 和 I_C 在干线上是相互削弱的。

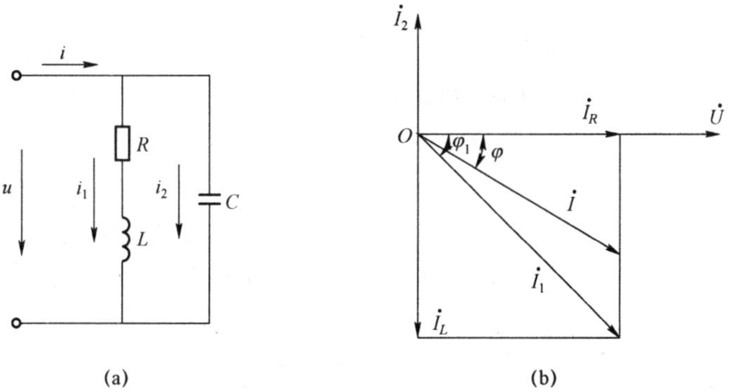

图 3－4－4　并联谐振电路

1. 电压与电流的关系

在并联谐振电路中，由于各支路是同一电压，所以选电压为参考量较方便，即令 $u = U_{\mathrm{m}} \sin \omega t$。第一条支路是 RL 串联电路，电流的大小为

$$I_1 = \frac{U}{Z_1} = \frac{U}{\sqrt{R^2 + X_L^2}}$$

它滞后电压的相位差为

$$\varphi_1 = \arctan \frac{X_L}{R}$$

第二条支路是电容电路，$I_2 = \dfrac{U}{X_C}$，且 $\dot{I}_2$ 超前 $\dot{U}$ 90°。

电流与电压的矢量图如图 3–4–4（b）所示。

2. 谐振条件与谐振频率

动手做

为了观察并联谐振电路的谐振现象，动手做以下实验，按图 3–4–5 所示的方式连接好电路，调节低频信号发生器的输出信号频率由 0 逐渐增大。

观察毫安表的数值随信号频率变化的情况。

记录毫安表的数值达到 0 时的频率值。

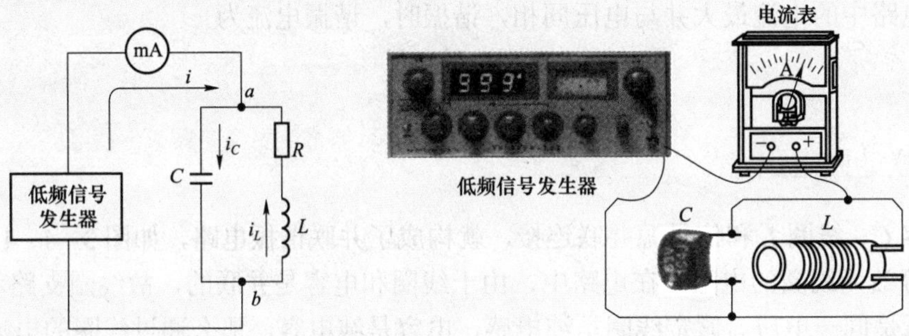

图 3–4–5 并联谐振实验电路

（a）实验电路；（b）实物图

调节输出信号频率由 0 逐渐增大时，因感抗 X_L 与交流电的频率成正比，故 X_L 越来越大；而电容器的容抗 X_C 与交流电频率成反比，故容抗 X_C 越来越小。故必然在某一频率时，X_L 与 X_C 相等，这时两个支路的电流 i_L 和 i_C 大小相等、方向相反，从而相互抵消，因此总电流 i 等于 0。实际上线圈存在着电阻，两个支路的阻抗不会完全相等，两个支路的电流也不会全部抵消，因此总电流 i 为一极小值。

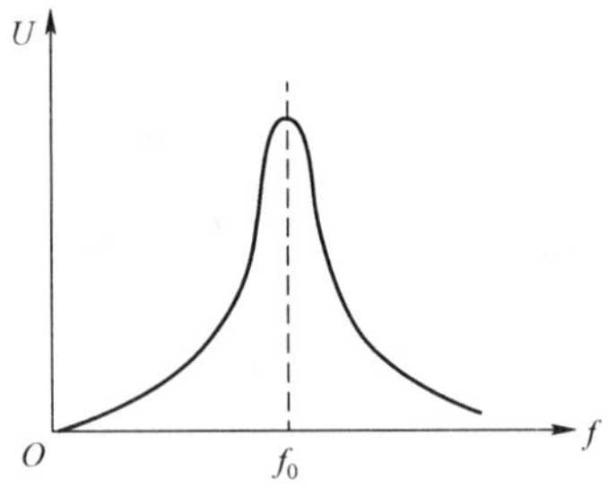

图 3–4–6 并联谐振曲线

在并联谐振电路中，交流电在某一频率时，使该电路的总电流最小，整个谐振回路相当于一个很大的纯电阻，因此

在电源两端就获得一个很大的电压（见图 3－4－6），这就是并联谐振，这个频率就是谐振频率 f_0。

根据电路发生谐振的条件是

$$X_L = X_C \Rightarrow 2\pi fL = \frac{1}{2\pi fC}$$

从上式可得到谐振频率 f_0 的表达式为

$$f_0 = \frac{1}{2\pi\sqrt{LC}} \text{ 或 } \omega_0 = 2\pi f_0 = \frac{1}{\sqrt{LC}}$$

3. 并联谐振电路的特点

并联谐振时，由于 a、b 两端获得一个很大的电压，这样通过每个支路的电流就会有很大的增加，往往比总电流大许多倍，为此常把并联谐振叫“电流谐振”。并联谐振电路的特点如下。

（1）电路的总阻抗最大，且为纯电阻性，电路的总电流最小。

（2）通过电容支路或线圈支路的电流比电路总电流大许多倍。

3.4.3　*LC* 谐振电路的特点和 *Q* 值

在可忽略电阻影响的理想状况下，不论是串联谐振或并联谐振，都具有以下共同点。

（1）感抗等于容抗，即 $X_L = X_C$。

（2）谐振频率 $f_0 = \dfrac{1}{2\pi\sqrt{LC}}$。

（3）电路的阻抗为一纯电阻，电源电压与总电流同相位。

在串联谐振电路（或并联谐振电路）中，只有当外来信号频率等于 f_0 时，才发生谐振现象，说明 *LC* 谐振电路对外来信号频率具有一定的选择性。为了说明 *LC* 谐振电路选择性的好坏，通常用谐振时的感抗 X_L（或容抗 X_C）与回路中电阻 R 的比值 Q 来表示，称为 *LC* 谐振电路的品质因数，即

$$Q = \frac{X_L}{R} = \frac{2\pi f_0 L}{R} \text{ 或 } Q = \frac{X_C}{R} = \frac{1}{2\pi f_0 R}$$

将 $f_0 = \dfrac{1}{2\pi\sqrt{LC}}$ 代入，得

$$Q = \frac{1}{R}\sqrt{\frac{L}{C}}$$

因为电阻一般是和频率无关的，而感抗（或容抗）是和频率有关的，故谐振电路的感抗（或容抗）越大，电阻越小；Q 值就越高，选择性就越好。串联谐振对应不同 Q 值作出的谐振曲线如图 3－4－7 所示，从中可以看出，Q 值大，对应的谐振曲线就尖锐；Q 值小，对应的谐振曲线就平坦。

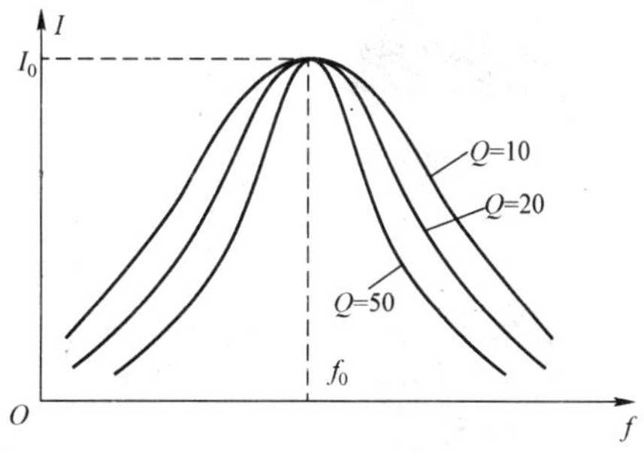

图 3－4－7　不同 Q 值的谐振曲线

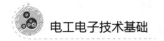

3.5 任务训练

3.5.1 交流电的测量

技能目标

（1）掌握试电笔、钳形电流表、万用表、单相调压器等仪器、仪表的使用方法。
（2）掌握交流电的测量方法。
（3）熟悉实验室工频电源的配置。

工具和仪器

220 V 交流电源、单相调压器、交流电压表、交流电流表、钳形电流表、万用表、试电笔、白炽灯等。

知识准备

1. 交流电流的测量

测量交流电流应采用交流电流表。测量时，将交流电流表与被测电路串联。交流电流表的接线端钮无“+”“-”之分，接线时无须考虑被测电流的实际方向，交流电流表的指示值为被测电流的有效值。

2. 交流电压的测量

测量交流电压应采用交流电压表。测量时，将交流电压表与被测电路并联。交流电压表的接线端钮也无“+”“-”之分，接线时无须考虑被测电压的极性，交流电压表的指示值为被测电压的有效值。交流电压也可使用万用表的交流电压挡来测量。

3. 钳形电流表

通常用普通电流表测量电流时，需要将电路切断后才能将电流表接入进行测量，这是非常不方便的。例如，正常运行的电动机不允许这样做，此时，使用钳形电流表（见图 3-5-1）就显得方便多了，可以在不切断电路的情况下来测量电流。

图 3-5-1 钳形电流表

钳形电流表的工作原理如下：它是由电流互感器和电流表组合而成，电流互感器的铁芯在捏紧扳手时可以张开；被测电流所通过的导线可以不必切断就可穿过铁芯张开的缺口，当放开扳手后铁芯闭合，穿过铁芯的被测电路导线就成为电流互感器的一次线圈，在二次线圈中感应出电流，从而使与二次线圈相连接的电流表有指示——测出导线的电流。

钳形电流表的使用注意事项如下。

（1）应用钳形电流表测量时，应将测量导线置于钳口的中心位置，钳口应紧闭，如有杂声应将钳口重新打开、闭合一次。

（2）钳形电流表可以通过转换开关切换量程，但切换量程时必须先将钳口打开，在无电情况下进行，不允许带电切换量程。

（3）钳形电流表一般准确度不高。

4. 试电笔

试电笔又称低压验电器，主要由氖管、电阻及导电金属体组成，其结构如图 3–5–2 所示，在实际应用中常用它来检查导线和电气设备是否带电。常用的试电笔的测量范围是 60～500 V。

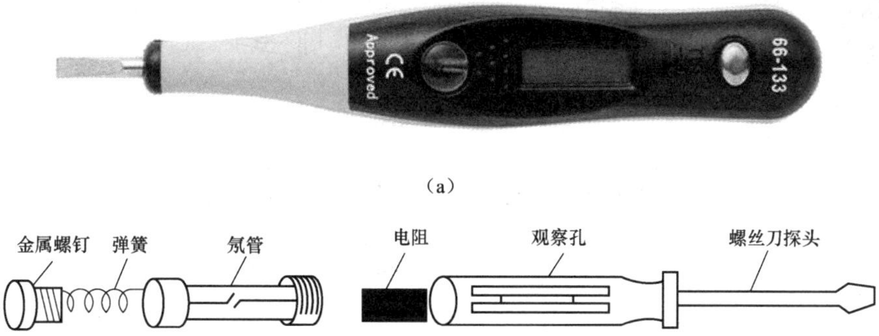

（a）

（b）

图 3–5–2　试电笔

（a）外形；（b）结构

使用试电笔时，手指必须接触金属笔挂或试电笔尾部的金属螺钉，笔尖金属部分触及被测带电体。观察氖管是否发光，从而判断是否带电。试电笔不宜作为螺丝刀使用，它的探头不能承受较大的扭矩。

5. 单相调压器

单相调压器（简称调压器）又称为调压变压器或自耦变压器，其外形如图 3–5–3 所示，是用来调节交流电压的常用设备。调节单相调压器滑动端的位置，就可以得到 0～250 V 不同数值的交流电压。单相调压器在使用时要注意正确接线，不可将可调侧接电源，也不能接错火线和零线的位置。

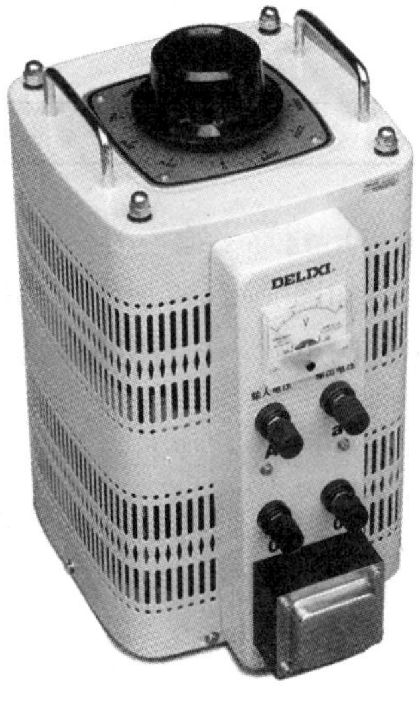

图 3–5–3　单相调压器外形

实训步骤

1. 试电笔的使用

用试电笔检测 220 V 交流电源插座的火线和零线，观察试电笔氖管的发光情况，如图 3–5–4 所示。在使用试电笔的时候要注意，手不要接触到笔尖，否则会触电。

2. 交流量的调整测量

由单相调压器构成的调压电路如图 3–5–5 所示，边观察交流电压表，边调节单相调压器的滑动端，使输出达到表 3–5–1 要求的电压值，读出交流电流表的读数，并将结果记录于表 3–5–1 中。

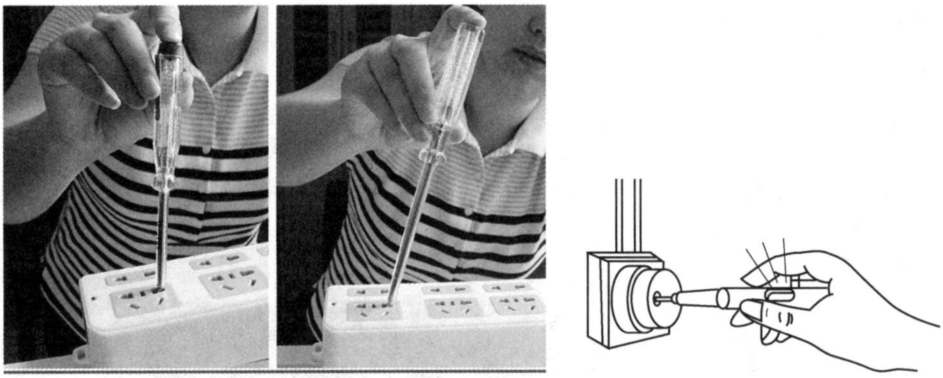

图 3-5-4 试电笔的使用

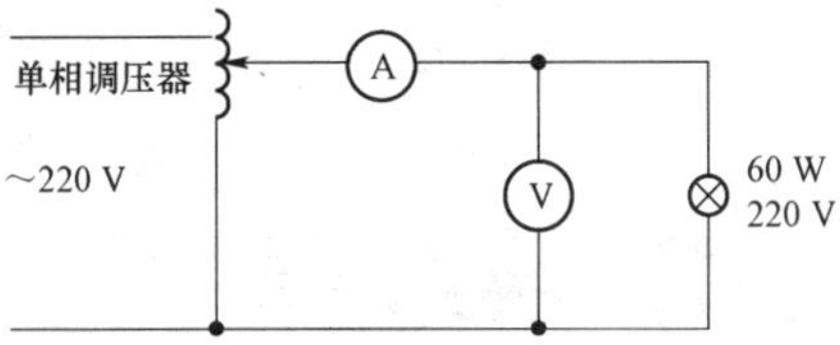

图 3-5-5 调压电路

表 3-5-1 交流电路测量数据

设置输出交流电压	普通电流表测量值	钳形电流表测量值
200 V		
220 V		
240 V		

3. 钳形电流表的使用

如图 3-5-6 所示，用钳形电流表测量电压分别为 200 V、220 V、240 V 时，流过 60 W 电灯的电流，并将结果记录于表 3-5-1 中。

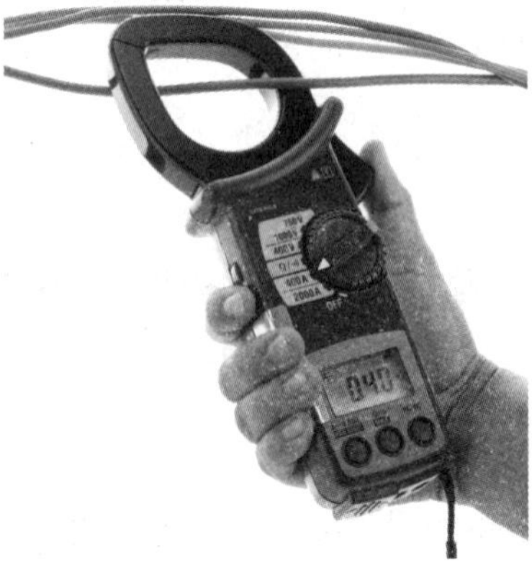

图 3-5-6 钳形电流表的使用

3.5.2 荧光灯电路的安装

技能目标

（1）了解荧光灯电路中各元件的作用。
（2）掌握荧光灯电路的安装方法。
（3）正确安装与调试荧光灯电路。

工具和仪器

220 V 交流电源、电源开关、荧光灯安装板、日光灯套件、导线、电工工具等。

知识准备

1. 荧光灯的结构

荧光灯由灯管、镇流器、启辉器和灯架等部分组成，如图 3–5–7 所示。

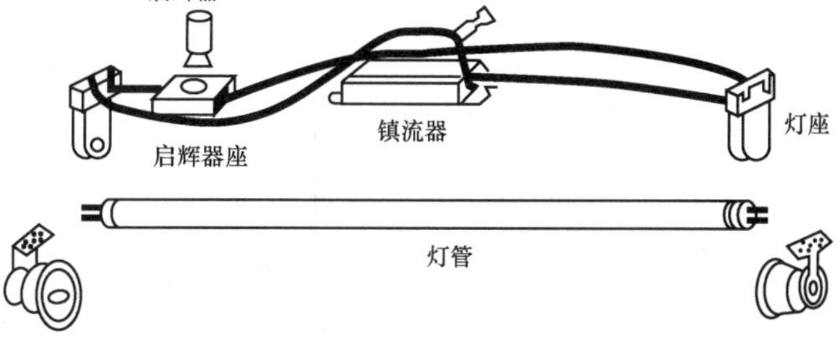

图 3–5–7 荧光灯的组成

荧光灯灯管由灯头、灯丝和玻璃管等构成，如图 3–5–8 所示。

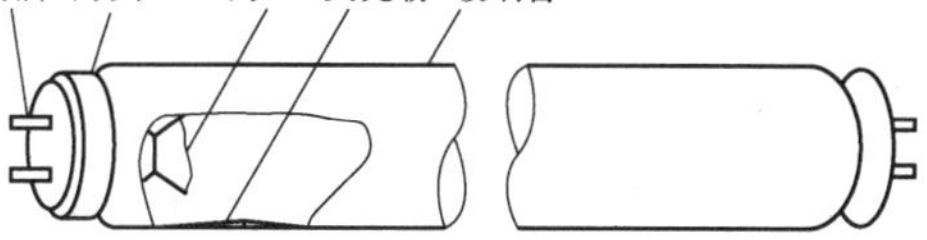

图 3–5–8 荧光灯灯管的构成

镇流器由硅钢片铁芯及绕在铁芯上的线圈组成，如图 3–5–9 所示。镇流器的作用是：在启动时限制预热电流，并在启辉器配合下产生瞬时 600 V 以上的高电压，促使灯管放电；在工作时限制流过灯管的电流，起镇流作用。

启辉器由一个充有氖气的封闭玻璃壳和一个纸质电容器组成，如图 3–5–10 所示，其作用是自动控制灯丝的预热时间，使电路接通和自动断开。

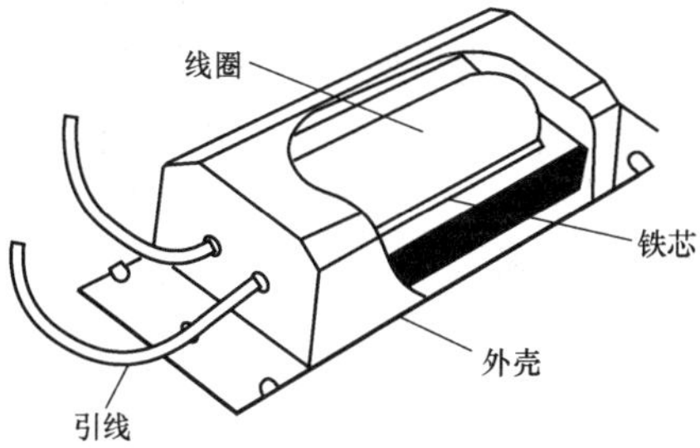

图 3–5–9 镇流器的结构

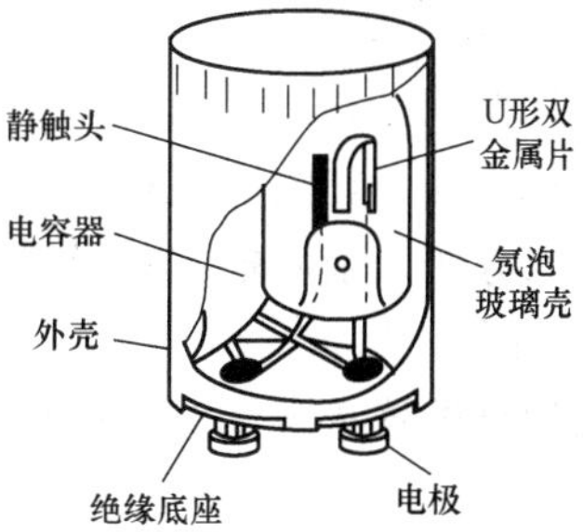

图 3–5–10 启辉器的结构

2. 荧光灯的工作原理

荧光灯的工作电路如图 3－5－11 所示。当接通电源后，电压被加在启辉器的 U 形双金属片和静触头之间，从而使启辉器放电，放电时产生的热量传递到双金属片上，把双金属片加热至 800～1 000 ℃，双金属片因过热膨胀而与静触点接触闭合，使电路接通。电流通过灯丝，使灯丝被加热到很高的温度（900 ℃）而发射电子，于是灯丝附近的氩气游离、汞被汽化。双金属片与静触头接触后，启辉器放电停止，双金属片冷却，离开静触头并恢复原状。在触头断开的瞬间，在镇流器两端会产生一个很高的感应电动势，感应电动势加在灯管两端，使大量电子从灯管中流过。电子在运动中冲击管内的气体，发出紫外线，紫外线激发灯管内壁的荧光粉，于是发出类似自然光的可见光。

目前，许多荧光灯的镇流器已采用电子镇流器，它具有节电、启动电压较宽、启动时间短（0.5 s）、无噪声、无频闪等优点，其电路的接线如图 3－5－12 所示。

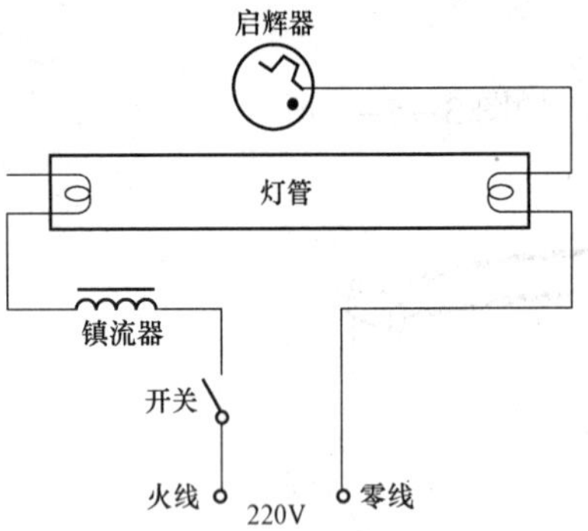

图 3－5－11　荧光灯的工作电路

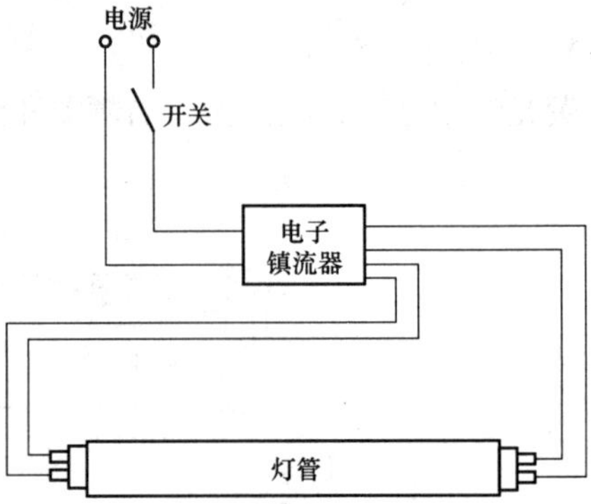

图 3－5－12　采用电子镇流器的荧光灯电路接线

实训步骤

1. 检查

检查灯管、镇流器、启辉器有无损坏，是否与灯管的容量相符。

2. 准备灯架

根据荧光灯灯管的长度，购置或制作与之配套的灯架。

3. 对照电路图组装灯架

各配件的位置固定完毕后，按安装图接线（见图 3－5－13），只有灯座是边接线边固定的。接线完毕后，要对照安装图进行检查，以免接错。

4. 固定灯架

固定灯架的方式有吸顶式和悬吊式两种，悬吊式又可分为金属链条悬吊和钢管悬吊两种。安装前应首先在设计的固定点打孔预埋合适的紧固件，然后将灯架固定在紧固件上，把荧光灯灯管装入灯座，最后把启辉器旋入启辉器座。

5. 安装开关、熔断器

按白炽灯的连接方法进行接线。

6. 通电

检查无误后，即可通电试用。

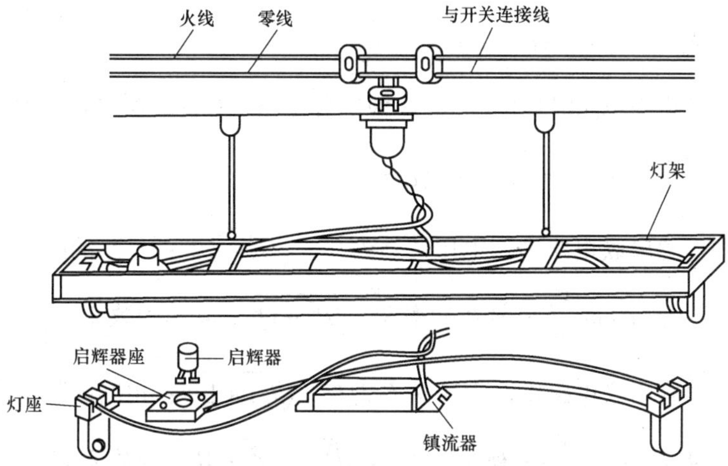

图 3－5－13　荧光灯安装图

安装荧光灯的注意事项如下。

（1）启辉器插入启辉器座时，顺时针方向拧进，逆时针方向拧出。

（2）灯管插入灯座，向左或向右旋动即可。若灯座带有弹簧，先将灯管向有弹簧的一端插入，压进灯座内后再把灯管的另一端对准另一灯座，松手便自动进入了灯座内。

（3）安装荧光灯时，其附件装设位置应便于维护和检修。

（4）镇流器和启辉器应与灯管的容量相符。

（5）在接线端子上连接导线时，线头应按顺时针方向绕螺钉一圈，用螺钉旋紧，并注意裸线圈之间不能相碰。

（6）组装灯具时应检查灯管、镇流器、启辉器、灯座等有无损坏，是否相互配套。

本章小结

（1）按正弦规律变化的电流、电压及电动势称为正弦交流电。交流电的频率（角频率）、初相位和最大值称为正弦交流电的 3 要素，它们反映了正弦量的特点，最大值决定正弦量的变化范围，角频率决定正弦量变化的快慢，而初相位决定正弦量的初始状态。

（2）正弦交流电的表示法有解析式表示法、波形图表示法和相量表示法。

（3）交流电的有效值就是与其热效应相等的直流值。有效值与最大值的关系是

$$I=\frac{I_m}{\sqrt{2}},\quad U=\frac{U_m}{\sqrt{2}},\quad E=\frac{E_m}{\sqrt{2}}$$

（4）相位差反映了两个正弦量的相位关系，两个同频率正弦量的相位之差等于它们的初相之差，两个同频率正弦量的相位关系一般为超前、滞后、同相、反相和正交。

（5）纯电阻电路的电流和电压同相，纯电阻电路是耗能元件，瞬时功率 $P_R=iu_R=2UI\sin^2\omega t$，有功功率 $P=\frac{1}{2}U_mI_m=UI=I^2R=\frac{U^2}{R}$。

（6）纯电感电路中电压超前电流 90°，纯电感电路不耗能，瞬时功率 $P_L=U_LI\sin 2\omega t$，

有功功率 $P=0$，无功功率 $Q_L=U_LI=I^2X_L=\dfrac{U_L^2}{X_L}$。

（7） 纯电容电路中电压滞后电流 $90°$，纯电容电路不耗能，瞬时功率 $P_C=U_CI\sin 2\omega t$，有功功率 $P=0$，无功功率 $Q_C=U_CI=I^2X_C=\dfrac{U_C^2}{X_C}$。

（8） 电阻与电感串联电路中，电压关系为 $U=\sqrt{U_R^2+U_L^2}$；电路的阻抗 $Z=\sqrt{R^2+X_L^2}$；阻抗角 $\varphi=\arctan\dfrac{U_L}{U_R}=\arctan\dfrac{X_L}{R}$；视在功率 $S=\sqrt{P^2+Q_L^2}$；功率因数 $\lambda=\dfrac{P}{S}=\dfrac{UI\cos\varphi}{UI}=\cos\varphi$。

（9） 电阻与电容串联电路中，电压关系为 $U=\sqrt{U_R^2+U_C^2}$；电路的阻抗 $Z=\sqrt{R^2+X_C^2}$；阻抗角 $\varphi=\arctan\dfrac{U_C}{U_R}=\arctan\dfrac{X_C}{R}$；视在功率 $S=\sqrt{P^2+Q_C^2}$；功率因数 $\lambda=\dfrac{P}{S}=\dfrac{UI\cos\varphi}{UI}=\cos\varphi$。

（10）在串联谐振电路中，串联谐振的条件为：$X_L=X_C$ 或 $U_L=U_C$；谐振频率为：$f_0=\dfrac{1}{2\pi\sqrt{LC}}$，$\omega_0=\dfrac{1}{\sqrt{LC}}$。串联谐振电路的特点为：电路总阻抗最小 $Z=R$；电路中电流最大 $I=\dfrac{U}{R}$；电感、电容上电压相等，且可能出现过电压。

（11）在并联谐振电路中，并联谐振的条件为：$X_L=X_C$；谐振频率为：$f_0=\dfrac{1}{2\pi\sqrt{LC}}$。并联谐振电路的特点为电路阻抗最大，电流最小，支路中可能产生过电流。

思考与练习

1. 什么是交流电？什么是正弦交流电？ 正弦交流电的 3 要素是什么？

2. 什么是交流电的周期、频率、角频率？它们之间有什么关系？

3. 正弦交流电的初相位、相位差各表示什么意义？超前、滞后、同相和反相各表示什么意义？

4. 工频交流电的频率是多少？周期是多少？

5. 什么叫正弦交流电的有效值？正弦交流电的有效值与最大值之间有什么关系？

6. 把额定电压为 220 V 的电灯分别接到 220 V 的交流电源和直流电源上，问电灯的亮度有无区别？

7. 已知某正弦电压的振幅 $U_m=310$ V，频率 $f=50$ Hz，初相 $\varphi=-30°$，试写出此电压的瞬时值表达式。

8. 已知 $i=I_m\sin(\omega t-\varphi)$，$f=50$ Hz，$I_m=200$ A，$\varphi=45°$。试求电流的有效值及在 $t=0.002$ s 时的瞬时值，并绘出波形。

9. 指出下列正弦量的最大值、角频率、频率、周期和初相位：

（1）$u=310\sin\left(314t+\dfrac{\pi}{4}\right)$ V；

（2）$u=353\sqrt{2}\sin(2\pi t-30°)$ V；

（3）$i=50\sin\left(\omega t+\dfrac{\pi}{6}\right)$ A；

（4）$i=10\sin(2\pi\times50t-120^\circ)$ A。

10. 已知正弦量的 3 要素分别为：

（1）$U_m=500$ V，$f=50$ Hz，$\varphi_1=135^\circ$；

（2）$I_m=100$ A，$f=100$ Hz，$\varphi_1=-30^\circ$。

试分别写出它们的瞬时值函数表达式，并在同一个坐标系上画出它们的波形。

11. 纯电阻电路中，无论是电压和电流的关系式，还是计算功率的公式，在交流和直流电路中形式上完全相似，但有哪些不同？

12. 纯电阻电路中，电压、电流的相位关系、数值关系如何？

13. 一只“220 V，60 W”的白炽灯，接在电压 $u=200\sqrt{2}\sin\left(314t+\dfrac{\pi}{6}\right)$ V 的电源上，试求流过白炽灯的电流，写出电流的瞬对值表达式。

14. 纯电感电路中，电压、电流的相位关系和数值关系如何？

15. 有一电感 L=0.08 H 的线圈，电阻可略去不计，把其接在 $u=100\sqrt{2}\sin\left(314t+\dfrac{\pi}{3}\right)$ V 的交流电源上。试求：

（1）通过线圈的电流有效值，并写出电流瞬时值表达式；

（2）无功功率。

16. 一个 L=0.5 H 的线圈接在 220 V、50 Hz 的交流电源上。求电路中的电流和无功功率。当电源频率变为 100 Hz，其他条件不变时，线圈中的电流又是多少？

17. 纯电容电路中，电压、电流的相位关系和数值关系如何？

18. 一个 10 μF 的电容器上加有电压 $u=150\sin500t$ V，求电流的瞬时值表达式及有效值。

19. 一个 20 μF 的电容器接在 220 V 工频交流电源上，求通过电容器中的电流。

20. 电压三角形、阻抗三角形、功率三角形的含义是什么？

21. 什么是功率因数？

22. 现有一个 L=25 mH 的线圈，测得其电阻 R=15 Ω。试问通过线圈的电流为 20 A 时，加在线圈上的电压是多少？有功功率、无功功率、视在功率、功率因数各为多少？（设 $f=50$ Hz）

23. 一个 RC 串联电路，接于电压为 220 V、频率 $f=50$ Hz 的电源上，若电路中的电流为 5 A，电阻上消耗的功率为 75 W，试求电路的参数 R 和 C 的数值。

24. 将阻值为 30 Ω 的电阻和电容量为 80 μF 的电容串联并接到交流电源上。已知电源电压 U=220 V，$f=50$ Hz，试求电路中电流的大小并作电压、电流的矢量图。

25. 什么叫串联谐振电路？串联谐振电路的条件和特点是什么？

26. 什么叫并联谐振电路？并联谐振电路的条件和特点是什么？

27. 在图 3–4–4 所示的并联谐振电路中，已知线圈的电阻 R=20 Ω，电感 L=63.5 mH，电容 C=30 μF，求电路的谐振频率 f_0 和品质因数 Q。

第 4 章

三相交流电路

学习目标

1. 了解三相交流电源的概念，理解相序的概念。
2. 了解三相交流电源星形连接的特点。
3. 了解三相负载星形和三角形连接的特点。
4. 了解我国电力系统供电制。
5. 能将单相、三相负载接入电源中。
6. 熟悉安全用电知识。
7. 初步掌握触电现场急救技术。

任务导入

三相交流电是由 3 个频率相同、振幅相等、相位依次互差 120° 的交流电动势组成的电源。三相交流电相对单相交流电而言具有很多优点，利用三相交流发电机发电可以很经济方便地把机械能（水流能、风能）、化学能（石油、天然气）等其他形式的能转化为电能，制造三相发电机、变压器比制造单相发电机、变压器省材料，而且构造简单、性能优良。在输送同样功率的情况下，三相输电线较单相输电线可节省有色金属 25%，而且电能损耗较单相输电时少。由于三相交流电具有上述优点，所以获得了广泛应用。

在日常用电中，需要了解像触电种类、触电的防护、触电的现场处理等安全用电知识，掌握触电现场急救技术，以确保用电时自身和他人的用电安全。

本章主要介绍三相交流电路中的三相交流电源、三相负载的连接及安全用电知识等。

4.1 三相交流电源

4.1.1 三相交流电的产生

三相交流电是由三相交流发电机（见图 4－1－1）产生的。图 4－1－2（a）所示为三相交流发电机的结构示意图，它主要由定子和转子构成。在定子中嵌入了 3 个绕组，每一个绕组为一相，合称三相绕组。三相绕组的始端分别用 U_1、V_1、W_1 表示，末端用 U_2、V_2、W_2 表示。转子是一个电磁铁，它以匀速角速度 ω 沿逆时针方向旋转。若各绕组的几何形状、尺寸、匝数均相同，安装时 3 个绕组彼此相隔 120°，磁感应强度沿转子表面按正弦规律分布，则在三相绕组中可以分别感应出最大值相等、频率相同、相位互差 120° 的 3 个正弦电动势。这种三相电动势称为对称三相电动势，发出的电流叫作三相交流电。

图 4－1－1　三相交流发电机

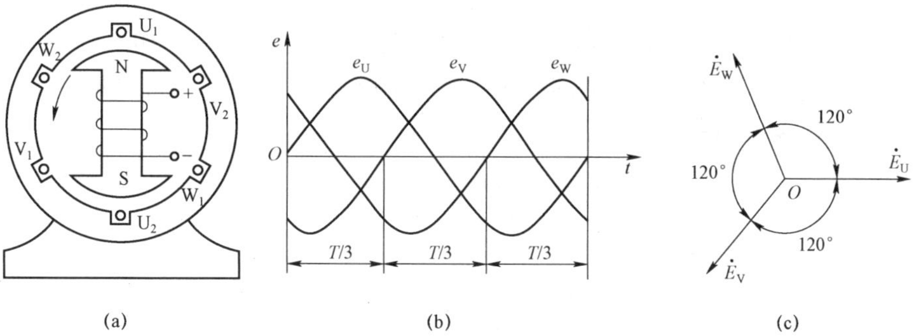

图 4－1－2　三相交流发电机的结构示意、波形及矢量图

4.1.2　三相交流电的特点

三相交流电可以看成是由符合条件的 3 个单相交流电连接而成的，因此同单相交流电一样，三相交流电也可用解析式、波形图和矢量图 3 种方式来表示。

对称三相电动势瞬时值的解析式为

$$e_1 = \sqrt{2}\,E\sin\omega t$$

$$e_2 = \sqrt{2}\,E\sin(\omega t - 120^\circ)$$

$$e_3 = \sqrt{2}\,E\sin(\omega t + 120^\circ)$$

波形图和相量图如图 4－1－2（b）和图 4－1－2（c）所示。

对称三相电动势随时间按正弦规律变化，它们到达最大值（或 0 值）的先后次序，叫作相序。由图 4－1－2（c）的矢量图可以看出，三个电动势按顺时针方向的次序到达最大值（或 0 值），即按 U→V→W→U 的顺序，称为正序或顺序；若按逆时针方向的次序到达最大值（或 0 值），即按 U→W→V→U 的顺序，称为负序或逆序。

从图 4－1－2 可以看出三相交流电有以下特点：

（1）电动势的最大值和周期相同；

（2）电动势到达最大值（或 0 值）的时间依次落后 1/3 个周期。

4.1.3　三相交流电源的联结

三相交流电源是由 3 个单相交流电源按一定的方式连接在一起，这 3 个单相交流电源的频率相同、最大值相等、相位彼此相差 120°，其连接方式主要有星形和三角形两种类型。

1. 三相交流电源的星形连接

将三相交流发电机三相绕组的末端 U_2、V_2、W_2（相尾）连接在一点，始端 U_1、V_1、W_1（相头）分别与负载相连，这种连接方法叫作星形（Y形）连接。从三相交流电源三个首端 U_1、V_1、W_1 引出的三根导线叫作端线或相线（火线）。末端接成的一公共点 N 称为零点（或称中性点），从中点引出的导线叫作中性线（零线）。这种由 3 根相线和 1 根中性线组成的输电方式叫作三相四线制（通常在低压配电中采用），如图 4-1-3 所示。无中性线的 3 根相线组成的输电方式称为三相三线制，一般在高压输电工程中采用。

三相四线制交流电源可输送两种电压，即相电压和线电压。

（1）相电压。任意一根相线与中性线之间的电压（每相绕组始端与末端之间的电压）叫作相电压，用 $\dot{U}_U$，$\dot{U}_V$，$\dot{U}_W$ 表示。相电压的正方向规定从始端指向末端，如图 4-1-4 所示。

（2）线电压。任意两个相线之间的电压叫作线电压（即相线与相线之间的电压），用 $\dot{U}_{UV}$、$\dot{U}_{VW}$、$\dot{U}_{WU}$ 表示，如图 4-1-4 所示。

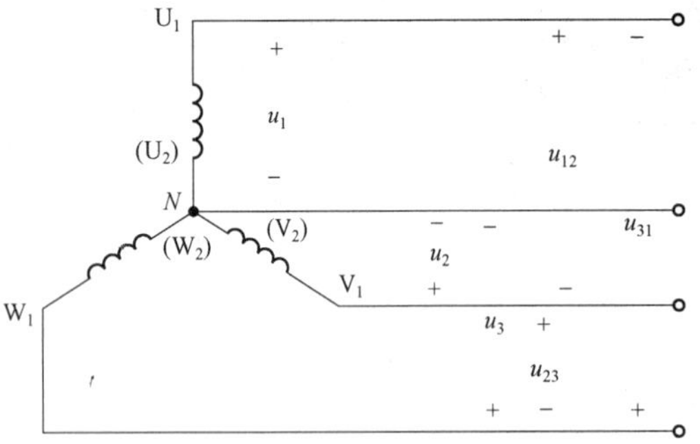

图 4-1-3　三相交流电源星形联结

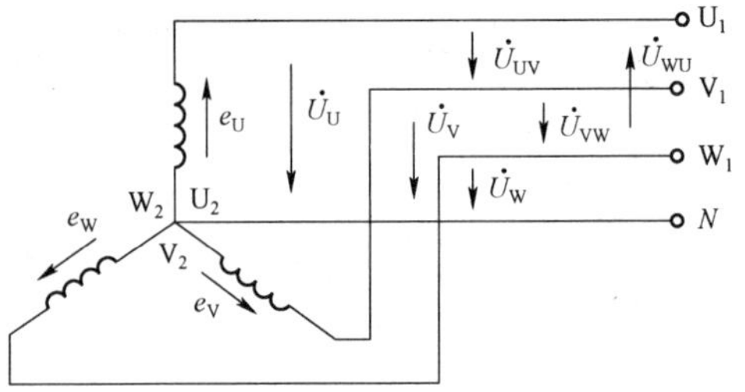

图 4-1-4　相电压与线电压

可以证明，线电压和相电压的数量关系为

$$U_{线} = \sqrt{3}U_{相}$$

线电压与相电压的相位关系是：线电压超前对应的相电压 30°。线电压与相电压的矢量图如图 4-1-5 所示。

2. 三相交流电源的三角形连接

将三相交流发电机每一相绕组的末端和另一相绕组的始端依次相接的方式，称为三角形连接或△形连接，如图 4-1-6 所示。

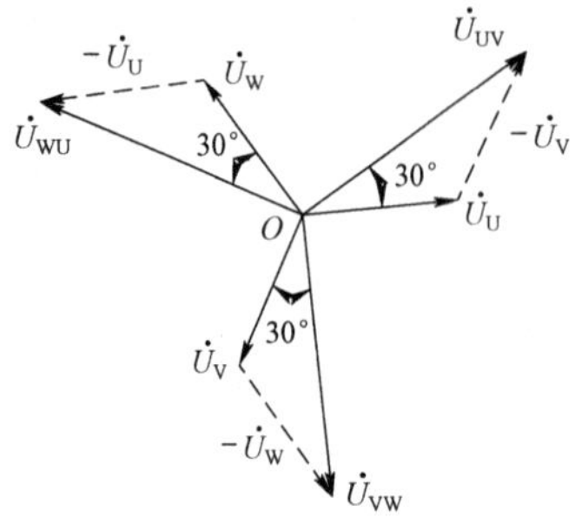

图 4-1-5　星形连接时线电压与相电压的矢量图

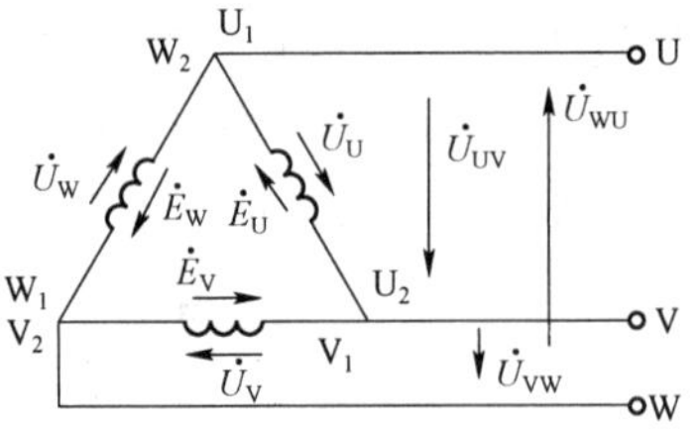

图 4-1-6　三相交流电源的三角形连接

采用三角形连接时，线电压等于相电压，即

$$U_{线} = U_{相}$$

注意

在工业用电系统中如果只引出 3 根导线（三相三线制），那么就都是相线（没有中性线），这时所说的三相电压大小均指线电压 $U_{线}$；而民用电源则需要引出中性线，所说的电压大小均指相电压 $U_{相}$。

【例 4－1－1】已知三相四线制供电系统中，V 相电动势的瞬时值表达式为 $e_V = 380\sqrt{2}\sin(\omega t + \pi)\text{V}$，按正序写出 e_U、e_W 的瞬时值表达式。

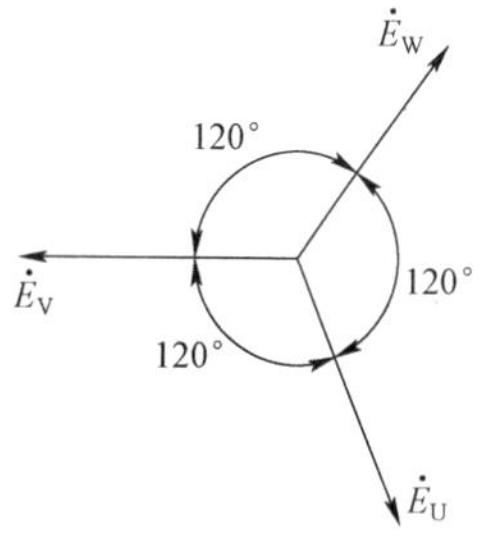

图 4－1－7　例 4－1－1 图

解：先画出 V 相的相量图，再根据正序画出 U 相、W 相的矢量图，如图 4－1－7 所示，即可写出 e_U、e_W 的瞬时值表达式。

由矢量图可知，e_U、e_W 的瞬时值表达式为

$$e_U = 380\sqrt{2}\sin\left(\omega t - \frac{\pi}{3}\right)\text{V}，\quad e_W = 380\sqrt{2}\sin\left(\omega t + \frac{\pi}{3}\right)\text{V}$$

【例 4－1－2】已知三相交流发电机的三相绕组产生的相电压大小均为 U=220 V，试求：（1）三相交流电源为 Y 形连接时的相电压 $U_{相}$与线电压 $U_{线}$；（2）三相交流电源为△形连接时的相电压 $U_{相}$与线电压 $U_{线}$。

解：（1）三相交流电源 Y 形连接时，相电压 $U_{相}$=220 V，线电压 $U_{线} = \sqrt{3}U_{相} \approx 380\text{ V}$。

（2）三相电源△形连接时，相电压 $U_{相}=E=220$ V，线电压 $U_{线}=U_{相}=220$ V。

4.2　三相负载的连接

在三相交流电路中，如果各相负载的性质（感性、容性或电阻性）相同、阻值相等，这样的三相负载叫作对称三相负载，如三相电动机、三相电炉等；如果三相负载不同，就叫作不对称三相负载，如三相照明负载。和三相电源一样，三相负载也可以连接成星形和三角形两种形式。

4.2.1　三相负载的星形连接

在三相四线制交流电网中，其线电压为 380 V，相电压为 220 V，负载如何连接，应视其额定电压而定。通常电灯为单相负载，额定电压是 220 V，因此，要接在相线和中性线之间。要求三相交流电源所接的负载要基本均衡，不能集中在某一相中。三相交流电动机的额定电压为 380 V，3 个接线端是三相交流电源的 3 根相线相连，如图 4－2－1 所示的负载（电灯、电动机）均为星形连接。

三相负载的星形连接一般可用图 4－2－2 来表示，三相负载的一端分别接在 3 条相线上，而另一端连在一起后，再接到零线上。

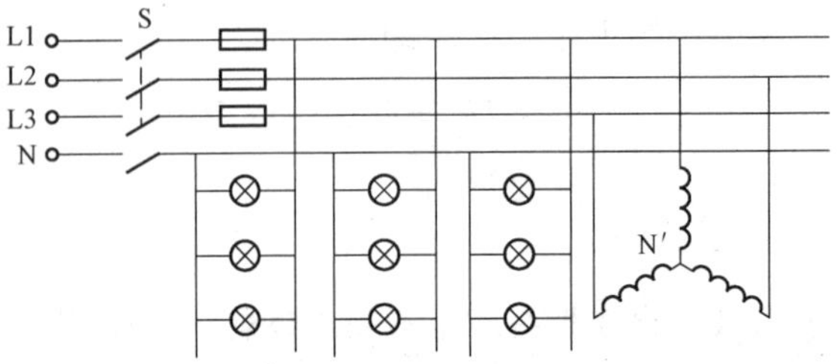

图 4-2-1　电灯与电动机的星形连接

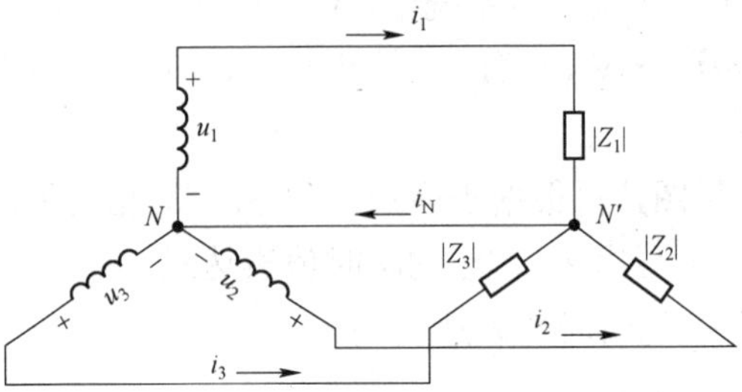

图 4-2-2　三相负载的星形连接

注意

在实际应用中，多个单相负载接到三相交流电路中构成的三相负载不可能完全对称，在这种情况下中性线显得特别重要。零线一旦断开，各相不对称负载所承受的相电压不再对称，这将造成有的负载所承受的电压低于其额定工作电压，有的负载所承受的电压高于其额定工作电压，负载不能正常工作，甚至引发严重事故。因此应用时必须注意：

（1）零线应具有足够的机械强度，安装必须牢靠；

（2）不允许在零线上安装保险丝或闸刀开关。

三相负载的星形连接主要特点如下：

（1）不论电源和负载是否对称，线电流 I_{L1}（I_{L2}、I_{L3}）等于相电流 I_{ZU}（I_{ZV}、I_{ZW}），即 $I_{线}=I_{相}$；

（2）线电压和相电压有效值之间的关系为 $U_{线}=\sqrt{3}U_{相}$；

（3）根据基尔霍夫电流定律，零线电流等于线（相）电流的代数和，即 $I_N=I_U+I_V+I_W$，如果三相负载对称，则 $I_N=I_U+I_V+I_W=0$，中性线无电流。

【例 4-2-1】 在负载作 Y 形连接的对称三相交流电路中，已知每相负载均为 $|Z|=20\ \Omega$，设线电压 $U_{线}=380$ V，试求各相电流、线电流。

解： 在对称三相负载 Y 形连接的电路中，相电压为

$$U_{相}=\frac{1}{\sqrt{3}}U_{线}=220\ \text{V}$$

相电流等于线电流，即

$$I_{线}=I_{相}=\frac{U_{相}}{|Z|}=\frac{220}{20}=11(\text{A})$$

4.2.2　三相负载的三角形连接

将三相负载分别接在三相交流电源的两根相线之间的接法，称为三相负载的三角形连接，如图 4－2－3 所示。

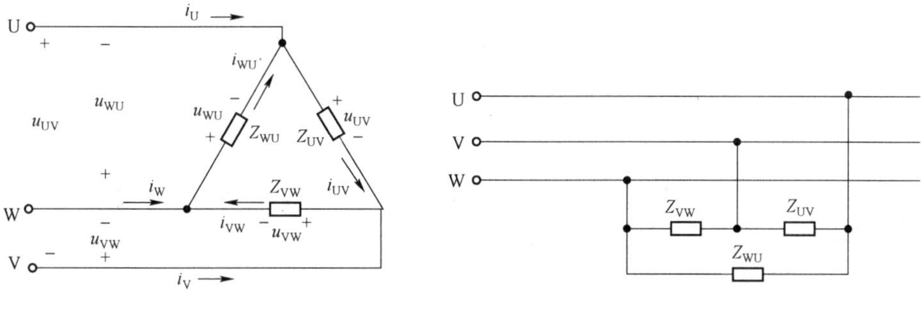

(a)　　　　(b)

图 4－2－3　三相负载的三角形连接

（a）连接图；（b）电路图

三相负载的三角形连接主要特点如下：

（1）由于各项负载都是接在两条相线之间，因此电源的线电压就是负载两端的电压，即负载的相电压，则 $U_{线}=U_{相}$；

（2）当电源和负载都对称时，其线电流和相电流有效值之间的关系是：$I_U=\sqrt{3}I_{UV}$，$I_V=\sqrt{3}I_{VW}$，$I_W=\sqrt{3}I_{WU}$，即 $I_{线}=\sqrt{3}I_{相}$。

【例 4－2－2】 在对称三相交流电路中，负载作星形连接，已知每相负载均为 $|Z|=50\ \Omega$，设线电压 $U_L=380$ V，试求各相电流和线电流。

解： 在三相负载星形连接的电路中，相电压等于线电压，即 $U_{线}=U_{相}$，则相电流为

$$I_{相}=\frac{U_{相}}{|Z|}=\frac{380}{50}=7.6\text{（A）}$$

线电流为

$$I_{线}=\sqrt{3}I_{相}=\sqrt{3}\times 7.6\approx 13.2\text{（A）}$$

【例 4－2－3】 有一个对称三相负载，每相负载的电阻 $R=600\ \Omega$，感抗 $X_L=800\ \Omega$，接在电压为 380 V 的对称三相交流电源上，求：（1）将它们接成 Y 形连接时，线电压、相电压、相电流、线电流分别为多少？（2）将它们接成△形连接时，线电压、相电压、相电流、线电流分别为多少？

解： 不论负载接成 Y 形连接还是△形连接，负载阻抗总是

$$Z=\sqrt{R^2+X_L^2}=\sqrt{60^2+80^2}=100\text{（Ω）}$$

（1）负载接成 Y 形连接时，线电压 $U_{线Y}=380$ V；负载的相电压 $U_{相Y}=\frac{U_{线}}{\sqrt{3}}=\frac{380}{\sqrt{3}}=220$（V）；

流过负载的相电流 $I_{相Y}=\dfrac{U_{相Y}}{Z}=\dfrac{220}{100}=2.2$（A）；线电流 $I_{线Y}=I_{相Y}=2.2$（A）。

（2）负载接成△形连接时，线电压 $U_{线△}=380$ V；负载的相电压 $U_{相△}=U_{线△}=380$ V；流过负载的相电流 $I_{相△}=\dfrac{U_{相△}}{Z}=\dfrac{380}{100}=3.8$（A）；线电流 $I_{线△}=\sqrt{3}I_{相△}=\sqrt{3}\times3.8=6.6$（A）。

4.3 安全用电

随着现代生产技术的发展和生活水平的提高，人们在生产和生活中已离不开电，但是不懂得安全用电知识就容易造成触电受伤甚至身亡、电气火灾、电器损坏等意外事故。为了防止触电事故的发生，学习安全用电知识是十分必要的。

4.3.1 触电的种类和形式

触电是指人体触及或接近带电导体，发生电流对人体造成伤害的现象。人体是个导体，当人体接触设备的带电部分并形成电流通路的时候，就会有电流流过人体，从而造成触电。触电时电流对人身造成的伤害程度与电流流过人体的电流强度、持续的时间、电流频率、电压大小及流经人体的途径等多种因素有关。

1. 触电的种类

电流对人体的伤害可分为两种类型：电击和电伤。

（1）电击。人体接触带电部分，导致电流通过人体，使人体内部的器官受到损伤的现象，称为电击触电。在触电时，由于肌肉发生收缩，受害者常不能立即脱离带电部分，使电流连续通过人体，造成呼吸困难、心脏麻痹，以致死亡，所以危险性很大。触电死亡大部分由电击造成。

（2）电伤。电伤是由电流的热效应、化学效应、机械效应以及电流本身作用造成的人体外伤。常见的有电烧伤、皮肤金属化、机械性损伤、电烙印、电光眼等。

2. 触电的形式

触电的形式主要有以下 3 种。

（1）单相触电。人体的某一部位触及一相带电体时，电流通过人体流入大地（或中性线），称为单相触电，如图 4－3－1 所示。

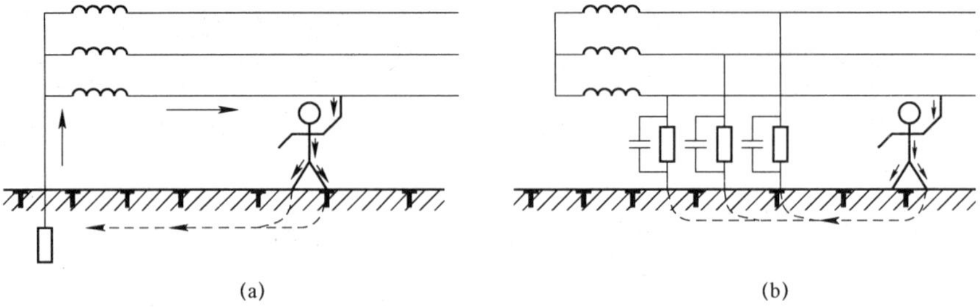

图 4－3－1 单相触电

（a）中性点直接接地；（b）中性点不直接接地

（2）两相触电。两相触电是指人体两处同时触及同一电源的两相带电体，以及在高压系统中，人体距离高压带电体小于规定的安全距离，造成电弧放电时，电流从一相导体流入另一相导体的触电方式，如图 4－3－2 所示。两相触电加在人体上的电压为线电压，可达 380 V，所以其触电的危险性很大。

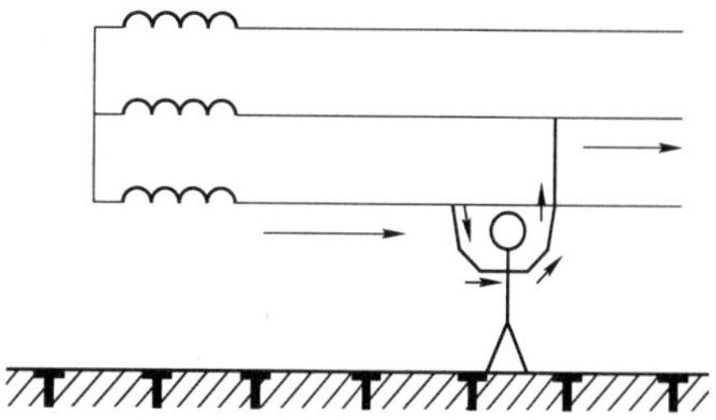

图 4－3－2　两相触电

（3）跨步电压触电。当电气设备发生接地故障，接地电流通过接地体向大地流散，在地面上形成分布电位，这时，若人在接地短路点周围行走，其两脚之间（人的跨步一般按 0.8 m 考虑）的电位差，就是跨步电压，由跨步电压引起的触电就是跨步电压触电，如图 4－3－3 所示。

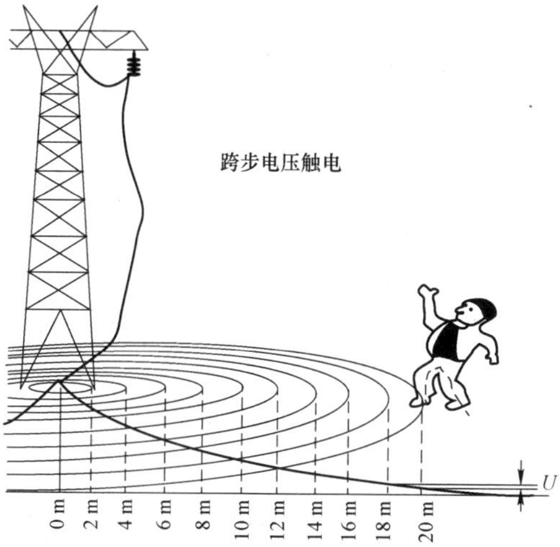

图 4－3－3　跨步电压触电

4.3.2　电气安全技术措施

触电事故尽管各种各样，但最常见的是偶然触及在正常情况下不带电而意外带电的导体。触电事故虽然具有突发性，但具有一定的规律，只要能够掌握其规律并采取相应的安全措施，很多是可以避免的。

预防触电事故的主要技术措施有：采用安全电压、保证电气设备的绝缘性能、采取屏护、保证安全距离、合理选用电气装置、装设漏电保护装置、保护接地或接零等。

1. 组织措施

（1）加强安全教育，普及安全用电知识。

（2）建立健全的安全规章制度，如安全操作规程、电气安装规程、运行管理规程、维护检修制度等，并在实际工作中严格执行。

2. 技术措施

（1）采用安全电压。安全电压是为防止触电事故而采用的由特定电源供电的电压系列。安全电压能限制触电流过人体的电流在安全电流范围内，从而在一定程度上保障了人身安全。国家标准规定：安全电压额定的等级为 42 V、36 V、24 V、12 V、6 V。当电气设备采用了超过 24 V 的电压时，必须采取防止人接触带电体的防护措施。

（2）采取屏护。采取屏护即用屏障或围栏等把带电体同外界隔离开来，以减少人员直接触电的可能性。

（3）保证安全距离。在带电体与地面、带电体与设备、带电体与带电体之间保持一定的距离，就可以起到安全防护的作用。例如，车辆行走的道路上方的电源线就必须考虑车辆通过的时候不能被剐蹭。

（4）装设漏电保护装置。漏电保护器（漏电保护开关）是一种电气安全装置，实物如图 4－3－4 所示。将漏电保护器安装在低压电路中，当发生漏电和触电，且达到保护器所限定的动作电流值时，就立即在限定的时间内动作，自动断开电源进行保护。

图 4-3-4　漏电保护器

（5）保证电气设备的绝缘性能。在低压电气设备或线路上进行带电工作时，应使用合格的、有绝缘手柄的工具，穿绝缘鞋，戴绝缘手套，并站在干燥的绝缘物体上，同时派专人监护。对工作中可能碰触到的其他带电体及接地物体，应使用绝缘物隔开，防止相间短路和接地短路。检修带电线路时，应分清相线和地线。安全用电的原则是不接触低压带电体，不靠近高压带电体。

（6）保护接地与接零。保护接地是指为保证人身安全，把电气设备的金属外壳与接地体连接起来，使电气设备与大地紧密连通，防止人体接触设备外露部分而触电的一种接地形式。保护接零是指在电源中性点接地的系统中，将设备需要接地的外露部分与电源中性线直接连接，相当于设备外露部分与大地进行了电气连接，使保护设备能迅速动作，断开故障设备，减少了人体触电危险，如图 4-3-5 所示。

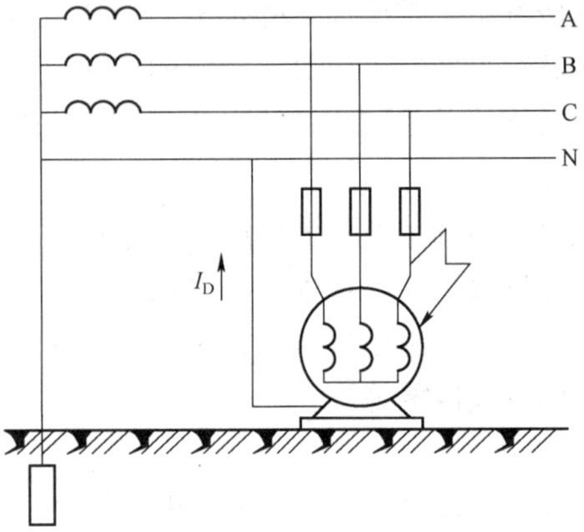

图 4-3-5　保护接零的原理

4.3.3　触电急救常识

当发现有人触电时，应先使触电者脱离电源。人触电后会出现神经麻痹、呼吸中断、心脏停止跳动等症状，外表呈现昏迷症状，通常称这种现象为假死现象，应立即进行抢救，同时报 120 急救。

1. 脱离电源

触电后，往往因为失去知觉而紧紧地抓住带电体，不能自行摆脱电源，应迅速让触电者摆脱电源。

（1）低压触电事故。当触电现场离开关或插头较近时，应迅速断开开关或拔下插头，当触电现场离开关或插头较远时，应现场使用绝缘木棒等挑开电源线，若有老虎钳等工具应剪断导线，如图 4-3-6 所示。

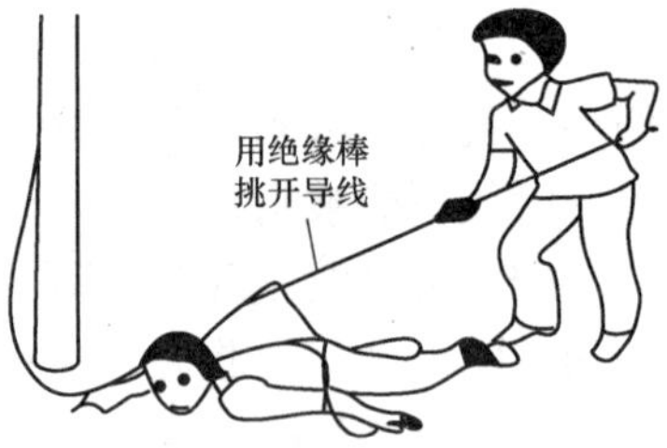

图 4-3-6　现场抢救

（2）高压触电事故。这时应立即通知有关部门停电，然后戴上绝缘手套、穿上绝缘靴，用相应电压等级的绝缘工具断开开关，或抛掷裸导线使线路改变接地点，达到保护触电者的目的。

2. 急救处理

当触电者脱离电源后，应当根据触电者的具体情况，迅速进行救护。

（1）如果触电者伤势不重、神志清醒，但有心慌、四肢麻木、全身乏力等症状，或者触电者一度出现过昏迷，但已醒过来，应使触电者安静休息、不要走动，严密观察触电者，并请医生前来诊治或送往医院。

（2）如果触电者伤势较重，已失去知觉，但心脏跳动和呼吸还在，应使触电者舒适、安静地平卧，解开衣服以利于呼吸并立即送往医院或拨打 120 紧急呼救。

（3）如果触电者伤势严重，呼吸停止或心脏跳动停止，或二者都已停止，应立即实施心肺复苏术并立即拨打 120 紧急呼救。

现场急救主要采取人工呼吸法和胸外心脏挤压法。

1）人工呼吸法

人工呼吸法往往是触电者有微弱心跳无呼吸时采用的急救方法，如图 4－3－7 所示，其具体步骤如下。

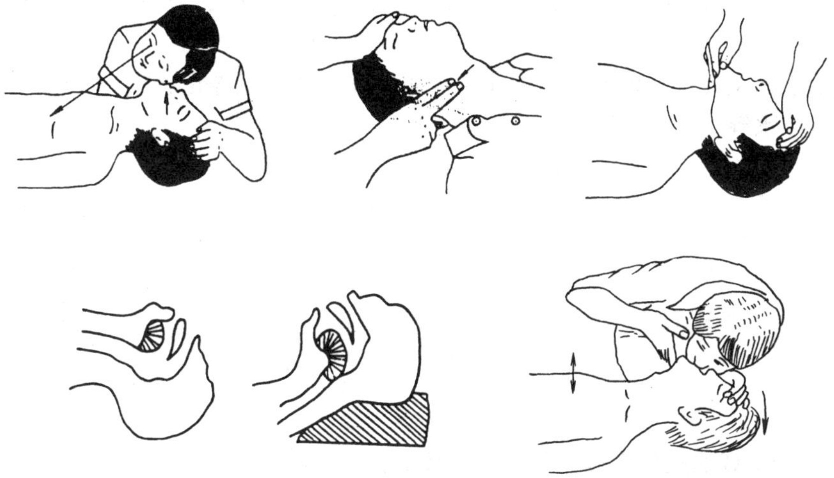

图 4－3－7　人工呼吸法

（1）清除口中异物。使触电者仰面躺在平硬的地方，迅速解开其衣服、腰带等，让触电者的头偏向一侧，清除其口腔中的异物。

（2）口对口人工呼吸。救护者蹲在触电者一侧，一只手指捏住其鼻翼，另一只手的食指和中指托住其下巴；救护人深吸气后，与触电者口对口紧合不漏气，先连续大口吹气两次，每次 1～1.5 s。接着放开触电者的鼻子，让气体从触电者肺部排出，正常的吹气频率为每分钟约 12 次，吹气量不宜过大，以免引起胃膨胀。不断重复上述步骤，直至触电者苏醒为止。若触电者为儿童，则吹气量酌情减少；若触电者口不能张，也可用口对鼻吹气法，方法与口对口吹气法相同。

2）胸外心脏挤压法

胸外心脏挤压法往往是触电者有微弱的呼吸而无心跳时采用的急救方法，如图 4－3－8 所示，其具体操作步骤如下。

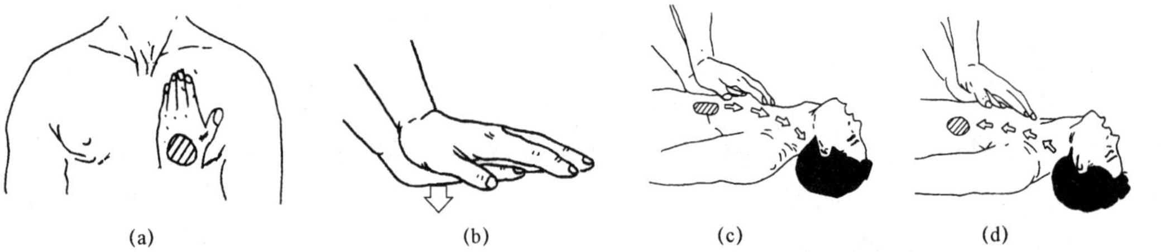

图 4-3-8 胸外心脏挤压法

（1）使触电者仰面躺在结实的地方，解开其衣服，仰卧姿势与人工呼吸法相同。

（2）抢救者跪或立在触电者左侧肩旁，右手中指指尖放在剑突处［见图 4-3-8（a）］，左手叠压在右手背上，如图 4-3-8（b）所示。

（3）以髋关节为支点，利用上身的重力，垂直将正常成人胸压陷 3～5 cm（儿童和瘦弱者酌情减少），如图 4-3-8（b）所示；然后突然松开，但掌根不离开触电者胸膛，如图 4-3-8（d）所示。操作以匀速为宜，操作频率每分钟 80 次左右，持续操作，直至触电者苏醒为止。

（4）触电者呼吸和心跳都停止时，宜采用人工呼吸法和胸外心脏挤压法相结合的方法。

单人救护时，每按压 15 次吹气 2 次，反复进行；双人救护时，每按压 5 次吹气 1 次，反复进行。

抢救既要迅速又要持之以恒，即使在送往医院途中也不能停止急救，此外不能给触电者打强心针、泼冷水等。

4.4 任务训练

4.4.1 三相负载的连接与测量

技能目标

1. 了解三相负载的星形连接和三角形连接的接线方法。
2. 验证两种连接的线电压与相电压、线电流与相电流之间的关系。
3. 探究三相四线制供电系统中零线的作用。

工具和仪器

三相调压器（380/450 V）、三相闸刀开关（500 V/15 A）、单极开关（250 V/5 A，2 个）、灯座（250 V/3 A，6 个）、白炽灯（24 V/25 W，6 个）、交流电压表、交流电流表、接线板、连接导线若干条。

知识准备

1. 星形连接

对称三相负载作星形连接时，线电压与相电压的关系为 $U_{线}=\sqrt{3}U_{相}$；各相电流与线电流相等，即 $I_{线}=I_{相}$。

2. 三角形连接

对称三相负载作三角形联结时，线电压等于相电压，即$U_{线}=U_{相}$；线电流和相电流的关系为$I_{线}=\sqrt{3}I_{相}$。

实训步骤

1. 三相负载的星形连接

（1）按图 4-4-1 所示电路接线，经检查无误后，闭合开关S_2，然后闭合开关S_1。

（2）慢慢转动三相调压器手柄，使调压器输出的相电压为 42 V，将电流表读数记入表 4-4-1 中。

（3）测出各相电压及各线电压，记入表 4-4-1 中。

（4）断开开关S_2，在零线断开的情况下，重新测量电流和电压值，将数据记入表 4-4-1 中。

（5）断开开关S_3，闭合开关S_2，测量有零线、负载不平衡的状态下的电流和电压值，将数据记入表 4-4-1 中。

（6）断开开关S_3和S_2，测量无零线、负载不平衡的状态下的电流和电压值，将数据记入表 4-4-1 中。

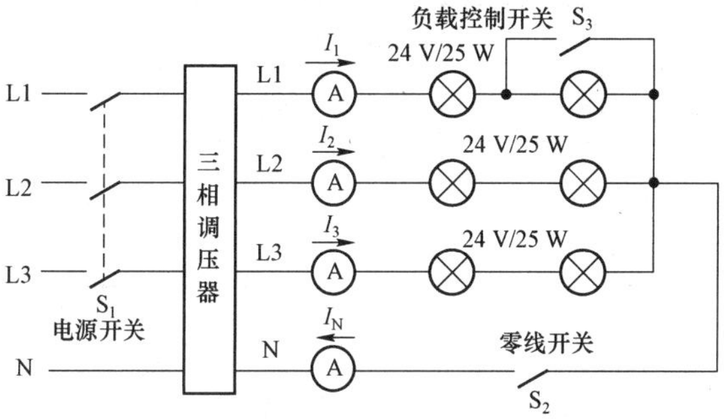

图 4-4-1　三相负载的星形联结电路

表 4-4-1　负载星形联结测量数据

负载情况		线电压			相电压			线电流			零线电流
		U_{12}/V	U_{23}/V	U_{12}/V	U_1/V	U_2/V	U_3/V	I_1/A	I_2/A	I_3/A	I_N/A
负载对称（S_3断开）	有零线（S_2闭合）										
	无零线（S_2断开）										
负载不对称（S_3闭合）	有零线（S_2闭合）										
	无零线（S_2断开）										

2. 三相负载的星形连接

（1）按图 4-4-2 所示的方式连接好电路，经检查无误后，闭合开关S_2和S_1。

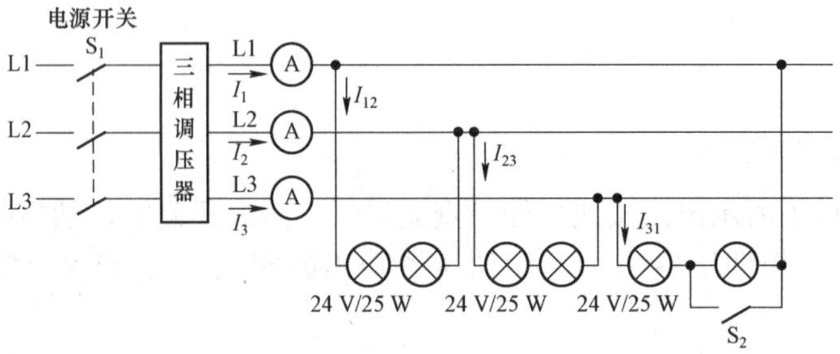

图 4-4-2　三相负载的三角形连接电路

（2）慢慢转动三相调压器手柄，使调压器输出的相电压为 42 V，测量线电流，将电流表读数记入表 4-4-2 中。

测出各相电流，并记入表 4-4-2 中。

断开开关S_2，在负载不平衡的情况下，重新测量电流和电压值，将数据记入表 4-4-2 中。

表 4-4-2　负载三角形联结测量数据

负载情况	线电压			相电压			相电流		
	U_{12} / V	U_{23} / V	U_{12} / V	I_1 / A	I_2 / A	I_3 / A	I_{12} / A	I_{23} / A	I_{31} / A
负载对称（S_2断开）									
负载不对称（S_2闭合）									

本 章 小 结

（1）三相交流电源是指 3 个频率相同、最大值相等、相位彼此相差 120° 的单相交流电源按一定方式组合而的电源系统，其连接方式主要有星形和三角形两种类型。

（2）三相交流电源的三相四线制供电系统可提供两种等级的电压：线电压和相电压，其关系为：$U_{线}=\sqrt{3}U_{相}$。

（3）对称三相负载作星形连接时，线电压与相电压的关系为$U_{线}=\sqrt{3}U_{相}$，各相电流与线电流相等，即$I_{线}=I_{相}$；对称三相负载作三角形连接时，线电压等于相电压，即$U_{线}=U_{相}$，线电流和相电流的关系为$I_{线}=\sqrt{3}I_{相}$。

（4）触电急救首先要采用正确的方法使触电者脱离电源，其次应当根据触电者的具体情况，迅速进行救护。现场急救主要采取人工呼吸法和胸外心脏挤压法。

思考与练习

1. 什么是三相四线制电源？

2. 什么是电源的零线？什么是线电压？什么是相电压？

3. 三相四线制电源的线电压与相电压在数值上有什么关系？

4. 三相四线制电源的线电压的有效值是 380 V，对应的相电压的有效值是多少？

5. 什么是三相负载的星形连接？

6. 如图 4-a 所示，L1、L2、L3 为 3 条相线，O 为中性线，负载电阻 R 接在 L2 相和中性线之间，已知 L1、L3 两相线之间的电压有效值为 $U=380$ V，负载电阻 $R=100\ \Omega$，电流表的读数是多少？

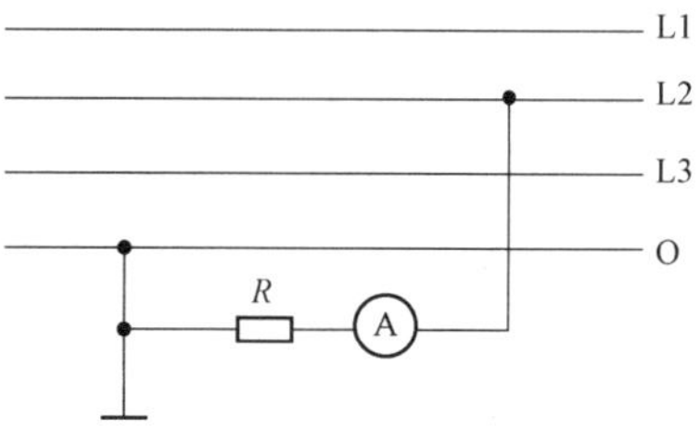

图 4-a　题 6 图

7. 为什么零线上不允许安装熔断器或开关？

8. 有 3 个 10 Ω 的电阻连接成星形，接到电压为 380 V 的对称三相交流电源上，求相电压、相电流、线电流和零线电流。

9. 有 3 个 10 Ω 的电阻连接成三角形，接到电压为 380 V 的对称三相交流电源上，求相电压、相电流、线电流分别是多少。

10. 常见的触电种类有哪些？

11. 什么是单相触电？什么是两相触电？什么是跨步电压触电？

12. 触电保护器的作用是什么？

13. 什么是保护接地？哪些家用电器的外壳有保护接地？

14. 触电现场应如何处理？

15. 复述人工呼吸法和胸外心脏挤压法。

第 5 章

用电技术和常用低压电器

学习目标

1. 了解电力系统的构成，熟悉节约用电的常识。
2. 了解单相变压器的基本结构、主要参数，理解变压器工作原理。
3. 认识常用照明灯具，能合理选用灯具。
4. 了解常用低压电器的结构、工作原理及使用常识。
5. 掌握照明电路配电板的安装。
6. 能正确使用常用的低压电器，能安装简单的控制电路。

任务导入

现代工农业生产、日常生活离不开电能的应用，电力的产生和供电系统的组成是从事电工电子技术工作必须掌握的基本知识。日常生活中各种各样的家用电器为人们创造了便利和舒适的生活，工业生产中各种各样的生产机械减轻了操作者的劳动强度，提高了生产效率，带来了经济效益。电风扇、洗衣机等家用电器的运转，工业生产中使用的车床、钻床、起重机等各种生产机械的运转都是通过电动机来实现的。显然，不同的家用电器和不同的生产机械，其工作性质和加工工艺不同，使得它们对电动机的控制要求不同。要使电动机按照人们的要求正常地运转，就要通过常用的低压电器来构成相应的控制电路来控制它。

本章节将学习应用较为广泛的用电设备和电器，如变压器、照明灯具及控制电路中使用的低压开关、熔断器、按钮、交流接触器、继电器等，为掌握电工的基本操作技能打下基础。

5.1 电力供电与节约用电

5.1.1 电力系统简介

电力系统是由发电厂、电力网和用户组成的一个整体系统，图 5-1-1 所示为电力系统的示意图。

发电厂是电力生产部门，由发电机产生交流电。根据发电厂所用能源，发电形式可分为水力、火力、核能、风力、太阳能发电等。自然界的能源通过发电动力装置转化成电能，再经输电、变电及配电系统将电能供应到各用电区域。

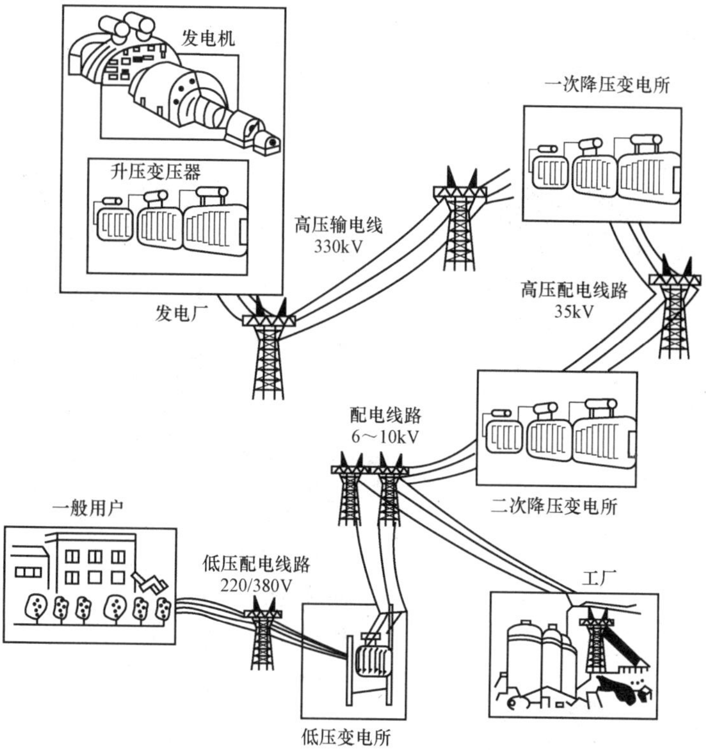

图 5-1-1　电力系统示意

1. 发电

（1）水力发电。水力发电的能量转换过程与结构如图 5-1-2 所示，当位于高处的水（具有位能）往低处流动时位能转换为动能，此时装设在水道低处的水轮机，因水流的动能推动叶片而转动，将水轮机连接发电机，就能带动发电机转动将机械能转换为电能，这就是水力发电的原理。

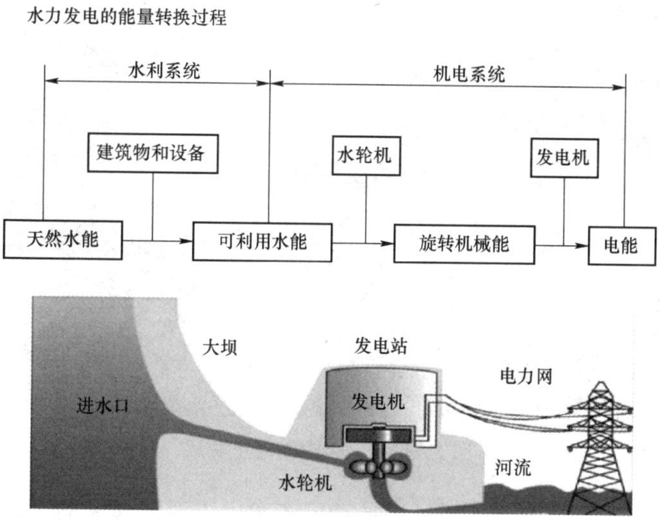

图 5-1-2　水力发电的能量转换过程与结构

我国的三峡水电站位于重庆市到宜昌市之间的长江干流上，三峡水电站的全景如图 5–1–3 所示，水电站大坝高程 185 m，蓄水高程 175 m，水库长 2 335 m，安装 32 台单机容量为 70 万 kW 的水电机组，是世界上规模最大的水电站。

图 5–1–3　三峡水电站的全景

（2）火力发电。火力发电是利用燃烧煤炭、石油、液化天然气等燃料所产生的热能，让水受热而成为高压高温蒸汽，推动汽轮机运转带动发电机发电。火力发电主装置如图 5–1–4 所示。

图 5–1–4　火力发电主装置

（3）风力发电。风力发电是利用风力转动风车发电，亚洲最大的风力发电站在我国新疆达坂城边上，如图 5–1–5 所示。

图 5-1-5 风力发电站

（4）核能发电。核能发电是利用原子核分裂时产生的能量，将反应器中的水加热产生蒸汽，然后用蒸汽推动汽轮机，再带动发电机产生电能。

秦山核电站（见图 5-1-6）是中国自行设计、建造和运营管理的第一座 30 万 kW 压水堆核电站，地处浙江省嘉兴市海盐县。秦山核电站采用目前世界上技术成熟的压水堆，核岛内采用燃料包壳、压力壳和安全壳 3 道屏障，能承受极限事故引起的内压、高温和各种自然灾害。经过多期建设后，秦山核电站成为目前国内核电机组数量最多、堆型最丰富、装机最大的核电基地。

图 5-1-6 秦山核电站的外景

（5）太阳能发电。太阳能的能源是来自地球外部天体的能源（主要是太阳能），是太阳中的氢原子核在超高温时聚变释放的巨大能量，人类所需能量的绝大部分都直接或间接地来自太阳。太阳能发电分为太阳光能发电和太阳热能发电两类：太阳光能发电是指无须通过热过程直接将光能转变为电能的发电方式，如图 5-1-7 所示；太阳热能发电是指通过水或其他工质和装置将太阳辐射能转换为电能的发电方式。

2. 输电线

火力、核能电厂由于需要大量的海水作为冷却水，多位于远离都市的海滨，水力电厂则位于偏远的山区。因此发电厂输出的电，需由输电线路长距离输送到都市、工业区。为了降低长距离传送电力所造成的传输损失，将输电电压提高，可降低输电电流，以减少线路损耗。由于降低输电电流，导线线径可减小，质量减轻，可降低建设成本。

图 5-1-7 太阳能光伏发电

目前我国远距离输电线按电压可分为 35 kV、110 kV、220 kV、330 kV、500 kV 等。

3. 变电系统

发电机输出端的电压在送到输电线前，利用电厂内的升压变压器将电压升高为 110 kV 或 220 kV 的高压电。当输电线路到达用电区域附近，在一次降压变电所将高压先降至 35 kV，再输送到二次降压变电所。

4. 配电系统

二次降压变电所将电力从 35 kV 降压到 6～10 kV，以架空或地下线路输送到生活小区或企业前，再以电杆上或路边的亭置式配电变压器，将电压降为一般家庭、商店、工厂使用的 220/380 V，以用户线引接到用户的电表后供用户使用。

5.1.2 节约用电

节约用电是指通过加强用电管理，采取技术上可行、经济上合理的节电措施，以减少电能的直接和间接损耗，提高能源效率和保护环境。我国的节能总方针是：开发与节约并重，把节约放在优先地位。

1. 节约用电的意义

电能是极宝贵的能源，节约用电就是要提高电能利用技术水平，让电能发挥出最大的作用，节约用电的意义在于：

（1）节约发电所需的一次能源，从而使全国的能源得到节约，可以减轻能源和交通运输的紧张程度；

（2）可相应地节省国家对发供用电设备需要投入的基建投资；

（3）节约用电必须依靠科学与技术的进步，在不断采用新技术、新材料、新工艺、新设备的情况下，必定会促进工农业生产水平的发展与提高；

（4）节约用电要靠加强用电的科学管理，从而会改善经营管理工作，提高企业的管理水平；

（5）为用户减少电费支出，降低成本，提高经济效益。

2. 节约用电的方式

节约用电可以通过管理节电、结构节电和技术节电 3 种方式来实现。

（1）管理节电是通过改善和加强用电管理和考核工作来挖掘潜力、减少消费的节电方式。

（2）结构节电是通过调整产业结构、工业结构和产品结构来达到节电的方式。

（3）技术节电是通过设备更新、工艺改革及采取先进技术来达到节电的方式。

3. 节约用电的主要途径

节约用电的主要途径有以下 4 点。

（1）改造或更新用电设备，推广节能新产品，提高设备运行效率。运行的设备（如电动机、变压器）和生产机械（如风机、水泵）是电能的直接消耗对象，它们的运行性能优劣，直接影响到电能消耗的多少。因此对设备进行节电技术改造必然是开展节约用电工作的重要方面。

（2）采用高效率、低消耗的生产新工艺替代低效率、高消耗的老工艺，新技术和新工艺的应用会促使劳动生产率的提高、产品质量的改善和电能消耗的降低。

（3）提高电气设备经济运行水平。经济运行问题的提出，就是要克服设备长期处于低效状态而浪费电能的现象。经济运行实际上是将负载变化信息反馈给调节系统来调节设备的运行工况，使设备保持在高效区工作。

（4）加强单位产品电耗定额的管理和考核；加强照明管理，节约非生产用电；积极开展企业电能平衡工作。

5.2 变　压　器

变压器在电工电子技术领域应用极为广泛，它具有变换电压、变换电流、变换阻抗、隔离直流等作用。

5.2.1　变压器的种类

1. 按用途分类

变压器按用途分为电力变压器和特种变压器。

电力变压器的外形如图 5-2-1 所示，包括升压变压器、降压变压器、配电变压器、厂用变压器等，由于升压与降压的功能，使得变压器已成为现代化电力系统的重要组成部分，提升输电电压使得长途输送电力更为经济。至于降压变压器，它使得电力运用方面更加多元化。

(a)　　(b)

图 5-2-1　电力变压器的外形

（a）升压变压器；（b）降压变压器

特种变压器包括电炉变压器、整流变压器、电焊变压器、仪用互感器（又可分为电压互感器和电流互感器）、高压试验变压器、调压变压器和控制变压器等。

2. 按绕组构成分类

变压器按绕组构成情况不同，可分为自耦变压器（只有一个绕组）、双绕组变压器、三绕组变压器和多绕组变压器。

3. 按冷却方式分类

变压器按冷却方式不同，可分为干式变压器（见图 5–2–2）、油浸自冷式变压器、油浸风冷式变压器（见图 5–2–3）、强迫油循环风冷式变压器和充气式变压器。

4. 按铁芯结构分类

变压器按铁芯结构不同，可分为心式变压器（见图 5–2–4）和壳式变压器（见图 5–2–5）。

图 5–2–2　干式变压器

图 5–2–3　油浸风冷式变压器

图 5–2–4　心式变压器

图 5–2–5　壳式变压器

5.2.2　单相变压器

1. 基本结构

单相变压器的主要部件是一个铁芯和套在铁芯上的两个线圈绕组。

铁芯是变压器中主要的磁路部分，通常由含硅量较高，厚度为 0.35 mm 或 0.5 mm 且相互绝缘的硅钢片叠装而成，铁芯结构的基本形式有心式和壳式两种，如图 5-2-6 所示。

绕组是变压器的电路部分，它是用绝缘漆包的铜线绕成的。与电源相连的绕组，接收交流电能，称为一次绕组；与负载相连的绕组，送出交流电能，称为二次绕组。

2. 变压器的工作原理

变压器的结构示意图如图 5-2-7 所示。匝数为 N_1 的一次绕组和匝数为 N_2 的二次绕组分别绕在闭合的铁芯上。

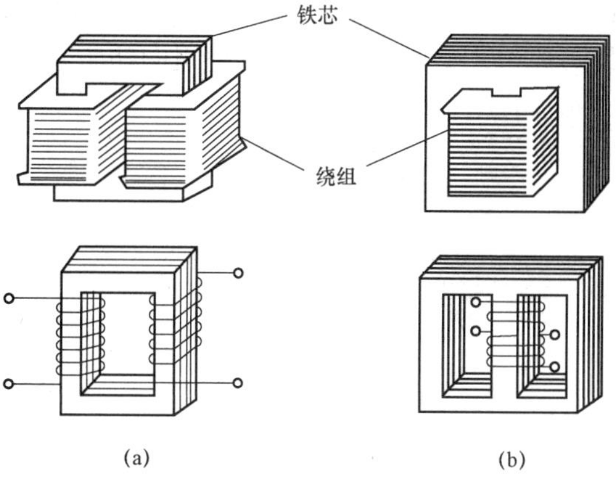

图 5-2-6　变压器的基本结构

(a) 心式；(b) 壳式

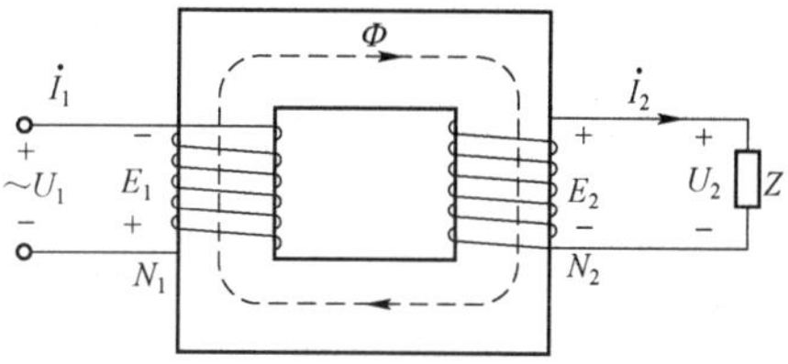

图 5-2-7　变压器的结构示意

(1) 变压器变换电压的作用。一级绕组的两端加上交流电压 u_1 时，便有交流电流 i_1 通过一次绕组，在它的作用下产生交变磁通。因为铁芯的磁导率比空气大得多，绝大部分磁通沿铁芯而闭合，它既与一次绕组交链，又与二次绕组交链，称为主磁通 $\boldsymbol{\Phi}$。

根据电磁感应定律，交变磁通 $\boldsymbol{\Phi}$ 在一次、二次绕组中分别感应出电动势 e_1 和 e_2，则有

$$e_1=-N_1\frac{\mathrm{d}\Phi}{\mathrm{d}t},\quad e_2=-N_2\frac{\mathrm{d}\Phi}{\mathrm{d}t}$$

由此可得 $\frac{e_1}{e_2}=\frac{N_1}{N_2}$。

当只考虑其有效值时，有

$$\frac{E_1}{E_2}=\frac{N_1}{N_2} \tag{5-2-1}$$

由于线圈绕组的电阻很小，它的电阻压降可忽略不计，若只考虑其有效值，则有 $U_1=E_1$，$U_2=E_2$，于是有

$$\frac{U_1}{U_2}=\frac{N_1}{N_2}=n \tag{5-2-2}$$

即一次、二次绕组的电压之比等于匝数之比。

式 (5-2-2) 可以写成 $U_2=\frac{U_1}{n}$，当 $n>1$ 时，$U_2<U_1$，是降压变压器；当 $n<1$ 时，$U_2>U_1$，是升压变压器。

（2）变压器变换电流的作用。同理可得

$$\frac{I_1}{I_2}=\frac{N_2}{N_1}=\frac{1}{n} \qquad (5-2-3)$$

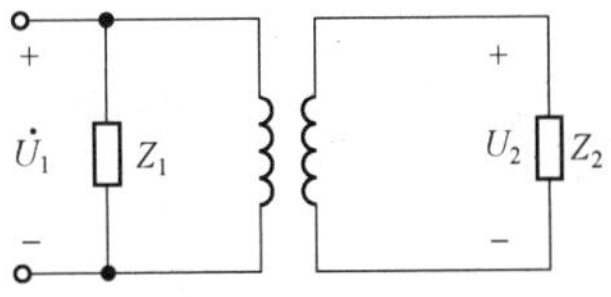

图 5-2-8　变压器的阻抗变换

即一次、二次绕组的电流之比等于匝数比的倒数。

（3）变压器的阻抗变换作用。变压器不但可以变换电压、电流，而且还可用来进行阻抗变换，使负载获得最大电功率。

如图 5-2-8 所示，变压器一次绕组所接的负载阻抗为 Z_1；二次绕组所接负载阻抗为 Z_2，则一次、二次绕组的功率分别为

$$P_1=\frac{U_1^2}{Z_1}, \quad P_2=\frac{U_2^2}{Z_2}$$

因为 $P_1=P_2$，所以

$$\frac{U_1^2}{Z_1}=\frac{U_2^2}{Z_2}, \quad n^2=\frac{U_1^2}{U_{2_1}^2}=\frac{Z_1}{Z_2}$$

则有

$$Z_1=n^2Z_2 \qquad (5-2-4)$$

式（5-2-4）表明，变压器初级阻抗的大小不仅和变压器的负载阻抗有关，而且与变压器的匝数比 n 的平方成正比。这样一来，不管实际负载阻抗是多少，总能找到适当匝数比的变压器来达到阻抗匹配的目的，这就是变压器阻抗变换的作用。

3. 变压器的铭牌数据

为保证变压器的安全运行和方便用户正确使用变压器，在其外壳上设有一块铝制刻字的铭牌。铭牌上的数据为额定值。

1）额定电压 U_{1N}/U_{2N}

额定电压 U_{1N} 是指交流电源加到一次绕组上的正常工作电压；U_{2N} 是指在一次绕组加 U_{1N} 时，二次绕组开路（空载）时的端电压。在三相变压器中，额定电压是指线电压。

2）额定电流 I_{1N}/I_{2N}

额定电流是变压器绕组允许长时间连续通过的最大工作电流，由变压器绕组的允许发热程度决定。在三相变压器中额定电流是指线电流。

3）额定容量 S_N

额定容量是指在额定条件下，变压器最大允许输出，即视在功率。通常把变压器一次、二次绕组的额定容量设计得相同。在三相变压器中 S_N 是指三相总容量。额定电压、额定电流、额定容量三者的关系如下。

单相变压器中它们的关系为

$$I_{1N}=\frac{S_N}{U_{1N}}, \quad I_{2N}=\frac{S_N}{U_{2N}}$$

三相变压器中它们的关系为

$$I_{1N}=\frac{S_N}{\sqrt{3}U_{1N}}, \quad I_{2N}=\frac{S_N}{\sqrt{3}U_{2N}}$$

4）额定频率 f_N

我国规定标准工业用电的频率为 50 Hz。

除此之外，铭牌上还有效率 η、温升 τ、短路电压标幺值 u_k、连接组别号、相数 m 等。

5.3　照明灯具的选用及安装

5.3.1　灯具的选用和检查

1. 按场合选用灯具

照明灯具的选用是根据安装的场合来确定的。

（1）住宅、公寓的照明宜选用以电子节能灯（也叫 LED 节能灯或半导体节能灯）、白炽灯、荧光灯为主的照明光源。

白炽灯（见图 5-3-1）的优点是结构简单、安装方便、价格低廉，但其发光效率较低，不利于节约电能。民用白炽灯的工作电压为 220 V，功率有 15 W、25 W、40 W、60 W、100 W 等多种规格。

电子节能灯（见图 5-3-2）采用电子电路对电压进行变换后送到荧光管使其发光。电子节能灯的优点是发光效率高，有利于节约电能，是目前提倡使用的照明灯具。

图 5-3-1　白炽灯

图 5-3-2　电子节能灯

荧光灯又称为日光灯（见图 5-3-3），是利用低气压的汞蒸气在通电后释放紫外线，从而使荧光粉发出可见光的原理发光，属于低气压弧光放电光源。常见的标称功率有 4 W、6 W、8 W、12 W、15 W、20 W、30 W、36 W、40 W、65 W、80 W、85 W 和 125 W 等。

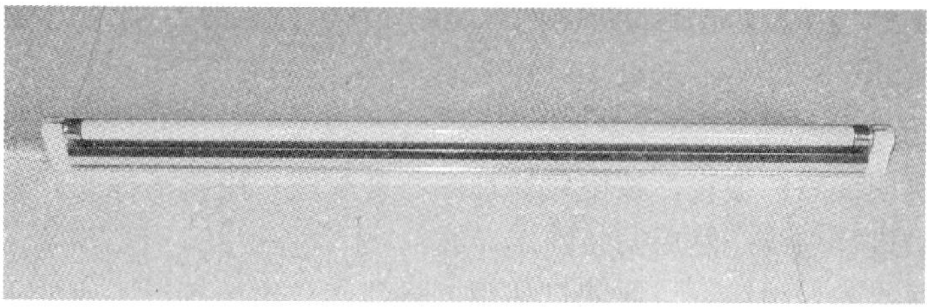

图 5-3-3　荧光灯

（2）高级公寓的起居厅照明宜采用可调光方式的照明灯具。

（3）办公室、教室的照明一般采用荧光灯，大开间办公室和教室宜采用与外窗户平行的布灯形式。

（4）在易燃易爆场所，宜采用封闭良好，并有坚固的金属网罩加以保护的防爆式照明灯具。

2. 灯具的外观检查

（1）安装灯具的型号、规格必须符合设计要求和国家标准的规定。

（2）灯具的绝缘部件应使用既耐热又阻燃的绝缘材料。

（3）灯具的配件应齐全，无机械损伤、变形、油漆剥落、灯罩破裂、灯箱歪翘等现象。大（重）型灯具应有产品合格证。

5.3.2 照明线路的安装

1. 照明线路的组成

电气照明线路一般由电源、导线、开关和负载（照明灯）组成，如图 5-3-4 所示。电源有直流和交流两种，其作用是向照明灯提供能量，使照明灯有连续不断的电流通过而发光。电源与照明灯用导线连接，电流通过导线由电源流进照明灯。选择导线时，要注意它的允许载量，一般可用允许电流密度作为选择的依据：明敷线路铜导线可取 6 A/mm²，软电线可取 5 A/mm²。开关用来控制电流的通断。照明线路因负载的不同而有所差异，如负载是白炽灯则构成白炽灯线路，负载是荧光灯则构成荧光灯线路等。

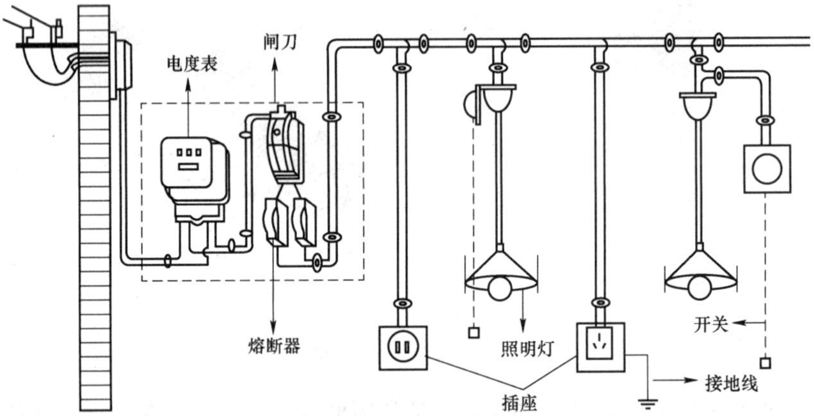

图 5-3-4　室内照明电路示意

白炽灯的电路原理如图 5-3-5 和图 5-3-6 所示。两只双联开关的控制方法通常用于楼梯或走廊上，在楼上、楼下或走廊的两端均可控制。接线时，开关 S1 的公共桩头必须接在相线（火线）上，关灯后，灯头不带电，以利于安全。

2. 安装步骤及方法

（1）白炽灯照明线路的敷设。按电气原理图和装配图，用粉笔标明开关、灯座等部件位置，对导线的敷设进行划线，然后安装固定导线。

为保证灯具可靠安全地运行，照明灯使用的导线工作电压等级不应低于交流 250 V，最小线芯截面积应符合表 5-3-1 的规定。

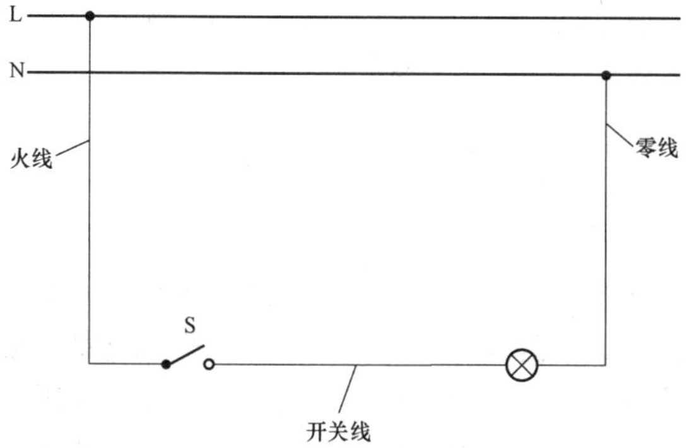

图 5-3-5　白炽灯的电路原理（一只单开关）

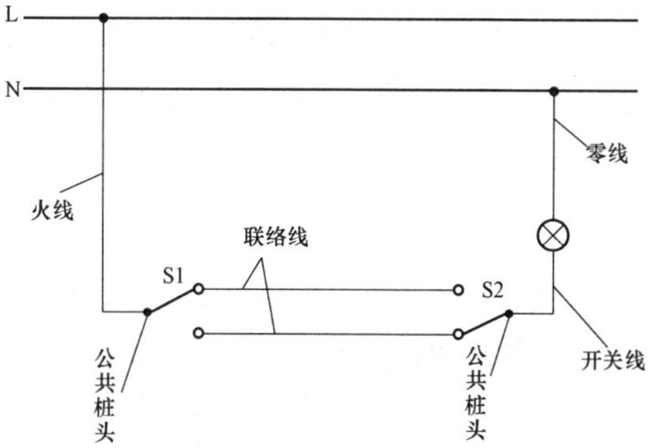

图 5-3-6　白炽灯的电路原理（两只双联开关）

表 5-3-1　照明用灯头导线最小线芯截面积

安装场所	最小线芯截面积/mm²		
	铜芯软线	铜线	铝线
民用建筑室内	0.4	0.5	1.5
工业建筑室内	0.5	0.8	2.5
室外	1.0	1.0	2.5

（2）安装灯座。白炽灯通过灯座与供电线路相连，灯座在室内安装方法有悬吊式、吸顶式、壁挂式 3 种。3 种安装方式的区别在于灯具式样、固定方法不同，但接线方法相同。

悬吊式安装时，若灯具质量在 1 kg 以下，可直接用软线悬吊；若灯具重于 1 kg，应加装金属吊链；若灯具超过 3 kg，应固定在预埋的吊挂螺栓或吊钩上。预制楼板安装吊挂螺栓如图 5-3-7 所示，在现浇楼板内预埋吊挂螺栓和吊钩如图 5-3-8 所示。

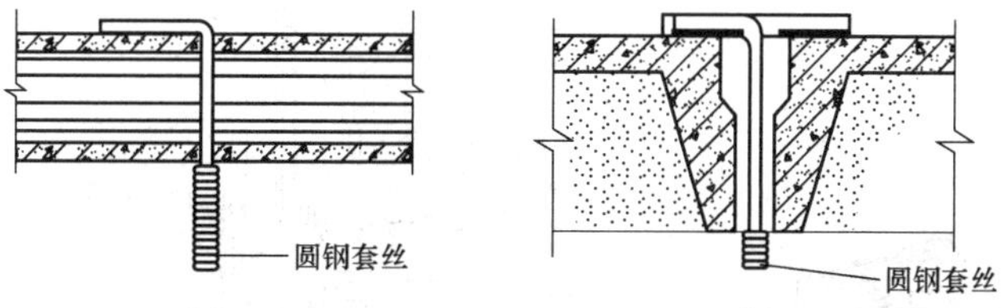

图 5-3-7　预制楼板安装吊挂螺栓

（a）空心楼板吊挂螺栓；（b）沿预制板缝吊挂螺栓

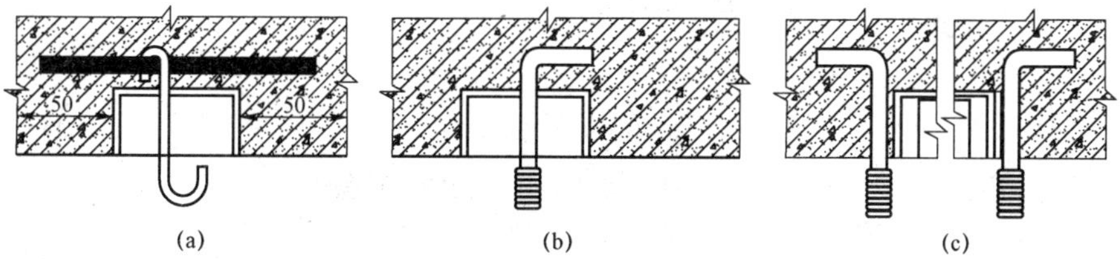

图 5-3-8　在现浇楼板内预埋吊挂螺栓和吊钩

（a）吊钩；（b）单螺栓；（c）双螺栓

（3）安装开关。室内照明开关一般安装在门边便于操作的位置上，拉线开关一般离地 2～3 m，跷板暗装开关一般离地 1.3 m，与门框的距离一般为 150～200 mm。

5.4 常用低压电器

凡是根据外界特定的信号或要求，自动或手动接通、断开电路，断续或连续地改变电路参数，实现对电路或非电现象的切换、控制、保护、检测和调节的电气设备均称为电器。根据工作电压的高低，电器可分为高压电器和低压电器。低压电器通常是指工作在交流电压小于 1 200 V、直流电压小于 1 500 V 的电路中起通断、保护、控制或调节作用的电器。低压电器作为基本器件，广泛应用于输配电系统和电力拖动系统中，在工农业生产、交通运输和国防工业中起着极其重要的作用。

5.4.1 低压开关

低压开关的分类如下。

1. 刀开关

刀开关也称闸刀开关，主要作为电源引入开关或不频繁接通与分断容量不太大的负载。

刀开关较为专业的名字是负荷开关，它属于手动控制电器，是一种结构最简单且应用最广泛的低压电器，它不仅可以作为电源的引入开关，也可用于小容量的三相异步电动机不频繁地启动或停止的控制。

1）刀开关的结构

刀开关有开启式负荷开关和封闭式负荷开关之分，它的外形结构及符号如图 5－4－1 所示。

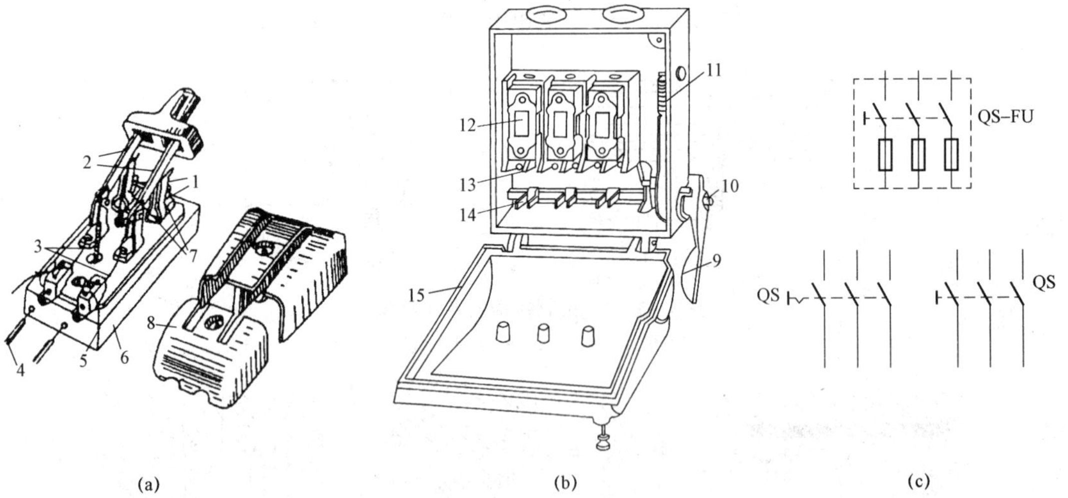

图 5－4－1　刀开关外形结构及符号

（a）开启式负荷开关内部结构；（b）封闭式负荷开关内部结构；（c）图形符号与文字符号

1—进线座；2—动触头；3—熔丝；4—负载线；5—出线座；6—瓷底座；7—静触头；8—胶盖；9—手柄；10—转轴；11—速断弹簧；12—熔断器；13—夹座；14—闸刀；15—外壳前盖

刀开关的瓷底座上装有进线座、静触头、熔丝、出线座和刀片式的动触头（触头又称为触点），外面装有胶盖，不仅可以保证操作人员不会触及带电部分，并且分断电路时产生的电弧也不会飞出胶盖外面而灼伤操作人员。图 5-4-2 所示为刀开关的实物图。

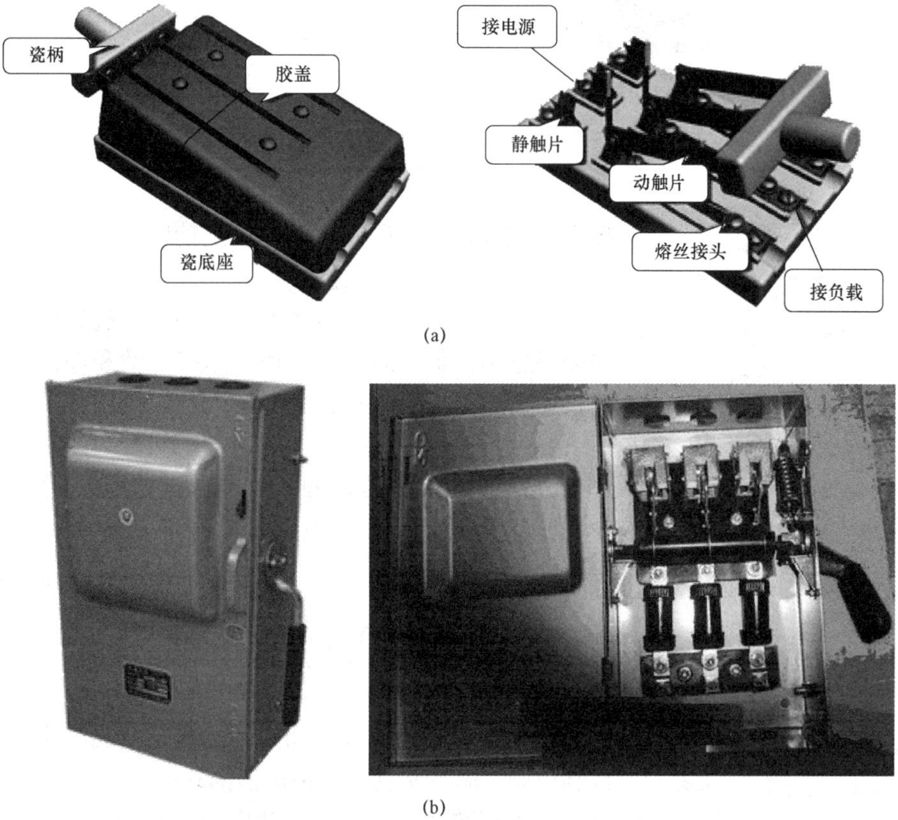

图 5-4-2　刀开关的实物图

（a）开启式负荷开关；（b）封闭式负荷开关

2）刀开关的使用

（1）刀开关应垂直安装在控制屏或开关板上使用。

（2）对刀开关接线时，电源进线和出线不能接反。开启式负荷开关的上接线端应接电源进线，负载则接在下接线端，以便于更换熔丝。

（3）封闭式负荷开关的外壳应接地，防止意外漏电使操作者发生触电事故。

（4）更换熔丝应在开关断开的情况下进行，且应更换与原规格相同的熔丝。

2. 组合开关

组合开关又称转换开关，它的作用与刀开关的作用基本相同，只是比刀开关少了熔丝，常用于工厂，很少用在家庭生活中。组合开关的种类很多，有单极、双极、三极和四极等多种。常用的是三极组合开关，其外形和符号如图 5-4-3 所示。

1）组合开关的结构与工作原理

组合开关的结构如图 5-4-4 所示。组合开关由 3 个分别装在 3 层绝缘件内的双断点桥式动触片、与盒外接线柱相连的静触片、绝缘杆、手柄等组成。动触片装在附有手柄的绝缘

(a)　　　　　　　　　　(b)

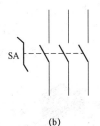

图 5-4-3　三极组合开关的外形和符号

（a）外形；（b）符号

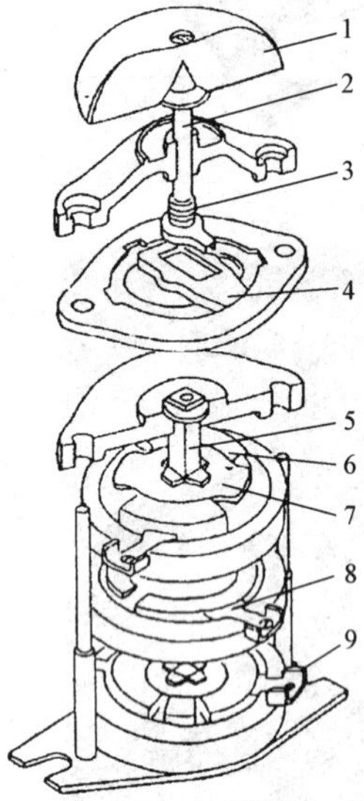

图 5-4-4　组合开关的结构

1—手柄；2—转轴；3—弹簧；4—凸轮；5—绝缘杆；6—绝缘垫板；7—动触片；8—静触片；9—接线柱

杆上，绝缘杆随手柄而转动，于是动触片随绝缘杆转动并变更与静触片分、合的位置。

组合开关常用来作电源的引入开关，起到设备和电源间的隔离作用，但有时也可以用来直接启动和停止小容量的电动机，接通和断开局部照明电路。

2）组合开关的使用

（1）组合开关的通断能力较低，当用于控制电动机作可逆运转时，必须在电动机完全停止转动后，才能反向接通。

（2）当操作频率过高或负载的功率因数较低时，转换开关要降低容量使用，否则会影响开关寿命。

3. 自动空气开关

自动空气开关又称自动开关或自动空气断路器，它既是控制电器，同时又具有保护电器的功能。当电路中发生短路、过载、失压等故障时，能自动切断电路。在正常情况下自动空气开关也可用作不频繁地接通和断开电路或控制电动机，它的外形、结构和符号如图 5-4-5 所示。

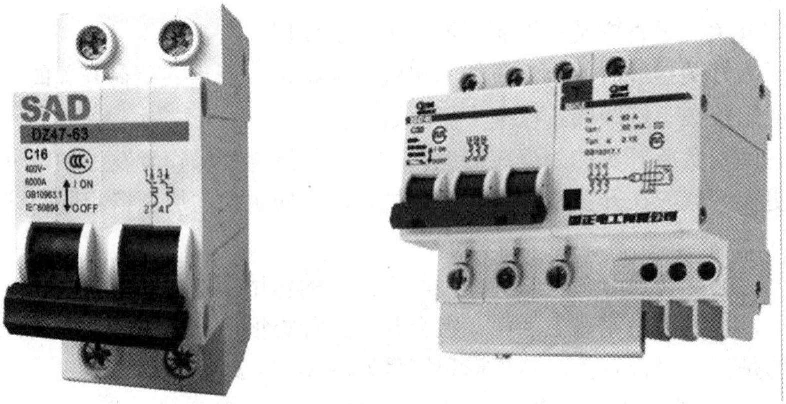

(a)

图 5-4-5　自动空气开关的外形、结构和符号

（a）外形

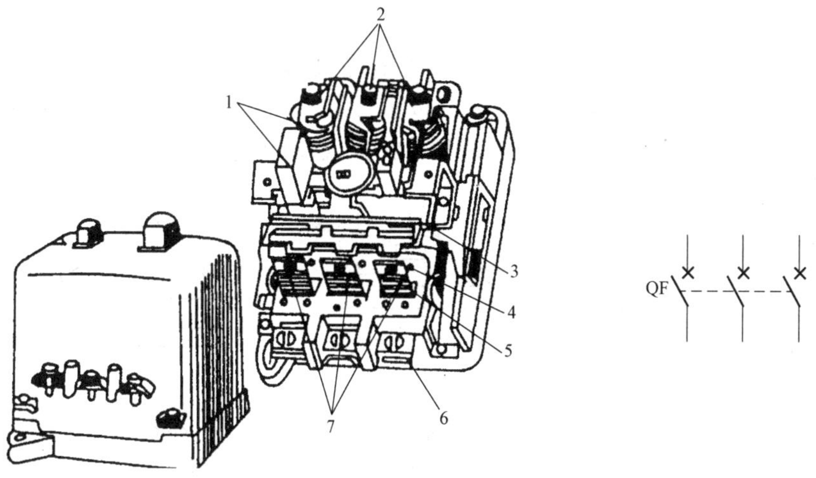

(b)　　　　　　　　(c)

图 5-4-5　自动空气开关的外形、结构和符号（续）

（b）结构；（c）符号

1—按钮；2—电磁脱扣器；3—自由脱扣器；4—动触点；5—静触点；6—接线柱；7—热脱扣器

1）自动空气开关的工作原理

图 5-4-6 所示为自动空气开关的工作原理示意图。

开关的主触点是靠操作机构手动或电动开闸的，并且自由脱扣器将主触点锁在合闸位置上。如果电路发生故障，自由脱扣器在有关脱扣器的推动下动作，使钩子脱开，于是主触点在弹簧作用下迅速分断。过电流脱扣器的线圈和热脱扣器的热元件与主电路串联，失压脱扣器的线圈与电路并联。当电路发生短路或严重过载时，过电流脱扣器的衔铁被吸合，使自由脱扣器动作。当电路过载时，热脱扣器的热元件产生的热量增加，使双金属片向上弯曲，推动自由脱扣器动作。当电路失压时，失压脱扣器的衔铁释放，也使自由脱扣器动作。

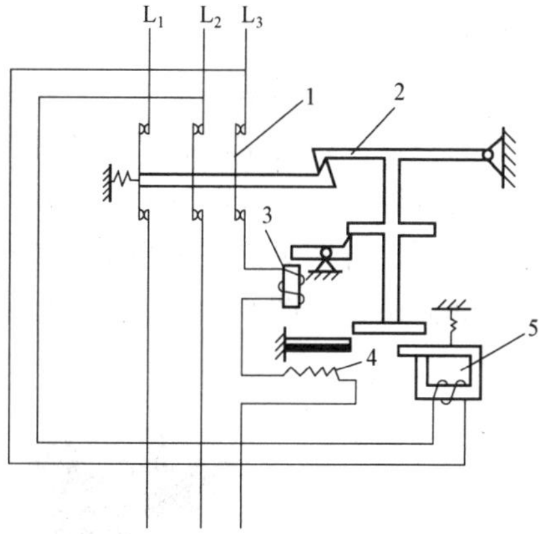

图 5-4-6　自动空气开关的工作原理示意

1—主触点；2—自由脱扣器；3—过电流脱扣器；4—热脱扣器；5—失压脱扣器

自动空气开关广泛应用于低压配电电路上，也用于控制电动机及其他用电设备。

2）自动空气开关的使用

（1）当自动空气开关与熔断器配合使用时，熔断器应装于自动空气开关之前，以保证使用安全。

（2）电磁脱扣器的整定值不允许随意变动，使用一段时间后应检查其动作的准确性。

（3）自动空气开关在分断短路电流后，应在切除前级电源的情况下及时检查触头，如有严重的电灼痕迹，可用干布擦去；若发现触头烧毛，可用砂纸或细锉小心修整。

4. 按钮

按钮是一种手动电器，通常用来接通或断开小电流控制的电路，它不直接去控制主电路的通断，而是在控制电路中发出“指令”去控制接触器、继电器等电器，再由它们去控制主电路。

按钮一般由按钮帽、复位弹簧、桥式动触头、静触头、支柱连杆及外壳等部分组成。

按钮根据触点结构的不同，可分为常开按钮、常闭按钮，以及将常开和常闭封装在一起的复合按钮等几种。图 5-4-7 所示为按钮的结构示意图和符号。

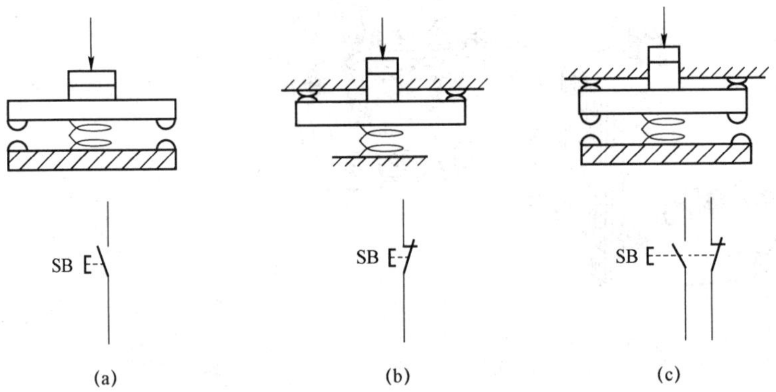

图 5-4-7　按钮结构示意和符号

(a) 常开按钮；(b) 常闭按钮；(c) 复合按钮

1）按钮的工作原理

图 5-4-7（a）所示为常开按钮，平时触点分开，手指按下时触点闭合，松开手指后触点分开，常用作启动按钮。图 5-4-7（b）所示为常闭按钮，平时触点闭合，手指按下时触点分开，松开手指后触点闭合，常用作停止按钮。图 5-4-7（c）所示为复合按钮，一组为常开触点，一组为常闭触点，手指按下时，常闭触点先断开，继而常开触点闭合，松开手指后，常开触点先断开，继而常闭触点闭合。

除了这种常见的直上直下的操作形式即揿钮式按钮之外，还有自锁式、紧急式、钥匙式和旋钮式按钮，图 5-4-8 所示为这些按钮的外形。

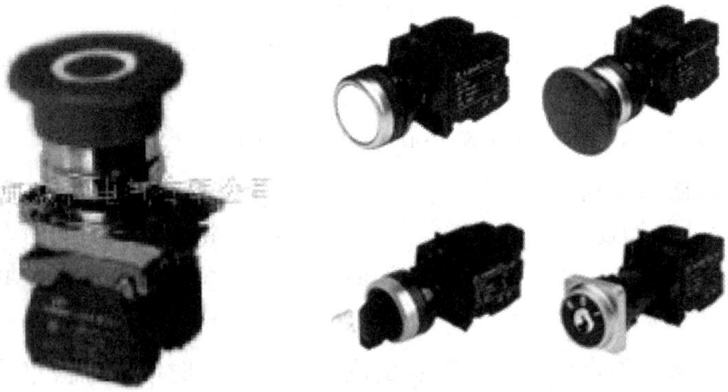

图 5-4-8　各种按钮的外形

其中紧急式按钮表示紧急操作，按钮上装有蘑菇形钮帽，颜色为红色，一般安装在操作台（控制柜）明显的位置上。

按钮主要用于操纵接触器、继电器或电气连锁电路，以实现对各种运动的控制。

2）按钮的选用

（1）根据使用场合和具体用途选择按钮的种类。例如，嵌装在操作面板上的按钮可选用开启式按钮；需显示工作状态的选用光标式按钮；需要防止无关人员误操作的重要场合宜选用钥匙式按钮；在有腐蚀性气体处要用防腐式按钮。

（2）按工作状态指示和工作情况的要求，选择按钮和指示灯的颜色。例如，启动按钮可选用白、灰或黑色，优先选用白色，也可选用绿色；急停按钮应选用红色；停止按钮可选用黑、灰或白色，优先选用黑色，也可选用红色。

（3）按控制回路的需要，确定按钮的触点形式和触点的组数，如选用单联钮、双联钮和三联钮等。

5. 熔断器

熔断器是一种广泛应用的最简单有效的保护电器，常在低压电路和电动机控制电路中起过载保护和短路保护的作用，它串联在电路中，当通过的电流大于规定值时，使熔体熔化而自动分断电路。

熔断器一般可分为瓷插式熔断器、螺旋式熔断器、无填料封闭管式熔断器、有填料封闭管式熔断器、快速熔断器和自复式熔断器等，其外形和符号如图 5－4－9 所示。

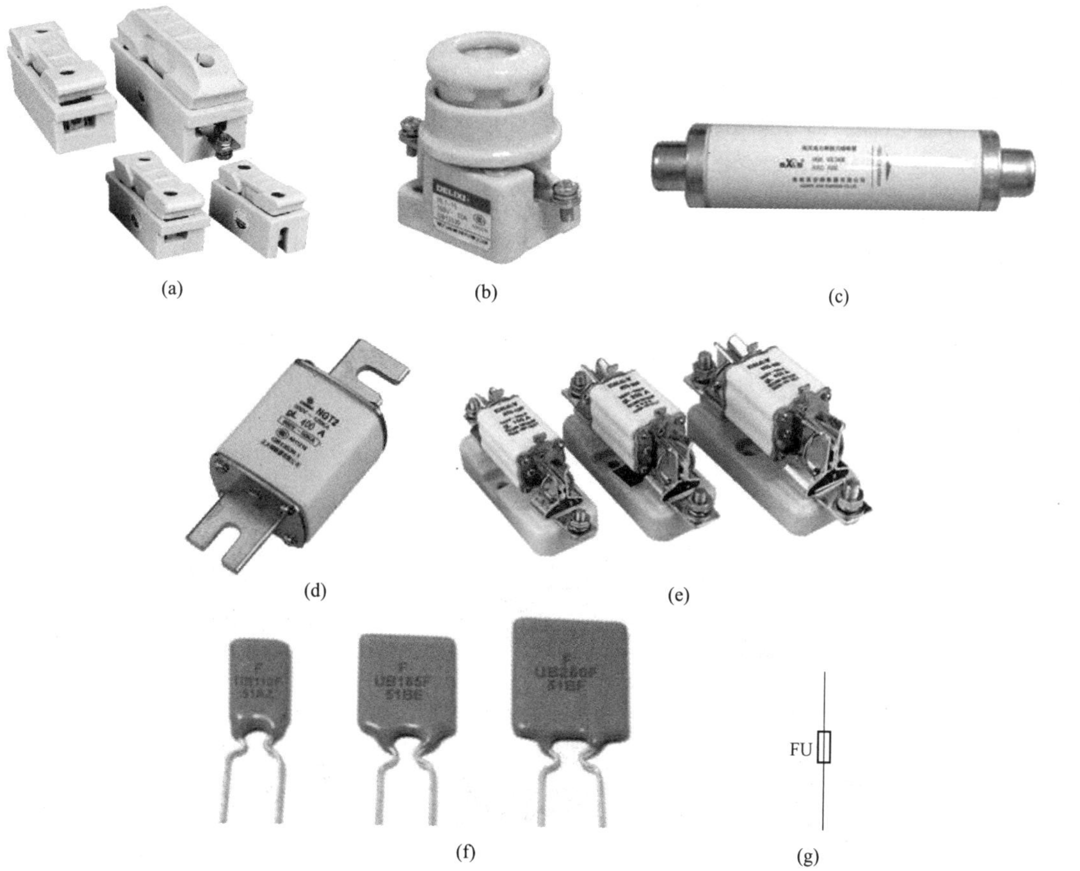

图 5－4－9　熔断器的外形和符号

（a）瓷插式熔断器；（b）螺旋式熔断器；（c）无填料封闭管式熔断器；（d）快速熔断器；（e）有填料封闭管式熔断器；（f）自复式熔断器；（g）符号

1）熔断器的工作原理

熔断器主要由熔体、安装熔体的熔管和熔座 3 部分组成，主要元件是熔体，它是熔断器的核心部分，常做成丝状（熔丝）或片状。在小电流电路中，常用铅锡合金和锌等低熔点金属做成圆截面熔丝；在大电流电路中则用银、铜等较高熔点的金属做成薄片，便于灭弧。

熔断器使用时应当串联在所保护的电路中。电路正常工作时，熔体允许通过一定大小的电流而不熔断，当电路发生短路或严重过载时，熔体温度上升到熔点而熔断，将电路断开，从而保护了电路和用电设备。

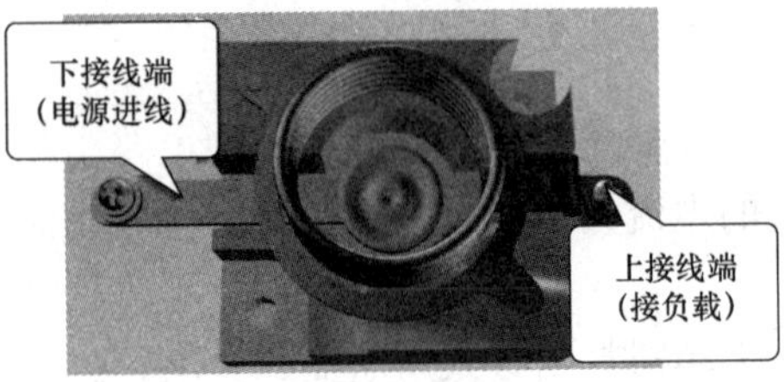

图 5-4-10　螺旋式熔断器接线端示意

2）熔断器的使用

（1）对不同性质的负载，如照明电路、电动机电路的主电路和控制电路等，应分别保护，并装设单独的熔断器。

（2）安装螺旋式熔断器时，必须注意将电源进线接到瓷底座的下接线端（即低进高出的原则），如图 5-4-10 所示，以保证安全。

（3）瓷插式熔断器安装熔丝时，熔丝应顺着螺钉旋紧方向绕过去，同时应注意不要划伤熔丝，也不要把熔丝绷紧，以免减小熔丝截面尺寸或插断熔丝。

（4）更换熔体时应切断电源，并应换上相同额定电流的熔体。

6. 交流接触器

接触器是一种电磁式的自动切换电器，因其具有灭弧装置，而适用于远距离频繁地接通或断开交、直流主电路及大容量的控制电路，其主要控制对象是电动机，也可控制其他负载。

接触器按主触头通过的电流种类，可分为交流接触器和直流接触器两大类。以交流接触器为例，它的外形如图 5-4-11（a）所示，它的结构如图 5-4-11（b）所示，符号如图 5-4-11（c）所示。

1）交流接触器的结构

交流接触器由以下 4 部分组成。

(a)

图 5-4-11　交流接触器的外形、结构及符号

（a）外形

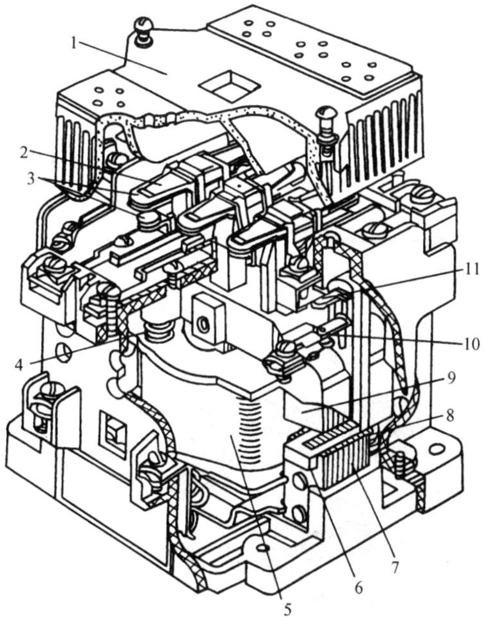

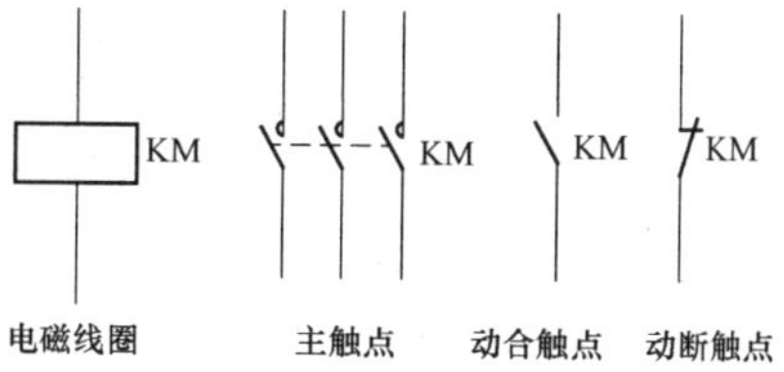

图 5-4-11 交流接触器的外形、结构及符号（续）

（b）结构；（c）符号

1—灭弧罩；2—触点压力弹簧；3—主触头；4—恢复弹簧；5—线圈；6—短路环；7—静铁芯；8—缓冲弹簧；9—动铁芯；10—辅助动合触头；11—辅助动断触头

（1）电磁系统。电磁系统用来操作触头闭合与分断，它包括静铁芯、线圈、动铁芯（衔铁）。铁芯用硅钢片叠成，以减少铁芯中的铁损耗，在铁芯端部极面上装有短路环，其作用是消除交流电磁铁在吸合时产生的振动和噪声。

（2）触点系统。触点系统起着接通和分断电路的作用，它包括主触头和辅助触头。通常主触头用于通断电流较大的主电路，辅助触头用于通断小电流的控制电路。

（3）灭弧装置。灭弧装置起着熄灭电弧的作用。

（4）其他部件。其他部件主要包括恢复弹簧、缓冲弹簧、触点压力弹簧、传动机构及外壳等。

2）交流接触器的工作原理

当交流接触器的线圈得电以后，线圈中流过的电流产生磁场将静铁芯磁化，使静铁芯产生足够大的吸力，克服恢复弹簧的弹力，将衔铁吸合，使它向着静铁芯运动，通过传动机构带动触点系统运动，使所有的常开触头都闭合、常闭触头都断开。当吸引线圈断电后，在恢复弹簧的作用下，动铁芯和所有的触头都恢复到原来的状态。图 5-4-12 所示为交流接触器的工作原理图。

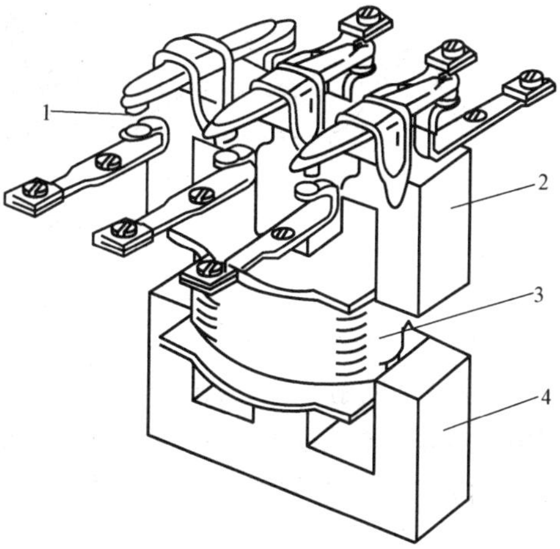

图 5-4-12 交流接触器的工作原理

1—主触头；2—动触头；3—线圈；4—静铁芯

交流接触器适用于远距离频繁接通和切断电动

机或其他负载主电路，由于具备低电压释放功能，所以还当作保护电器使用。

3）交流接触器的检测

将万用表拨到“R×100”挡，对交流接触器进行检测。

1）线圈的检测

图 5-4-13 所示为线圈检测示意图，图中标有 A1、A2 的是线圈的接线柱，线圈阻值一般正常值为几百欧。

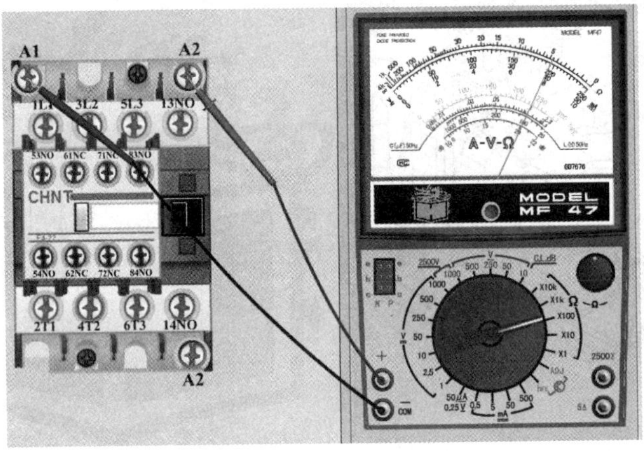

图 5-4-13　线圈检测示意

2）主触头检测

主触头是常开触头，平时处于断开状态，如图 5-4-14（a）所示；检测时按下试吸合按钮，触头接通，如图 5-4-14（b）所示。

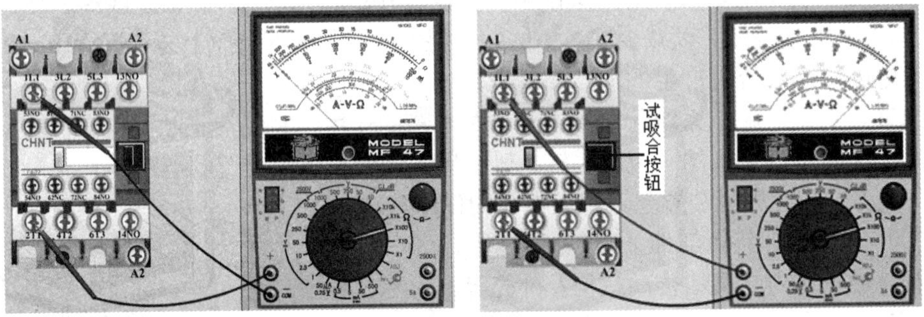

(a)　　(b)

图 5-4-14　主触头检测示意图

（a）未按试吸合按钮；（b）按下试吸合按钮

3）辅助触头检测

常开辅助触头的检测方法与主触头的检测方法相同。常闭辅助触头平时处于接通状态，如图 5-4-15（a）所示；检测时按下试吸合按钮，触头断开，如图 5-4-15（b）所示。

4）交流接触器的使用注意事项

（1）交流接触器安装前应先检查线圈的额定电压是否与实际需要相符。

（2）交流接触器的安装多为垂直安装，其倾斜角不得超过 5°，否则会影响接触器的动作特性；安装有散热孔的交流接触器时，应将散热孔放在上下位置，以降低线圈的温升。

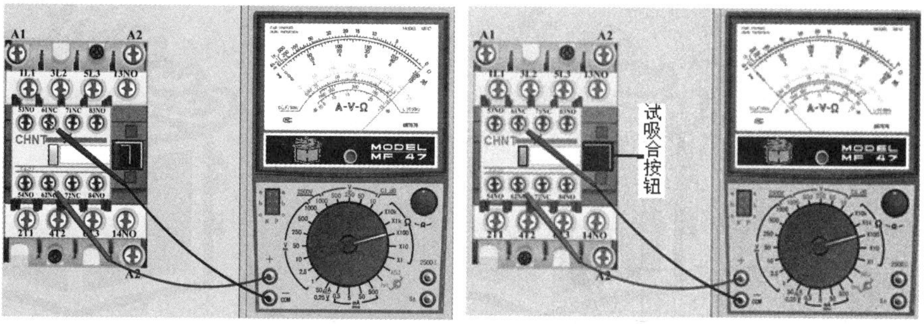

(a)　　(b)

图 5-4-15　辅助触头检测示意

（a）未按试吸合按钮；（b）按下试吸合按钮

（3）交流接触器安装与接线时应将螺钉拧紧，以防振动松脱。

（4）交流接线器的触头应定期清理，若触头表面有电弧灼伤，应及时修复。

7. 热继电器

热继电器是一种利用流过继电器的电流所产生的热效应而反时限动作的保护电器，它主要用作电动机的过载保护、断相保护、电流不平衡运行及其他电气设备发热状态的控制。

热继电器有两相结构、三相结构、三相带断相保护装置等 3 种类型，其外形、结构及符号如图 5-4-16 所示。

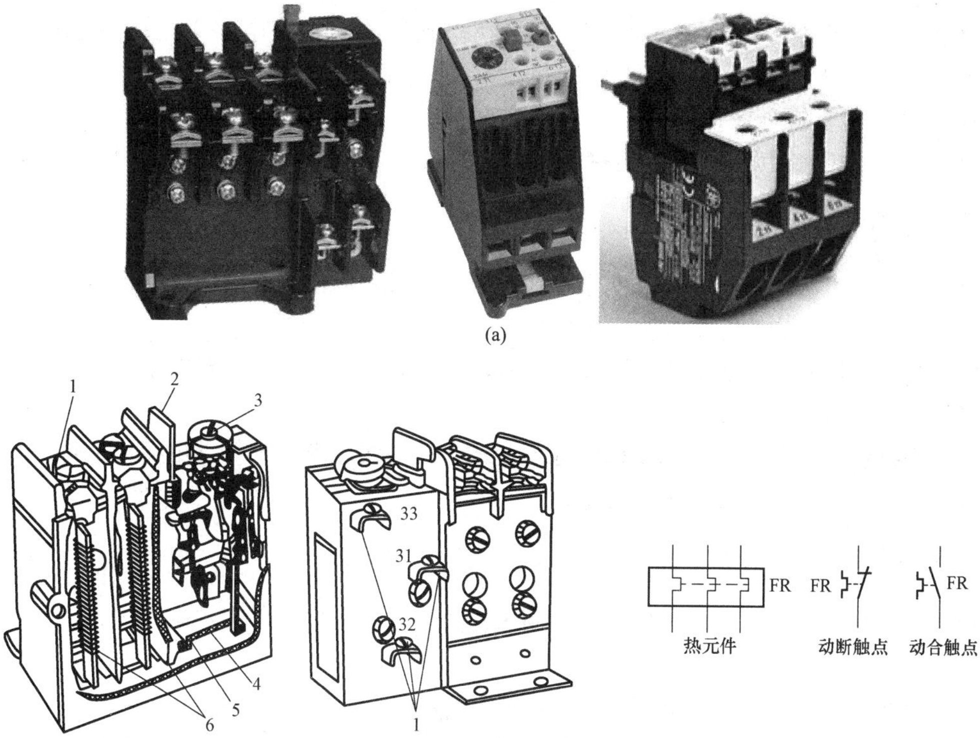

(a)

(b)　　(c)

图 5-4-16　热继电器的外形、结构及符号

（a）外形；（b）结构；（c）符号

1—接线柱；2—复位按钮；3—调节旋钮；4—动断触点；5—动作机构；6—热元件

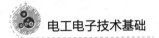

1）热继电器的结构和工作原理

热继电器主要由双金属片、热元件、动作机构、触点系统和整定调整装置等部分组成。

热继电器的工作原理示意图如图 5-4-17 所示。

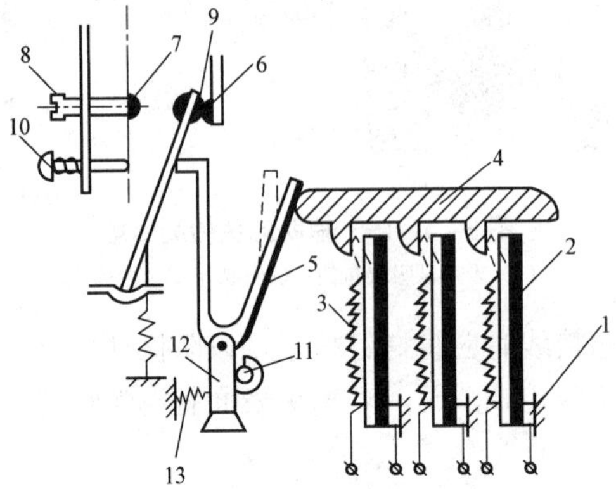

图 5-4-17　热继电器的工作原理示意

1—推杆；2—主双金属片；3—热元件；4—导板；5—补偿双金属片；6—静触点；
7—静触点；8—复位调节螺钉；9—动触点；10—复位按钮；
11—调节旋钮；12—支撑件；13—弹簧

使用时，将热继电器的热元件分别串接在电动机的三相主电路中，动断触点串接在控制电路的接触器线圈回路中。当电动机过载时，流过电阻丝（热元件）的电流增大，电阻丝产生的热量使金属片弯曲，经过一定时间后，弯曲位移增大，因而脱扣，使其动断触点断开，动合触点闭合，于是接触器线圈断电、接触器触点断开，将电源切除，起保护作用。

2）热继电器的使用注意事项

（1）当电动机启动时间过长或操作次数过于频繁时，会使热继电器误动作或烧坏电器，故这种情况一般不用热继电器作过载保护。

（2）当热继电器与其他电器安装在一起时，应将它安装在其他电器的下方，以免其动作特性受到其他电器发热的影响。

（3）热继电器出线端的连接导线应选择合适。若导线过细，则热继电器可能提前动作；若导线太粗，则热继电器可能滞后动作。

8. 行程开关（限位开关）

行程开关又称限位开关或位置开关，它是根据运动部件位置自动切换电路的控制电器，它可以将机械位移信号转换成电信号，常用来作位置控制、自动循环控制、定位、限位及终端保护。

1）行程开关的结构

行程开关有机械式、电子式两种，机械式又有按钮式和滑轮式两种。机械式行程开关与按钮相同，一般都由一对或多对常开触点、常闭触点组成，但不同之处在于按钮是由人手指“按”，而行程开关是由机械“撞”来完成，它们的外形如图 5-4-18 所示。

图 5－4－18　常见行程开关的外形

各种系列的行程开关其基本结构大体相同，都是由操作头、触点系统和外壳组成。但不同型号行程开关的结构有所区别。图 5－4－19 所示为 JLXK1－111 型行程开关的结构和工作原理。

2）行程开关的工作原理

行程开关的工作原理如图 5－4－19（b）所示，当生产机械的运动部件到达某一位置时，运动部件上的撞块碰压行程开关的操作头，使行程开关的触点改变状态，对控制电路发出接通、断开或变换某些控制电路的指令，以达到设定的控制要求。行程开关的符号如图 5－4－20 所示。

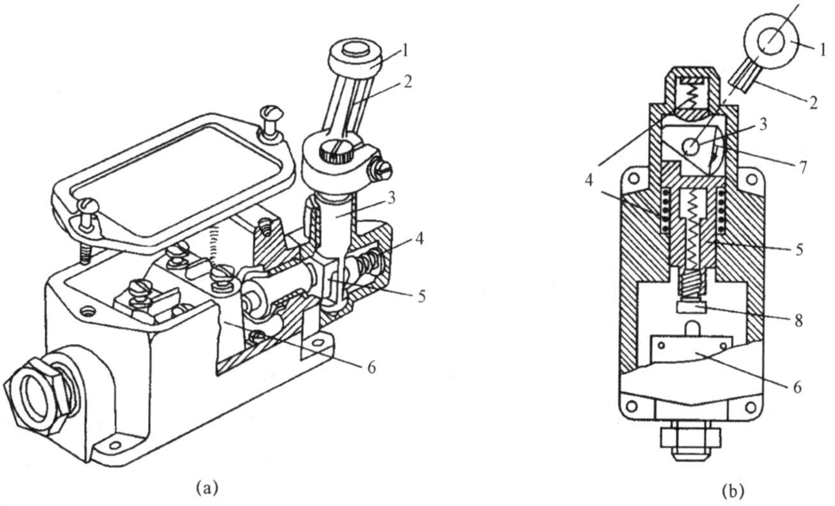

图 5－4－19　JLXK1－111 型行程开关的结构和工作原理

（a）结构；（b）工作原理

1—滚轮；2—杠杆；3—转轴；4—复位弹簧；5—撞块；6—微动开关；7—凸轮；8—调节螺钉

3）行程开关的使用注意事项

（1）行程开关安装时位置要准确，安装要牢固，滚轮的方向不能装反，挡铁与撞块位置应符合控制电路的要求，并确保能可靠地与挡铁碰撞。

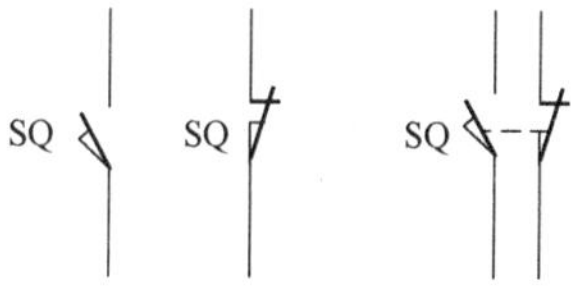

图 5－4－20　行程开关的符号

（2）行程开关在使用中，要定期检查和保养，除去油垢及粉尘，清理触点，经常检查其动作是否灵活、可靠。防止因行程开关接触不良或接线松脱产生误动作，而导致人身和设备安全事故。

9. 时间继电器

时间继电器也称为延时继电器，是指当加入（或去掉）输入的动作信号后，其输出电路需经过规定的准确时间才产生跳跃式变化（或触点动作）的一种继电器，也是一种利用电磁原理或机械原理实现延时控制的控制电器。时间继电器种类繁多，但目前常用的时间继电器主要有电磁式、电动式、晶体管式及气囊式等几大类，其外形如图 5-4-21 所示。

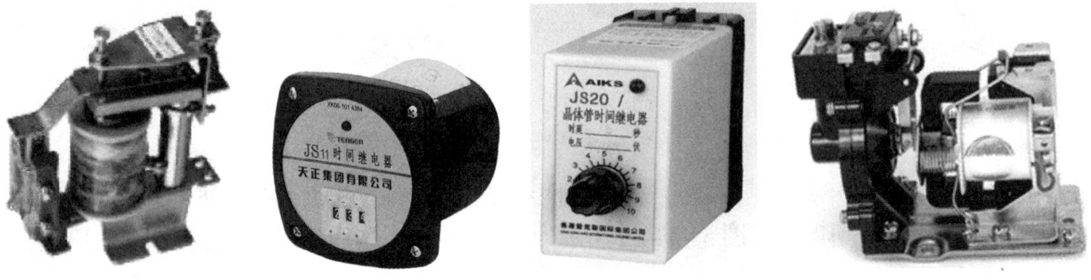

(a)　(b)　(c)　(d)

图 5-4-21　时间继电器外形图

（a）电磁式；（b）电动式；（c）晶体管式；（d）气囊式

时间继电器按延时方式可分为通电延时型和断电延时型两种，通电延时型时间继电器在其感测部分接收输入信号后开始延时，一旦延时完毕，就通过执行部分输出信号以操纵控制电路，当输入信号消失时，继电器就立即恢复到动作前的状态（复位）；断电延时型与通电延时型相反，断电延时型时间继电器在其感测部分接收输入信号后，执行部分立即动作，但当输入信号消失后，继电器必须经过一定的延时，才能恢复到原来（即动作前）的状态（复位），并且有信号输出。

1）时间继电器的结构和工作原理

气囊式时间继电器的外形结构示意图如图 5-4-22 所示。

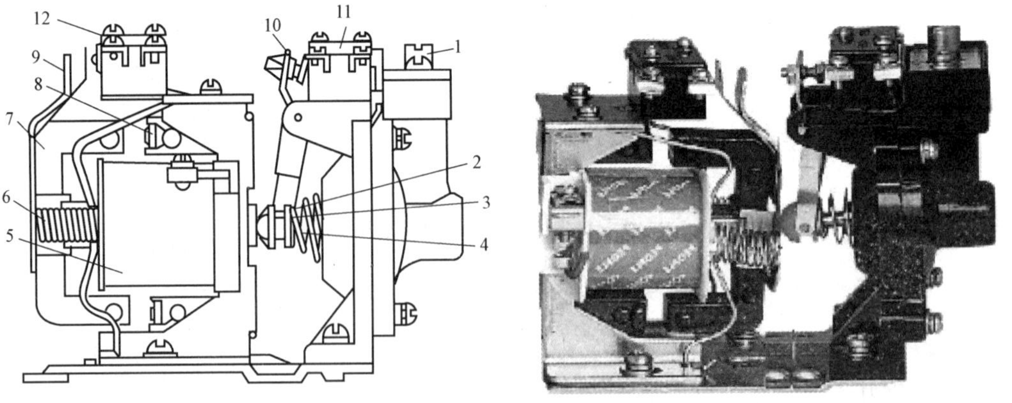

(a)　(b)

图 5-4-22　气囊式时间继电器的外形结构示意

（a）断电延时型；（b）通电延时型

1—调节螺钉；2—推板；3—推杆；4—宝塔弹簧；5—电磁线圈；6—反作用弹簧；7—衔铁；8—铁芯；9—弹簧片；10—杠杆；11—延时触点；12—瞬时触点

图 5-4-23 所示为 JS7-A 系列时间继电器的内部结构示意图，它由电磁系统、延时机构和工作触点 3 部分组成。

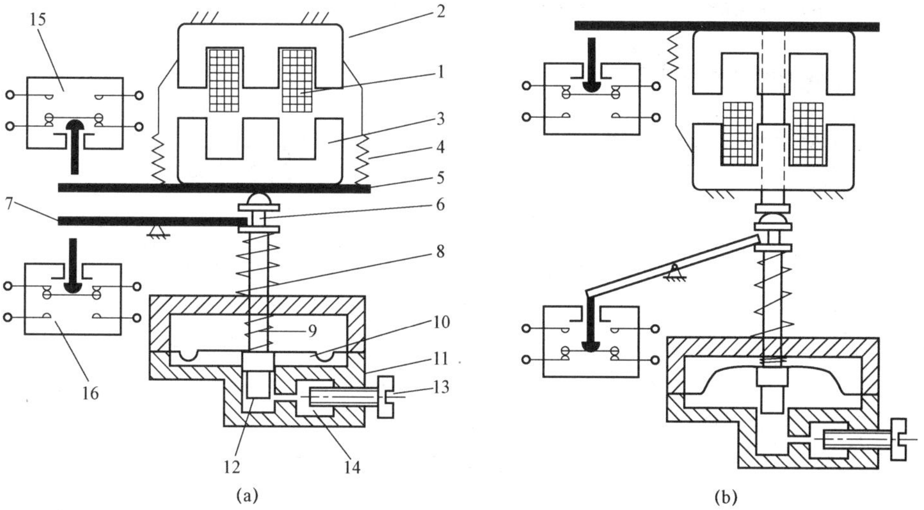

图 5-4-23 JST-A 系列时间继电器内部结构示意

（a）通电延时型；（b）断电延时型

1—线圈；2—铁芯；3—衔铁；4—反作用弹簧；5—推板；6—活塞杆；7—杠杆；8—宝塔弹簧；9—弱弹簧；10—橡皮膜；11—空气室壁；12—活塞；13—调节螺钉；14—进气孔；15，16—微动开关

在 JS7-A 系列通电延时型时间继电器中，当线圈 1 通电后，铁芯 2 将衔铁 3 吸合，瞬时触点迅速动作（推板 5 使微动开关 16 立即动作），活塞杆 6 在宝塔弹簧 8 的作用下，带动活塞 12 及橡皮膜 10 向上移动，由于橡皮膜下方气室中空气稀薄，形成负压，因此活塞杆 6 不能迅速上移。当空气由进气孔 14 进入时，活塞杆 6 才逐渐上移，当移到最上端时，延时触点动作（杠杆 7 使微动开关 15 动作），延时时间即为线圈通电开始至微动开关 15 动作为止的这段时间。通过调节螺钉 13 调节进气孔 14 的大小，就可以调节延时时间。

线圈断电时，衔铁 3 在反作用弹簧 4 的作用下将活塞 12 推向最下端。因活塞被往下推时，橡皮膜下方气室内的空气都通过橡皮膜 10、弱弹簧 9 和活塞 12 肩部所形成的单向阀，经上气室缝隙顺利排掉，因此瞬时触点（微动开关 16）和延时触点（微动开关 15）均迅速复位。JS7-A 系列通电延时型时间继电器的工作原理示意图如图 5-4-24 所示。

该系列时间继电器将电磁系统翻转 180° 安装后，可将通电延时型时间继电器改成断电延时型时间继电器，它的工作原理与通电延时型时间继电器的工作原理相似，线圈通电后，瞬时触点和延时触点均迅速动作；线圈失电后，瞬时触点迅速复位，延时触点延时复位。只是延时触点原常开的要当常闭用，原常闭的要当常开用。

时间继电器的符号如图 5-4-25 所示。

2）时间继电器的使用注意事项

（1）时间继电器的整定值应预先在不通电时整定好，并在试车时校验。

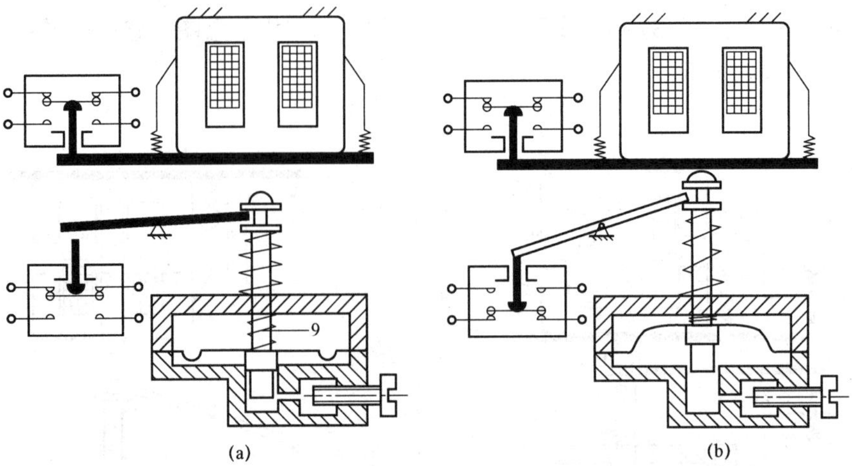

图 5－4－24　JST–A 系列通电延时型时间继电器的工作原理示意

（a）刚通电瞬间；（b）延时时间到

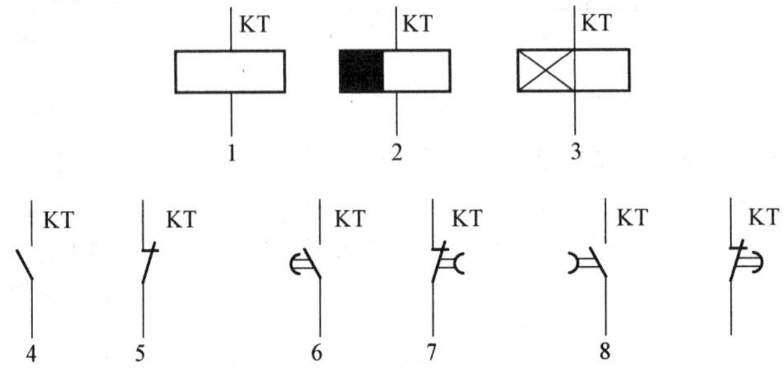

图 5－4－25　时间继电器的符号

1—线圈一般符号；2—断电延时型线圈；3—通电延时型线圈；4—瞬时动合触点；5—瞬时动断触点；6—延时闭合动合触点；7—延时断开动断触点；8—延时断开动合触点；9—延时闭合动断触点

（2）JS7－A 系列时间继电器只要将电磁系统转动 180° 即可将通电延时型时间继电器改为断电延时型时间继电器。

（3）JS7－A 系列时间继电器由于无刻度，故不能准确地调整延时时间。

5.5　任务训练

5.5.1　照明线路的安装与维修

技能目标

（1）学会常用照明灯具及照明线路的安装。

（2）掌握照明电路的故障检查和维修方法。

工具和仪器

断路器、熔断器、插座、白炽灯、吊线开关盒、圆木、锤子、手电钻、万用表、辅助材料（护套线、软电线、木螺钉、绝缘胶布等）、常用电工工具。

知识准备

照明线路是通过各种灯具将电能转变成光能的闭合回路，根据照明场合和要求的不同，可选用不同的灯具和光源。在照明线路中，最常用的灯具是白炽灯、电子节能灯和荧光灯。

白炽灯是利用电流通过灯丝电阻的热效应将电能转为光能。白炽灯主要由灯泡、灯头和开关等组成。

实训步骤

1. 灯座的安装训练

白炽灯的灯座分为吊灯座和平灯座两类，其安装的方法是不一样的。

1）平灯座的安装

如图 5－5－1 所示，在安装平灯座的位置上先安放一个圆形木台，用手电钻打孔，用膨胀螺钉将木台固定在墙上。

拧下灯座胶木外壳，将导线从灯座底部穿入，将来自开关的线头接到连通中心簧片的接线柱上，零线接另一接线柱，安装方法如图 5－5－2 所示。接好线后，将灯座胶木外壳拧上。

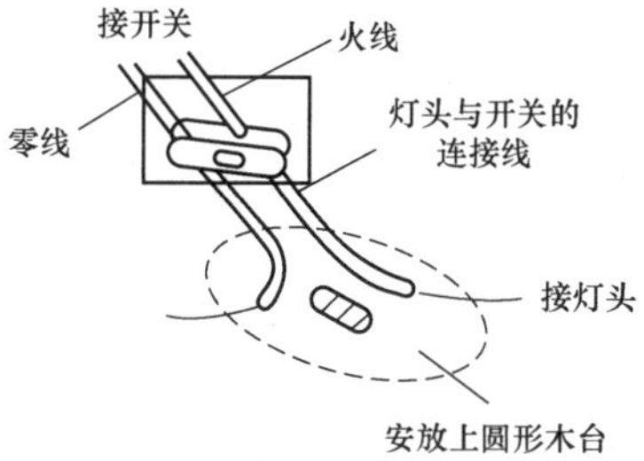

图 5－5－1　圆形木台的安装

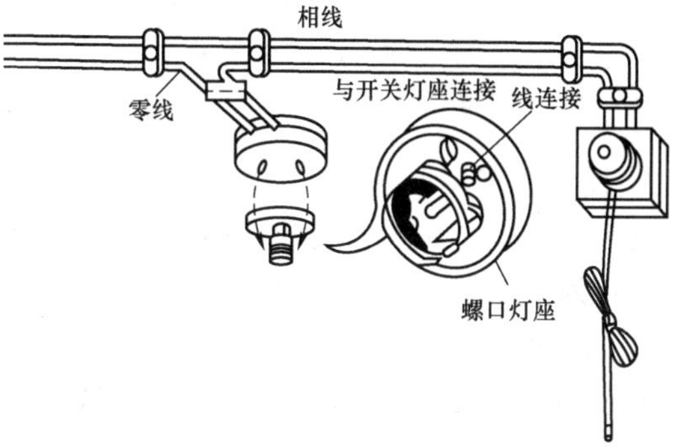

图 5－5－2　螺口平灯座的安装方法

2）吊灯座的安装训练

吊灯座通过木台吊装在天花板上，把木台上穿出的两根电线线头分别从吊灯座底座上的穿线孔中穿出后，将吊灯座用木螺钉固定在木台上；然后将伸出吊灯座的线头剥去 20 mm 左右的绝缘层，弯成接线圈后，分别压接在吊灯座的两个接线端子上，如图 5－5－3（a）所示。

按灯具的安装高度要求，取一定长度的双股软线（俗称花线），作为吊灯座与灯头的连接导线，上端接吊灯座内的接线端子，下端接灯头的接线端子。为了不使接头处受到灯具重力，双股软线在进入吊灯座盖后，在离接线端头 50 mm 处打一个结扣，如图 5－5－3（b）所示。

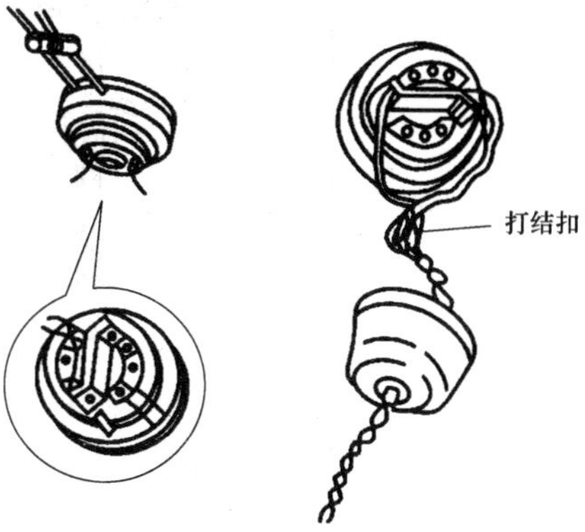

(a)　(b)

图 5－5－3　吊灯座的安装

（a）导线穿过吊灯座；（b）接线

3）灯头的安装训练

把螺口灯头的胶木盖子卸下，将软吊灯线下端穿过灯头盖孔，在离导线下端约 30 mm 处打一结扣，如图 5–5–4（a）所示。然后把去除绝缘层的两根导线下端芯线分别压接在两个灯头接线端子上，如图 5–5–4（b）所示。最后旋上灯头盖，如图 5–5–4（c）所示。

2. 单联开关的安装训练

将 1 根相线和 1 根开关线穿过木台的两孔，然后将木台用螺钉固定在墙上，再将 2 根导线穿进开关的两孔眼，如图 5–5–5 所示，接着固定开关并进行接线，装上开关盖子即可。

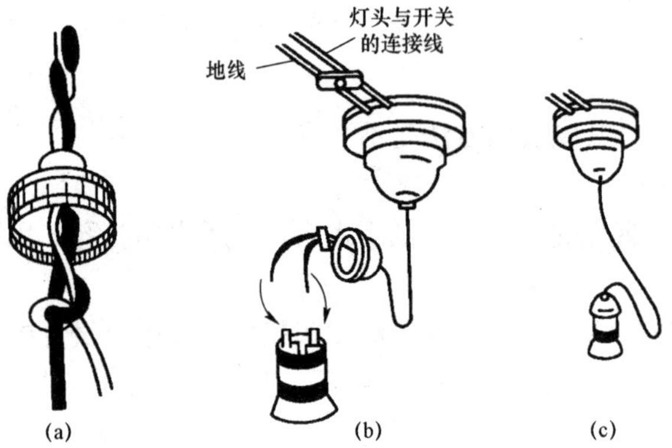

图 5–5–4　灯头的安装

（a）打结扣；（b）接线；（c）旋上灯头盖

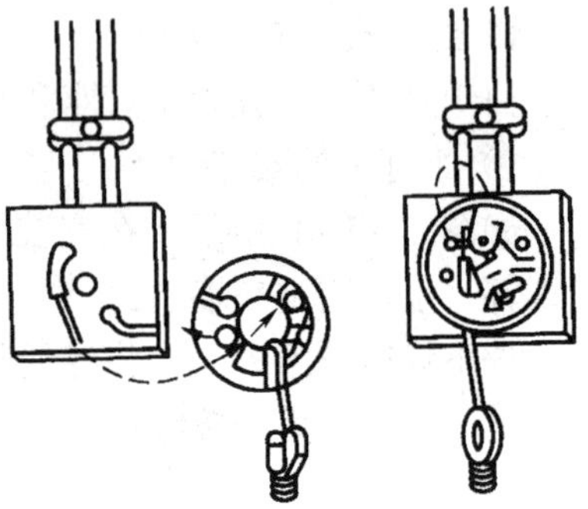

图 5–5–5　开关的安装

3. 插座的安装训练

安装插座的方法同安装开关相似，插座中接地的接线柱必须与接地线连接，不可借用零接线柱作为接地线。

4. 白炽灯照明线路的总体安装

安装如图 5–5–6 所示的白炽灯照明线路，其步骤如下：

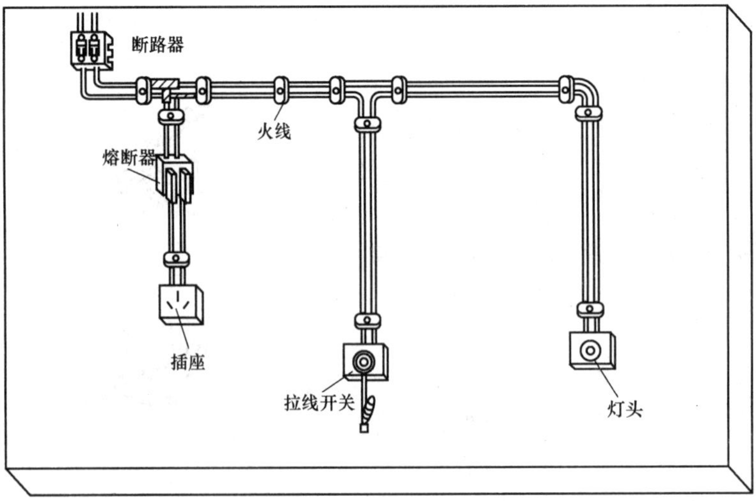

图 5–5–6　白炽灯照明线路

（1）熔断器、灯头、开关及插座定位划线；
（2）安装瓷夹板；
（3）敷设固定导线；
（4）安装断路器、熔断器、灯头、开关和插座；
（5）接通电源，校验电路。

本 章 小 结

（1）自然界的能源通过发电动力装置转化成电能，再经输电、变电系统及配电系统将电能供应到各用电区域。电力系统是由发电厂、电力网和用户组成的一个整体系统。

（2）节约用电是指通过加强用电管理，采取技术上可行、经济上合理的节电措施，以减少电能的直接和间接损耗，提高能源效率和保护环境。

（3）变压器具有变换电压、变换电流、变换阻抗、隔离直流等作用。变压器的基本构成是铁芯和绕组线圈。

（4）变压器的电压与绕组匝数的关系为$\dfrac{U_1}{U_2}=\dfrac{N_1}{N_2}=n$，变压器的电流与绕组匝数的关系为$\dfrac{I_1}{I_2}=\dfrac{N_1}{N_2}=\dfrac{1}{n}$，变压器的阻抗变换关系为$Z_1=n^2Z_2$。

（5）照明灯具的选用是根据安装的场合来确定的。常用的照明灯有电子节能灯、白炽灯、荧光灯等。照明灯的安装步骤是：① 按电气原理图和装配图，用粉笔标明开关、灯座等部件位置；② 对导线的敷设进行划线，然后安装固定导线；③ 安装灯座和开关。

（6）低压电器根据用途分为低压开关、熔断器、主令电器、交流接触器、热继电器等几大类。

思考与练习

1. 高压电输送到用电区附近时，为什么要把电压降下来？
2. 参观所在学校的供电线路（含配电装置），画出系统框图，并简要说明。
3. 结合日常生活经验，谈谈如何让你的电视机更省电。
4. 简述单相变压器的结构。
5. 变压器的作用是什么？它可以分为哪些类型？
6. 有一电源变压器，一次绕组匝数为 1 200，接在 220 V 交流电源上后，得到 5 V、6.3 V、350 V 的 3 种输出电压，分别求 3 个二次绕组的匝数。
7. 某单相变压器额定功率为 10 kW，额定电压为 220/380 V。如果向“220 V，60 W”的白炽灯供电，白炽灯能装多少盏？
8. 某收音机输出电路的输出阻抗为 392 Ω，接 8 Ω 的扬声器，加接一个输出变压器使两者实现阻抗匹配，该变压器的一次绕组匝数为 560，问二次绕组的匝数应为多少？
9. 闭合电源开关后白炽灯不亮，可能是哪些原因造成的？
10. 白炽灯灯光的亮度比正常情况暗，可能的原因是什么？
11. 安装大型的灯具必须注意什么？

12. 试简述转换开关的用途和主要结构。
13. 简述熔断器的功能及主要结构。
14. 自动空气开关的功能是什么?
15. 什么是交流接触器?它主要是由哪几部分构成?

第 6 章

电动机及基本控制电路

学习目标

1. 了解三相异步电动机的基本结构，理解其工作原理和机械特性。
2. 了解单相异步电动机的基本结构，理解其工作原理。
3. 掌握电动机直接启动的工作原理，会安装与调试异步电动机点动与连续控制线路。
4. 掌握电动机正反转控制的工作原理，会安装与调试正反转控制线路。
5. 掌握三相异步电动机降压启动的工作原理，会安装与调试降压启动线路。

任务导入

现代各种生产机械都广泛使用电动机来拖动。三相异步电动机具有结构简单、工作可靠、价格低廉、维护方便、效率较高、体积小、质量轻等一系列优点。与同容量的直流电动机相比，三相异步电动机的质量和价格约为直流电动机的1/3。三相异步电动机的缺点是功率因数较低，启动和调速性能不如直流电动机。因此，三相异步电动机广泛应用于对调速性能要求不高的场合，在中小型企业中应用特别多，例如普通机床、起重机、生产线、鼓风机、水泵以及各种农副产品的加工机械等。

6.1 交流异步电动机

6.1.1 三相异步电动机的基本结构

三相异步电动机的结构由两个基本部分组成：一是固定不动的部分，称为定子；二是旋转部分，称为转子。在定子和转子之间有一个很小的气隙。图 6－1－1 所示为三相异步电动机的基本结构，图 6－1－2 所示为三相异步电动机的各个部件。

1. 定子

定子由机座、定子铁芯、定子绕组和端盖等组成。

机座的主要作用是固定和支撑定子铁芯，中小型三相异步电动机的机座通常采用铸铁制成；大中型异步电动机一般采用钢板焊接机座。实际应用中应根据不同的冷却方式和安装方式而采用不同的机座形式。

定子铁芯是三相异步电动机磁路的一部分，为了减小涡流损耗和磁滞损耗，定子铁芯由0.5 mm 厚的硅钢片叠压而成，片与片之间涂有绝缘漆。铁芯内圆周上有许多均匀分布的槽，用以放置 3 组对称定子绕组，中小型异步电动机的定子槽一般采用半闭口槽。定子铁芯固定于机座内。

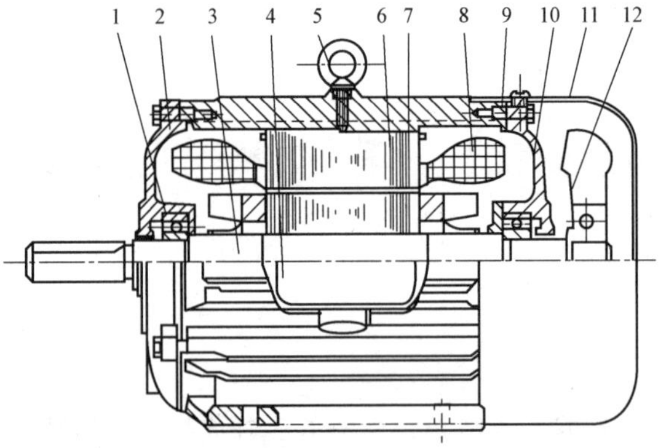

图 6-1-1　三相异步电动机的基本结构

1—轴承；2—前端盖；3—转轴；4—接线盒；5—吊环；6—定子铁芯；7—转子铁芯；8—定子绕组；9—机座；10—后端盖；11—风罩；12—风扇

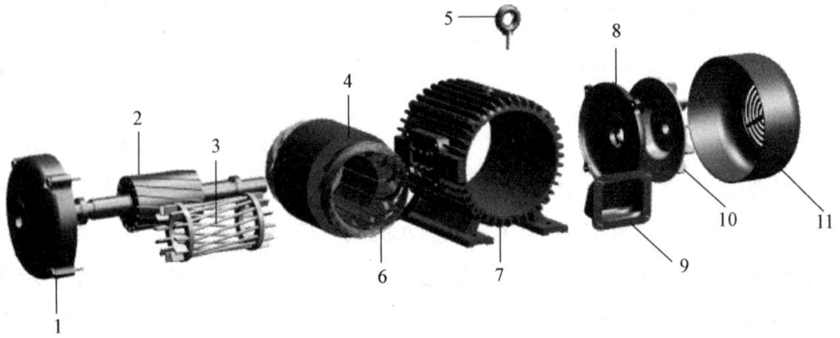

图 6-1-2　三相异步电动机的各个部件

1—前端盖；2—转子铁芯；3—转子绕组；4—定子铁芯；5—吊环；6—定子绕组；7—机座；8—后端盖；9—接线盒；10—风扇；11—风罩

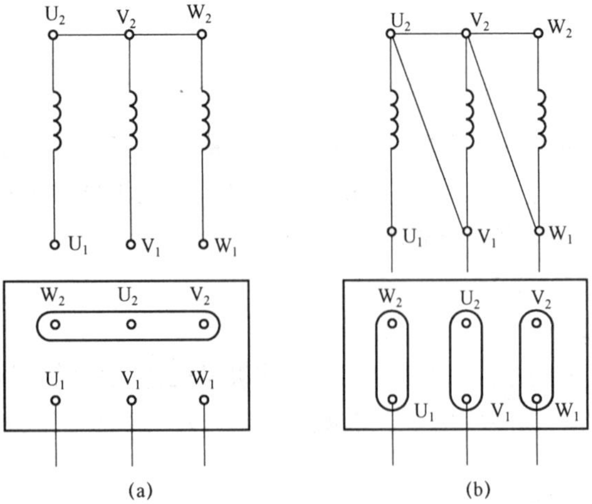

图 6-1-3　三相定子绕组的接法

(a) 星形连接；(b) 三角形连接

定子绕组是由许多线圈按一定的规律连接而成的，是定子中的电路部分。中小型异步电动机的定子绕组一般采用漆包线绕制，共分 3 组，分布在定子铁芯槽内，它们在定子内圆空间的排列彼此相隔 120°，构成对称的三相绕组。

三相绕组共有 6 个出线端，通常接在置于电动机外壳上的接线盒中，3 个绕组的首端接头分别用 U_1、V_1、W_1 表示，其对应的末端接头分别用 U_2、V_2、W_2 表示。三相定子绕组可以连接成星形或三角形，如图 6-1-3 所示。

定子三相绕组连接方式（Y形或△形）

的选择，和普通三相负载一样，需视电源的线电压而定。如果电动机所接电源的线电压等于电动机的额定相电压（即每相绕组的额定电压），那么它的绕组应该连接成三角形；如果电源的线电压是电动机额定相电压的 $\sqrt{3}$ 倍，那么它的绕组就应该连接成星形。通常电动机的铭牌上标有符号 Y/△和数字 220/380 V，前者表示定子绕组的接法，后者表示对应于不同接法时的线电压。

2. 转子

三相异步电动机的转子由转子铁芯、转子绕组、转轴和风扇等组成。转子铁芯为圆柱形，通常是利用定子铁芯冲片冲下的内圆硅钢片，将其外圆周冲成均匀分布的槽后叠成并压装在转轴上。转子铁芯与定子铁芯之间有很小的空气隙，它们共同组成电动机的磁路。转子铁芯外圆周上均匀分布的槽是用来安放转子绕组的。

转子绕组有笼型（铸铝转子）和绕线型两种结构。笼型转子绕组是由嵌在转子铁芯槽内的铜条或铝条组成，两端分别与两个短接的端环相连。如果去掉铁芯，转子绕组外形像一个鼠笼，故也称鼠笼型转子绕组。目前中小型异步电动机大多在转子铁芯槽中采用浇注铝液，铸成鼠笼型转子绕组，并在端环上铸出许多叶片，作为冷却用的风扇，如图 6-1-4 所示。

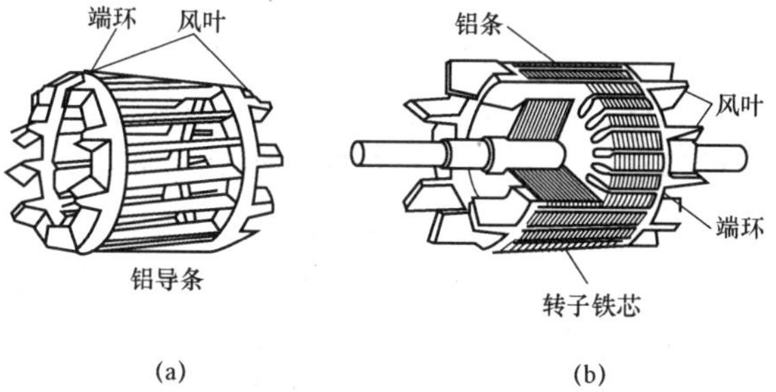

图 6-1-4　笼型转子结构

（a）铸铝转子绕组；（b）铸铝转子

绕线型转子绕组与定子绕组相似，在转子铁芯槽中嵌有对称的三相绕组，作星形连接。将三个绕组的尾端连接在一起，3 个首端分别接到装在转轴上的 3 个铜制圆环上，通过电刷与外电路的可变电阻相连，供启动和调速用。图 6-1-5 所示为三相异步电动机绕线型转子及其电路。

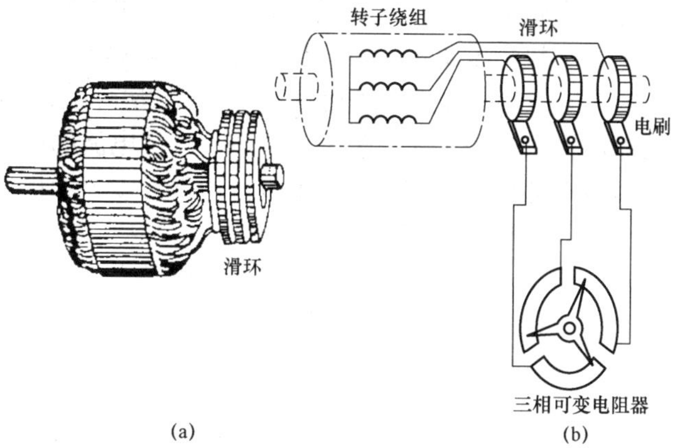

图 6-1-5　三相异步电动机绕线型转子及其电路

（a）绕线型转子；（b）绕线型转子电路

6.1.2 三相异步电动机的工作原理

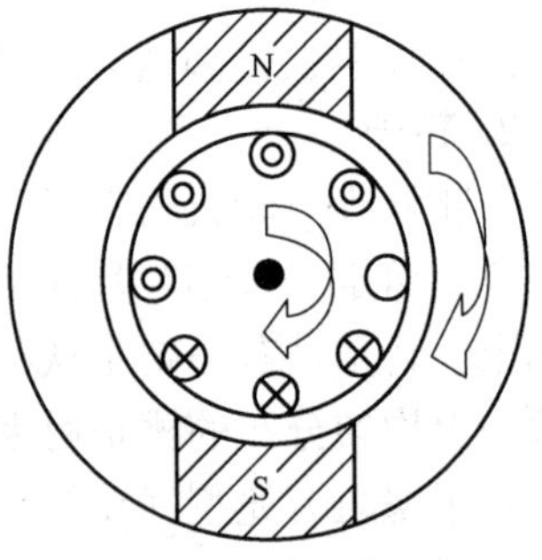

图 6–1–6 具有一对磁极的旋转磁场

三相异步电动机的工作原理是基于定子绕组内三相交流电所产生的旋转磁场与转子绕组内电流的相互作用。当定子绕组接到三相交流电源上时，绕组内将通过对称三相交流电，并在空间产生旋转磁场，该磁场沿定子内圆周方向旋转。图 6–1–6 所示为具有一对磁极的旋转磁场，设想磁极位于定子铁芯内画有阴影线的部分。

当磁场旋转时，转子绕组的导体（转子导体）切割磁感线将产生感应电动势 e_2，假设磁场沿顺时针方向旋转，则相当于转子绕组的导体沿逆时针方向切割磁感线，根据右手定则，在 N 极下导体中感应电动势的方向为垂直纸面向外，而在 S 极下导体中感应电动势的方向则为垂直纸面向里。

由于电动势 e_2 的存在，转子绕组中将产生转子电流 i_2。根据左手定则，转子电流与旋转磁场相互作用将产生电磁力 F（假设 i_2 与 e_2 同相位），该力在转子的轴上形成电磁转矩，且转矩的方向与旋转磁场的方向相同，转子受此转矩作用，便按旋转磁场的方向旋转起来。但是，转子的转速 n 比旋转磁场的转速 n_1（称为同步转速）要小，如果两者相等，则转子与旋转磁场之间就没有相对运动，转子绕组的导体不切割磁感线，便不能感应电动势 e_2 和产生电流 i_2，也就没有电磁转矩，转子将不会继续旋转。因此，转子与旋转磁场之间的转速差是保证转子旋转的必要条件。由于转子转速不等于同步转速，所以把这种电动机称为三相异步电动机，而把转速差（n_1-n）与同步转速 n_1 的比值称为三相异步电动机的转差率，用 S 表示，即

$$S=\frac{n_1-n}{n_1}$$

转差率 S 是分析三相异步电动机工作情况的重要参数，它反映了转子导体切割磁感线的速度占旋转磁场转速的比例关系。转差率越大，转子中的电动势和电流越大，电动机从电源输入的电流和功率也越大。

异步电动机旋转时，如果轴上带有机械负载，则从转子输出机械能。从物理本质上来分析异步电动机的运行工作情况与变压器相似，即电能从电源输入定子绕组（一次绕组），通过电磁感应的形式，以旋转磁场作为媒介，传送到转子绕组（二次绕组），而转子中的电能通过电磁力的作用变换成机械能输出。由于在这种电动机中，转子电流的产生和电能的传递是基于电磁感应原理，所以异步电动机又称为感应电动机。通常异步电动机在额定负载时，转子的转速 n_N 接近于 n_1，转差率 S 很小，为 0.015～0.060。

转子导体中的电流 i_2 也是交流电，其大小和频率都与转差率 S 成正比。额定运行时，转子电流的频率很低，$f_2=1～3$ Hz。

6.1.3 三相异步电动机的机械特性

三相异步电动机的机械特性是其性能的最重要的反映，只有熟悉三相异步电动机的机械特性才能用好电动机。三相异步电动机的机械特性是指在电动机定子电压、频率以及绕组参

数一定的条件下，电动机电磁转矩与转速或转差率的关系，即 $n=f(T)$ 或 $S=f(T)$。

1. 电磁转矩的物理表达式

三相异步电动机的电磁转矩 T 是由转子电流的有功分量 $I_2\cos\varphi_2$ 与旋转磁场的主要磁通 Φ 相互作用而产生的。根据理论分析，电磁转矩 T 可用下式公式确定，即

$$T = C_T \Phi I_2 \cos\varphi_2$$

式中　T——电动机的电磁转矩，N•m；

C_T——三相异步电动机的转矩系数，是一常数；

Φ——三相异步电动机的气隙每极磁通，Wb；

I_2——转子电流的折算值，A；

$\cos\varphi_2$——转子电路的功率因数。

2. 三相异步电动机的机械特性

在实际应用中，需要了解三相异步电动机在电源电压和频率一定时，转速 n 和电磁转矩 T 的关系。由转矩特性 $T=f(S)$ 和 $S=\frac{n_1-n}{n_1}$ 转换得到的 $n=f(T)$ 曲线称为机械特性曲线。图 6-1-7 所示为三相异步电动机的机械特性曲线。

在机械特性曲线上值得注意的是 2 个区和 3 个转矩值。以最大转矩 T_m 为界，分为两个区，上部为稳定区，下部为不稳定区。当电动机驱动恒转矩负载，工作在稳定区内某一点时，电磁转矩与负载转矩相平衡而保持匀速转动。如负载转矩变化，电磁转矩将自动适应，随之变化达到新的平衡而稳定运行。当电动机工作在不稳定区时，电磁转矩将不能自动适应负载转矩的变化，因而不能稳定运行。三个转矩是额定转矩 T_N、最大转矩 T_m 和启动转矩 T_{st}。

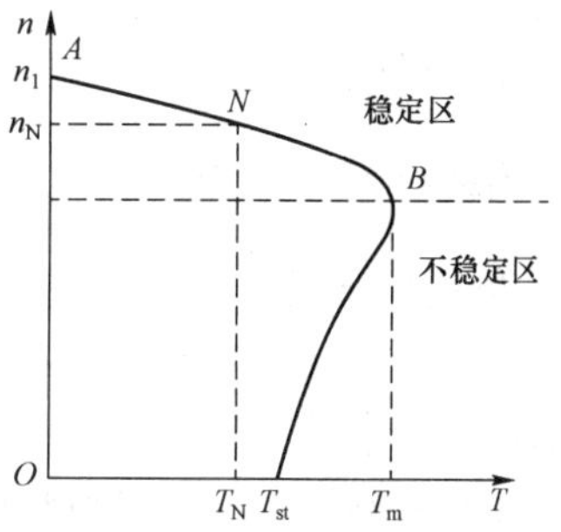

图 6-1-7　三相异步电动机的机械特性曲线

（1）额定转矩 T_N。电动机在额定电压下，驱动额定负载，以额定转速运行，输出额定功率时的电磁转矩称为额定转矩。忽略空载转矩时，就等于额定输出转矩，用 T_N 表示，即

$$T_N = 9\,550\frac{P_N}{n_N}$$

式中　P_N——电动机的额定功率，kW；

n_N——电动机的额定转速，r/min；

T_N——电动机的额定转矩，N • m。

（2）最大转矩 T_m。在机械特性曲线上，电磁转矩的最大值称为最大转矩，它是稳定区与不稳定区的分界点。电动机正常运行时，最大负载转矩不可超过最大转矩，否则电动机将带不动，转速越来越低，发生所谓的“闷车”现象，此时电动机电流会升高到额定电流的 5～7 倍，使电动机过热，甚至烧坏。为此将额定转矩选得比最大转矩 T_m 小，使电动机能有较大的短时过载运行能力，通常用最大转矩 T_m 与额定转矩 T_N 的比值 λ_m 来表示过载能力，即 $\lambda_m = T_m/T_N$。一般三相异步电动机的过载能力 $\lambda_m = 1.8$～2.2。

理论分析和实际测试都可以证明，最大转矩 T_m 和临界转差率 S_m 具有以下特点：

① T_m与U_1^2成正比，S_m与U_1无关。电源电压的变化对电动机的工作影响很大；

② T_m与f_1^2成反比，电动机变频时要注意对电磁转矩的影响；

③ T_m与r_2无关，S_m与r_2成正比，改变转子电阻可以改变转差率和转速。

（3）启动转矩T_m。电动机在接通电源启动的最初瞬间，$n=0$、$S=1$时的转矩称为启动转矩，用T_{st}表示。启动时，要求T_{st}大于负载转矩T_L，此时电动机的工作点就会沿着$n=f(T)$曲线上升，电磁转矩增大，转速n越来越高，很快越过最大转矩T_m，然后随着n的增高，T又逐渐减小，直到$T=T_L$时，电动机以某一转速稳定运行。可见，只要$T_{st}>T_L$，电动机一经启动，便迅速进入稳定区运行。

当$T_{st}<T_L$时，电动机无法启动，出现堵转现象，电动机的电流达到最大，造成电动机过热。此时应立即切断电源，减轻负载或排除故障后再重新启动。

异步电动机的启动能力常用启动转矩与额定转矩的比值$\lambda_m=T_m/T_N$来表示。一般笼型转子异步电动机的启动能力$\lambda_m=1.3\sim2.2$。

3. 固有机械特性与人为机械特性

如图 6-1-7 所示的机械特性曲线是在额定电压、额定频率、转子绕组短接情况下的机械特性，称为固有机械特性。如果降低电压、改变频率或在转子电路中串入附加电阻，就会使机械特性曲线的形状发生变化，这种改变了电动机参数后的机械特性称为人为机械特性。不同的人为机械特性提供了多种启动方法和调速方法，为灵活使用电动机提供了方便。

6.1.4 单相异步电动机

1. 单相异步电动机的结构

单相异步电动机结构与三相笼型转子异步电动机相似，即由定子和转子两大部分组成，还包括机壳、端盖、轴承等部件。但由于单相异步电动机往往与它所拖动的设备组合成一个整体，因此其结构各异，最典型的结构是它的转子为笼型结构，定子采用在定子铁芯槽内嵌放单相定子绕组的方式，如图 6-1-8 所示。电动机的定子由定子铁芯和定子绕组构成，电动机的转子由转子铁芯、转子绕组和转轴构成，单相异步电动机的其他部件还包括机壳和前、后端盖等。

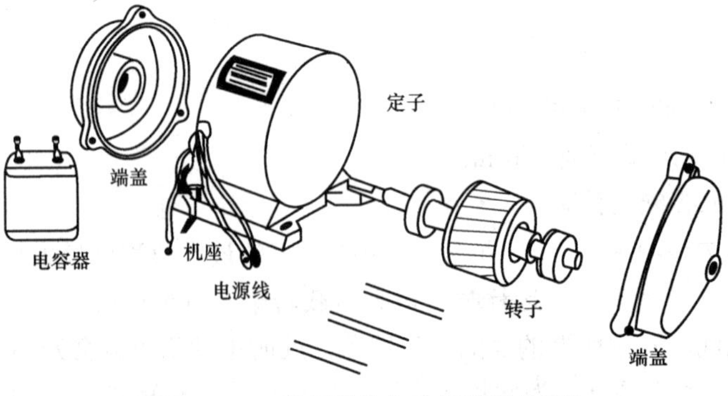

图 6-1-8　单相异步电动机的基本结构

2. 单相异步电动机的工作原理

单相异步电动机属于感应电动机，其工作原理与三相异步电动机一样，必须首先建立一个旋转磁场，才能驱动笼型转子旋转。单相异步电动机的电源是单相交流电，当定子绕组中通过单相交流电时，其铁芯内产生一个交变的脉动磁场，这个磁场的磁感应强度的大小随着绕组上电流瞬时值的变化而变化，方向也随着电流方向的改变而改变，但磁场的方向始终与绕组轴线平行，并不会旋转。单相绕组的定子磁场如图 6－1－9 所示。

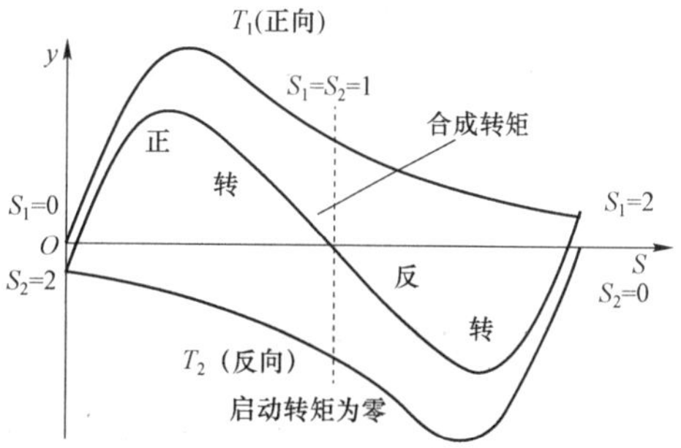

图 6－1－9　单相绕组的定子磁场

两个旋转方向相反的磁场中的任何一个都与三相异步电动机产生的旋转磁场一样，能使转子产生转矩。设正向旋转的磁场对转子产生的转矩为 T_1，反向旋转的磁场对转子产生的转矩为 T_2，转子未转动时，正、反向旋转磁场的转差率是相同的，都为 1，如图 6－1－9 所示。其中 T_1、T_2 大小相等，方向相反，两转矩相互抵消，所以单相异步电动机通电后不能自行启动。若利用一个外力，使转子正向转一下，则两边旋转磁场的转差率就不相等了，此时 $S_1<1$，而 $S_2>1$，$T_1>T_2$，其合成转矩不等于零，所以转子受到正向的转矩而转动起来。

因此，可以得到以下结论：

（1）当转子静止时，单相异步电动机无启动转矩，若不采取其他措施，电动机不能启动；

（2）单相异步电动机一旦启动旋转后，当合成转矩大于负载转矩时，电动机在撤销启动措施后将自行加速并在某一稳定转速下运行；

（3）单相异步电动机稳定运行的旋转方向由电动机启动方向确定；

（4）由于存在反向转矩 T_2 起制动作用，使合成转矩减小，所以单相异步电动机的过载能力、功率、功率因数等均低于同容量的三相异步电动机，且机械特性较软、转速变化较大。

3. 单相异步电动机的启动

单相异步电动机由于启动转矩为 0，所以不能自行启动。为了解决单相异步电动机的启动问题，可以在电动机的定子中加装一个启动绕组。如果工作绕组与启动绕组对称，即匝数相等，空间互差 90° 的角度，通入相位差为 90° 的两相交流电，则可在气隙中产生旋转磁场，转子就能自行启动，如图 6－1－10 所示。转动后的单相异步电动机，断开启动绕组后仍可继续工作。

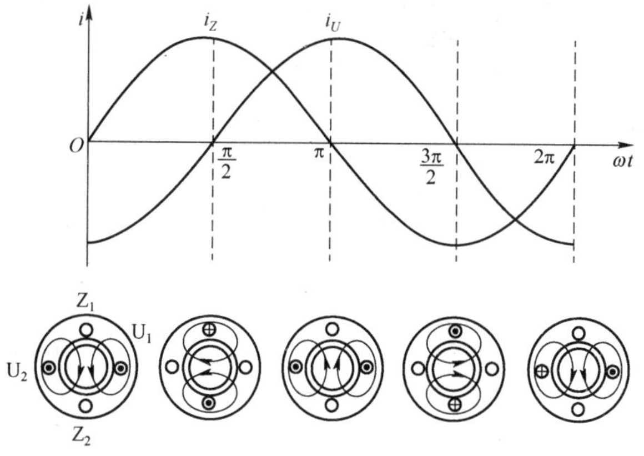

图 6－1－10　两相绕组产生的磁场

上述启动方法称为单相异步电动机的分相启动，即把单相交流电裂变为两相交流电，从而在单相异步电动机内部建立一个旋转磁场。

6.2 三相异步电动机的基本控制电路

6.2.1 电动机的直接启动控制

三相异步电动机的直接启动是指额定电压直接加到电动机绕组上，对其进行启动和停止的控制。当电动机的额定容量小于 10 kW，或者额定容量不超过电容变压器容量的 15%～20% 时，都允许直接启动。本节主要介绍三相异步电动机的点动控制和连续控制电路。

1. 三相异步电动机的点动控制

手动正转控制电路的优点是所用电器元件少，线路简单；缺点是操作劳动强度大、安全性差，且不便于实现远距离控制和自动控制。图 6-2-1 所示为点动正转控制电路，它是用按钮、接触器来控制电动机运转的最简单的正转控制电路。

1）主电路

低压断路器 QS、熔断器 FU1、接触器 KM 主触头和三相异步电动机 M 构成主电路。

2）控制电路

熔断器 FU2、启动按钮 SB 和接触器 KM 线圈组成控制电路。

3）操作步骤

根据图 6-2-1，点动正转控制电路的操作步骤如下。

（1）先合上电源开关 QS。

（2）启动：按下 SB→接触器 KM 线圈得电→接触器 KM 主触头闭合→三相异步电动机 M 启动运转。

（3）停止：松开 SB→接触器 KM 线圈失电→接触器 KM 主触头断开→三相异步电动机 M 断电停转。

（4）停止使用时，断开电源开关 QS。

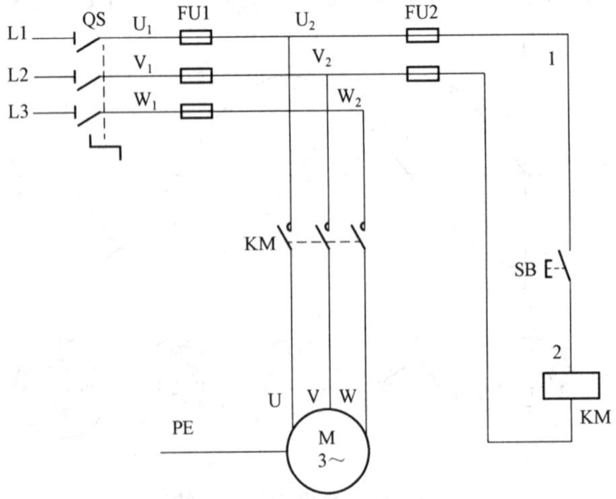

图 6-2-1 点动正转控制电路

2. 三相异步电动机的连续控制

1）主电路和控制电路

三相异步电动机的自锁连续控制电路如图 6–2–2 所示，和点动正转控制电路的主电路大致相同，但在控制电路中又串联了一个停止按钮 SB1，在启动按钮 SB2 的两端并联了接触器 KM 的一对常开辅助触头。

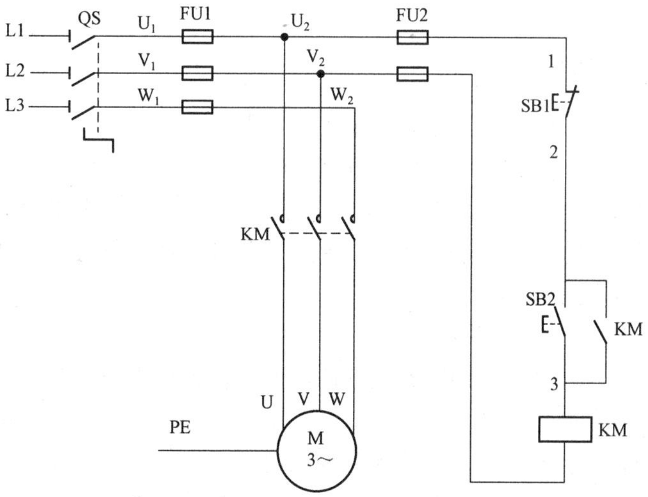

图 6–2–2　自锁连续控制电路

2）操作步骤

自锁连续控制电路的操作步骤如下。

（1） 先合上电源开关 QS。

（2） 启动：当按下启动按钮 SB2 后，电源 U_1 相通过停止按钮 SB1 的动断触头、启动按钮 SB2 动合触头及交流接触器 KM 的线圈接通电源 V_1 相，使交流接触器线圈带电而动作，其主触头闭合使电动机转动；同时，交流接触器 KM 的常开辅助触头短接了启动按钮 SB2 的动合触头，保持交流接触器线圈始终处于带电状态，这就是所谓的自锁（自保），与启动按钮 SB2 并联起自锁作用的常开辅助触头称为自锁触头（或自保触头）。

（3） 停止：按下停止按钮 SB2 切断控制电路时，接触器 KM 失电，其自锁触头已分段解除了自锁，而这时 SB1 也是分段的，所以当松开 SB2，其常闭辅助触头回复闭合后，接触器也不会自行得电，电动机也就不会自行重新启动运转。

3）电路的保护环节

（1）欠压保护。欠压是指电路电压低于电动机应加的额定电压。欠压保护是指当电路电压下降到某一数值时，电动机能自动脱离电源停转，避免电动机在欠压下运行的一种保护。

自锁连续控制电路具有欠压保护作用。当电路电压下降到一定值（一般指低于额定电压的 85%）时，接触器线圈两端的电压也同样下降到此值，使接触器线圈磁感应强度减弱，产生的电磁吸力减小。当电磁吸力减小到小于反作用弹簧的拉力时，动铁芯被迫释放，主触头和自锁触头同时分断，自动切断主电路和控制电路，电动机失电停转，起到了欠压保护的作用。

（2）失压（或零压）保护。失压保护是指电动机在正常运行中，由于外界某种原因引起突然断电时，能自动切断电动机电源，当重新供电时，保证电动机不能自行启动的一种保护。自锁连续控制电路也可实现失压保护作用。接触器自锁触头和主触头在电源断电时已经分断，使控制电路和主电路都不能接通，所以在电源恢复供电时，电动机就不会自行启动运转，保证了人身和设备的安全。

（3）短路保护。电动机的短路保护采用熔断器。熔断器 FUI、FU2 分别实现主电路和控制电路的短路保护。

6.2.2 电动机的正反转控制

在机械加工中，许多机械生产的运动部件都有正、反向运动的要求，如机床的主轴要求能改变方向旋转，物料小车要求能往返运动等。这些要求都可以通过电动机的正、反转来实现。由电动机的原理可知，若将接到交流电动机的三相交流电源进线中的任意两相对调，则可以改变电动机的旋转方向。电动机的正反转控制电路正是利用这一原理设计的，下面介绍几种常用的正反转控制电路。

1. 接触器互锁正反转控制电路

图 6-2-3 所示为接触器互锁正反转控制电路。电路中采用了 2 个接触器，即正转用的接触器 KM1 和反转用的接触器 KM2，它们分别由正转按钮 SB1 和反转按钮 SB2 控制。从主电路中可以看出，这两个接触器的主触头所接通的电源相序不同，KM1 按 L1→L2→L3 相序接线，KM2 则按 L3→L2→L1 相序接线。相应地控制电路有两条，一条是由按钮 SB1 和接触器 KM1 线圈等组成的正转控制电路；另一条是由按钮 SB2 和接触器 KM2 线圈等组成的反转控制电路。正转接触器 KM1 和反转接触器 KM2 的主触头不能同时接通，否则会造成两相电源短路事故。为了避免两个接触器 KM1 和 KM2 同时得电动作，在正反转控制电路中分别接了

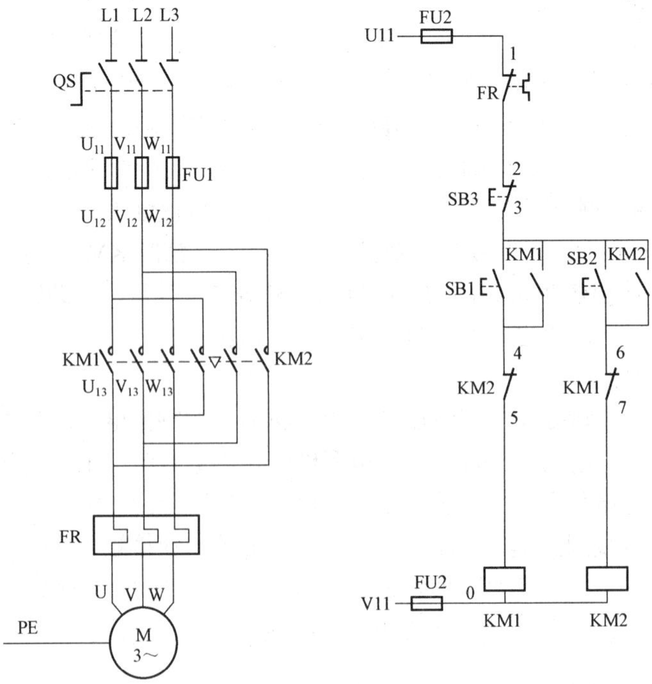

图 6-2-3 接触器互锁正反转控制电路

对方接触器的一对常闭辅助触头。当一个线圈得电动作时，通过常闭辅助触头使另一个接触器不能得电动作，接触器之间这种相互制约的作用叫作接触器联锁（或互锁）。实现联锁作用的接触器的常闭辅助触头称为联锁触头（或互锁触头）。

1）操作步骤

（1）合上电源开关 QS。

（2）按下按钮 SB1，则接触器 KM1 线圈得电。KM1 的主触头闭合，且自锁动合触头闭合，同时互锁动断触头断开（切断接触器互锁正反转控制电路中的反转控制电路），电动机 M 正转。

（3）按下按钮 SB3，则接触器 KM1 线圈失电。KM1 的主触头断开，且自锁动合触头断开，（互锁动断触头闭合为接通反转控制电路做好准备），电动机 M 停转。

（4）按下按钮 SB2，则接触器 KM2 线圈得电。KM2 的主触头闭合，且自锁动合触头闭合，互锁动断触头断开（切断正转控制电路，以使接触器 KM 线圈不能得电），电动机 M 反转。

2）工作特点

接触器互锁正反转控制电路的优点是：利用“互锁”关系，保证正、反转接触器的主触头不能同时接通，从而避免了电源短路事故。其缺点是：改变电动机的运转方向必须先按停止按钮，然后再按反转启动按钮，所以在频繁改变转向的场合不宜被采用。

2. 按钮互锁正反转控制电路

接触器互锁正反转控制电路中，电动机从正转转为反转时，必须先按下停止按钮后，才能按反转启动按钮，否则由于接触器的互锁作用，不能实现反转。因此，虽然电路安全可靠，但操作不方便。为了尽量缩短操作时间，可以在接触器互锁正反转控制电路中，把接触器 KM1 和 KM2 的互锁动断触头换成 SB1 和 SB2 的动断触头，以形成按钮互锁正反转控制电路，同样能够防止线圈 KM1 和 KM2 同时得电。图 6－2－4 所示为按钮互锁正反转控制电路。

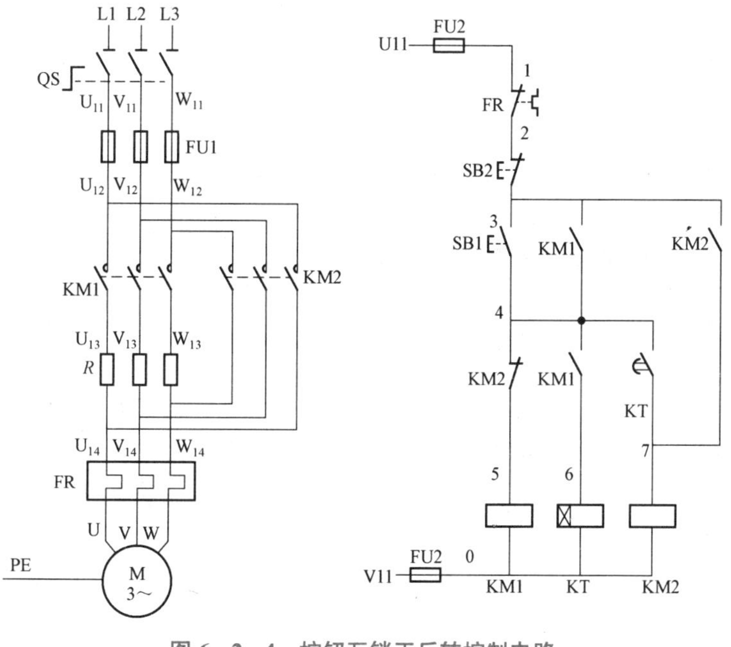

图 6－2－4　按钮互锁正反转控制电路

1）操作步骤

按钮互锁正反转控制电路的具体操作步骤如下。

（1）合上电源开关 QS。

（2）正转控制：按一下正转按钮 SB1，则接触器 KM1 线圈得电。KM1 的主触头闭合，且 KM1 的自锁动合触头闭合，而 SB1 的动断触头断开（切断反转控制电路），电动机 M 正转。

（3）反转控制：按一下反转按钮 SB2，则其串在 KM1 线圈回路中的 SB2 的动断触头断开。接触器 KM1 的线圈失电，并切断正转控制电路，电动机 M 断电；接着，反转按钮 SB2 的动合触头闭合，则接触器 KM2 的线圈得电，并且其主触头和自锁触头闭合，电动机 M 反转。

（4）若要停止，则按下停止按钮 SB3，整个控制电路失电，主触头分段，电动机 M 失电停转。

2）工作特点

按钮互锁正反转控制电路的优点是：操作方便，即当需要改变电动机转向时，不必先按停止按钮 SB3，而只要直接按一下反转按钮 SB2 即可。其缺点是：容易产生短路故障。如果控制正转或反转的接触器主触头发生熔焊，那么接触器虽然线圈断电了，可是其主触头并没有复位，这时若按下另外一个启动按钮，则另一个接触器也得电闭合。这时，两个接触器的主触头都会闭合，从而导致电源短路事故。

3. 接触器、按钮双重互锁正反转控制电路

为克服接触器互锁正反控制线路和按钮互锁正反转控制线路的不足，在按钮互锁的基础上又增加了接触器互锁，构成按钮、接触器双重互锁正反转控制电路，图 6-2-5 所示为接触器、按钮双重互锁正反转控制电路。

（1）SB1、SB2 为复合按钮，具体工作原理如下。

① 合上电源开关 QS。

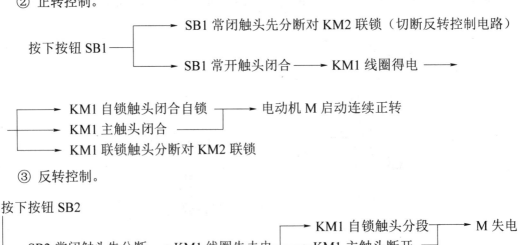

② 正转控制。

按下按钮 SB1 → SB1 常闭触头先分断对 KM2 联锁（切断反转控制电路）
按下按钮 SB1 → SB1 常开触头闭合 → KM1 线圈得电 →

→ KM1 自锁触头闭合自锁 → 电动机 M 启动连续正转
→ KM1 主触头闭合 → 电动机 M 启动连续正转
→ KM1 联锁触头分断对 KM2 联锁

③ 反转控制。

按下按钮 SB2
→ SB2 常闭触头先分断 → KM1 线圈失去电 → KM1 自锁触头分段 → M 失电
→ KM1 主触头断开 → M 失电
→ KM1 联锁触头闭合 →
→ SB2 常开触头后闭合 →

→ KM2 线圈得电 → KM2 自锁触头闭合自锁 → 电动机 M 启动连续反转
→ KM2 主触头闭合 → 电动机 M 启动连续反转
→ KM2 联锁触头分断对 KM1 联锁（切断正转控制电路）

④ 若要停止，则按下停止按钮 SB3，整个控制电路失电，主触头分段，电动机 M 失电停转。

（2）工作特点。

接触器、按钮双重互锁正反转控制电路克服了前面两种控制电路的缺点，并兼有接触器互锁正反转控制电路和按钮互锁正反转控制电路的优点，且操作方便、安全、可靠，反转迅速。与前面的电路比起来，其缺点是：控制电路的接线较为复杂。

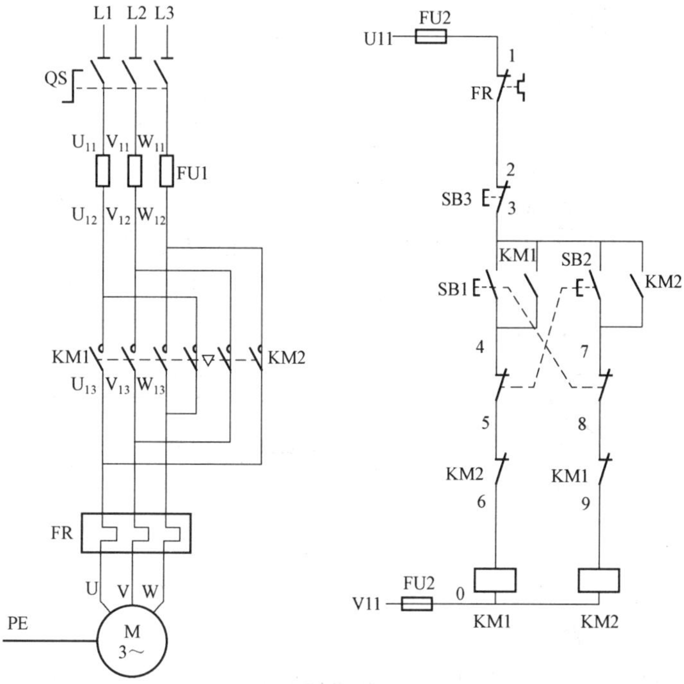

图 6－2－5　接触器、按钮双重互锁正反转控制电路

6.2.3　三相异步电动机的降压启动控制

三相异步电动机直接启动时的启动电流一般为额定电流的 4～7 倍。在电源变压器容量不够大，而电动机功率较大的情况下，直接启动将导致电源变压器输出电压下降，不仅会减小电动机本身的启动转矩，而且会影响同一供电线路中其他电气设备的正常工作。因此，较大容量的电动机启动时，需要采用降压启动的方法。降压启动是指利用启动设备将电压适当降低后，加到电动机的定子绕组上进行启动。待电动机启动运转后，再使其电压恢复到额定电压正常运转。常见的降压启动方法有定子绕组串电阻降压启动、自耦变压器降压启动、Y－△降压启动和延边三角形降压启动等。本节主要对定子绕组串电阻降压启动和 Y－△降压启动两种降压启动控制电路进行详细介绍。

1. 定子绕组串接电阻降压启动控制电路

定子绕组串接电阻降压启动的方法是在电动机启动时，把电阻串接在电动机定子绕组与电源之间，通过电阻的分压作用，来降低定子绕组上的启动电压，待启动后，再将电阻短接，使电动机在额定电压下正常运行。这种降压启动的方法由于电阻上有热能损耗，如用电抗器，则体积、成本又较大，因此该方法很少用。这种降压启动控制电路有手动控制、接触器控制、时间继电器控制等。图 6-2-6 所示为时间继电器控制定子绕组串接电阻降压启动控制电路。

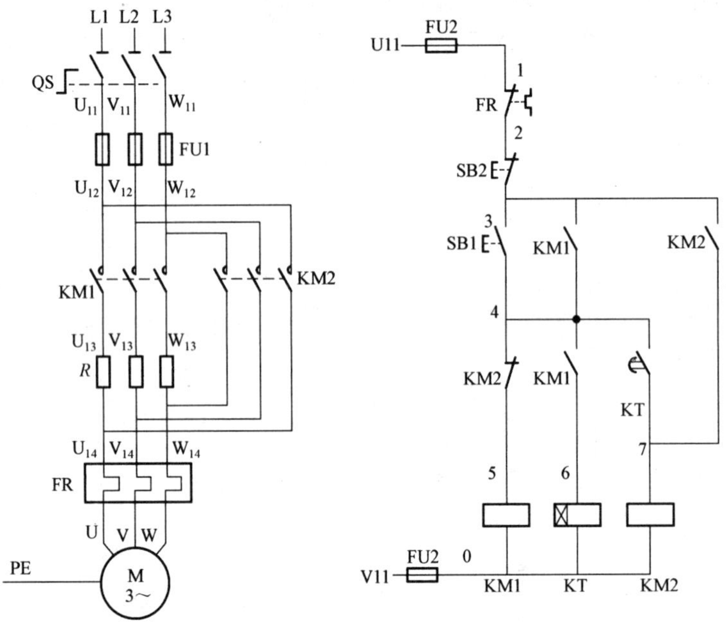

图 6-2-6　时间继电器控制定子绕组串接电阻降压启动控制电路

电路工作原理如下。

① 先合上电源开关 QS。

② 按启动按钮 SB1 → KM1 线圈得电 →
- → KM1 自锁触头闭合自锁 ┐
- → KM1 主触头闭合 ┘ → M 串电阻降压启动
- → KM1 辅助常开触头闭合 →

→ KT 线圈得电 —(到转速上升到一定值时，KT延时结束)→ KT 常开触头闭合 → KM2 线圈得电 →
- → KM2 自锁触头闭合 ┐
- → KM2 主触头闭合 ┘ → 电阻 R 被短接 → 电动机 M 全压运行
- → KM2 辅助常闭触头分段 → KM1、KT 线圈先后失电，其触头复位

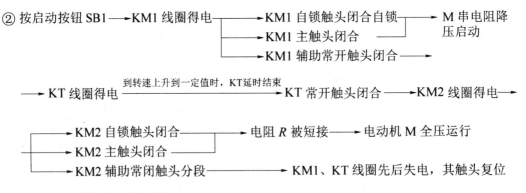

③ 停止时，按下停止按钮 SB2 即可。

定子绕组串接电阻降压启动达到了减小降压启动电流的目的，其缺点是减小了电动机的启动转矩，同时启动时在电阻上功率消耗也较大。如果启动频繁，则电阻的温度很高，对于精密的机床会产生一定的影响，因此，目前这种降压启动的方法，在生产实际中的应用正在逐步减少。

2. Y－△降压启动控制电路

时间继电器控制 Y－△降压启动控制电路图如图 6-2-7 所示。该电路由 3 个接触器、1 个热继电器、1 个时间继电器和 2 个按钮组成。接触器 KM 作引入电源用，接触器 KM_Y 和 $KM_\triangle$

分别作 Y 形降压启动用和△形运行用，时间继电器 KT 用作控制 Y 形降压启动时间完成 Y－△自动切换，SB1 是启动按钮，SB2 是停止按钮，FU1 作主电路的短路保护，FU2 作控制电路的短路保护，FR 作过载保护。

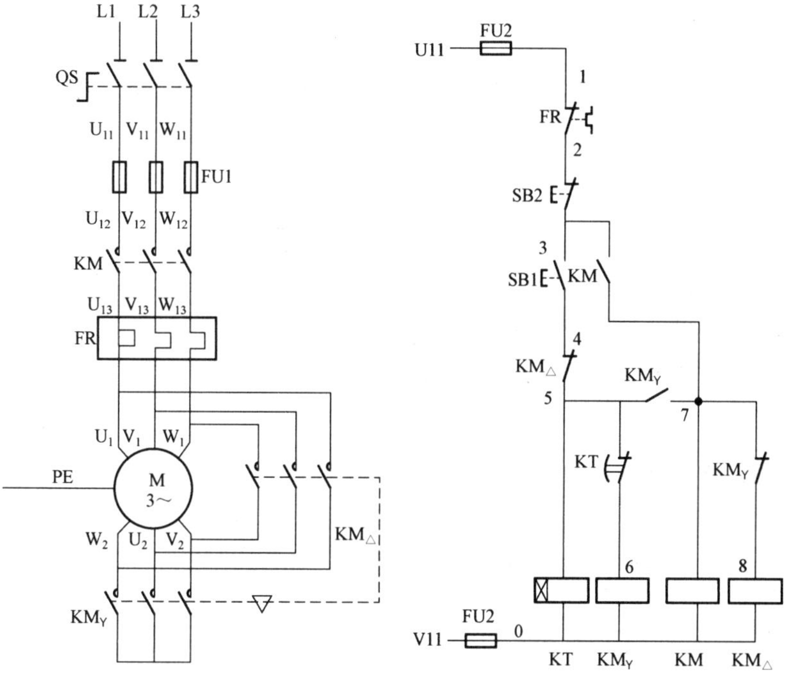

图 6－2－7　时间继电器控制 Y－△降压启动控制电路

电路工作原理如下。

① 先合上电源开关 QS。

② 按下 SB1

→ KMY 线圈得电
- → KMY 常开触头闭合 → KM 线圈得电 → KM 闭合自锁；→ KM 主触头闭合
- → KMY 主触头闭合 →（KM 主触头闭合）→ 电动机 M 接成 Y 形降压启动
- → KMY 联锁触头分断对 KM△ 联锁

→ KT 线圈得电 —当M转速上升到一定值时，KT延时结束→ KT 常闭触头分断 →

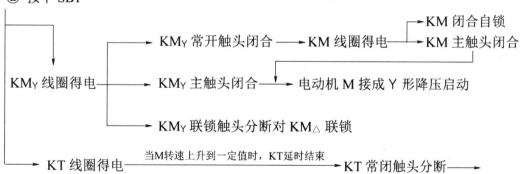

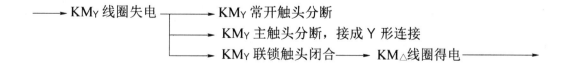

→ KMY 线圈失电
- → KMY 常开触头分断
- → KMY 主触头分断，接成 Y 形连接
- → KMY 联锁触头闭合 → KM△线圈得电 →

→ $KM_{\triangle}$联锁触头分段 → 对 KM_Y 联锁
　　　　　　　　　　　 → KT 线圈失电 → KT 常闭触头瞬间闭合
→ $KM_{\triangle}$ 主触头闭合 → 电动机 M 接成△形全压运行

③ 停止时，按下停止按钮 SB2 即可。

Y-△降压启动控制电路简单，使用方便，但启动转矩小，只适用于空载或轻载状态下的启动，且只能用于正常运转，且定子绕组接成三角形的异步电动机。

6.3 任务训练

6.3.1 点动与连续运行控制电路配电板的配线及安装

技能目标

（1）能正确识读、分析点动与连续运行控制电路的电气原理图，能根据原理图绘制电器布置图和电气接线图。

（2）学会点动与连续运行控制电路的安装调试，正确掌握其安装工艺。

工具和仪器

（1）工具：斜口钳、尖嘴钳、剥线钳、电工刀等。

（2）仪表：MF47 万用表。

（3）器材：选用器材，并将相应的规格和型号填入表 6-3-1 中。

表 6-3-1 电器元件明细

序号	符号	名称	型号	规格	数量
1	M	三相异步电动机	Y-135-4		1
2	QS	组合开关	HZ10-25/3		1
3	FU1	熔断器			1
4	FU2	熔断器			1
5	KM	交流接触器			1
6	FR	热继电器			1
7	SB1 SB2	按钮			2
8	SB3	复合按钮			1
9	XT	端子板			1

知识准备

点动与连续运行控制电路原理如图 6－3－1 所示，其工作原理如下。

（1）合上电源开关 QS。

（2）当按下按钮 SB2 时，交流接触器 KM 线圈得电，主触头、自锁触头闭合，接通自锁回路，三相异步电动机得电启动，连续运行；此时再按下按钮 SB1，则 KM 线圈断电，其各触头复位，三相异步电动机断电、停转。

（3）当按下复合按钮 SB3 时，其常闭触头先断开切断自锁回路，常开触头后闭合，交流接触器 KM 线圈得电，主触头、自锁触头闭合，三相异步电动机得电启动运行；当松开按钮 SB3 时，其常闭、常开触头复位，电路断开，KM 线圈失电，各触头复位，三相异步电动机断电、停转，从而实现点动控制。

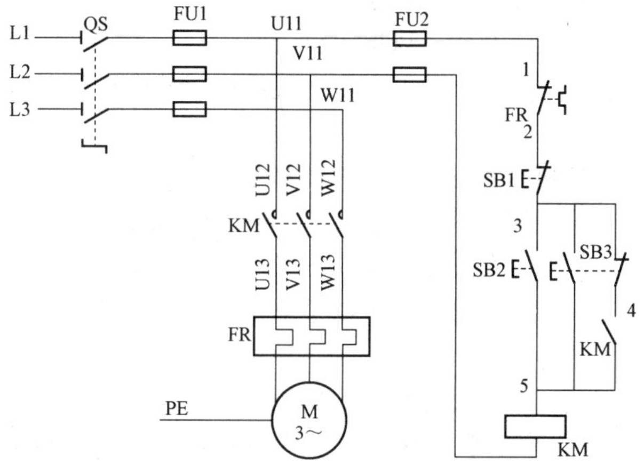

图 6－3－1　点动与连续运行控制电路原理

实训步骤

三相异步电动机基本控制电路的一般安装步骤：

（1）识读电路图，明确电路所用电器元件及其作用，熟悉电路的工作原理；

（2）根据电路图或电器元件明细表配齐电器元件，并进行质量检验；

（3）根据电器元件选配安装工具和控制板；

（4）根据电路图绘制布置图和接线图，然后按要求在控制板上安装除电动机以外的电器元件，并贴上醒目的文字符号；

（5）根据接线图布线，并在剥去绝缘层的两端线头上套上与电路图编号相一致的编码套管；

（6）安装电动机；

（7）连接电动机和所有电器元件金属外壳的保护接地线；

（8）连接电源、电动机等配电板外部的导线；

（9）自检；

（10）校验；

（11）通电试车。

注意事项如下。

（1）电动机必须安放平稳，其金属外壳与按钮盒的金属部分须可靠接地。

（2）通电校验前，要再检查一下熔体规格及热继电器的各整定值是否符合要求。

（3）通电校验时，必须有指导教师在现场监护，学生应根据电路的控制要求独立进行校验，若出现故障也应自行排除。

（4）安装训练应在规定的时间内完成，同时要做到安全操作和文明生产。

本章小结

（1）三相异步电动机的结构由两个基本部分组成：一是固定不动的部分，称为定子；二是旋转部分，称为转子。定子由机座、定子铁芯、定子绕组和端盖等组成。三相异步电动机的转子由转子铁芯、转子绕组、转轴、风扇等组成。

（2）三相异步电动机的工作原理：基于定子绕组内三相电流所产生的旋转磁场与转子导内电流的相互作用。

（3）三相异步电动机的机械特性是指在电动机定子电压、频率以及绕组参数一定的条件下，电动机电磁转矩与转速或转差率的关系，即 $n=f(T)$ 或 $S=f(T)$。

（4）单相异步电动机的结构与三相笼型转子异步电动机相似，即由定子和转子两大部分组成，还包括机壳、端盖、轴承等部件。但由于单相异步电动机往往与它所拖动的设备组合成一个整体，因此其结构各异。

（5）三相异步电动机的直接启动是指额定电压直接加到电动机绕组上，对其进行启动和停止的控制。当电动机的额定容量小于 10 kW，或者额定容量不超过电容变压器容量的 15%～20%时都允许直接启动。

（6）当启动按钮松开后，接触器通过自身的常开辅助触头使其线圈保持得电的作用叫自锁，与启动按钮并联起自锁作用的常开辅助触头叫自锁触头。

（7）当一个接触器得电动作时，通过其常闭辅助触头使另外一个接触器不得动作，接触器之间这种相互制约的作用称为接触器联锁（或互锁）。实现联锁作用的常闭辅助触头称为联锁触头（或互锁触头）。

（8）降压启动是指利用启动设备将电压适当降低后，加到电动机的定子绕组上进行启动。待电动机启动运转后，再使其电压恢复到额定电压正常运转。常见的降压启动方法有定子绕组串接电阻降压启动、自耦变压器降压启动、Y－△降压启动和延边三角形降压启动等。

思考与练习

1. 三相异步电动机有什么特点？
2. 简述三相异步电动机的基本结构。
3. 单相异步电动机如何获得启动转矩？
4. 什么是自锁？
5. 什么是欠压保护？什么是失压保护？为什么说自锁连续控制电路具有欠压和失压

保护？

6. 什么是互锁？在电动机正反转控制电路中为什么必须有互锁作用？

7. 画出接触器、按钮双重互锁的电动机正反转控制电路，写出其简要的工作原理。

8. 设计一个三相异步电动机 Y－Δ降压启动控制电路的主电路和控制电路，使其具有短路、过载保护，并简要写出此电路的工作原理。

第 7 章

常用半导体器件

学习目标

1. 了解晶体二极管的结构、电路符号、引脚判别、伏安特性、主要参数及单向导电性，能在实践中合理使用晶体二极管。
2. 了解特殊二极管的外形、特征、功能和实际应用。
3. 了解晶体三极管的结构、电路符号、基本特性、引脚判别。
4. 了解晶闸管的符号、引脚功能、工作特性和主要参数。
5. 能用万用表对二极管、三极管进行简单测量。

任务导入

半导体器件是在 20 世纪 50 年代初发展起来的电子元器件（元件），由于具有体积小、质量轻、使用寿命长、输入功率小、功率转换效率高等突出优点，已广泛应用于家电、汽车、计算机及工业控制技术等众多领域，被人们视为现代电子技术的基础。对从事电子技术的工程技术人员来讲，只有认识和掌握了作为电子线路核心元件的各种半导体器件的结构、性能、工作原理和应用特点，才能深入分析电子线路的工作原理，正确选择和合理使用各种半导体器件。

电子线路板上面除了集成电路外，还包含大量的二极管、三极管等半导体器件。为了正确和有效地使用这些常用半导体器件，必须对这些器件的结构原理及其外引线表现出来的电压、电流关系及其性能等有一个基本的认识，因此有必要了解和掌握一定的半导体基本知识。

7.1 晶体二极管

7.1.1 半导体的基础知识

半导体器件是 20 世纪中期开始发展的电子元器件，具有体积小、质量轻、使用寿命长、可靠性高、输入功率小和功率转换效率高等优点，在现代电子技术中得到了广泛的应用。

1. 半导体的基本特性

在自然界中存在着许多不同的物质，根据其导电性能的不同大体可分为导体、绝缘体和半导体 3 大类。通常将很容易导电、电阻率小于 $10^{-4}\Omega\cdot cm$ 的物质，称为导体，如铜、铝、银等金属材料；将很难导电、电阻率大于 $10^{10}\Omega\cdot cm$ 的物质，称为绝缘体，如塑料、橡胶、陶瓷等材料；将导电能力介于导体和绝缘体之间、电阻率在 10^{-4}～$10^{10}\Omega\cdot cm$ 范围内的物质，称为半导体，常用的半导体材料是硅（Si）和锗（Ge）。

用半导体材料制作电子元器件，不是因为它的导电能力介于导体和绝缘体之间，而是由于其导电能力会随着温度、光照的变化或掺入杂质的多少发生显著的变化，这就是半导体不同于导体的特殊性质。

2. 本征半导体

本征半导体是指完全纯净的、具有晶体结构（即原子排列按一定规律排得非常整齐）的半导体，如常用半导体材料硅（Si）和锗（Ge），在常温下，其导电能力很弱；在环境温度升高或有光照时，其导电能力随之增强。

3. 杂质半导体

在本征半导体中，人为地掺入少量其他元素（称杂质），可以使半导体的导电性能发生显著的变化。利用这一特性，可以制成各种性能不同的半导体器件，这样使得它的用途大大增加。掺入杂质的本征半导体称为杂质半导体，根据掺入杂质性质的不同，可分为两种：N 型半导体和 P 型半导体。

1）N 型半导体（电子型半导体）

在 4 价的本征半导体中掺入正 5 价元素（如磷、砷），就形成 N 型半导体。N 型半导体的特点是：自由电子数量多，空穴数量少，参与导电的主要是带负电的自由电子，所以又称电子型半导体，如图 7－1－1（a）所示。

2）P 型半导体（空穴型半导体）

在 4 价的本征半导体中掺入正 3 价杂质元素（如硼、镓）时，就形成 P 型半导体。P 型半导体的特点是：空穴数量多，自由电子数量少，参与导电的主要是带正电的空穴，所以其又称为空穴型半导体，如图 7－1－1（b）所示。

由于杂质的掺入，使得 N 型半导体和 P 型半导体的导电能力较本征半导体有极大的增强。但是掺入杂质不是单纯为了提高半导体的导电能力，而是想通过控制杂质掺入量的多少，来控制半导体导电能力的强弱。

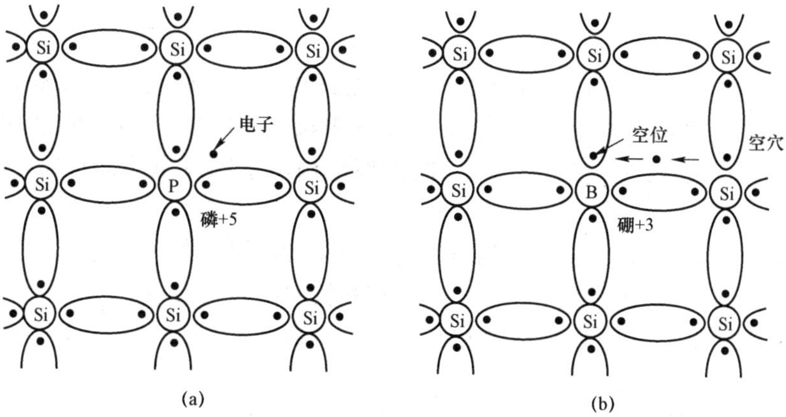

图 7－1－1　杂质半导体

（a）N 型半导体；（b）P 型半导体

4. PN 结及其特性

采用掺杂工艺，使半导体材料的一边形成 P 型半导体区域，另一边形成 N 型半导体区域，在两者的交界面上会形成一个具有特殊现象的薄层，这个薄层被称为 PN 结，如图 7－1－2 所示。

PN 结具有单向导电的特性，即电流只能从 P 端流向 N 端，而不能从 N 端流向 P 端，如图 7－1－3 所示。

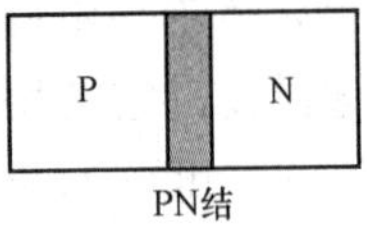

图 7－1－2　PN 结示意

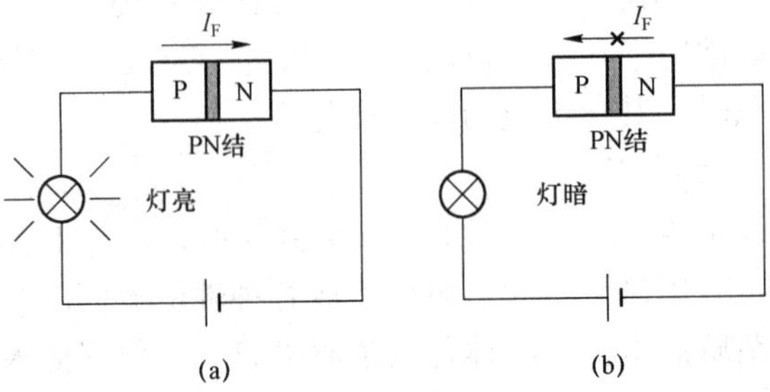

图 7－1－3　PN 结的单向导电性

（a）电流能从 P 端流向 N 端；（b）电流不能从 N 端流向 P 端

7.1.2　晶体二极管的结构、类型、符号及导电特性

1. 二极管的结构

图 7－1－4 所示为用于家用电器、稳压电源等电子产品的各种不同外形的晶体二极管（简称二极管）。二极管的外壳上一般印有标记以便区分正、负极性。

图 7－1－4　不同外形的晶体二极管

在一个 PN 结的两端加上电极引线并用外壳封装起来，就构成了二极管。由 P 型半导体区域（P 区）引出的电极，称作正极（或阳极）；由 N 型半导体区域（N 区）引出的电极，称作负极（或阴极）。二极管的内部结构示意图及电路图形符号如图 7－1－5 所示。

按照结构工艺的不同，二极管分为点接触型和面接触型两类。点接触型二极管的结构如图 7－1－6（a）所示，这类二极管的 PN 结面积和极间电容均很小，不能承受高的反向电压和大电流，因而适用于制作高频检波和脉冲数字电路里的开关元件，以及作为小电流的整流管。

面接触型二极管又称面结型二极管，其结构如图 7－1－6（b）所示。这种二极管的 PN 结面积大，可承受较大的电流，适用于整流，而不宜用于高频电路中。

图 7－1－6（c）所示为硅工艺平面型二极管的结构图。

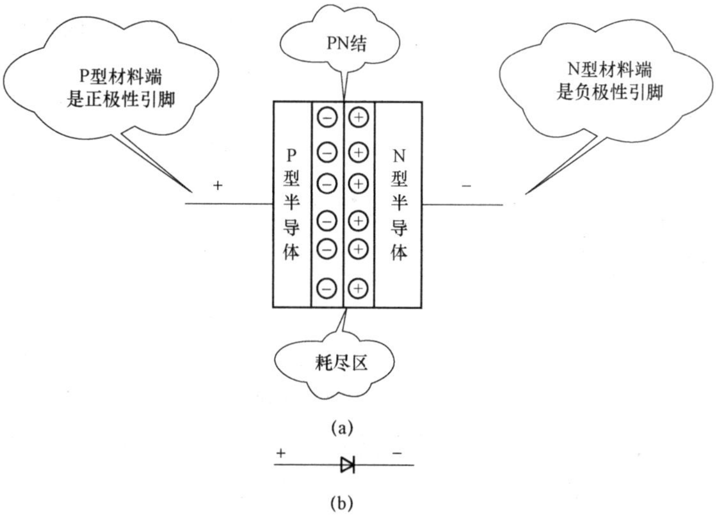

图 7-1-5 二极管的内部结构示意及电路图形符号

（a）内部结构示意；（b）电路图形符号

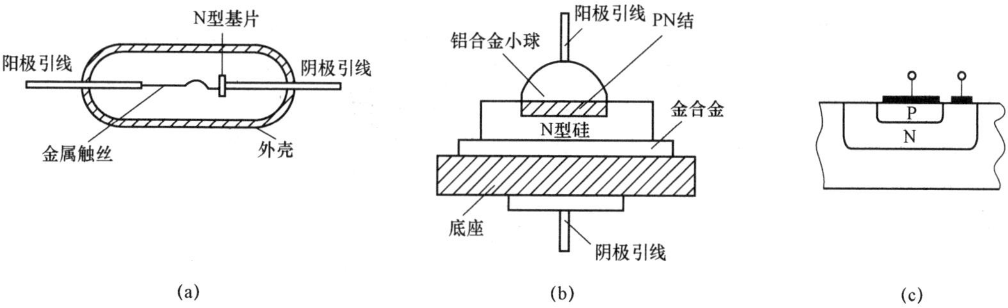

图 7-1-6 二极管的典型结构

（a）点接触型二极管结构；（b）面接触型二极管结构；（c）硅工艺平面型二极管结构

2. 二极管的类型

二极管的种类和型号很多，如 2AP9，其中“2”表示二极管，“A”表示采用 N 型锗材料为基片，“P”表示普通用途管（P 为汉语“普通”拼音字头），“9”为产品性能序号；又如 2CZ8，其中“C”表示由 N 型硅材料作为基片，“Z”表示整流管。国产二极管的型号命名方法如表 7-1-1 所示。

表 7-1-1 国产二极管的型号命名方法

第一部分		第二部分		第三部分				第四部分	第五部分
用数字表示器件的电极数目		用拼音字母表示器件材料和极性		用拼音字母表示器件类别				用数字表示器件序号	用汉语拼音表示规格号
符号	意义	符号	意义	符号	意义	符号	意义		
2	二极管	A B C D	N 型锗材料 P 型锗材料 N 型硅材料 P 型硅材料	P Z W K L	普通管 整流管 稳压管 开关管 整流堆	C U N B T	参量管 光电器件 阻尼管 雪崩管 晶闸管		

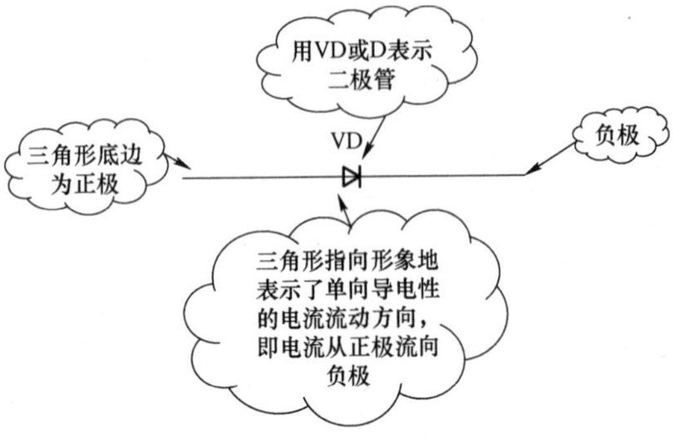

图 7-1-7　二极管电路图形符号示意

目前使用的国外二极管常以“1N”开头，开头的“1”表示有一个 PN 结的元件，“N”表示该器件是美国电子工业协会注册登记的产品，如 1N4001 表示美国电子工业协会注册登记的二极管，4001 是产品序号。

3. 二极管电路符号

图 7-1-7 所示为二极管电路图形符号示意图。电路图形符号中表示了二极管两根引脚极性，指示了流过二极管的电流方向，这些识图信息对分析二极管电路有着重要的作用。例如，电流方向表明了只有当电路中二极管正极电压高于负极电压足够大时，才有电流流过二极管，否则二极管无电流流过。

4. 二极管的单向导电性

动手做

为了观察二极管的导电特性，按图 7-1-8 所示的方式连接电路，观察指示灯的变化情况。

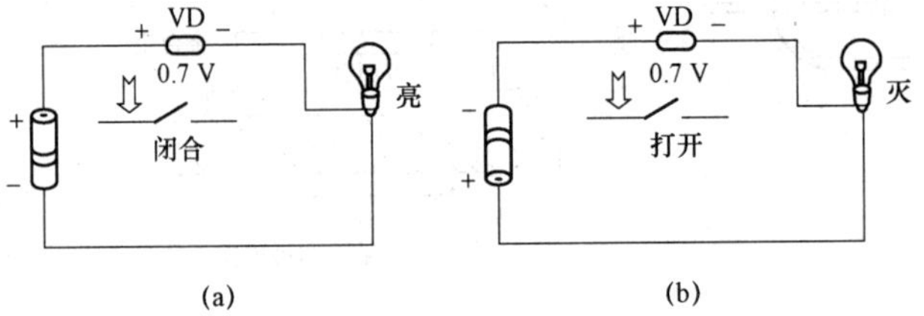

图 7-1-8　二极管单向导电性实验

（a）加正向电压导通；（b）加反向电压截止

实验现象

图 7-1-8（a）中指示灯亮；图 7-1-8（b）中指示灯灭。

1）加正向电压导通

把二极管接成如图 7-1-8（a）所示的电路，当开关闭合时，二极管的正极接电源正极、负极接电源负极，这种情况称为二极管（PN 结）正向偏置；当开关闭合时，指示灯亮，这时称二极管（PN 结）导通，流过二极管的电流称为正向电流。

2）加反向电压截止

将二极管接成如图 7-1-8（b）所示的电路，二极管的正极（P 区）接电源负极、负极（N 区）接电源正极，这种情况称为二极管（PN 结）反向偏置；当开关闭合时，指示灯不亮，电流几乎为 0，这时称二极管（PN 结）截止，此时二极管中仍有微小电流流过，这个微小电流基本不随外加反向电压的变化而变化，故称为反向饱和电流（亦称反向漏电流），用 I_s 表示，I_s 很小，但它会随温度上升而显著增加。因此，二极管等半导体器件，热稳定性较差，在使用半导体器件时，要考虑环境温度对器件及由其构成的电路的影响。

归纳

人们把二极管（PN 结）正向偏置导通、反向偏置截止的这种特性称为单向导电性。

7.1.3　二极管的伏安特性曲线及主要参数

为了更准确、更全面地了解二极管的导电特性，需要分析二极管的电流 I_D 与加在二极管两端的电压 U_D 的关系曲线，该曲线通常称为二极管的伏安特性曲线。该曲线可通过实验的方法得到，也可利用晶体管图示仪十分方便地观测出。

1. 二极管的伏安特性曲线

动手做

根据图 7-1-9（a）所示的方式连接电路。根据表 7-1-2 中的电压值，逐一改变二极管两端的正向电压，测量流过二极管的正向电流，并记录在表中。

根据图 7-1-9（b）所示的方式连接电路。根据表 7-1-2 中的电压值，逐一改变二极管两端的反向电压，测量流过二极管的反向电流，并记录在表中。

根据表 7-1-2 所示的测量参数绘制二极管的伏安特性曲线。

表 7-1-2　二极管伏安特性测试数据

正向电压/V	正向电流/mA	反向电压（-）/V	反向电流（-）/mA
0		1	
0.2		3	
0.3		6	
0.5		9	
0.6		12	
0.7		15	
0.8		18	

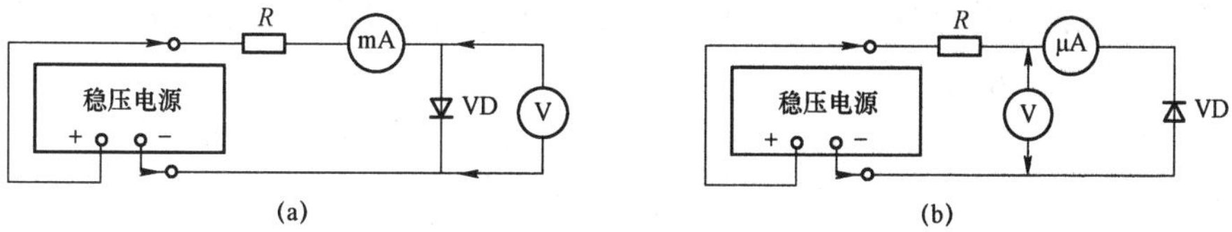

图 7-1-9　二极管伏安特性测试电路

（a）正向伏安特性研究；（b）反向伏安特性研究

实验现象

根据测量参数绘制二极管的伏安特性曲线如图 7-1-10 所示。

1）正向特性（见图 7-1-10 中 OAB 段）

（1）当二极管两端所加的正向电压由 0 开始增大时，在正向电压比较小的范围内，正向电流很小，二极管呈现很大的电阻，如图中 *OA* 段，通常把这个范围称为死区，相应的电压称为死区电压（又称阈值电压）。硅二极管的死区电压为 0.5 V 左右，锗二极管的死区电压为 0.1～0.2 V。

（2）外加电压超过死区电压以后，二极管呈现很小的电阻，正向电流迅速增加，这时二极管处于正向导通状态，图中 *AB* 段为导通区，此时二极管两端电压降变化不大，该电压值称为正向压降（或管压降），常温下硅二极管正向压降为 0.6～0.7 V，锗二极管正向压降为 0.2～0.3 V。

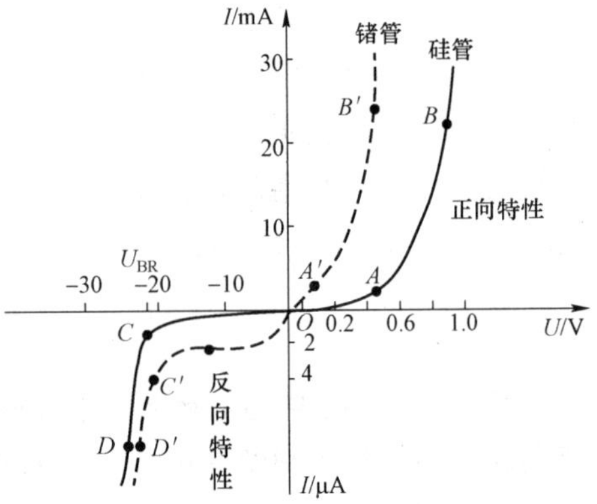

图 7－1－10　二极管的伏安特性曲线

2）反向特性（见图 7－1－10 中 *OCD* 段）

（1）当给二极管加反向电压时，所形成的反向电流是很小的，而且在很大范围内基本不随反向电压的变化而变化，即保持恒定，如曲线 *OC* 段，其被称为反向截止区，这个电流称为反向饱和电流。

（2）当反向电压大到一定数值（U_{BR}）时，反向电流会急剧增大，如曲线 *CD* 段，这种现象称为反向击穿，相应的电压称为反向击穿电压。正常使用二极管时（稳压二极管除外），是不允许出现这种现象的，因为击穿后电流过大将会损坏二极管。

不同的材料、结构和工艺制成的二极管，其伏安特性是有差别的，但伏安特性曲线的形状基本相似。

归纳

从二极管伏安特性曲线可以看出，二极管的电压与电流变化不呈线性关系，其内阻不是常数，所以二极管属于非线性器件。

有时为了讨论方便，在一定条件下，可以把二极管的伏安特性理想化，即认为二极管的死区电压和导通电压都等于 0，这样的二极管称为理想二极管。

2. 二极管的主要参数

二极管的特性除用伏安特性曲线表示外，还可用一些数据来说明，这些数据就是二极管的参数。各种参数都可从半导体器件手册中查出，下面只介绍几个二极管常用的参数。

1）最大整流电流 I_{FM}

最大整流电流是指二极管长时间使用时，允许流过二极管的最大正向平均电流，通常称为额定工作电流。当电流超过这个允许值时，二极管会因过热而烧坏，使用时务必注意。

2）最大反向工作电压 U_{RM}（反向峰值电压）

最大反向工作电压是指二极管正常工作时所允许外加的最高反向电压。它是保证二极管不被击穿而得出的反向峰值电压，一般取反向击穿电压的一半左右作为二极管最高反向工作电压。

3）反向峰值电流 I_{RM}

反向峰值电流是指在二极管上加反向峰值电压时的反向电流值。反向峰值电流大，说明二极管单向导电性能差，受温度的影响大。

7.1.4　认识二极管家族

1. 二极管的种类划分

无论哪种类型的二极管，虽然它们的工作特性有所不同，但是它们都具有 PN 结的单向导电特性。表 7－1－3 所示为二极管的种类划分。

表 7－1－3　二极管的种类划分

划分方法及种类		说　明
按功能划分	普通二极管	常见的二极管
	整流二极管	专门用于整流的二极管
	发光二极管	专门用于指示信号的二极管，能发出光
	稳压二极管	专门用于直流稳压的二极管
	光敏二极管	对光有敏感的作用
按材料划分	硅二极管	硅材料二极管，常用的二极管
	锗二极管	锗材料二极管
按外壳封装材料划分	塑料封装二极管	大量使用的二极管采用这种封装材料
	金属封装二极管	大功率整流二极管采用这种封装材料
	玻璃封装二极管	检波二极管等采用这种封装材料

2. 普通二极管

二极管的两根引脚有正、负极性之分，使用中如果接错，不仅不能起到正确的作用，甚至还会损坏二极管本身及电路中其他元器件。

二极管最基本的特征是单向导通特性，即流过二极管的实际电流只能从正极流向负极。利用这一特性，二极管可以构成整流电路等许多实用电路。

普通二极管（见图 7－1－11）可以用于整流、限幅、检波等许多电路中，常见的型号有 1N4001、1N5401 等。

3. 稳压二极管

稳压二极管（见图 7－1－12）用于直流稳压电路中，它也具有正、负引脚，也有 1 个 PN 结的结构，应用于直流稳压电路中时，PN 结处于击穿状态下，但不会烧坏 PN 结。稳压二极管常用 VD 表示，常见的型号有 1N4728、1N4729 等。

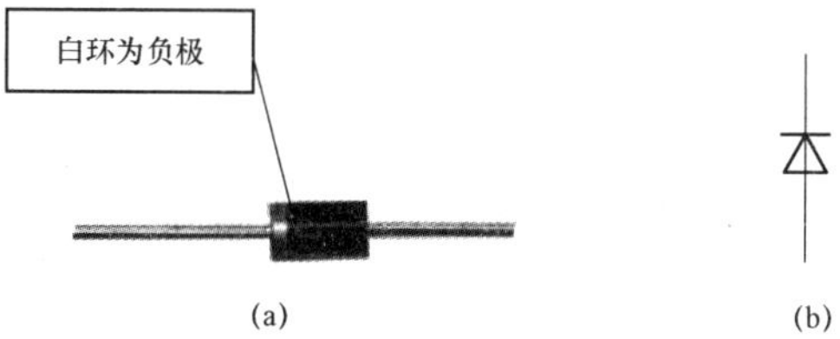

图 7－1－11　普通二极管
（a）实物图；（b）电路图形符号

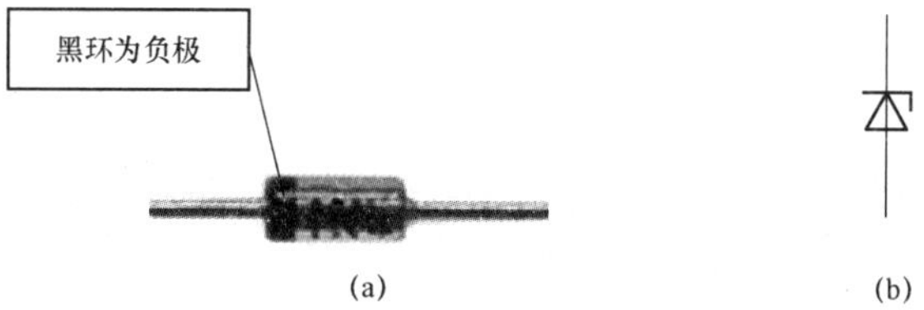

图 7－1－12　稳压二极管
（a）实物图；（b）电路图形符号

📖 注意

稳压二极管的电路符号与普通二极管电路符号有一点区别，可以由此来识别稳压二极管。常用稳压二极管的外形与普通小功率整流二极管的外形基本相似，使用时应注意区分，一般从稳压二极管壳体上的型号标记可清楚地鉴别。

4. 发光二极管

发光二极管（见图 7-1-13）是一种在导通后能够发光的二极管，也具有 PN 结，有单向导电特性。较长的引脚为发光二极管的正极，简记“长正短负”。为使发光二极管正常发光，发光二极管应正向偏置。

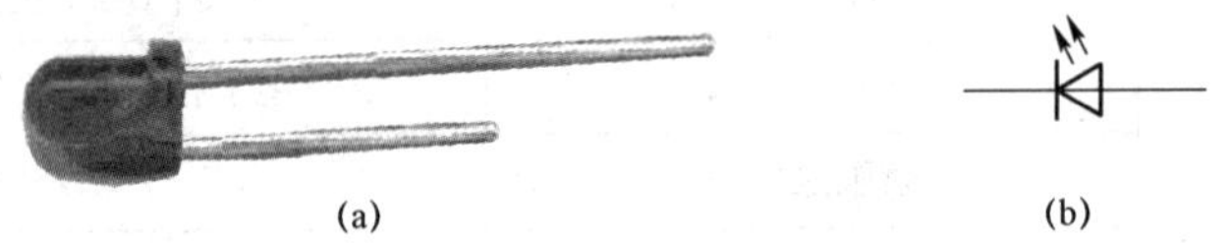

图 7-1-13　发光二极管

（a）实物图；（b）电路图形符号

发光二极管具有体积小、功耗低、寿命长、外形美观和适应性能强等特点，广泛用于仪器、仪表、电器设备中作电源信号指示，音响设备中的调谐和电平指示，广告显示屏中文字、图形、符号显示等。

发光二极管的种类繁多，普通发光二极管用于各种指示器电路中，红外线发光二极管用于各类遥控器电路中，具体分类如图 7-1-14 所示。

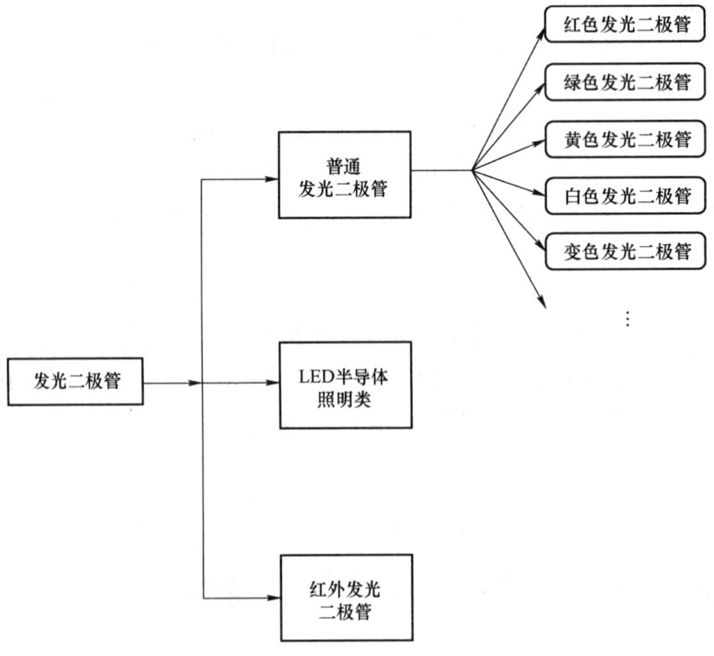

图 7-1-14　发光二极管的分类

5. 光敏二极管

在反向偏置并有光线照射时，光敏二极管导通；没有光线照射时，光敏二极管不导通，图 7－1－15 所示为光敏二极管。

(a)

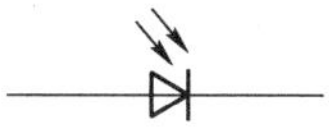

(b)

图 7－1－15　光敏二极管

（a）实物图；（b）电路图形符号

光敏二极管在烟雾探测器、光电编码器及光电自动控制中作为光电信号接收转换用。

7.2　晶体三极管

7.2.1　晶体三极管的结构、类型及符号

晶体三极管(简称三极管)是电子电路的重要元件，它是通过一定的工艺,将两个 PN 结结合在一起的器件。由于两个 PN 结的相互影响，使晶体三极管呈现出不同于单个 PN 结的特性，且具有电流放大作用，从而使 PN 结的应用产生了质的飞跃。

图 7－2－1 所示为晶体三极管的示意图。晶体三极管有 3 根引脚：基极（用“B”表示）、集电极（用“C”表示）和发射极（用“E”表示），各引脚不能相互代用。

(a)

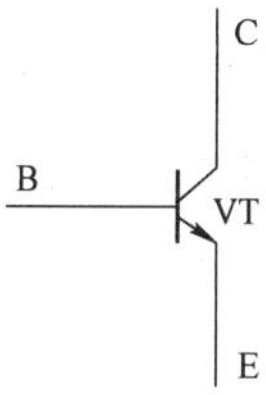

(b)

图 7－2－1　晶体三极管示意

（a）塑封三极管实物图；

（b）NPN 型三极管的电路符号

3 根引脚中，基极是控制引脚，基极电流大小控制着集电极和发射极电流的大小。在 3 个电极中，基极电流最小（且远小于另外 2 个引脚的电流），发射极电流最大，集电极电流其次。

1. 三极管的种类

三极管是一个“大家族”，“人丁”众多，品种齐全。表 7－2－1 所示为三极管的种类。

表 7－2－1　三极管的种类

划分方法及名称		说　明
按极性划分	NPN 型三极管	这是目前常用的三极管，电流从集电极流向发射极
	PNP 型三极管	电流从发射极流向集电极。NPN 型三极管与 PNP 型三极管通过电路符号可以分清，不同之处是发射极的箭头方向不同

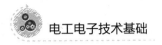

续表

划分方法及名称		说　明
按材料划分	硅三极管	简称为硅管，这是目前常用的三极管，工作稳定性好
	锗三极管	简称为锗管，反向电流大，受温度影响较大
按极性和材料组合划分	PNP 型硅管	最常用的是 NPN 型硅管
	NPN 型硅管	
	PNP 型锗管	
	NPN 型锗管	
按工作频率划分	低频三极管	工作频率 $f \leqslant 3$ MHz，用于直流放大器、音频放大器
	高频三极管	工作频率 $f \geqslant 3$ MHz，用于高频放大器
按功率划分	小功率三极管	输出功率 $P_C < 0.5$ W，用于前级放大器
	中功率三极管	输出功率 P_C 为 0.5～1 W，用于功率放大器输出级或末级电路
	大功率三极管	输出功率 $P_C > 1$ W，用于功率放大器输出级
按封装材料划分	塑料封装三极管	小功率三极管常采用这种封装
	金属封装三极管	一部分大功率三极管和高频三极管采用这种封装
按安装形式划分	普通方式三极管	理论大量的三极管采用这种形式，三根引脚通过电路板上引脚孔伸到背面铜箔线路一面，用焊锡焊接
	贴片三极管	三极管引脚非常短，三极管直接装在电路板铜箔线路一面，用焊锡焊接
按用途划分	放大管、开关管、振荡管等	用来构成各种功能电路

表 7-2-2 所示为常见三极管实物图形及说明。

表 7-2-2　常见三极管实物图形及说明

三极管名称	实物图形	说　明
塑料封装小功率三极管		这种三极管是电子电路中用得最多的三极管，它的具体形状有许多种，3 根引脚的分布也不同，主要用来放大信号电压和作各种控制电路中的控制器件
塑料封装大功率三极管		它有 3 根引脚，在顶部有一个开孔的小散热片。因为大功率三极管的功率比较大，三极管容易发热，所以要设置散热片，根据这一特征也可以分辨是不是大功率三极管
金属封装大功率三极管		它的输出功率比较大，用来对信号进行功率放大。金属封装大功率三极管体积较大，结构为帽子形状，帽子顶部用来安装散热片，其金属的外壳本身就是一个散热部件，2 个孔用来固定三极管。这种三极管只有基极和发射极两根引脚，集电极就是三极管的金属外壳

续表

三极管名称	实物图形	说　明
金属封装高频三极管		所谓金属封装高频，三极管就是指它的频率很高，采用金属封装。其金属外壳可以起到屏蔽的作用
带阻三极管		带阻三极管是一种内部封装有电阻器的三极管，它主要构成中速开关管，这种三极管又称为反相器或倒相器
带阻尼管的三极管		主要在电视机的行输出级电路中作为行输出三极管，它将阻尼二极管和电阻封装在管壳内
达林顿三极管		达林顿三极管又称达林顿结构的复合管，有时简称复合管。这种复合管由内部的两只输出功率大小不等的三极管复合而成，它主要作为功率放大管和电源调整管
贴片三极管		贴片三极管引脚很短，它装配在电路板铜箔线路一面

2. 三极管的结构

（1）NPN 型三极管结构。图 7-2-2 所示为 NPN 型三极管的结构示意图。三极管由 3 块半导体构成，对于 NPN 型三极管而言，由 2 块 N 型和 1 块 P 型半导体组成，P 型半导体在中间，2 块 N 型半导体在两侧，这 2 块半导体所引出电极的名称如图 7-2-2 所示。三极管有 3 个区，分别叫作发射区、基区和集电区，引出的 3 个电极分别叫发射极、基极和集电极。3 个 PN 结分别叫发射结（发射区与基区交界处的 PN 结）和集电结（集电区与基区交界处的 PN 结）。图 7-2-2 只是三极管结构的示意图，三极管的实际结构并不是对称的，发射区掺杂浓度远远高于集电区掺杂浓度；基区很薄并且掺杂浓度低；而集电结的面积比发射结要大得多，所以三极管的发射极和集电极不能对调使用。

（2）PNP 型三极管结构。图 7-2-3 所示为 PNP 型三极管的结构示意图，它与 NPN 型三极管基本相似，只是用了 2 块 P 型半导体和 1 块 N 型半导体组成，也是形成了 2 个 PN 结，但极性不同，如图 7-2-3 所示。

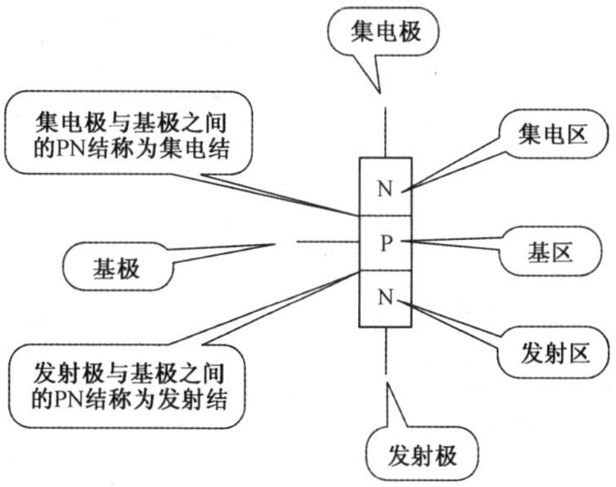

图 7-2-2　NPN 型三极管的结构示意

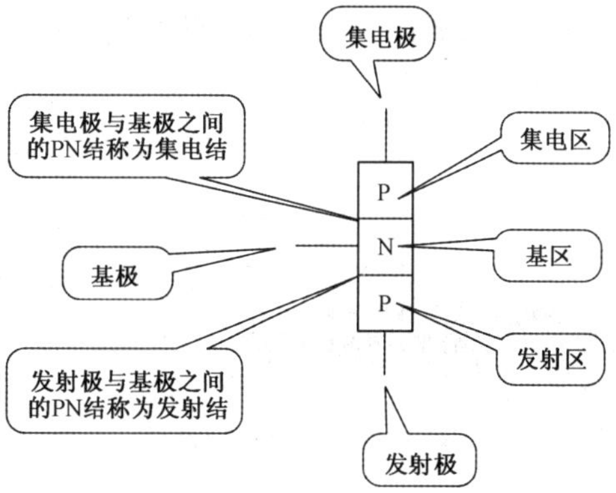

图 7-2-3　PNP 型三极管结构的示意

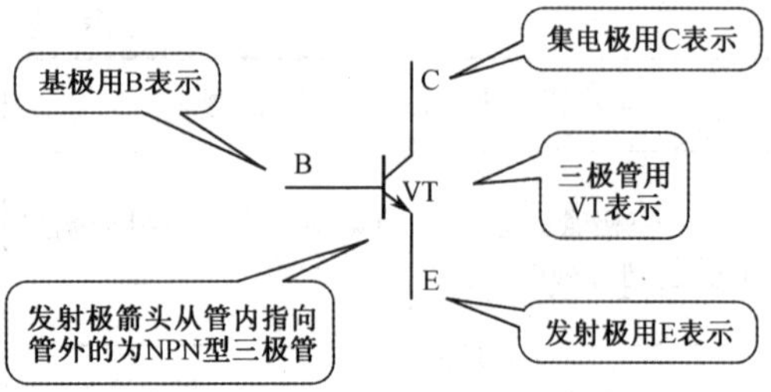

图 7-2-4 NPN 型三极管的电路符号

3. 三极管的电路符号

三极管种类繁多，按极性划分有两种：NPN 型三极管（NPN 管）和 PNP 型三极管（PNP 管）。三极管电路符号中包含了一些识图信息，掌握这些识图信息能够轻松地分析三极管电路的工作原理。

（1）NPN 型三极管的电路符号。图 7-2-4 所示为 NPN 型三极管的电路符号，电路符号中表示了三极管的 3 个电极。

图 7-2-5 所示为 NPN 型三极管电路符号识图信息的示意图，电路符号中发射极箭头的方向指明了三极管 3 个电极的电流方向，在分析电路中的三极管电流流向、三极管直流电压时，这个箭头指示方向非常有用。

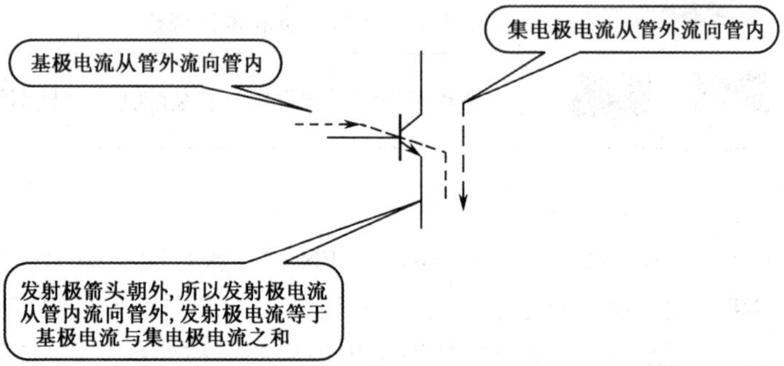

图 7-2-5 NPN 型三极管电路符号识图信息的示意

（2）PNP 型三极管的电路符号。图 7-2-6 所示为 PNP 型三极管的电路符号，它与 NPN 型三极管电路符号的不同之处是发射极箭头方向不同，PNP 型三极管电路符号中的发射极箭头指向管内，而 NPN 型三极管电路符号中的发射极箭头指向管外，以此可以方便地区别电路中这两种极性的三极管。

判断各电极的电流方向时，首先根据发射极箭头方向确定发射极电流的方向，再根据基极电流加集电极电流等于发射极电流，判断基极和集电极的电流方向。

图 7-2-7 所示为 PNP 型三极管电路符号识图信息的示意图，根据电路符号中的发射极箭头方向可以判断出 3 个电极的电流方向。

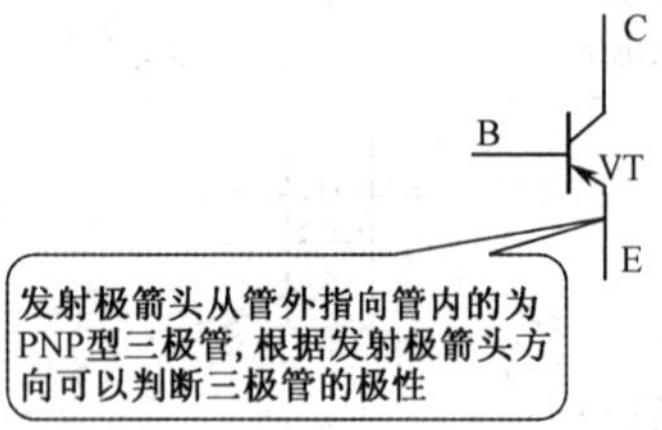

图 7-2-6 PNP 型三极管电路符号

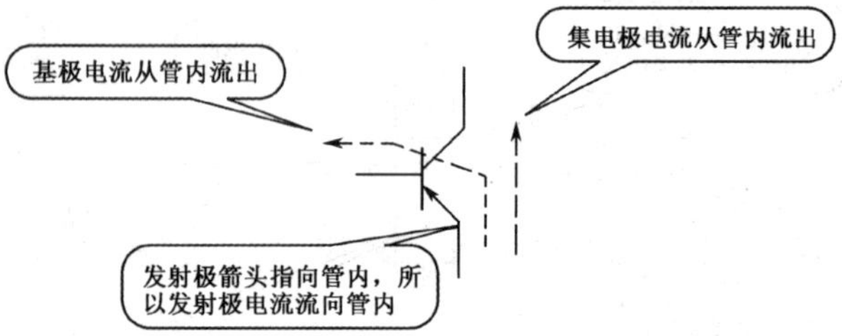

图 7-2-7 PNP 型三极管电路符号识图信息的示意

判断各电极电流方向时要记住，根据基尔霍夫电流定律，流入三极管内的电流应该等于流出三极管的电流。

7.2.2　三极管的特性曲线、主要参数

1. 三极管的电流放大作用

由于 NPN 管和 PNP 管的结构对称，故工作原理类似，不同之处是两者工作时连接的电源极性相反。下面以 NPN 管为例，讨论三极管的电流放大作用，流过三极管各电极的电流分别用 I_B、I_C 和 I_E 表示。

动手做

按图 7-2-8 所示的方式连接电路，通过调整电位器，逐一改变 NPN 管的基极电流 I_B，观察各极电流的大小及其关系，并记录在表 7-2-3 中。

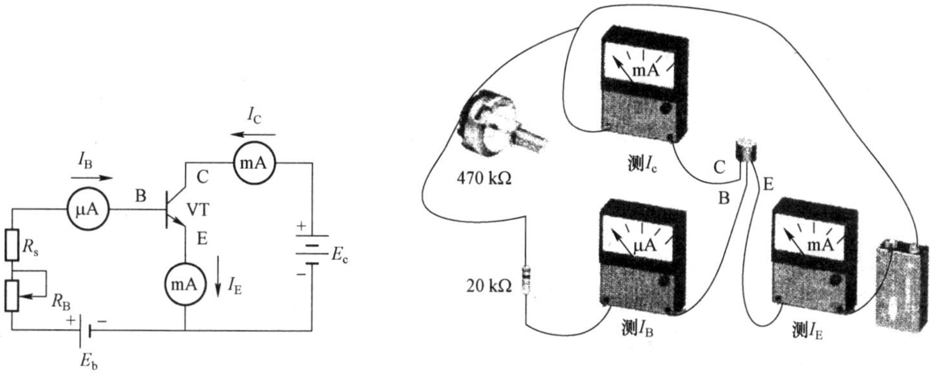

(a)　　(b)

图 7-2-8　电流放大实验

(a) 电路；(b) 实物连接

实验现象

实验中电流表显示出 NPN 管 3 个电极的电流值如表 7-2-3 所示。

表 7-2-3　NPN 管电流测量数据

I_B/mA	0	0.02	0.04	0.06	0.08	0.10
I_C/mA	<0.001	0.70	1.50	2.30	3.10	3.95
I_E/mA	<0.001	0.72	1.54	2.36	3.18	4.05

（1）观察实验数据中的每一列，可得

$$I_E = I_C + I_B$$

此结果符合基尔霍夫电流定律。

（2）I_E 和 I_C 比 I_B 大得多，通常可认为发射极电流约等于集电极电流，即

$$I_E \approx I_C$$

（3）三极管具有电流放大作用，从第三列和第四列的数据可知，I_C 与 I_B 的比值分别为

$$\frac{I_C}{I_B}=\frac{1.50}{0.04}=37.5, \quad \frac{I_C}{I_B}=\frac{2.30}{0.06}=38.3$$

这就是三极管的电流放大作用。电流放大作用还体现在基极电流的少量变化ΔI_B可以引起集电极电流较大的变化ΔI_C。仍比较第三列和第四列的数据，可得

$$\frac{\Delta I_C}{\Delta I_B}=\frac{2.30-1.50}{0.06-0.04}=\frac{0.80}{0.02}=40$$

由表 7-2-3 中数据可知，对一个三极管来说，电流放大系数在一定范围内几乎不变。

注意

三极管的电流放大作用，实质上是用较小的基极电流去控制集电极的大电流，是"以小控大"的作用，而不是能量的放大。

2. 电流放大作用的条件

只有给三极管的发射结加正向电压、集电结加反向电压时，它才具有电流放大作用和电流分配关系。所以三极管具有电流放大作用的条件是：发射结正偏、集电结反偏。即对 NPN 管，3 个电极上的电位分布是 $U_C>U_B>U_E$；对 PNP 管，3 个电极上的电位分布是 $U_C<U_B<U_E$。

3. 三极管的连接方式

三极管的主要用途之一是构成放大器，简单地说，放大器的工作过程是从外界接收弱小信号，经放大后送给用电设备。通常三极管在放大电路中的连接方式有 3 种，如图 7-2-9 所示，它们分别称为共基极接法、共发射极接法和共集电极接法。

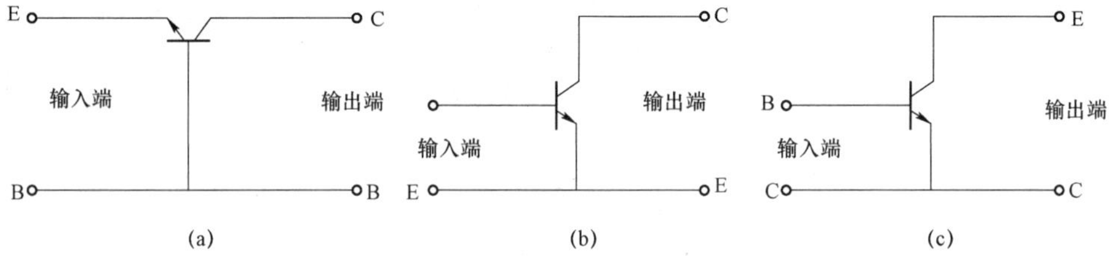

图 7-2-9 三极管在放大电路中的 3 种接法

（a）共基极接法；（b）共发射极接法；（c）共集电极接法

4. 三极管的特性曲线

三极管的特性曲线是用来表示该管各极电压和电流之间相互关系的，这里只介绍三极管共发射极接法的两种特性，即输入特性和输出特性。

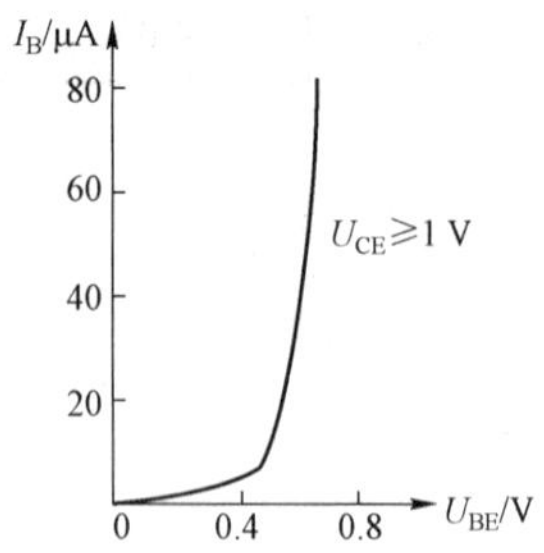

图 7-2-10 输入特性曲线

1）输入特性

输入特性是指在三极管集电极与发射极之间的电压 U_{CE} 为一定值时，基极电流 I_B 同基极与发射极之间的电压 U_{BE} 的关系，即

$$I_B=f(U_{BE})|U_{BE}=\text{常数}$$

图 7-2-10 所示为三极管的输入特性曲线。

从理论上讲，对应于不同的 U_{CE} 值，可作出一组 I_B 与 U_{BE} 的关系曲线，但实际上，当 $U_{CE}>1$ V 以后，U_{CE} 对曲线的形状几乎无影

响（输入特性曲线基本重合），故只需作一条对应 $U_{CE}≥1\ V$ 的曲线即可。

由图 7－2－10 可见，和二极管的伏安特性一样，三极管的输入特性也存在一段死区。只有在发射结的外加电压大于死区电压时，三极管才会出现 I_B。硅管的死区电压约为 0.5 V，锗管的死区电压不超过 0.2 V。正常工作时，NPN 型硅管的 $U_{BE}=0.6～0.7\ V$，PNP 型锗管的 $U_{BE}=0.2～0.3\ V$。

2）输出特性

输出特性是指在基极电流 I_B 为一定值时，三极管集电极电流 I_C 同集电极与发射极之间的电压 U_{CE} 的关系。

在不同的 I_B 下，可得出不同的曲线。所以三极管的输出特性曲线是一组曲线，通常把晶体三极管的输出特性曲线分为放大区、截止区和饱和区 3 个工作区，如图 7－2－11 所示。

（1）放大区。图 7－2－11 中输出特性曲线近似于水平的部分是放大区。因为在放大区 I_C 和 I_B 成正比，所以放大区也称为线性区。在该区域三极管满足发射结正偏、集电结反偏的放大条件，具有电流放大作用。在放大区，三极管的 I_C 只受 I_B 控制，与 U_{CE} 几乎无关。当 I_B 一定时，I_C 不随 U_{CE} 而变化，即 I_C 基本不变，所以说三极管具有恒流的特性。

（2）截止区。图 7－2－11 中 $I_B=0$ 这条曲线及以下的区域称为截止区。在这个区域的三极管两个 PN 结均处于反向偏置状态，此时三极管因不满足放大条件，所以没有电流放大作用，各电极电流几乎全为 0，相当于三极管内部开路，即相当于开关断开。此时 U_{CE} 近似等于电源电压。

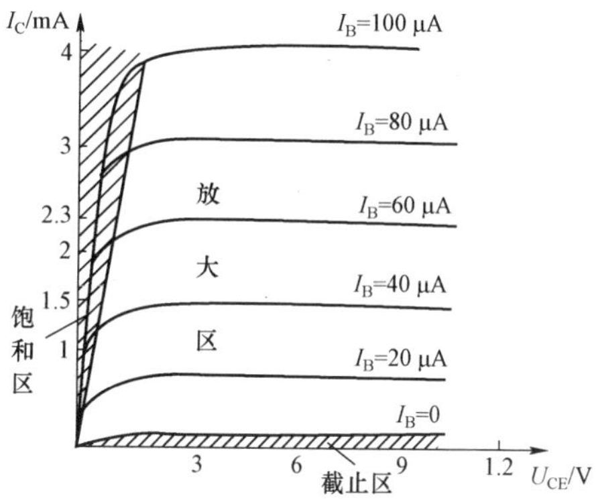

图 7－2－11　晶体三极管的输出特性曲线

（3）饱和区。图 7－2－11 中靠近纵坐标特性曲线的上升和弯曲部分所对应的区域称为饱和区。处在饱和区的三极管两个 PN 结均处于正向偏置状态，此时三极管因不满足放大条件也没有电流放大作用，当 U_{CE} 减小到 $U_{CE}<U_{BE}$ 时，I_C 已不再受 I_B 控制。所以，此时的 U_{CE} 值常称为三极管的饱和压降，用 U_{CES} 表示，小功率硅管的 U_{CES} 通常小于 0.5 V。处在饱和区的三极管集电极、发射极呈现低电阻，相当于开关闭合。

归纳

三极管具有“开关”和“放大”两个功能，当三极管工作在饱和与截止区时，相当于开关的闭合与断开，即有开关的特性，可用于数字电路中；当三极管工作在放大区时，它有电流放大的作用，可应用于模拟电路中。

注意

三极管工作区的判断非常重要，当放大电路中的三极管不工作在放大区时，放大信号就会出现严重失真。

5. 三极管的主要参数

1）电流放大系数 β

当三极管工作在动态（有输入信号）时，基极电流的变化量为 ΔI_B，它引起的集电极电流的变化为ΔI_C。ΔI_C与ΔI_B的比值称为动态电流（交流）放大系数，即

$$\beta=\frac{\Delta I_C}{\Delta I_B}$$

它表征三极管对交流信号的电流放大能力，常用的三极管的β值为20～100。

2）集－射极反向截止电流I_{CEO}

集－射极反向截止电流是指基极开路（$I_B=0$）时，集电结处于反向偏置和发射结处于正向偏置时的集电极电流。又因为它好像是从集电极直接穿透三极管而到达发射极的，所以又称为穿透电流，这个电流应越小越好。

3）集电极最大允许电流I_{CM}

当集电极电流超过一定值时，三极管的β值就要下降，I_{CM}就是表示当β值下降到正常值的2/3时的集电极电流。

4）集电极最大允许耗散功率P_{CM}

由于集电极电流在流经集电结时将产生热量，使结温（集电结的温度）升高，从而引起三极管参数变化。当三极管因受热而引起的参数变化不超过允许值时，集电极所消耗的最大功率就称为集电极最大允许耗散功率P_{CM}。P_{CM}与I_C、U_{CE}的关系为

$$P_{CM}=I_C\cdot U_{CE}$$

可在三极管的输出特性曲线上作出P_{CM}曲线，它是一条双曲线，如图7－2－12所示。P_{CM}主要受结温的限制，一般来说，锗三极管允许结温为70～90 ℃，硅三极管允许结温约为150 ℃。

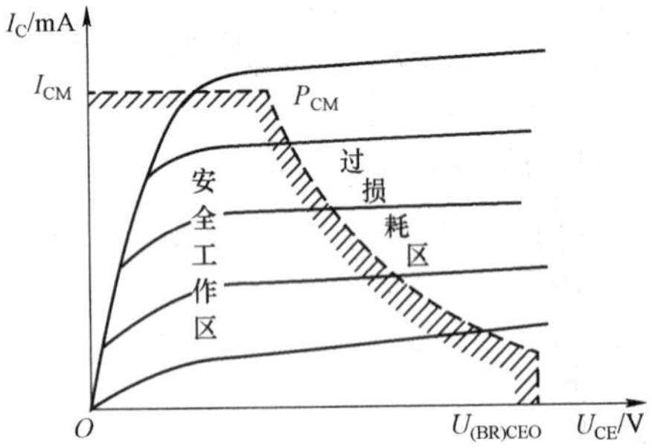

图7－2－12　P_{CM}曲线

6. 三极管的型号

国产三极管的型号一般由5个部分组成，见表7－2－4。

表7－2－4　国产三极管型号的命名方法

第一部分		第二部分		第三部分		第四部分	第五部分
用数字表示器件的电极数目		用汉语拼音表示器件的材料和极性		用字母表示器件的类别		用数字表示器件序号	用字母表示规格号
符号	意义	符号	意义	符号	意义	序号不同的三极管其特性不同	规格号可缺，序号相同、规格号不同的三极管特性差别不大，只是某个或某几个参数有所不同
3	三极管	A	PNP型 锗材料	X	低频小功率管		
		B	NPN型 锗材料	G	高频小功率管		
		C	PNP型 硅材料	D	低频大功率管		
		D	NPN型 硅材料	A	高频大功率管		
		E	化合物材料				

例如，3AX31B 表示 PNP 型锗材料，低频小功率三极管，31 表示序号，B 表示规格号。

目前使用的进口三极管常以“2N”或“2S”开头，开头的“2”表示有 2 个 PN 结的元件，三极管属这一类型，“N”表示该器件是美国电子工业协会注册产品，“S”表示该器件是日本电子工业协会注册产品。

7.3 晶 闸 管

晶闸管俗称可控硅，它是一种可控功率器件，在电路中用符号“V”或“VT”表示（旧标准中用字母“SCR”表示）。晶闸管具有硅整流器件的特性，能在高电压、大电流条件下工作，且其工作进程可以控制，被广泛应用于可控整流、交流调压、无触点电子开关、逆变及变频等电子电路中。

7.3.1 晶闸管的结构及特性

1. 晶闸管的外形与符号

晶闸管的种类很多，主要有单向型、双向型、可关断型、快速型等。这里主要介绍使用最为广泛的单向型晶闸管。

晶闸管有塑封式（小功率管）、平板式（中功率管）和螺栓式（中、大功率管）几种，其外形及电路图形符号如图 7−3−1 所示。晶闸管有 3 个电极：阳极 A、阴极 K、门极 G。在图 7−3−1（a）中带有螺栓的一端是阳极 A，利用它和散热器固定；另一端是阴极 K；细引线为门极 G。图 7−3−1（b）所示为中功率的平板式晶闸管，其中间金属环连接出来的引线为门极 G，离门极较远的端面是阳极 A，较近的端面是阴极 K，安装时用两个散热器把平板式晶闸管夹在中间，以保证它具有较好的散热效果。塑封式晶闸管的中间引脚为阳极 A，且多与自带散热片相连，如图 7−3−1（c）所示。晶闸管的电路图形符号如图 7−3−1（d）所示，文字符号为 VT。

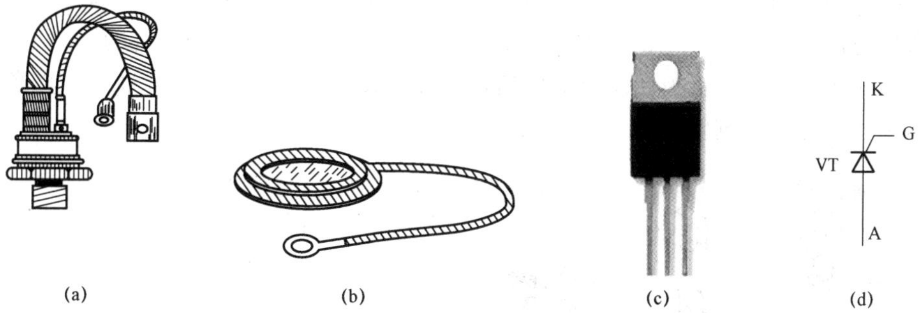

图 7−3−1　晶闸管的外形与电路图形符号

（a）螺栓式；（b）平板式；（c）塑封式；（d）电路图形符号

2. 晶闸管的结构及特性

1）结构

不论哪种结构形式的晶闸管，管芯都是由 4 层三端器件（P_1、N_1、P_2、N_2）和三端（A、G、K）引线构成，因此它有 3 个 PN 结 J_1、J_2、J_3，由最外层的 P 层和 N 层分别引出阳极和

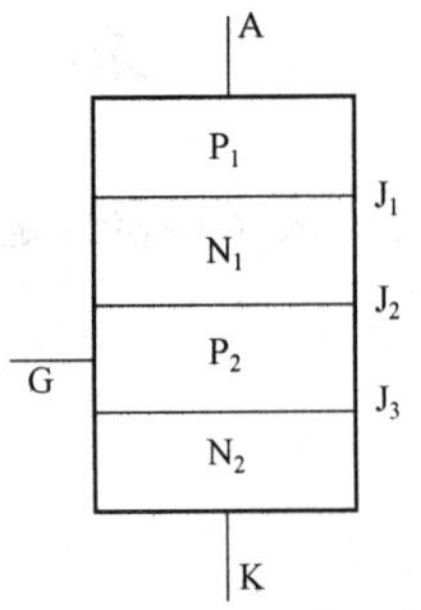

图 7-3-2　晶闸管的结构示意

阴极，中间的 P 层引出门极，如图 7-3-2 所示。普通晶闸管不仅具有与硅整流二极管正向导通、反向截止相似的特性，更重要的是它的正向导通是可以控制的，起这种控制作用的就是门极的输入信号。

2）导电特性

单向型晶闸管可以理解为一个受控制的二极管，由其符号可知，它也具有单向导电性，不同之处是除了应具有阳极与阴极之间的正向偏置电压外，还必须给控制极加一个足够大的控制电压，在这个控制电压的作用下，晶闸管就会像二极管一样导通了，一旦晶闸管导通，控制电压即使取消，也不会影响其正向导通的工作状态。

动手做

按图 7-3-3 所示的方式连接电路，当开关分别处于何种状态时指示灯亮？当开关分别处于何种状态时指示灯不亮？（晶闸管的 A、K 极，指示灯 HL 和电源 V_{AA} 构成的回路称为主回路。晶闸管的 G、K 极，开关 S 和电源 V_{GG} 构成的回路称为触发电路或控制电路。）

实验现象

（1）开关 S 断开时，电源 V_{AA} 正接或反接，指示灯均不亮。

（2）开关 S 闭合时，电源 V_{AA} 正接，指示灯亮；控制电源 V_{AA} 反接，指示灯不亮。

（3）指示灯亮后，断开开头 S 后，指示灯仍亮。

实验说明无控制信号时，指示灯均不亮，即晶闸管不导通（阻断），如图 7-3-4 所示，这种状态称为晶闸管的正向阻断状态；当阳极、控制极均正偏时，指示灯亮，即晶闸管导通，如图 7-3-5 所示，这种状态称为晶闸管的触发导通状态；指示灯亮后，如果撤掉控制电压，指示灯仍亮，即晶闸管仍然导通，控制极失去作用；给晶闸管加反向电压，即 A 极接电源负极，K 极接电源正极，此时不论开关 S 闭合与否，指示灯始终不亮。这说明当给单向型晶闸管加反向电压时，不管控制极加怎样的电压，它都不会导通，而处于截止状态，如图 7-3-6 所示，这种状态称为晶闸管的反向阻断状态。

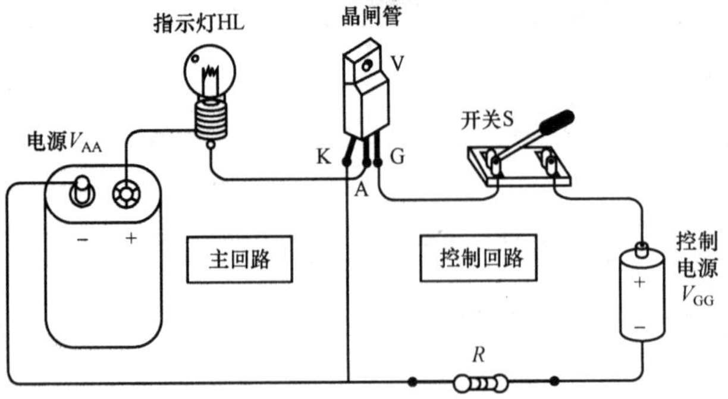

图 7-3-3　晶闸管导电性实验

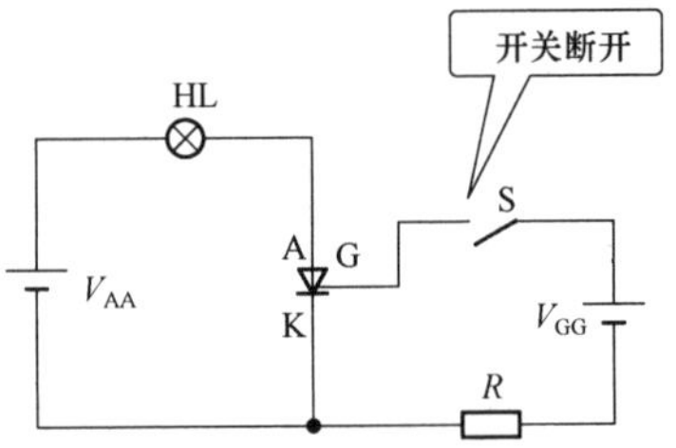

图 7-3-4　晶闸管的正向阻断状态

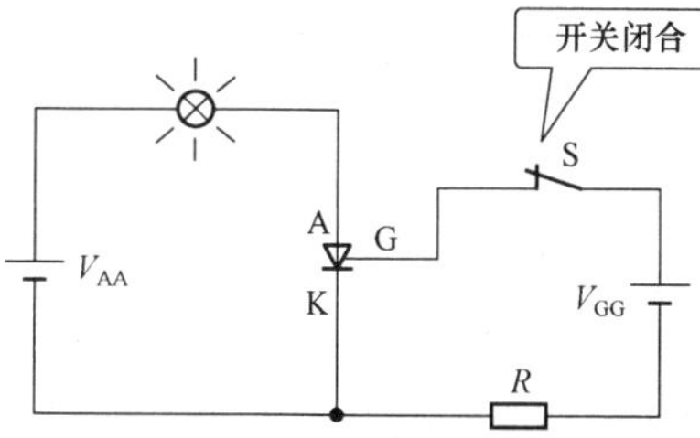

图 7–3–5　晶闸管的触发导通状态

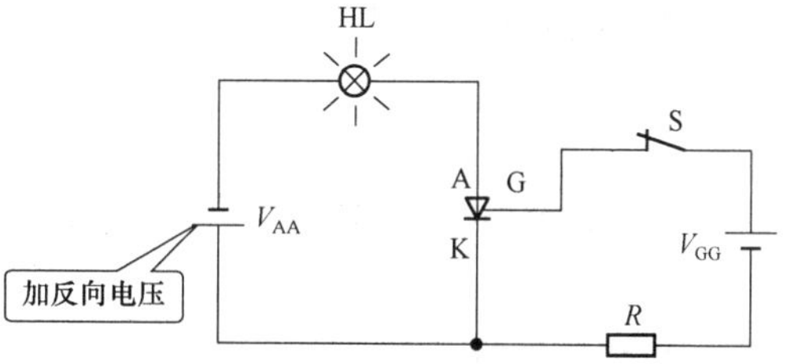

图 7–3–6　晶闸管的反向阻断状态

归纳

晶闸管与硅整流二极管相似，都具有反向阻断能力，但晶闸管还具有正向阻断能力，即晶闸管的正向导通必须有一定的条件——阳极加正向电压，同时门极还必须加正向触发电压。

晶闸管一旦导通，门极即失去控制作用，这就是晶闸管的半控特性。要使晶闸管阻断，必须做到两点：一是将阳极电流减小到小于其维持电流 I_H，二是将阳极电压减小到 0 或使之反向。

7.3.2　晶闸管的型号及参数

1. 晶闸管的型号

晶闸管的品种很多，每种晶闸管都有一个型号，国产晶闸管的型号由 5 部分组成，如图 7–3–7 所示。

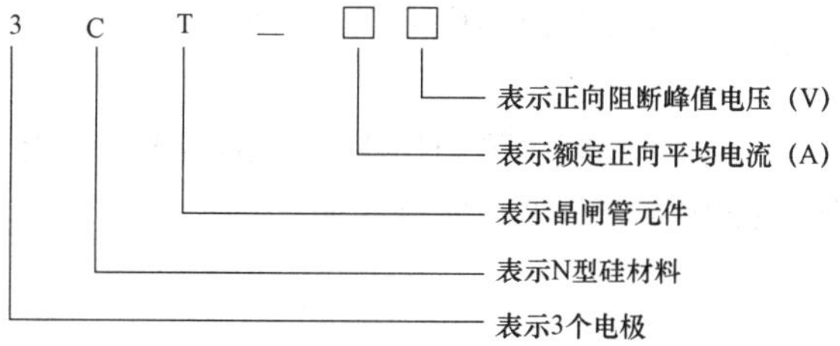

图 7–3–7　国产晶闸管的型号命名方法

2. 晶闸管的主要参数

（1）反向峰值电压 U_{RRM}。U_{RRM} 是指在控制极开路时，允许加在 A、K 极之间的最大反向峰值电压。

（2）正向阻断峰值电压 U_{DRM}。U_{DRM} 是指在控制极开路时，允许加在 A、K 极之间的最大正向峰值电压。

（3）额定正向平均电流 $I_{T(AV)}$。$I_{T(AV)}$ 是指在规定的环境温度和散热条件下，允许通过阳极和阴极之间的电流平均值。

（4）正向电压降平均值 $U_{T(AV)}$。$U_{T(AV)}$ 又称为通态平均电压，是指晶闸管导通时管压降的平均值，一般在 0.4～1.2 V，这个电压越小，晶闸管的功耗就越小。

（5）控制极触发电压 U_g。U_g 是指在室温及一定的正向电压条件下，使晶闸管从关断到导通所需的最小控制电压。

（6）触发电流 I_g。I_g 是指在室温及一定的正向电压条件下，使晶闸管从阻断到导通所需的最小控制电流。

3. 晶闸管的简易检测

用万用表对单向型晶闸管的电极和质量进行简易检测，操作步骤和方法如下。

1）判别电极

将万用表置于“R × 1 k”挡，测量晶闸管任意两引脚间的电阻，当万用表指示低阻值时，黑表笔所接的是控制极 G，红表笔所接的是阴极 K，余下的一个引脚为阳极 A，其他情况下电阻值均为无穷大。

2）质量好坏的检测

将万用表置于“R×10”挡，红表笔接阴极 K，黑表笔接阳极 A，指针应接近∞，如图 7-3-8（a）所示。

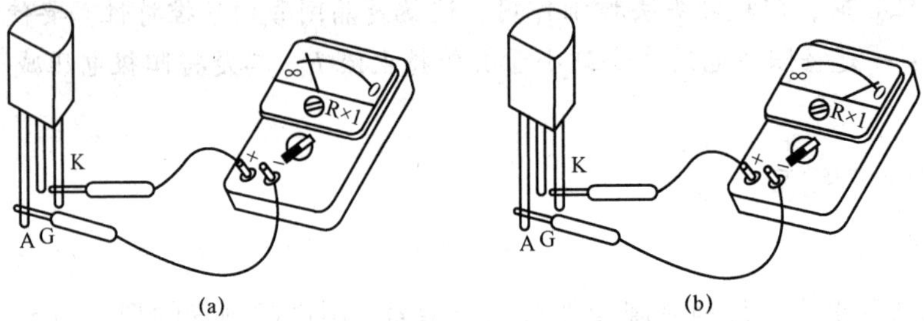

图 7-3-8　用万用表检测晶闸管质量

用黑表笔在不断开阳极的同时接触控制极 G，万用表指针向右偏转到低阻值，表明晶闸管能触发导通，如图 7-3-8（b）所示。

在不断开阳极 A 的情况下，断开黑表笔与控制极 G 的接触，万用表指针应保持在原来的低阻值上，表明晶闸管撤去控制信号后仍将保持导通状态。

注意

（1）在选择晶闸管的额定电压、电流时应留有足够的安全余量。
（2）晶闸管电路中应有过电流、过电压保护和限制电流、电压变化率的措施。
（3）中、大功率晶闸管应按规定安装散热片。
（4）严禁用兆欧表检查晶闸管的绝缘情况。

7.4　任务训练

7.4.1　使用万用表测量二极管

技能目标

（1）掌握万用表电阻挡的使用方法。
（2）掌握二极管极性的判别方法。

（3）能用万用表判别二极管的质量优劣。

工具和仪器

万用表和各类二极管。

知识准备

1. 使用万用表判别二极管极性

有的二极管从外壳的形状上可以区分电极；有的二极管的极性用二极管符号印在外壳上，箭头指向的一端为负极；还有的二极管用色环或色点来标识（靠近色环的一端是负极，有色点的一端是正极）。若标识脱落，可用万用表测其正反向电阻值来确定二极管的电极。测量时把万用表置于“R × 100”挡或“R × 1 k”挡，不可用“R × 1”挡或“R × 10 k”挡，“R × 1”挡电流太大，“R × 10 k”电压太高，有可能对二极管造成不利的影响。用万用表的黑表笔和红表笔分别与二极管两极相连，若测得电阻较小，则与黑表笔相接的极为二极管正极，与红表笔相接的极为二极管负极；若测得电阻很大，则与红表笔相接的极为二极管正极，与黑表笔相接的极为二极管负极。测量方法如图 7–4–1 所示。

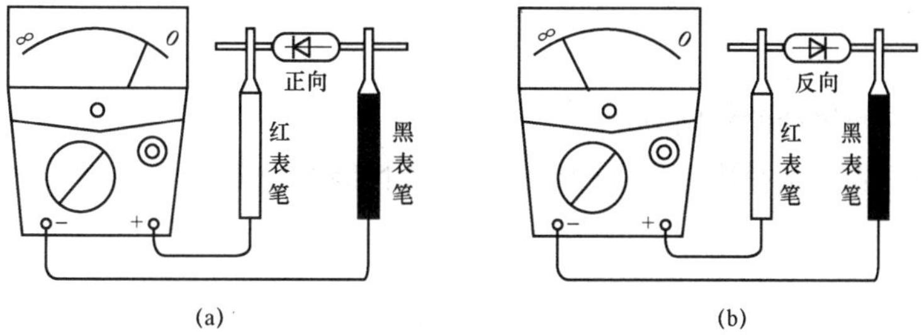

图 7–4–1　使用万用表判别二极管极性的方法

（a）正向测试；（b）反向测试

2. 判别二极管的优劣

二极管正、反向电阻的测量值相差越大越好，一般二极管的正向电阻测量值为几百欧，反向电阻为几十千欧到几百千欧。如果测得正、反向电阻均为无穷大，说明内部断路；若测量值均为 0，则说明内部短路；若测得正、反向电阻几乎一样大，说明这样的二极管已经失去单向导电性，没有使用价值了。

一般来说，硅二极管的正向电阻为几百到几千欧，锗二极管的正向电阻小于 1 kΩ，因此，如果正向电阻较小，基本上可以认为是锗二极管。若要更准确地知道二极管的材料，可将二极管接入正偏电路中测其导通压降，若压降在 0.6～0.7 V，则是硅二极管；若压降在 0.2～0.3 V，则是锗二极管。当然，利用数字万用表的二极管挡，也可以很方便地知道二极管的材料。

实训步骤

（1）将万用表电阻量程拨至“R × 1 k”挡，进行调零校准。

（2）按二极管的编号顺序逐个从外表标志判断各二极管的正、负极，将结果填入

表 7-4-1 中。

（3）再用万用表逐次检测二极管的极性，并将检测结果填入表 7-4-1 中。

表 7-4-1　二极管检测记录表

编号	外观标志	类　型		从外观判断二极管管脚		用万用表检测		质量判别
		材料	特征	有标识一端	无标识一端	正向电阻	反向电阻	
1								
2								
3								
4								
5								
6								

7.4.2　使用万用表判别三极管的极性和质量优劣

技能目标

（1）掌握三极管极性的判别方法。

（2）能用万用表判别晶体三极管的电极和检测性能的好坏。

工具和仪器

万用表和各类三极管。

知识准备

1. 用万用表测量三极管 3 个管脚的方法

1）找出基极，并判定管型（NPN 管或 PNP 管）

对于 PNP 型三极管，集电极 C、发射极 E 分别为其内部两个 PN 结的正极，基极 B 为它们共用的负极；而对于 NPN 型三极管而言，则正好相反，集电极 C、发射极 E 分别为两个 PN 结的负极，而基极 B 则为它们共用的正极，根据 PN 结正向电阻小、反向电阻大的特性就可以很方便地判断基极和三极管的类型。具体方法如下。

将万用表拨在“R × 100”或“R × 1 k”挡上，红笔接触某一管脚，用黑表笔分别接另外两个管脚，这样就可得到 3 组（每组 2 次）读数，当其中一组 2 次测量都是几百欧的低阻值时，若公共管脚是红表笔，所接触的是基极，则三极管的管型为 PNP 型；若公共管脚是黑表笔，所接触的也是基极，则三极管的管型为 NPN 型，参见图 7-4-2 和图 7-4-3。

2）判别发射极和集电极

由于三极管在制作时，2 个 P 区或 2 个 N 区的掺杂浓度不同，如果发射极、集电极使用正确，则三极管具有很强的放大能力；反之，如果发射极、集电极互换使用，则放大能力非常弱，由此即可把三极管的发射极、集电极区别开来。

判断集电极和发射极的基本原理是把三极管接成单管放大电路，利用测量三极管的电流放大系数β值的大小来判定集电极和发射极。

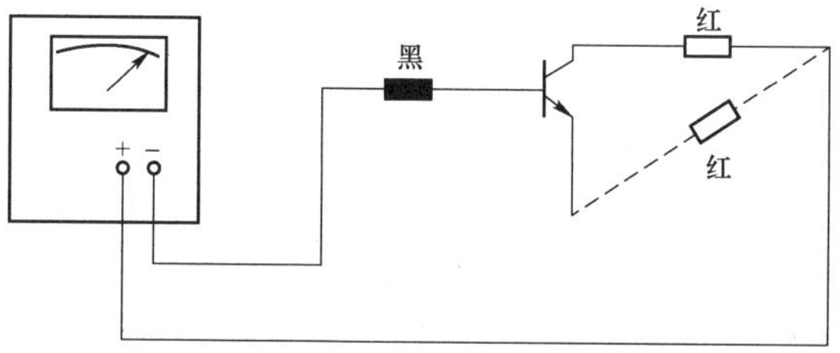

图 7－4－2 判别三极管的极性及基极

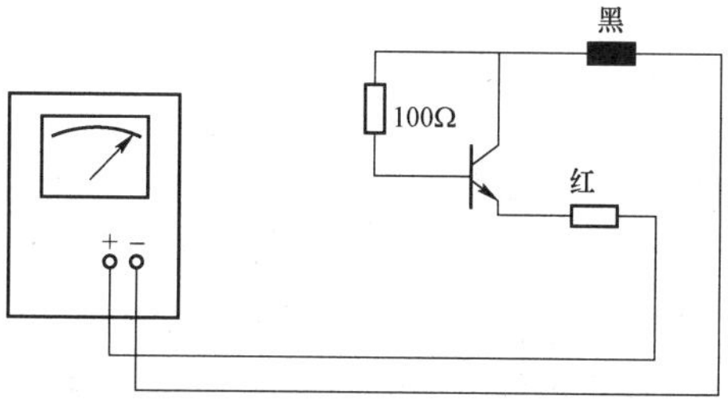

图 7－4－3 判别三极管的集电极和发射极

对于 NPN 型三极管，将万用表拨在“R × 1 k”挡上，用手（以人体电阻代替 100 kΩ电阻）将基极与另一管脚捏在一起（注意不要让电极直接相碰），为使测量现象明显，可将手指湿润一下，将红表笔接在与基极捏在一起的管脚上，黑表笔接另一管脚，注意观察万用表指针向右摆动的幅度。然后将 2 个管脚对调，重复上述测量步骤，比较 2 次测量中指针向右摆动的幅度，找出摆动幅度大的一次。对于 PNP 型三极管，则将黑表笔接在与基极捏在一起的管脚上，重复上述实验，找出指针摆动幅度大的一次。对于 NPN 型三极管，黑表笔接的是集电极，红表笔接的是发射极；对于 PNP 型三极管，红表笔接的是集电极，黑表笔接的是发射极。

这种判别电极方法的原理是，利用万用表内部的电池，给三极管的集电极、发射极加上电压，使其具有放大能力。用手捏其基极、集电极时，就等于通过手的电阻给三极管加一正向偏流，使其导通，此时指针向右摆动的幅度就反映出其放大能力的大小，因此可正确判别出发射极、集电极。

实训步骤

（1）对各个三极管的外观标识进行识读，并将识读结果填入表 7－4－2 中。

（2）用万用表分别对各三极管进行检测，判断其管脚和性能好坏，将测量结果填入表 7－4－2 中。

表 7－4－2 三极管识别与检测技能训练

编号	标识内容	封装类型	判断结果		三极管引脚排列示意图	性能好坏
			极性类型	材料		
1						
2						
3						
4						
5						

本 章 小 结

（1）二极管是由一个 PN 结构成的半导体器件，其最主要的特性是具有单向导电性，二极管的特性可由伏安特性曲线准确描述。选用二极管必须考虑最大整流电流、最高反向工作电压两个主要参数，工作于高频电路时还应考虑最高工作频率。

（2）特殊二极管主要有稳压二极管、发光二极管和光电二极管等。稳压二极管是利用它在反向击穿状态下的恒压特性来构成稳定工作电压的电路。发光二极管起着将电信号转换为光信号的作用，而光电二极管则是将光信号转换为电信号。

（3）三极管是一种电流控制器件，有 NPN 型和 PNP 型两大类型。三极管内部有发射结、集电结两个 PN 结，外部有基极、集电极、发射极 3 个电极。

（4）三极管在发射结正偏、集电结反偏的条件下，具有电流放大作用；在发射结和集电结均反偏时处于截止状态，相当于开关断开。在发射结和集电结均正偏时处于饱和状态，相当于开关闭合。三极管的放大功能和开关功能得到了广泛的应用。

（5）三极管的特性曲线和参数是正确运用器件的依据，根据它们可以判断三极管的质量以及正确使用的范围。

（6）晶闸管是一种可控功率器件，被广泛应用于可控整流、交流调压、无触点电子开关、逆变及变频等电子电路中。单向型晶闸管触发导通的条件是：阳、阴极间加正向电压，控制极加正向触发电压。阻断的办法是：将阳极电压降低到足够小或加瞬间反向阳极电压。

思考与练习

1. 什么是 N 型半导体？什么是 P 型半导体？

2. 怎样使用万用表判断二极管正、负极与好、坏？

3. 二极管导通时，电流是从哪个电极流入？从哪个电极流出？

4. 发光二极管、光敏二极管分别在什么偏置状态下工作？

5. 在如图 7-a 所示的各个电路中，已知直流电压 $U_i=3\ \text{V}$，电阻 $R=1\ \text{k}\Omega$，二极管的正向压降为 0.7 V，求 U_o。

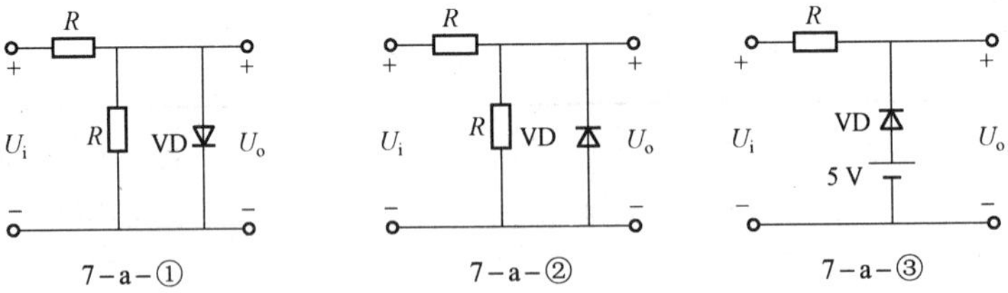

图 7-a　题 5 图

6. 用万用表测量二极管的极性，如图 7-b 所示。

（1）为什么在阻值小的情况下，黑表笔接的一端必定为二极管正极，红表笔接的一端必定为二极管的负极？

（2）若将红、黑表笔对调后，万用表指示将如何？

（3）若正向和反向电阻值均为无穷大，二极管性能如何？

（4）若正向和反向电阻值均为 0，二极管性能如何？

（5）若正向和反向电阻值接近，二极管性能又如何？

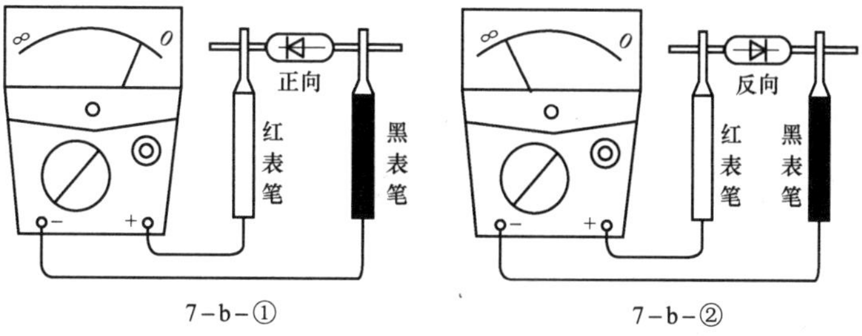

图 7－b　题 6 图

（a）正向测试；（b）反向测试

7. 三极管的主要功能是什么？放大的实质是什么？放大的能力用什么来衡量？

8. 在电路中测出各三极管的 3 个电极对地电位如图 7－c 所示，试判断各三极管处于何种工作状态（设图 7－c 中 PNP 型三极管均为锗管，NPN 型三极管为硅管）。

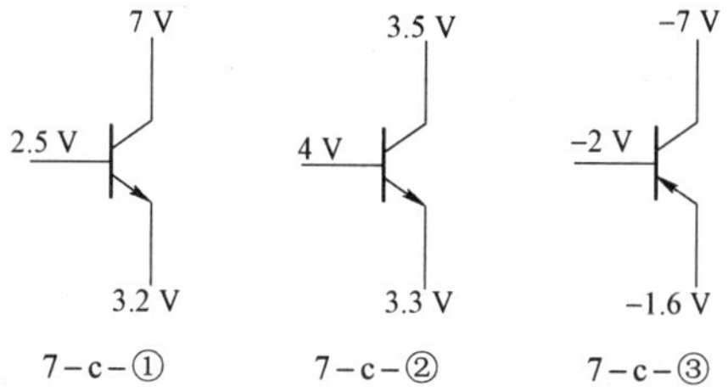

图 7－c　题 8 图

9. 晶闸管导通和阻断的条件是什么？

第 8 章

直流稳压电源

学习目标

1. 理解桥式整流电路的工作原理。
2. 能识读电容滤波、电感滤波、复式滤波电路图；了解滤波电路的应用实例。
3. 能识读集成稳压电源电路，了解引脚功能及使用常识。
4. 掌握电子元器件的焊接方法。
5. 能正确搭接桥式整流电路。
6. 会用万用表测量整流、滤波电路的电量参数，能用示波器观察波形。

任务导入

由于电力不够、电网不稳或负载变化，输出电压会随着变化，致使许多家用电器无法使用。为了获得稳定性好的直流稳压电源，交流电经过电源变压器、整流电路、滤波电路后还要接入稳压电路。本任务重点是解决上述问题。

8.1 整 流 电 路

整流电路的功能是将交流电转换成脉动直流电，常用的整流电路有半波整流电路和桥式整流电路，其主要元器件是具有单向导电性能的二极管或晶闸管。

8.1.1 半波整流电路

1. 电路组成

单相半波整流电路如图 8-1-1 所示，主要由电源变压器、二极管和负载构成。电源变压器将电压 u_1 变为整流电路所需的电压 u_2，它的瞬时表达式为 $u_2=\sqrt{2}\,U_2\sin\omega t$，波形如图 8-1-2（a）所示。

动手做

按图 8-1-1（a）所示的方式连接电路，用示波器观察 u_2 两端电压的波形和输出电压 u_L 的波形。

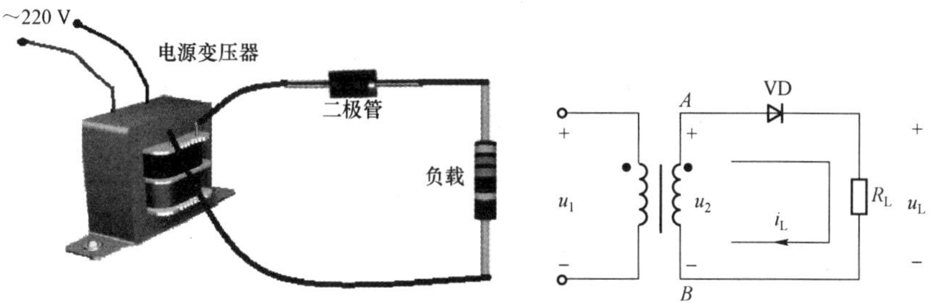

图 8-1-1　单相半波整流电路

（a）实物图；（b）电路原理

实验现象

对一个周期的正弦交流信号来说，u_2 是正弦波，而 u_L 只有正弦波的正半周（半个波形），如图 8-1-2（b）和图 8-1-2（d）所示。

2. 工作原理

在交流电压正半周（0～t_1）时，$u_2>0$，A 端电位比 B 端电位高，二极管 VD 因加正向电压而导通，电流 I_L 的路径是 $A \rightarrow \mathrm{VD} \rightarrow R_L \rightarrow B \rightarrow A$。注意到，当忽略二极管正向压降时，$A$ 点电位与 B 点电位相等，则 u_2 几乎全部加到负载 R_L 上，R_L 上电流方向与电压极性如图 8-1-1（b）所示。

在交流电压负半周（t_1～t_2）时，$u_2<0$，A 端电位比 B 端电位低，二极管 VD 承受反向电压而截止，u_2 几乎全部落在二极管上，负载 R_L 上的电压基本为 0。

由此可见，在交流电一个周期内，二极管半个周期导通，半个周期截止，以后周期性地重复上述过程，负载 R_L 上电压和电流波形如图 8-1-2（b）和图 8-1-2（c）所示。

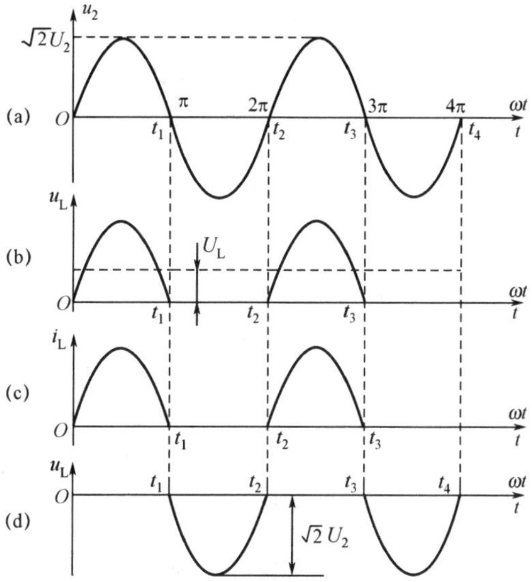

图 8-1-2　单相半波整流电路波形

归纳

利用二极管的单向导电性将双向的交流电变成单方向的脉动直流电，这一过程称为整流。由于输出的脉动直流电的波形是输入的交流电波形一半，故称为半波整流电路。

3. 负载 R_L 上的直流电压和电流的计算

依据数学推导或实验都可以证明，单相半波整流电路中，负载 R_L 上的半波脉动直流电压平均值可按下式计算，即

$$U_L \approx 0.45U_2$$

式中　U_2——整流输入端的交流电压有效值。

为了便于计算，有时依据负载 R_L 上的电压 U_L 来求得整流变压器副边电压 U_2，这时，

$$U_2 \approx \frac{1}{0.45} U_L \approx 2.22 U_L$$

流过负载 R_L 的直流电流平均值 I_L 可根据欧姆定律求出，即

$$I_L = \frac{U_L}{R_L} \approx 0.45 \frac{U_2}{R_L}$$

4. 二极管上的电流和最大反向电压

二极管导通后，流过二极管的平均电流 I_F 与 R_L 上流过的平均电流相等，即

$$I_F = I_L \approx 0.45 \frac{U_2}{R_L}$$

由于二极管在 u_2 负半周时截止，承受全部 u_2 反向电压，所以二极管所承受的最大反向电压 U_{RM} 就是 u_2 的峰值，即

$$U_{RM} = \sqrt{2} U_2 \approx 1.41 U_2$$

二极管所承受的电压波形如图 8-1-2（d）所示。

单相半波整流电路的特点是：电路简单，使用的器件少，但是输出电压脉动大。由于只利用了正弦半波，理论计算表明其整流效率仅为 40%左右，因此只能用于小功率以及对输出电压波形和整流效率要求不高的设备。

8.1.2 桥式整流电路

1. 电路组成

单相桥式整流电路实物如图 8-1-3（a）所示。电路中 4 只二极管接成电桥形式，所以称为单相桥式整流电路，图 8-1-3（b）所示为桥式整流电路的电路原理。

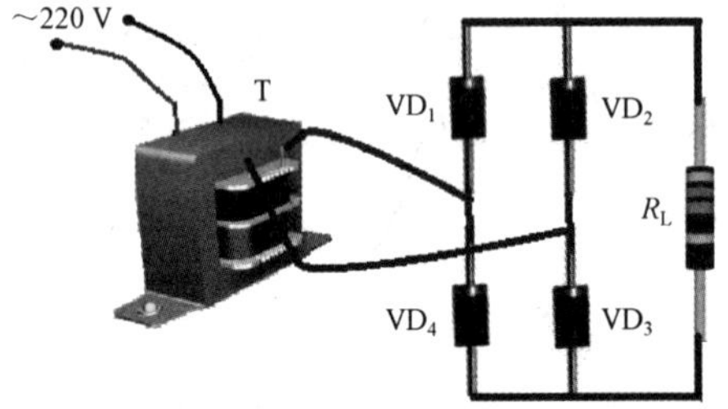

(a)

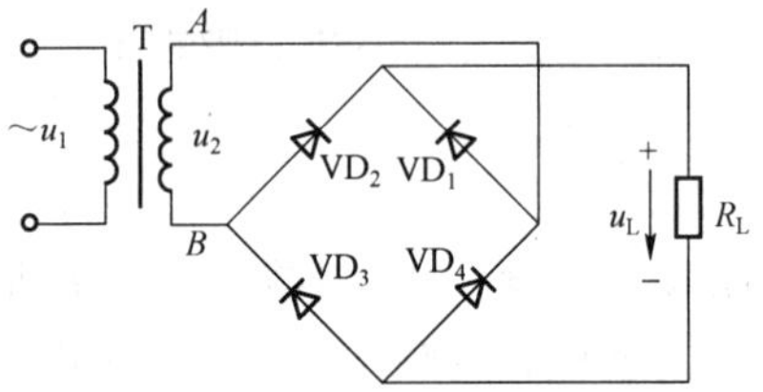

(b)

图 8-1-3 单相桥式整流电路

（a）实物；（b）电路原理

动手做

按图 8-1-3（a）所示的方式连接电路，用示波器观察 u_2 两端电压波形和输出电压 u_L 的波形。

实验现象

对一个周期的正弦交流信号来说，u_2 是正弦波，而 u_L 为正弦波的两个正半周（两个半形），

如图 8-1-4（b）所示。

2. 工作原理

变压器二次绕组电压 u_2 的波形如图 8-1-4（a）所示。在交流电压正半周（0～t_1）时，$u_2>0$，A 点电位高于 B 点电位。二极管 VD_1、VD_3 正偏导通，VD_2、VD_4 反偏截止，电流 I_{L1} 的通路是 $A \to VD_1 \to R_L \to VD_3 \to B \to A$，如图 8-1-5（a）所示。这时，负载 R_L 上得到一个半波电压，如图 8-1-4（b）中（O～t_1）段。

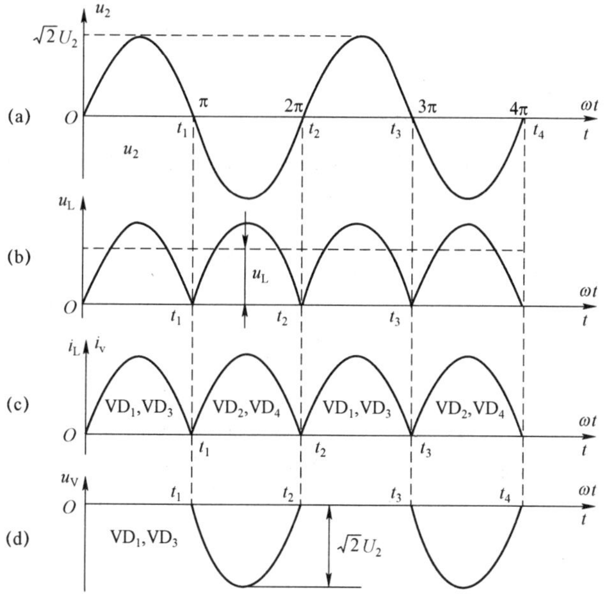

图 8-1-4　单相桥式整流电路波形

在交流电压负半周（t_1～t_2）时，$u_2<0$，B 点电位高于 A 点电位，二极管 VD_2、VD_4 正偏导通，二极管 VD_1、VD_3 反偏截止，电流 I_{L2} 通路是 $B \to VD_2 \to R_L \to VD_4 \to A \to B$，如图 8-1-5（b）所示。同样，在负载 R_L 上得到一个半波电压，如图 8-1-4（b）中（t_1～t_2）段。

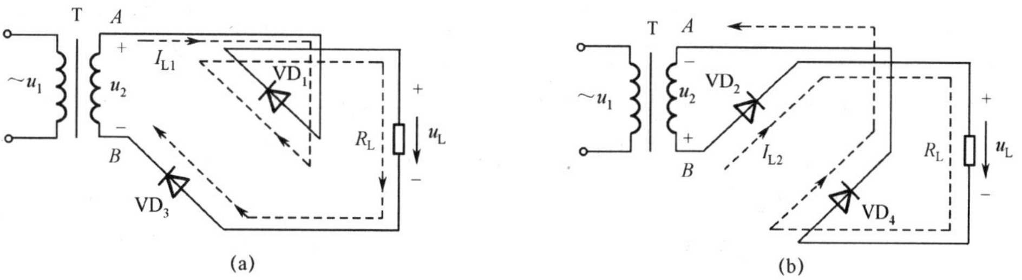

图 8-1-5　单相桥式整流电路的电流通路

归纳

本电路二极管不能接反，否则会烧毁二极管。

3. 负载 R_L 上直流电压和电流的计算

在单相桥式整流电路中，交流电在 1 个周期内的 2 个半波都有同方向的电流流过负载，

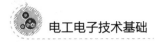

因此在同样的 U_2 时，该电路输出的电流和电压均比半波整流电路大一倍。输出电压为

$$U_L \approx 0.9U_2$$

依据负载 R_L 上的电压 U_L 求得整流变压器副边电压为

$$U_2 \approx \frac{1}{0.9} U_L \approx 1.11U_L$$

流过负载 R_L 的直流电流平均值为

$$I_L = \frac{U_L}{R_L} \approx 0.9\frac{U_2}{R_L}$$

4. 二极管上的电流和最大反向电压

在单相桥式整流电路中，由于每只二极管只有半周是导通的，所以流过每只二极管的平均电流只有负载电流的一半，即

$$I_F = \frac{1}{2} I_L \approx 0.45\frac{U_2}{R_L}$$

要注意的是，在单相桥式整流电路中，每只二极管承受的最大反向电压也是 u_2 的峰值，即

$$U_{RM} = \sqrt{2}\, U_2 \approx 1.41U_2 = \frac{\sqrt{2}}{0.9} U_L \approx 1.57U_L$$

注意

二极管作为整流元件，要根据不同的整流方式和负载大小加以选择。如选择不当，则不能安全工作，甚至烧坏二极管；或者大材小用，造成浪费。

8.2 滤 波 电 路

单相半波和单相桥式整流电路，虽然都可以把交流电转换为直流电，但是所输出的都是脉动直流电压，其中含有较大的交流成分，因此这种不平滑的直流电仅能在电镀、电焊、蓄电池充电等对直流电要求不高的设备中使用，而对于有些仪器仪表及电气控制装置等，往往要求直流电压和电流比较平滑，因此必须把脉动的直流电变为平滑的直流电。保留脉动电压的直流成分，尽可能滤除它的交流成分，这就是滤波，这样的电路叫作滤波电路（也叫滤波器）。滤波电路直接接在整流电路后面，它通常由电容、电感和电阻按照一定的方式组合而成。

8.2.1 电容滤波电路

1. 电路结构

在单相桥式整流电路输出端并联一个电容量很大的电解电容，就构成了它的滤波电路，如图 8-2-1 所示。

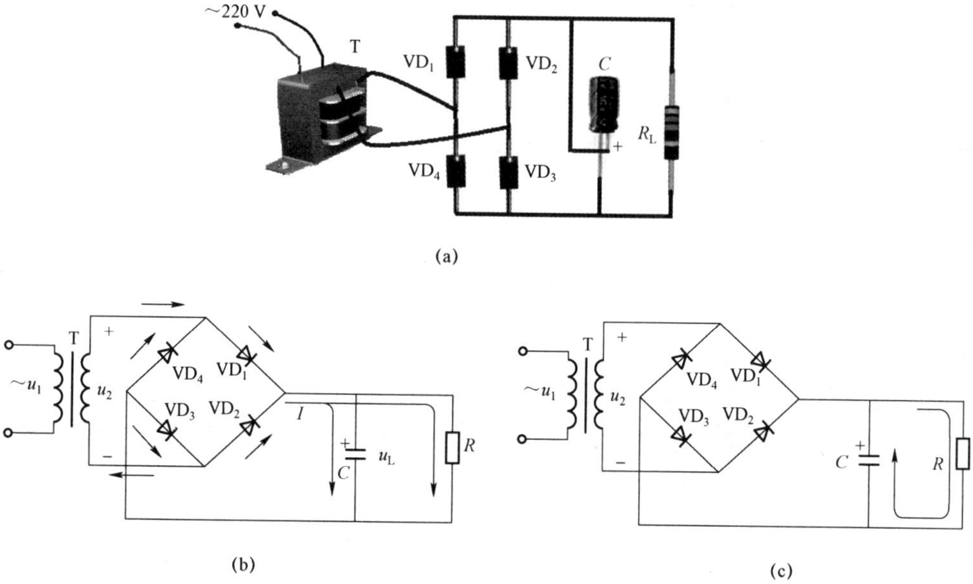

图 8-2-1　单相桥式整流电容滤波电路

（a）实物；（b）充电过程；（c）放电过程

2. 电容滤波工作原理

动手做

按图 8-2-1 所示的方式连接电路，用示波器观察电路输出电压 u_L 的波形。

实验现象

滤波后输出电压 u_L 的波形脉动很小，且是比较平滑的直流电，如图 8-2-2 所示。

单相桥式整流电路，在不接电容 C 时，其输出电压波形如图 8-2-2（a）所示。在接上电容 C 后，当输入次级电压为正半周上升段期间，电容充电；当输入次级电压 u_2 由正峰值开始下降后，电容开始放电，直到电容上的电压 $u_C<u_2$，电容又重新充电；当 $u_2<u_C$ 时，电容又开始放电，电容 C 如此周而复始地进行充放电，负载上便得到近似如图 8-2-2（b）所示的锯齿波的输出电压。

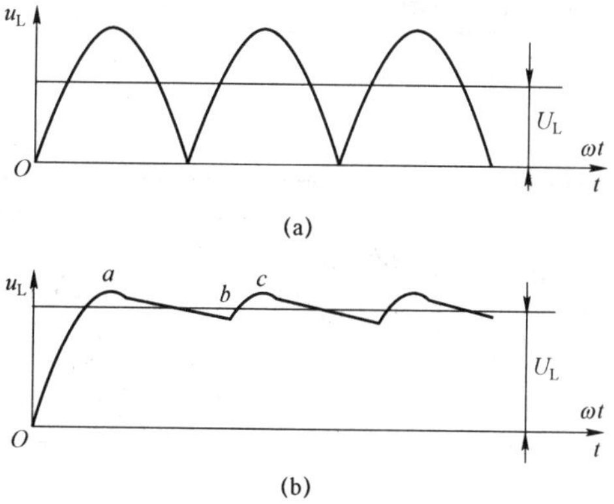

图 8-2-2　单相桥式整流电容滤波波形

从上面分析可知，电容滤波电路的特点是电源电压在一个周期内，电容 C 充放电各 2 次。比较图 8-2-2（a）和图 8-2-2（b）可知，经电容滤波后，输出电压就比较平滑了，交流成分大大减少，而且输出电压平均值得到提高，这就是滤波的作用。

归纳

电容在电路中有储存和释放能量的作用，电源供给的电压升高时，它把部分能量储存起来，而当电源电压降低时，则把能量释放出来，从而减少脉动成分，使负载电压比较平滑，即电容具有滤波作用。

3. 基本参数

桥式整流电容滤波的负载上得到的输出电压为 $U_L=1.2U_2$；桥式整流电容滤波输出端空载时的输出电压为 $U_L=1.4U_2$。

4. 电路特点

在电容滤波电路中，R_LC 越大，电容 C 放电越慢，输出的直流电压就越大，滤波效果也越好，但是在采用大容量的滤波电容时，接通电源的瞬间充电电流特别大。电容滤波电路只用于负载电流较小的场合。

注意

（1）在分析电容滤波电路时，要特别注意电容两端电压对整流器件的影响。整流器件只有受正向电压作用时才导通，否则截止。

（2）一般滤波电容采用的是电解电容，使用时电容的极性不能接反，如果接反则会使电容击穿、爆裂。电容的耐压应大于它实际工作时所承受的最大电压，即大于 $\sqrt{2}U_2$。滤波电容的容量选择见表 8-2-1。

（3）单相半波整流电容滤波中二极管承受的反向电压也发生了变化，各种整流电路加上电容滤波后，其输出电压、整流器件上反向电压等电量如表 8-2-2 所示。

表 8-2-1　滤波电容容量选择

输出电流 I_L/A	2	1	0.5～1	0.1～0.5	0.05～0.14	0.05 以下
电容容量 C/μF	4 000	2 000	1 000	500	200～500	200

注：表 8-2-1 所列为桥式整流电容滤波 $U_L=12$～36 V 时的参考值。

表 8-2-2　电容滤波电路中的整流电路电压和电流

整流电路形式	输入交流电压（有效值）	整流电路输出电压		整流器件上电压和电流	
		负载开路时的电压	带负载时的 U_L（估计值）	最大反向电压 U_{RM}	通过的电流 I_L
半波整流	U_2	$\sqrt{2}U_2$	U_2	$2\sqrt{2}U_2$	I_L
桥式整流	U_2	$\sqrt{2}U_2$	$1.2U_2$	$\sqrt{2}U_2$	$\frac{1}{2}I_L$

8.2.2 电感滤波电路

当一些电气设备需要脉动小、输出电流大的直流电时，往往采用电感滤波电路，即在整流输出电路中串联带铁芯的大电感，这种电感称为阻流圈，如图 8–2–3（a）所示。

由于阻流圈的直流电阻很小，脉动电压中直流分量很容易通过阻流圈，几乎全部加到负载上；而阻流圈对交流的阻抗很大，因此脉动电压中交流分量很难通过阻流圈，大部分降落在阻流圈上。根据电磁感应原理，阻流圈通过变化的电流时，它的两端要产生自感电动势来阻碍电流变化，当整流输出电流增大时，它的抑制作用使电流只能缓慢上升，而当整流输出电流减小时，它又使电流只能缓慢下降，这样就使得整流输出电流变化平缓，其输出电压的平滑性比电容滤波电路的好，如图 8–2–3（b）所示。

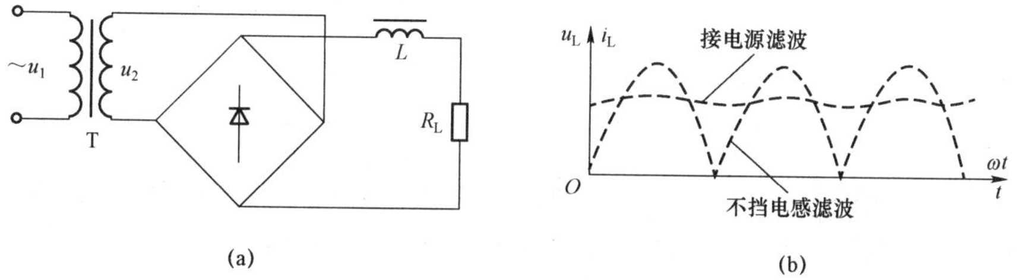

图 8–2–3　电感滤波电路及电压波形

（a）电感滤波电路；（b）电感滤波电路电压波形

注意

一般来说，电感越大，滤波效果越好，但是电感太大的阻流圈其铜线直流电阻相应增加，铁芯也需增大，结果使滤波电路铜耗和铁耗均增加，成本上升，而且输出电流、电压下降。所以滤波电感常取几亨到几十亨。

有的整流电路的负载是电动机线圈、继电器线圈等电感性负载，那就如同串入了一个电感滤波电路一样，负载本身就能起到平滑脉动电流的作用，这时可以不另加滤波电路。

8.2.3　复式滤波电路

复式滤波电路是用电容、电感和电阻组成的滤波电路，通常有 *LC* 型、*LC*π型、*RC*π型几种，它的滤波效果比单一使用电容或电感滤波要好得多，其应用较为广泛。

图 8–2–4 所示为 *LC* 型复式滤波电路，它由电感滤波电路和电容滤波电路组成。脉动电压经过双重滤波，交流分量大部分被电感阻止，即使有小部分通过电感电路，再经过电容滤波电路后，负载上的交流分量也很小，以达到滤除交流成分的目的。

图 8–2–5 所示为 *LC*π型复式滤波电路，可看成是电容滤波电路和 *LC* 型复式滤波电路的组合，因此滤波效果更好，在负载上的电压更平滑。由于 *LC*π型复式滤波电路输入端接有电容，在通电瞬间因电容充电会产生较大的充电电流，一般取 $C_1 < C_2$，以减小浪涌电流。

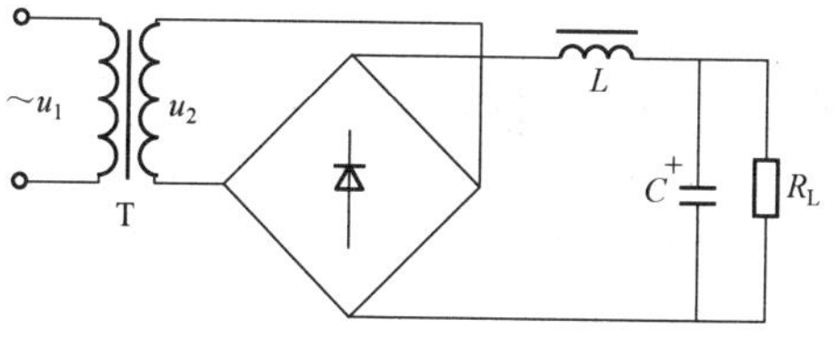

图 8–2–4　*LC* 型复式滤波电路

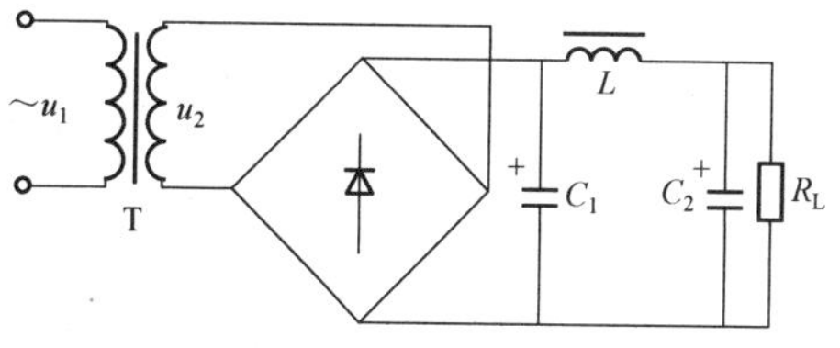

图 8–2–5　*LC*π 型复式滤波电路

图 8-2-6 所示为 $RC\pi$型复式滤波电路。在负载电流不大的情况下，为降低成本、缩小体积、减轻质量，通常选用电阻 R 来代替电感 L。一般 R 取几十欧到几百欧。

当使用一级复式滤波电路达不到对输出电压的平滑性要求时，可以增添级数，如图 8-2-7 所示。

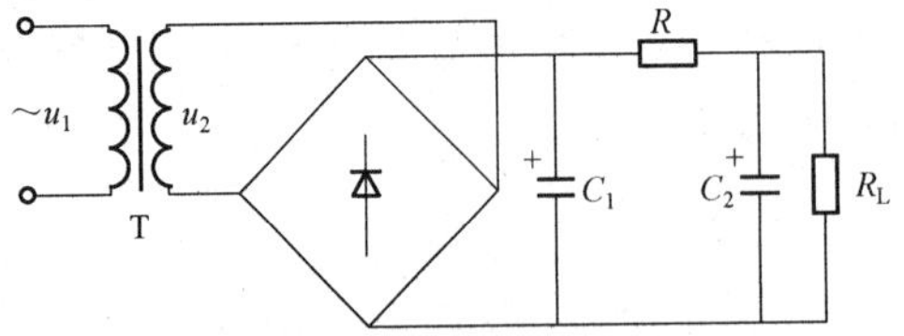

图 8-2-6　$RC\pi$ 型复式滤波电路

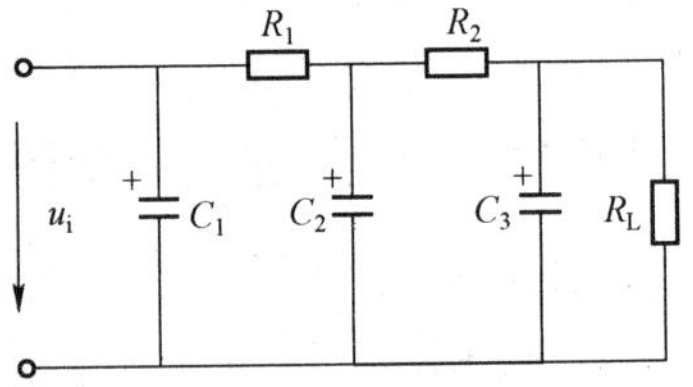

图 8-2-7　多级 RC 型复式滤波电路

以上讨论了常见的几种滤波电路，它们的特性不一，电容滤波电路、$RC\pi$型复式滤波电路流过整流器件的电流是间断的脉冲形式，峰值较大，外特性较差，适用于小功率而且负载变化较小的设备；电感滤波电路、LC 型复式滤波电路流经整流器件的电流平稳连续，无冲击现象，外特性较好，适用于大功率而且负载变化较大的设备；电子滤波只能在小电流情况中应用。

8.3　稳压电路

交流电压经过整流、滤波后，输出的直流电压虽然脉动程度已经很小，但当电网电压波动或负载变化时，其直流电压也将随之发生变化。为保证输出的直流电压基本保持恒定，通常在整流、滤波电路之后再接入稳压电路。

8.3.1　稳压管并联型稳压电路

稳压管工作在反向击穿区时，流过稳压管的电流在相当大的范围内变化，其两端的电压基本不变，利用稳压管的这一特性可实现电源的稳压功能。最简单的直流稳压电源就是采用稳压管来稳定电压的。

1. 电路组成

图 8-3-1 所示为硅稳压管稳压电路。由图可见，稳压管 VD_Z 并联在负载 R_L 两端，因此它是一个稳压管并联型稳压电路。电阻 R 是稳压管的限流电阻，是稳压电路中不可缺少的元件。稳压电路的输入电压 U_i 是整流、滤波电路的输出电压。

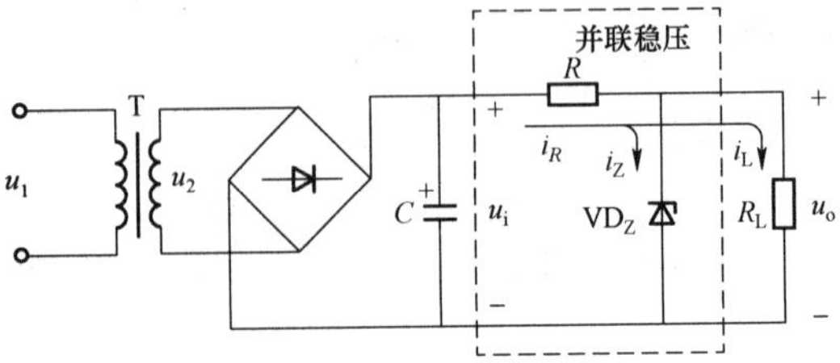

图 8-3-1　硅稳压管稳压电路

2. 稳压原理

稳压管是利用调节流过自身的电流大小（端电压基本不变）来满足负载电流的改变的，并和限流电阻配合将电流的变化转换成电压的变化，以适应电网电压的波动。

当电网电压波动或负载变化时，输出电压 U_o 下降，则流过稳压管的反向电流 I_Z 也减小，导致通过限流电阻 R 上的电流也减小，这样使 R 上的压降 U_R 也下降，根据 $U_o=U_i-U_R$ 的关系，故使输出电压 U_o 的下降受到限制，上述过程可用符号表达为

$$U_o\downarrow\rightarrow I_Z\downarrow\rightarrow I_R\downarrow\rightarrow U_R\downarrow\rightarrow U_o\uparrow$$

3. 电路特点

硅稳压管稳压电路的结构简单、元件少，但输出电压由稳压管的稳压值决定，不可随意调节，因此输出电流的变化范围较小，只适用于小型的电子设备中。

8.3.2 晶体管串联型稳压电路

稳压管并联型稳压电路的稳压效果不够理想，并且它只用于负载电流较小的场合。因此，为了提高稳压电路的稳压性能，可采用晶体管串联型稳压电路。

1. 电路结构

图 8–3–2 所示为晶体管串联型稳压电路的实物和电路原理图，它由取样电路、基准电压、比较放大电路及调整电路等部分组成，其方框图如图 8–3–3 所示。

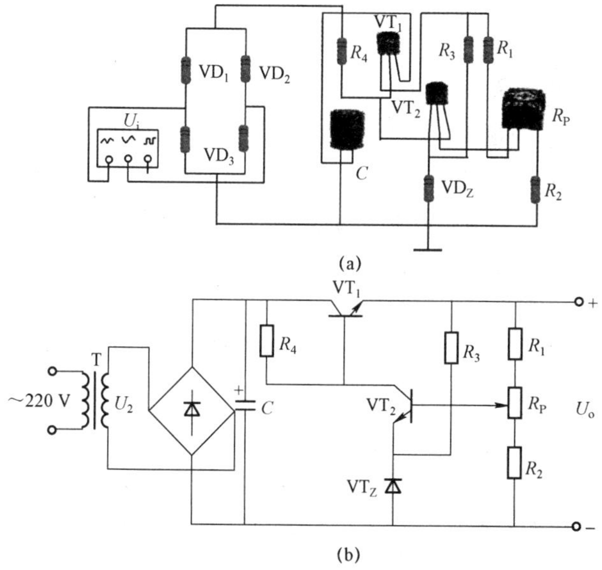

图 8–3–2　晶体管串联型稳压电路

（a）实物；（b）电路原理

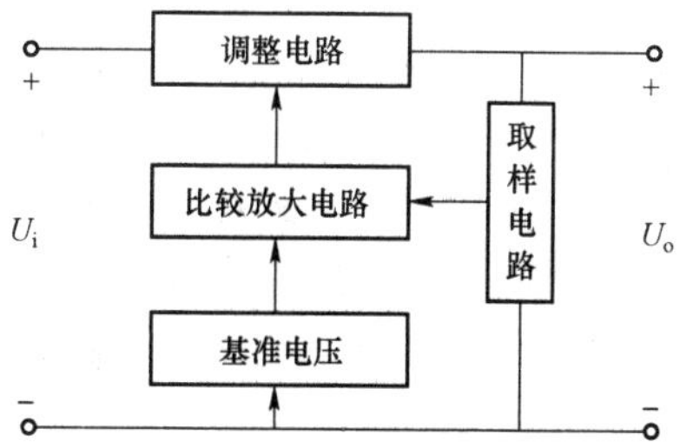

图 8–3–3　晶体管串联型稳压电路方框图

2. 电路中各部分的作用

（1）取样电路：由 R_1、R_P、R_2 组成。其作用是取出输出电压 U_o 的一部分送到比较放大电路 VT_2 的基极。

（2）基准电压：由稳压管 VD_Z 与电阻 R_3 组成。其作用是提供一个稳定性较高的直流电压 U_Z，其中 R_3 为稳压管 VD_Z 的限流电阻。

（3）比较放大电路：以三极管 VT_2 构成比较放大电路。其作用是将取样电压 U_{B2} 和基准电压 U_Z 进行比较，比较的误差电压 U_{BE2} 经 VT_2 放大后去控制 VT_1。R_4 既是 VT_2 的集电极负载电阻，又是 VT_1 的偏置电阻。

（4）调整电路：VT_1 是该稳压电源的关键元件，利用其集电极、发射极之间的电压 U_{CE} 受基极电流控制的原理，与负载 R_L 串联，用于调整输出电压。

3. 稳压原理

当电网电压升高或负载电阻增大而使输出电压有上升的趋势时，取样电路的分压点升高，因 U_Z 不变，所以 U_{BE2} 升高，I_{C2} 随之增大，U_{C2} 降低，则 VT_1 的 U_{B1} 降低，发射结正偏，电压 U_{BE1} 下降，I_{B1} 下降，I_{C1} 随之减小，U_{CE1} 增大，从而使输出电压 U_o 下降。因此使输出电压上升的趋势受到遏制而保持稳定。上述稳压过程可用符号表示为

$$\left.\begin{matrix} U_1\uparrow \\ R_L\uparrow \end{matrix}\right\}\to U_o\uparrow\to U_{B2}\uparrow\to U_{BE2}\uparrow\to I_{C2}\uparrow\to U_{C2}\uparrow\to U_{B1}\uparrow\to U_{CE1}\uparrow\to U_o\downarrow$$

当电网电压下降或负载变小时，输出电压有下降的趋势，电路的稳压过程与上面情形相反。

4. 输出电压的调节

调节电位器 R_P 可以调节输出电压 U_o 的大小，使其在一定的范围内变化。若将电位器 R_P 分为上下两部分，$R_{P'}$为电位器上部分电阻，$R_{P''}$为电位器下部分电阻，则由原理图可得输出电压为

$$U_o=\frac{R_1+R_2+R_P}{R_2+R_{P'}}U_Z$$

电位器的作用是把输出电压调整在额定的数值上，电位器滑动触点下移，$R_{P''}$变小，则输出电压 U_o 调高；反之，电位器滑动触点上移，$R_{P''}$变大，则输出电压 U_o 调低。输出电压 U_o 的调节范围是有限的，其最小值不可能调到 0，最大值不可能调到输入电压 U_i。

8.3.3 集成稳压器

集成稳压器具有体积小、使用方便、电路简单、可靠性高、调整方便等优点，近年来已得到广泛的应用。集成稳压器的类型很多，按工作方式可分为串联型、并联型和开关型，按输出电压类型可分为固定式和可调式。

1. 三端集成稳压器

（1）外形特性。三端集成稳压器只有 3 个引脚，其标准封装是 TO－220，也有 TO－92 封装。

（2）系列。三端集成稳压器有 78 和 79 两个系列。

（3）散热片要求。三端集成稳压器在小功率应用时不用散热片，但带大功率时要在三端集成稳压器上安装足够大的散热器，否则稳压管温度过高，稳压性能将变差，甚至损坏。

（4）输出电压规格。三端集成稳压器的输出电压规格有 5 V、6 V、8 V、9 V、12 V、15 V、18 V、24 V；－5 V、－6 V、－8 V、－9 V、－12 V、－15 V、－18 V、－24 V。

（5）输入电压范围。三端集成稳压器的输入电压上限为 30 V，为保证工作可靠性，其比输出电压高出 3～5 V，过高的输入电压将导致器件严重发热，甚至损坏，同时输入电压也不

能比输出电压低 2 V，否则稳压性能不好。

（6）保护电路。三端集成稳压器的电路内部设有过电流、过热及调整管保护电路。

2. 三端固定式集成稳压器

三端固定式集成稳压器的输出电压是固定的，且它只有 3 个接线端，即输入端、输出端及公共端，其外形如图 8－3－4 所示。三端固定式集成稳压器有两个系列：CW78××和 CW79××。CW78××系列输出的是正电压，CW79××系列输出的是负电压。CW78××系列的 1 脚为输入端，2 脚为公共端，3 脚为输出端，如图 8－3－5（a）所示；CW79××系列的 1 脚为公共端，2 脚为输入端，3 脚为输出端，如图 8－3－6（a）所示。

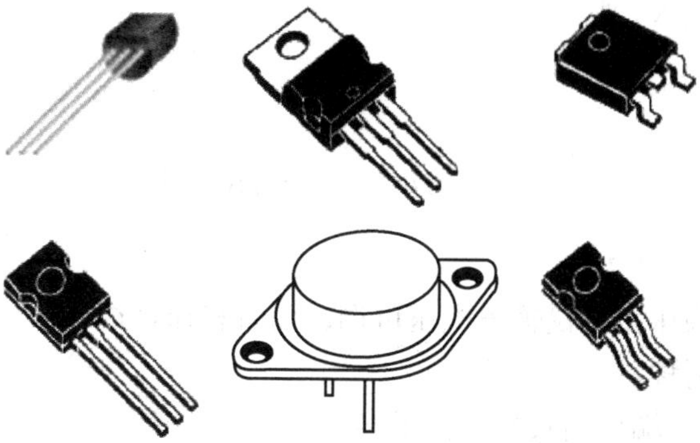

图 8－3－4　三端固定式集成稳压器外形

1）正电压输出的三端固定式集成稳压器

CW78××系列三端固定式集成稳压器，其型号的后两位数字就表示输出电压值，如 CW7805 表示输出电压为 5 V。根据输出电流的大小又可分为 CW78××型（表示输出电流为 1.5 A）、CW78M××型（表示输出电流为 0.5 A）和 CW78L××型（表示输出电流为 0.1 A），其基本应用电路如图 8－3－5（b）所示，图中 C_1 的作用是防止产生自激振荡，C_2 的作用是削弱电路的高频噪声。

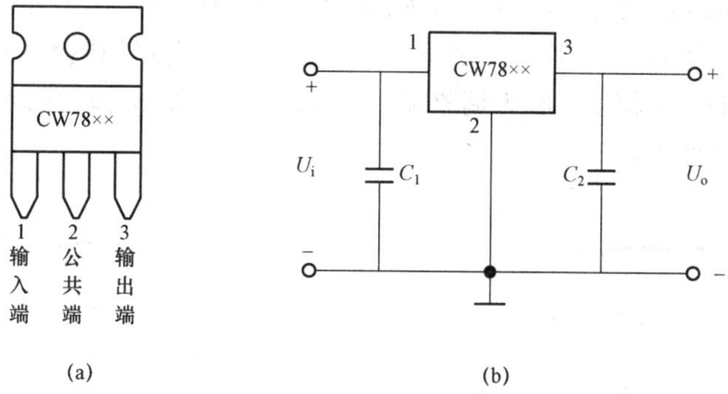

图 8－3－5　CW78××系列集成稳压器

（a）管脚排列；（b）基本应用电路

2）负电压输出的三端固定式集成稳压器

CW79××系列三端固定式集成稳压器是负电压输出，在输出电压挡次、电流挡次等方面与 CW78××的规定一样，其型号的后两位数字表示输出电压值，如 CW7905 表示输出电压为−5 V，其基本应用电路如图 8−3−6（b）所示。

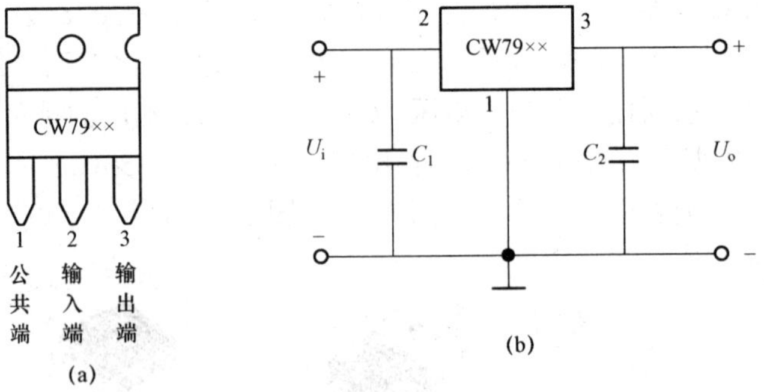

图 8−3−6　CW79××系列集成稳压器

（a）管脚排列；（b）基本应用电路

3. 三端可调式集成稳压器

三端可调式集成稳压器不仅输出电压可调，而且稳压性能比固定式更好，它也分为正电压输出和负电压输出两种。

1）正电压输出的三端可调式集成稳压器

CW117、CW217、CW317 系列是正电压输出的三端可调式集成稳压器，输出电压在 1.2～37 V 范围内连续可调，电位器 R_P 和电阻 R_1 组成取样电阻分压器，接稳压器的调整端 1 脚，改变 R_P 可调节输出电压 U_o 的大小，其基本应用电路如图 8−3−7 所示。正电压输出的三端可调式集成稳压器的 1 脚为调整端，2 脚为输出端，3 脚为输入端。在输入端并联电容 C_1，以旁路整流电路输出的高频干扰信号；电容 C_2 可消除 R_P 上的纹波电压，使取样电压稳定；C_3 起消振作用。

2）负电压输出的可调式集成稳压器

CW137、CW237、CW337 系列是负电压输出的三端可调式集成稳压器，输出电压在−1.2～−37 V 范围内连续可调，电位器 R_P 和电阻 R_1 组成取样电阻分压器，接稳压器的调整端 1 脚，改变 R_P 可调节输出电压 U_o 的大小，其基本应用电路如图 8−3−8 所示。负电压输出的三端可调式集成稳压器的 1 脚为调整端，2 脚为输出端，3 脚为输入端，C_1、C_2、C_3 的作用与图 8−3−7 中的相同。

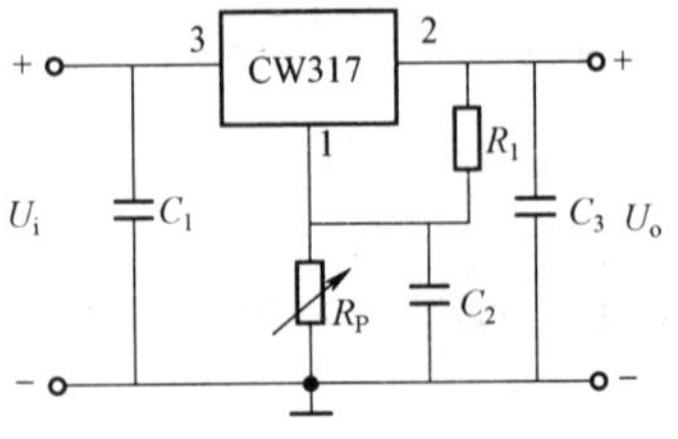

图 8−3−7　CW317 系列三端可调式集成稳压器

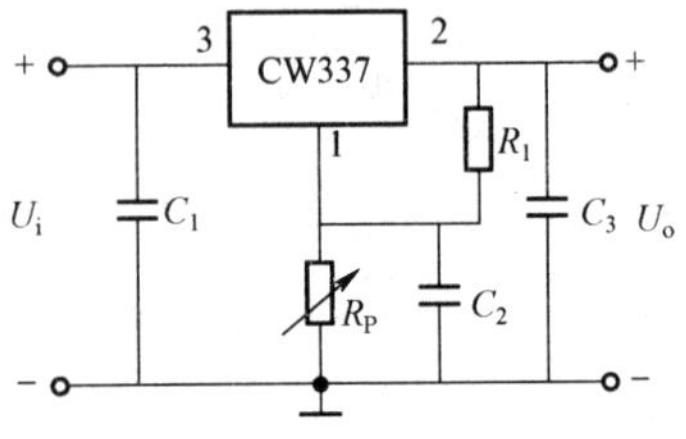

图 8−3−8　CW337 系列三端可调式集成稳压器

8.4 任务训练

8.4.1 整流电路的安装、调试与测量

技能目标

（1）掌握基本的手工焊接技术。
（2）能在万能印制电路板上进行合理布局布线。
（3）能正确安装整流电路，并对其进行安装、调试与测量。

工具和仪器

（1）电烙铁等常用电子装配工具。
（2）变压器、二极管。
（3）万用表。

知识准备

1. 焊接操作的正确姿势

掌握正确的操作姿势，可以保证操作者的身心健康，焊接时桌椅高度要适宜，挺胸、端坐；为减少有害气体的吸入量，一般情况下，电烙铁到鼻子的距离应在 30 cm 左右为宜。电烙铁的握法有三种，如图 8－4－1 所示。图 8－4－1（a）所示为反握法，其特点是动作稳定，长时间操作不易疲劳，适用于大功率电烙铁的操作；图 8－4－1（b）所示为正握法，它适用于中功率电烙铁的操作；一般在印制电路板上焊接元器件时多采用握笔法，如图 8－4－1（c）所示。握笔法的特点是：焊接角度变更比较灵活机动，焊接不易疲劳。

焊锡丝一般有两种拿法，如图 8－4－2 所示。图 8－4－2（a）所示为正拿法，它适用于连续焊接；图 8－4－2（b）所示为握笔法，它适用于间断焊接。

电烙铁使用完毕后，一定要稳妥地放在烙铁架上，并注意电缆线不要碰到烙铁头，以避免烫伤电缆线，造成漏电、触电等事故。

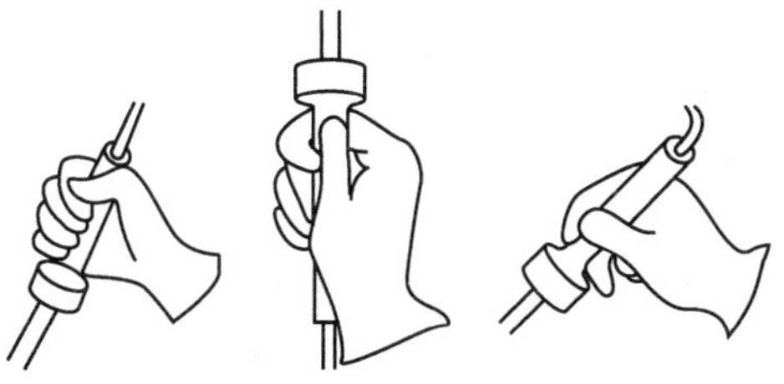

(a)　(b)　(c)

图 8－4－1　电烙铁的握法示意
（a）反握法；（b）正握法；（c）握笔法

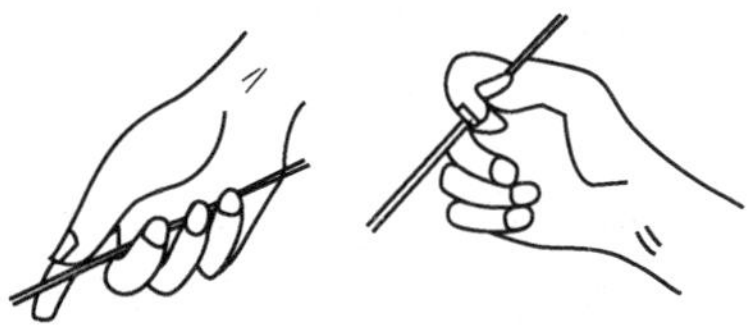

(a)　(b)

图 8－4－2　焊锡丝的拿法示意
（a）正拿法；（b）握笔法

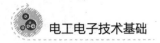

2. 焊接操作的基本步骤

掌握好烙铁的温度和焊接时间，选择恰当的烙铁头和焊点的接触位置，才可能得到良好的焊点。正确的焊接操作过程可以分为 5 个步骤，如图 8-4-3 所示。

（1）准备施焊。如图 8-4-3（a）所示，左手拿焊锡丝，右手握电烙铁，进入备焊状态。要求烙铁头保持干净，无焊渣等氧化物，并在表面镀有一层焊锡。

（2）加热焊件。如图 8-4-3（b）所示，烙铁头靠在焊件与焊盘之间的连接处，进行加热，时间约 2 s，对于在印制电路板上焊接元器件，要注意烙铁头同时接触焊盘和元件的引脚，元件引脚要与焊盘同时均匀受热。

（3）送入焊锡丝。如图 8-4-3（c）所示，当焊件的焊接点被加热到一定温度时，焊锡丝从电烙铁对面接触焊件，尽量与烙铁头正面接触，以便焊锡丝熔化。

（4）移开焊锡丝。如图 8-4-3（d）所示，当焊锡丝熔化一定量后立即向左上 45° 方向移开焊锡丝。

（5）移开电烙铁。如图 8-4-3（e）所示，当焊锡丝浸润焊盘和焊件的施焊部位以形成焊件周围的合金层后，向右上 45° 方向移开电烙铁。从第（3）步开始到第（5）步结束，时间大约 2 s。

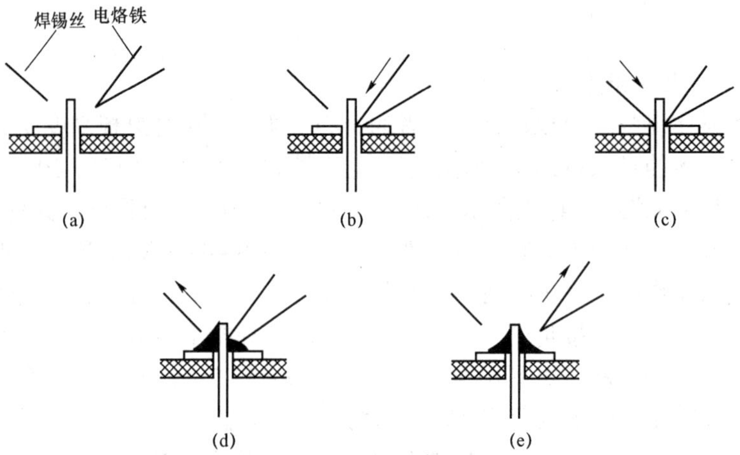

图 8-4-3　焊接五步法

对于热容量小的焊件，可以简化为 3 步操作。

① 准备：左手拿焊锡丝，右手握电烙铁，进入备焊状态。

② 加热与送入焊锡丝：将烙铁头放置焊件处，立即送入焊锡丝。

③ 去焊锡丝移开电烙铁：焊锡丝在焊接面上扩散并形成合金层后同时移开电烙铁。

注意移去焊锡丝的时间不得滞后于移开电烙铁的时间。

对于吸收热量低的焊件而言，上述整个过程不过 2～4 s，各步骤时间的节奏控制、顺序的准确掌握、动作的熟练协调，都是要通过大量实践并用心体会的。有人总结出了在五步操作法中用数秒的办法控制时间：电烙铁接触焊点后数一、二（约 2 s），送入焊锡丝，然后数三、四，移开电烙铁，焊锡丝熔化量要靠观察决定。此办法可以参考，但由于烙铁功率、焊点热容量的差别等因素，实际掌握焊接火候并无定章可循，必须视具体条件具体对待。

实训步骤

1. 电路原理图

整流电路电路原理图如图 8–4–4 所示。

2. 装配要求和方法

工艺流程：准备→熟悉工艺要求→绘制装配草图→清点元器件→元器件检测→元器件预加工→装配万能印制电路板→总装加工→自检。

（1）准备：令工作台整理有序，工具摆放合理，准备好必要的物品。

（2）熟悉工艺要求：认真阅读整流电路的电路原理图和工艺要求。

（3）绘制装配草图：绘制的整流电路装配草图如图 8–4–5 所示。绘制装配草图的步骤如下。

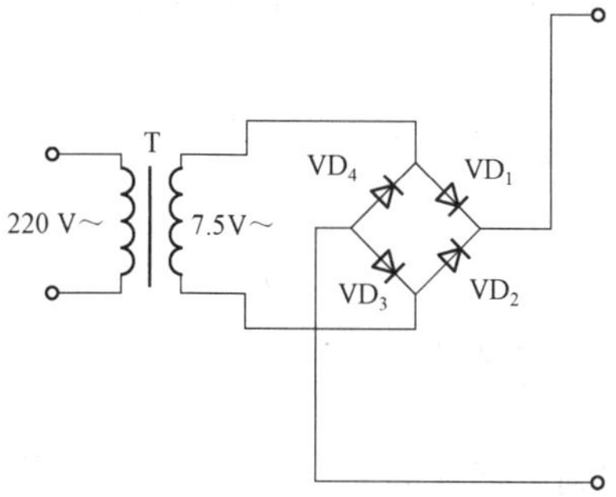

图 8–4–4　整流电路电路原理图

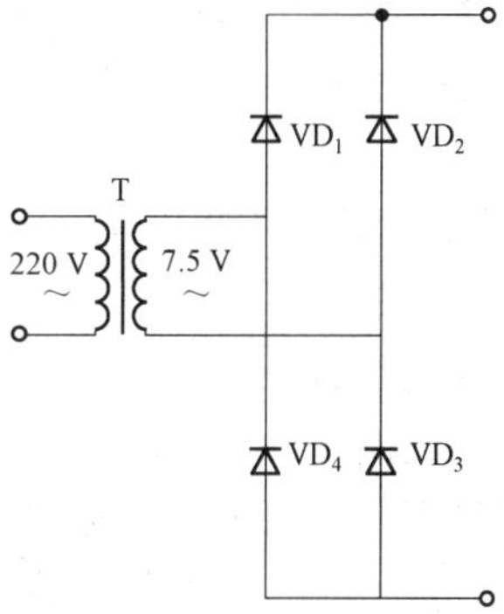

图 8–4–5　整流电路装配草图

① 设计准备：熟悉电路原理、所用元器件的外形尺寸及封装形式。

② 按万能印制电路板实样 1:1 在图纸上确定安装孔的位置。

③ 装配草图以导线面（焊接面）为视图方向；元器件水平或垂直放置，不可斜放；布局时应考虑元器件外形尺寸，避免安装时相互影响，疏密均匀；同时注意电路走向应基本和电路原理图一致，一般由输入端开始向输出端逐步确定元件位置，相关电路部分的元器件应就近安放，按一字排列，避免输入、输出之间的影响；每个安装孔只能插 1 个元器件引脚。

④ 按整流电路电路原理图的连接关系布线，布线应做到横平竖直，导线不能交叉（确需交叉的导线可在元器件下穿过）。

⑤ 检查绘制好的整流电路装配草图上的元器件数量、极性和连接关系应与整流电路的电路原理图完全一致。

（4）清点元器件：按表 8–4–1 所示的配套明细表核对元器件的数量和规格，应符合工艺要求，如有短缺、差错应及时补缺和更换。

表 8–4–1　配套明细表

代号	名称	规格	代号	名称	规格
VD_1	二极管	1N4007		万能印制电路板	
VD_2	二极管	1N4007		焊锡丝	

续表

代号	名称	规格	代号	名称	规格
VD_3	二极管	1N4007		电源线	
VD_4	二极管	1N4007		紧固螺丝	
T	变压器	AC 220 V/7.5 V		绝缘胶布	

（5）元器件检测：用万用表的电阻挡对元器件进行逐一检测，对不符合质量要求的元器件剔除并更换。

（6）元器件预加工。

（7）装配万能印制电路板。万能印制电路板的装配工艺要求如下。

① 二极管均采用水平安装方式，紧贴板面。

② 所有焊点均采用直脚焊，焊接完成后剪去多余引脚，留头在焊面以上 0.5～1 mm，且不能损伤焊接面。

③ 万能印制电路板布线应正确、平直，转角处成直角，焊接可靠，无漏焊、短路现象。

焊接基本方法如下。

a. 将导线理直。

b. 根据装配草图用导线进行布线，并与每个有元器件引脚的安装孔进行焊接。

c. 焊接可靠，剪去多余导线。

（8）总装加工：电源变压器用螺钉紧固在万能印制电路板的元件面，一次绕组的引出线向外，二次绕组的引出线向内，万能印制电路板的另外 2 个角上也固定 2 个螺钉，紧固件的螺母均安装在焊接面；电源线从万能印制电路板焊接面穿过打结孔后，在元件面打结，再与变压器一次绕组引出线焊接并完成绝缘恢复，变压器二次绕组引出线插入安装孔后焊接。

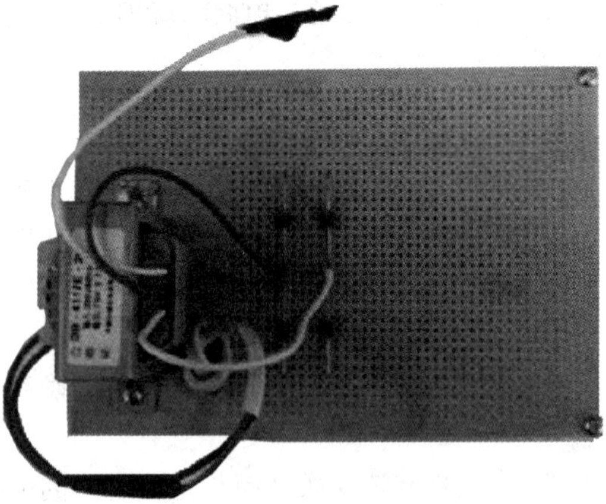

图 8－4－6　整流电路装配后的实物

（9）自检：对已完成装配、焊接的工件仔细检查质量，重点是装配的准确性，包括元器件位置、电源变压器的绕组等；焊点质量应无虚焊、假焊、漏焊、搭焊、空隙和毛刺等；检查有无影响安全性能指标的缺陷；元器件整形。整流电路装配后的实物如图 8－4－6 所示。

3. 调试、测量

将电路通电，使用万用表电压挡（交、直流）测量整流电路的输入、输出电压，并将测量结果记录在表 8－4－2 中。

表 8－4－2　测量表

整流电路形式	输入（交流）	输出（直流）
桥式整流电路		

8.4.2　三端集成稳压电源的组装与调试

技能目标

（1）掌握基本的手工焊接技术。
（2）能熟练在万能印制电路板上进行合理布局布线。
（3）熟悉整流、滤波、稳压电路的工作原理。
（4）熟悉与使用三端集成稳压器 78 系列。

工具和仪器

（1）电烙铁等常用电子装配工具。
（2）万用表、示波器。

实训步骤

1. 电路原理图

三端集成稳压电源电路原理图如图 8-4-7 所示，其中三端集成稳压电源由电源变压器、整流电路、滤波电路、稳压电路和显示电路组成。

2. 装配要求和方法

工艺流程：准备→熟悉工艺要求→绘制装配草图→清点元器件→元器件检测→元器件预加工→装配万能印制电路板→总装加工→自检。

（1）准备：令工作台整理有序，工具摆放合理，准备好必要的物品。
（2）熟悉工艺要求：认真阅读三端集成稳压电源的电路原理图和工艺要求。
（3）绘制装配草图：绘制三端集成稳压电源装配草图，如图 8-4-8 所示。

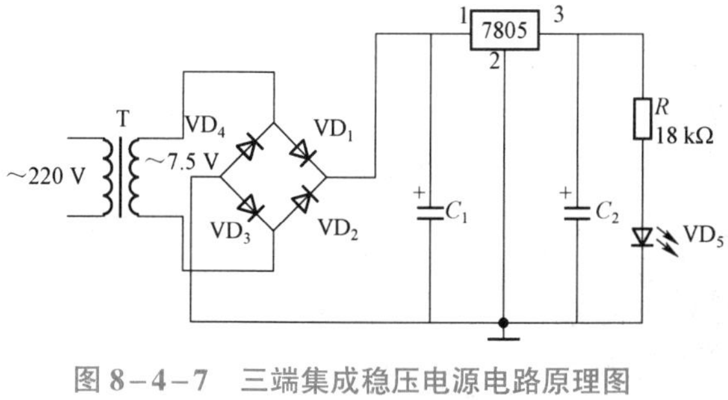

图 8-4-7　三端集成稳压电源电路原理图

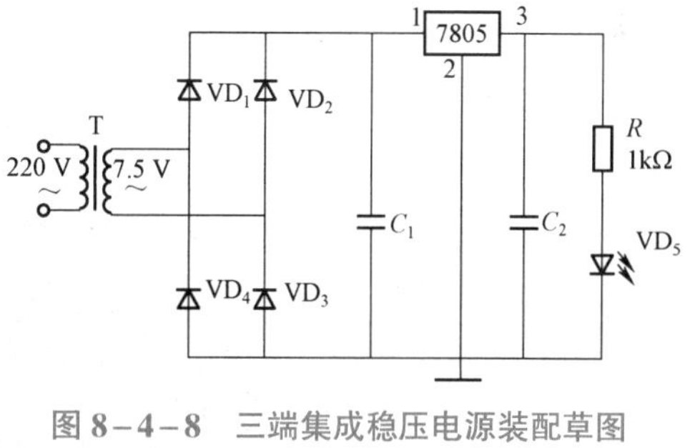

图 8-4-8　三端集成稳压电源装配草图

（4）清点元器件：按表 8-4-3 所示的配套明细表核对元器件的数量和规格，应符合工艺要求，如有短缺、差错应及时补缺和更换。

表 8-4-3　配套明细

代号	名称	型号/规格	数量
U_1	集成电路	7805	1
$VD_1 \sim VD_4$	二极管	1N4001	4

续表

代号	名称	型号/规格	数量
R	碳膜电阻	1 kΩ	1
C_1、C_2	电解电容	1 000 μF	1
VD_5	发光二极管		1

（5）元器件检测：用万用表的电阻挡对元器件进行逐一检测，对不符合质量要求的元器件剔除并更换。

（6）元器件预加工。

（7）装配万能印制电路板。万能印制电路板的装配工艺要求如下。

① 电阻、二极管均采用水平安装方式，高度紧贴印制电路板，色码方向一致。

② 电容采用垂直安装方式，高度要求为电容的底部离板 8 mm。

③ 发光二极管采用垂直安装方式，高度要求底部离板 8 mm。

④ 所有焊点均采用直脚焊，焊接完成后剪去多余引脚，留头在焊面以上 0.5～1 mm，且不能损伤焊接面。

⑤ 万能印制电路板布线应正确、平直，转角处成直角；焊接可靠，无漏焊、短路等现象。

（8）总装加工：电源变压器用螺钉紧固在万能印制电路板的元件面，一次绕组的引出线向外，二次绕组的引出线向内，万能印制电路板的另外两个角上也固定两个螺钉，紧固件的螺母均安装在焊接面。电源线从万能印制电路板焊接面穿过打结孔后，在元件面打结，再与变压器一次绕组引出线焊接并完成绝缘恢复，变压器二次绕组引出线插入安装孔后焊接。

（9）自检：对已完成装配、焊接的工件仔细检查质量，重点是装配的准确性，包括元器件位置、电源变压器的绕组等；焊点质量应无虚焊、假焊、漏焊、搭焊、空隙和毛刺等；检查有无影响安全性能指标的缺陷；元器件整形。三端集成稳压器装配后的实物如图 8-4-9 所示。

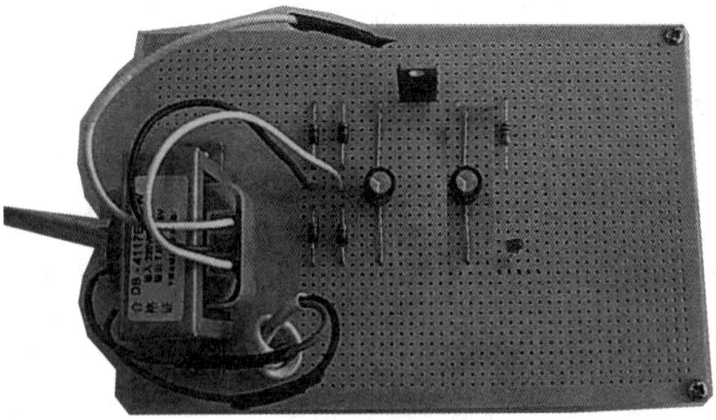

图 8-4-9　三端集成稳压器装配后的实物

3. 调试、测量

（1）接通电源后发光二极管应发光，测量此时稳压电源的直流输出电压 U_o=________。

（2）测试稳压电源的输出电阻 R_o。

当 $U_1=220$ V 时，测量此时的输出电压 u_o 及输出电流 I_o；断开负载，测量此时的 U_o 及 I_o，并将结果记录在表 8-4-4 中。

表 8-4-4 测量表

条件	U_o/V	I_o/mA
$R_L \neq \infty$		
$R_L = \infty$		

（3）验证滤波电容的作用。

① 测量电容 C 两端的电压，并与理论值相比较。

② 用示波器观察电容 C 滤波后的波形。

本 章 小 结

（1）直流稳压电源是由交流电经过变换得来的，它由电源变压器、整流电路、滤波电路和稳压电路 4 部分组成。

（2）整流电路是利用二极管的单向导电性将交流电转换成单向脉动直流电。整流电路有多种，有半波整流电路、桥式整流电路等。其中桥式整流电路应用最多，它具有输出平均直流电压高、脉动小、变压器利用效率高、整流元件承受反向电压较低、容易滤波等优点。

（3）滤波电路的作用是利用储能元件滤去脉动直流电压中的交流成分，使输出电压趋于平滑。常用的滤波电路有电容滤波电路、电感滤波电路、复式滤波电路。当负载电流较小、对滤波的要求又不是很高时，可采用电容滤波电路；当负载电流较大时，可采用阻流圈与负载 R_L 串联的方式实现滤波；若对滤波要求较高，可采用由 LC 元件或 RC 元件组成的复式滤波电路。

（4）电网电压的波动和电源负载的变化都会引起整流滤波后的直流电压不稳。稳压电路的作用是输入电压或负载在一定范围内变化时，保证输出电压稳定。硅稳压管稳压电路是利用二极管的稳压特性，将限流电阻 R 与稳压管连接而成，负载与稳压元件并联。这种稳压电路结构简单，缺点是电压的稳定性能较差，稳压值不可调，负载电流较小并受稳压管的稳定电流所限制，一般用作基准电源或辅助电源；晶体管串联型稳压电路克服了硅稳压管稳压电路的缺点，其具有稳压性能好、负载能力强、输出直流稳定电压，既可连续调节也可步进调节等优点。

（5）集成稳压器具有体积小、可靠性高、温度特性好、稳压性能好、安装调试方便等突出的优点，并且经过适当的设计加接外接电路后可以扩展其性能和功能，因此已被广泛采用。

思考与练习

1. 什么叫整流？整流电路主要需要什么元器件？
2. 半波整流电路、桥式整流电路各有什么特点？
3. 在题图 8-a 所示电路中，已知 $R_L=8$ kΩ，直流电压表 V_2 的读数为 110 V，二极管的

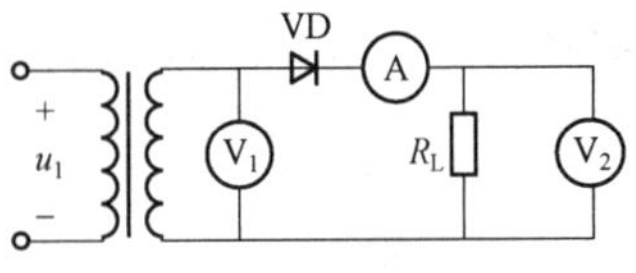

图 8-a 题 3 图

正向压降忽略不计，求：

（1）直流电流表 A 的读数；

（2）整流电流的最大值；

（3）交流电压表 V_1 的读数。

4. 设一半波整流电路和一桥式整流电路的输出电压平均值和所带负载大小完全相同，均不加滤波电路，试问两个整流电路中二极管的电流平均值和最高反向电压是否相同？

5. 在单相桥式整流电路中，问：

（1）如果二极管 VD_2 接反，会出现什么现象？

（2）如果输出端发生短路，会发生什么情况？

（3）如果 VD_1 开路，又会出现什么现象？画出 VD_1 开路时输出电压的波形。

6. 在图 8-b 所示电路中，已知输入电压 u_i 为正弦波，试分析哪些电路可以为整流电路？哪些不能？为什么？应如何改正？

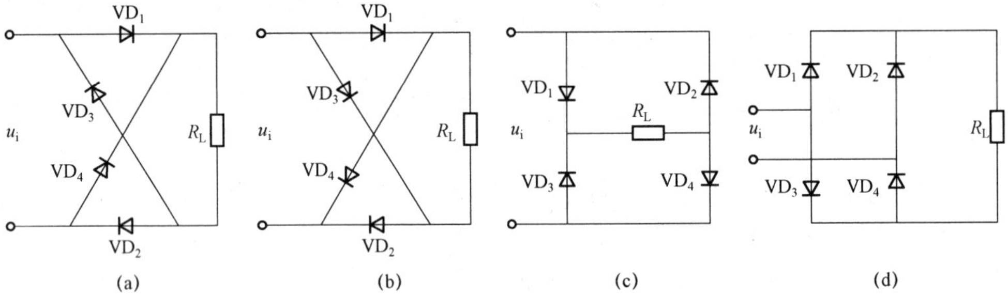

图 8-b 题 6 图

7. 什么叫滤波？常见的滤波电路有几种形式？

8. 在图 8-c 中，试分析输入端 a、b 间输入交流电压时，通过 R_1、R_2 两电阻上的是交流电还是直流电？

9. 在单相半波和桥式整流电路中，加或不加滤波电容，二极管承受的反向工作电压有无差别？为什么？

10. 晶体管串联型稳压电路主要由哪几部分组成？它实质上依靠什么原理来稳压？

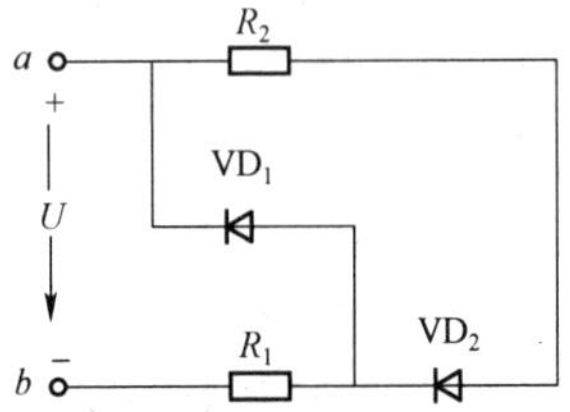

图 8-c 题 8 图

11. 如图 8-d 所示的直流稳压电路中，指出其错误，并画出正确的稳压电路。

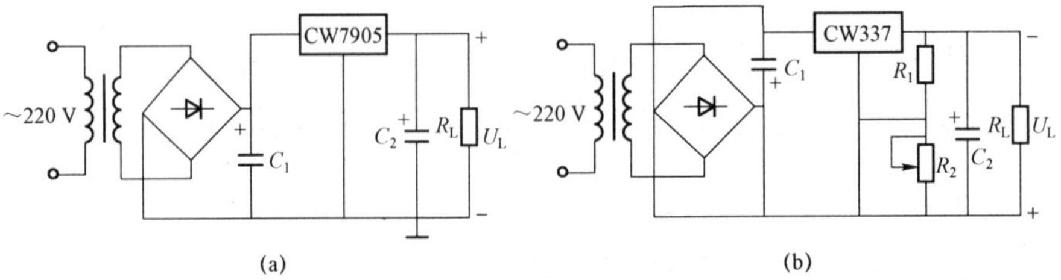

图 8-d 题 11 图

第 9 章

放大电路与集成运算放大器

学习目标

1. 能识读基本放大电路，理解主要元件的作用。
2. 了解放大电路的静态工作点对放大波形的影响。
3. 认识集成运算放大器的基本特性，能识读反相放大器、同相放大器的电路图。
4. 了解负反馈应用于放大电路中的类型及对放大电路性能的影响。
5. 会安装和调试三极管组成的放大电路。
6. 能用集成运算放大器搭接反相放大器和同相放大器。

任务导入

放大电路又称放大器，它的主要任务是把微弱的电信号加以放大，然后送到负载（如仪表、扬声器、显像管、继电器等），以完成特定的功能。

会议扩音设备由话筒、扩音机、扬声器等部分组成。扩音机就是一个典型的音频放大器，当人们对着话筒讲话时，话筒将声音信号变成微弱的电压信号，送入扩音机内的电压放大器中进行电压放大，将信号的振幅放大到一定值，再送入功率放大器中进行功率放大，使输出端有足够的功率去推动音箱中的扬声器，通过扬声器再将电能重新转换成声音，但此时扬声器放出的声音比人讲话的声音强得多。目前放大器在通信、控制、测量、仪器等领域以及日常生活中应用极为广泛。全面了解放大器的基本组成，掌握集成运算放大器（集成运放）的符号及元件的引脚功能，会安装和使用集成运算放大器组成的应用电路，是本章任务的重点。

9.1　基本放大电路

9.1.1　放大电路的构成

1. 共发射极放大电路

图 9-1-1 所示为由 NPN 型三极管组成的共发射极放大电路，它是最基本的放大电路。交流信号 u_i 从基极回路中输入，输出信号 u_o 取自集电极，三极管的发射极接地，它作为输入、输出的公共端，所以这种电路称为共发射极放大电路（简称共射放大电路）。构成基本放大电路的各元件的作用如下。

（1）三极管 VT 是放大电路的核心器件，起电流放大作用。

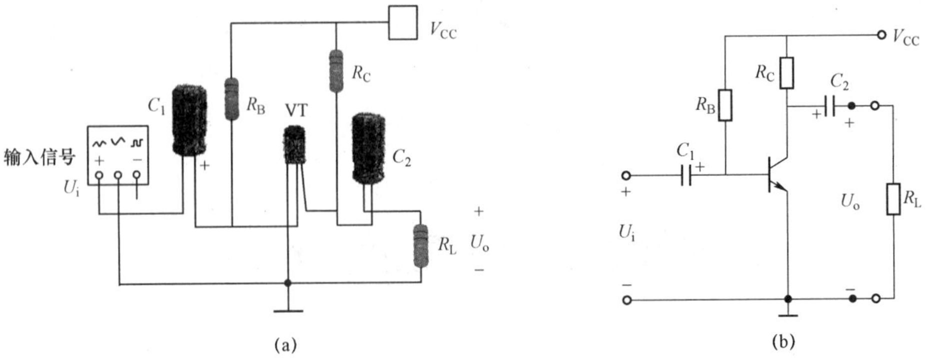

图 9-1-1　共发射极放大电路

（a）实物；（b）电路原理

（2）基极偏流电阻 R_B 的作用是向三极管的基极提供合适的偏置电流，并使发射结正向偏置。通常 R_B 的取值为几十千欧到几百千欧。

（3）集电极负载电阻 R_C 的作用是把三极管的电流放大转换为电压放大，如果 $R_C=0$，则集电极电压等于电源电压，即使由输入信号 u_i 引起集电极电流变化，集电极电压也保持不变，因此负载上将不会有交流电压 u_o。一般 R_C 的值为几百欧到几千欧。

（4）直流电源 V_{CC} 有两个作用：一是通过 R_B 和 R_C 使三极管发射结正偏、集电结反偏，使三极管工作在放大区；二是给放大电路提供能源。V_{CC} 的电压一般为几伏到几十伏。

（5）电容 C_1 和 C_2 起“隔直通交”的作用，避免放大电路的输入端与信号源之间、输出端与负载之间直流分量的互相影响。一般 C_1 和 C_2 选用电解电容，取值为几微法到几十微法。用 PNP 型三极管组成放大电路时，电源的极性和电解电容极性正好与 NPN 型三极管组成的放大电路相反。

2. 共集电极和共基极放大电路

放大电路中，若三极管的集电极是输入和输出的公共端，即集电极接地，就构成共集电极放大电路，如图 9-1-2（a）所示。

若三极管的基极是输入和输出的公共端，即基极接地，就构成共基极放大电路，如图 9-1-2（b）所示。

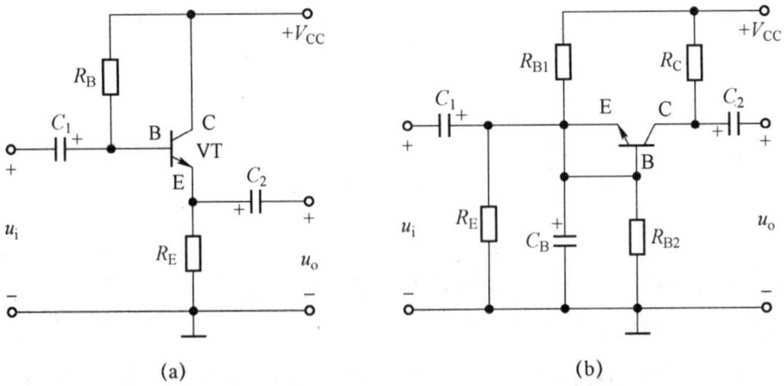

图 9-1-2　共集电极和共基极放大电路

（a）共集电极放大电路；（b）共基极放大电路

共发射极放大电路的电压、电流、功率放大倍数都较大，所以广泛应用在多级放大器的中间放大级。

共集电极放大电路只有电流放大作用，无电压放大作用，它的输入电阻大，输出电阻小，常用来实现阻抗匹配或作为缓冲电路。

共基极放大电路的主要特点是频率特性好，所以多用作高频放大器、高频振荡器及宽带放大器。

9.1.2 放大原理

放大电路有 2 种工作状态，当电路没有交流信号输入时，电路中的电压、电流都处于不变的状态，称为静态。当放大电路有交流信号输入时，电路中的电压、电流随输入信号做相应变化的状态，称为动态。当有交流信号输入时，电路的电压和电流是由直流成分和交流成分叠加而成的。

如图 9－1－3（a）所示的放大电路，可调整偏置电阻 R_B 使之有合适的静态工作点，这样交流信号经放大后，输出波形才不会产生失真。放大电路的放大原理说明如下。

输入交流信号 u_i［图 9－1－3（b）］通过电容 C_1 的耦合送到三极管的基极和发射极，电源 V_{CC} 通过偏置电阻 R_B 为三极管提供发射结直流偏压 U_{BEQ}，交流信号 u_i 与直流偏压 U_{BEQ} 叠加的 u_{BE} 波形如图 9－1－3（c）所示，基极电流 i_B 产生相应的变化，波形如图 9－1－3（d）所示。

电流 i_B 经放大后获得对应的集电极电流 i_C，如图 9－1－3（e）所示，电流 i_C 增大时，负载电阻 R_C 的压降也相应增大，使集电极对地的电压 u_{CE} 降低；反之，电流 i_C 变小时，负载电阻 R_C 的压降也相应减小，使集电极对地的电压 u_{CE} 升高。因此，集电极与发射极之间的电压 u_{CE} 波形与输出电流 i_C 的变化情况相反，如图 9－1－3（f）所示。u_{CE} 经电容 C_2 隔离直流成分，输出的只是放大信号的交流成分 u_o，波形如图 9－1－3（g）所示。

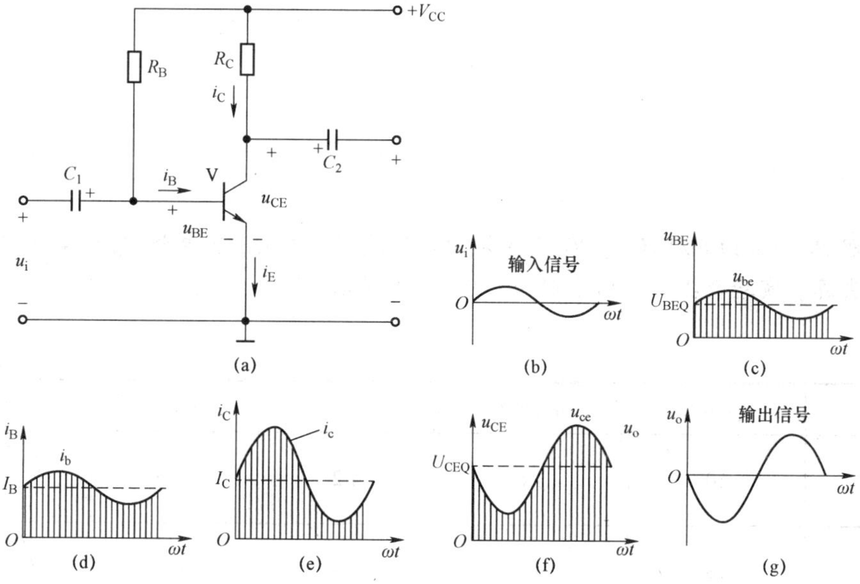

图 9－1－3　放大电路的电压和电流波形

综上分析可知，在基本放大电路中，输出电压 u_o 与输入电压 u_i 相位相反，幅度得到放大，因此该放大电路通常也称为反相放大器。

9.1.3 放大电路的分析

1. 放大电路的静态分析

1）放大电路的静态工作点

静态工作点是指在静态情况下，电流电压参数在晶体管输入、输出特性曲线簇上所确定的点，用 Q 表示，静态值一般包括 I_{BQ}、I_{CQ} 和 U_{CEQ}。放大电路静态工作点的设置是否合适，是放大电路能否正常工作的重要条件。

2）静态工作点对放大电路工作的影响

动手做

为了直观说明静态工作点对放大电路工作的影响，按图 9－1－4 所示的方式连接电路，检查接线无误后，接通 12 V 的直流稳压电源，注意观察电路中 R_B 分别为 690 kΩ、470 kΩ、220 kΩ情况下的输出电压波形，并测量静态工作点的数值。（可以采用仿真演示）

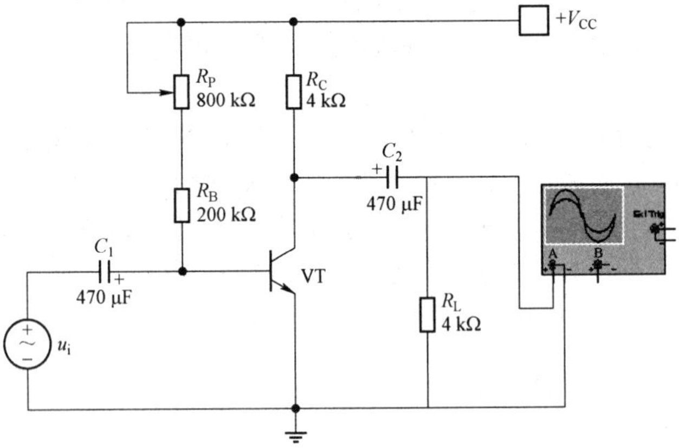

图 9－1－4　静态工作点对放大电路的影响

实验现象

当电阻 R_B 分别为 690 kΩ、220 kΩ时输出电压波形有失真；当电阻 R_B 为 470 kΩ时输出电压波形无失真。实验数据及输出波形如表 9－1－1 所示。

表 9－1－1　实验数据记录表

R_B/kΩ	I_{BQ}/μA	I_{CQ}/mA	U_{CEQ}/V	U_o/V	波形
690	10	1.6	4.2	1.25	
470	18	2.3	2.3	1.7	

续表

R_B/kΩ	I_{BQ}/μA	I_{CQ}/mA	U_{CEQ}/V	U_o/V	波形
220	35	3.6	0.2	1.6	

归纳

静态工作点对放大电路的放大能力、输出电压波形都有影响。只有当静态工作点在放大区时，晶体管才能不失真地对信号进行放大。因此，要使放大电路正常工作，必须使它具有合适的静态工作点。

3）放大电路的直流通路

直流通路：静态时，放大电路直流通过的路径。在直流情况下电容可视为开路，因此画直流通路时把电容支路断开即可，图 9-1-5（b）所示为共发射极放大电路的直流通路。

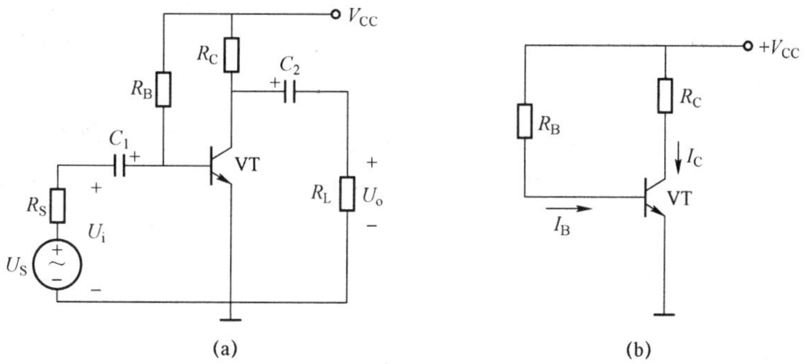

图 9-1-5　共发射极放大电路的直流通路

（a）共发射极放大电路；（b）共发射极放大电路的直流通路

4）静态分析

静态时，电源 V_{CC} 通过 R_B 给三极管的发射结加上正向偏置，用 U_B 表示，产生的基极电流用 I_{BQ} 表示，集电极电流用 I_{CQ} 表示，此时的集—射电压用 U_{CEQ} 表示。放大电路的静态分析一般通过画直流通路来进行。从图 9-1-5 中不难求出放大电路的静态值为

$$I_{BQ}=\frac{V_{CC}-U_{BE}}{R_B} \tag{9-1-1}$$

因为 $V_{CC}\gg U_{BE}$，所以

$$I_{BQ}\approx\frac{V_{CC}}{R_B} \tag{9-1-2}$$

$$I_{CQ}=\beta I_{BQ} \tag{9-1-3}$$

$$U_{CEQ}=V_{CC}-I_{CQ}R_C \tag{9-1-4}$$

【例 9-1-1】　在图 9-1-5（a）中，已知 $V_{CC}=12$ V，$R_B=300$ kΩ，$R_C=4$ kΩ，$\beta=37.5$，试求放大电路的静态值。

解：根据图 9-1-5（b）所示的共发射极放大电路直流通路，可以得到

$$I_{BQ} \approx \frac{V_{CC}}{R_B} = 12/300 = 0.04\ (\text{mA})$$

$$I_{CQ} = \beta I_{BQ} = 37.5 \times 0.04 = 1.5\ (\text{mA})$$

$$U_{CEQ} = V_{CC} - I_{CQ}R_C = 12 - 1.5 \times 4 = 6\ (\text{V})$$

2. 放大电路的动态分析

1）放大电路的交流通路

交流通路：输入交流信号时，放大电路交流信号流通的路径。由于容抗小的电容以及内阻小的直流电源可视为对交流短路，因此画交流通路时只需把容量较大的电容及直流电源简化为一条短路线即可。图 9-1-6（a）所示为放大电路的交流通路。

2）动态分析

放大电路有输入信号的工作状态称为动态。动态分析主要是确定放大电路的电压放大倍数 A_u、输入电阻 R_i 和输出电阻 R_o 等。

放大电路有输入信号时，三极管各极的电流和电压瞬时值既有直流分量，又有交流分量。直流分量一般就是静态值，而所谓放大，只考虑其中的交流分量。下面介绍动态分析时常用的电路——简化微变等效电路。

（1）三极管的简化微变等效电路。在讨论放大电路的简化微变等效电路之前，需要介绍三极管的简化微变等效电路。图 9-1-6（b）所示为三极管的简化微变等效电路。

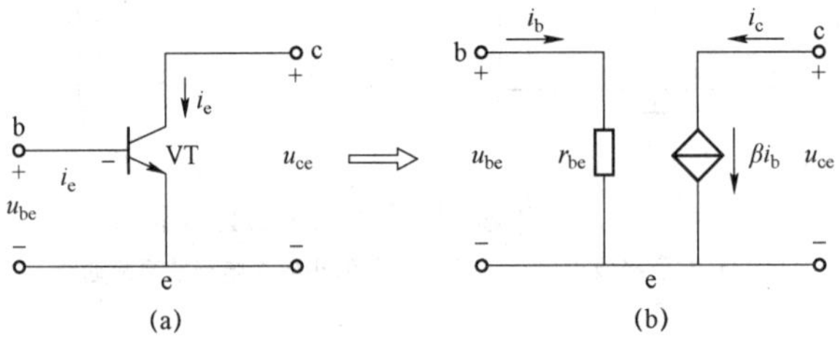

图 9-1-6 交流通路和简化微变等效电路

（a）放大电路的交流通路；（b）三极管的简化微变等效电路

简化微变等效电路是一种线性化的分析方法，它的基本思想是：把三极管用一个与之等效的线性电路来代替，从而把非线性电路转化为线性电路，再利用线性电路的分析方法进行分析。当然，这种转化是有条件的，这个条件就是“微变”，即变化范围很小，小到三极管的特性曲线在 Q 点附近可以用直线代替。这里的“等效”是指对三极管的外电路而言，用线性电路代替三极管之后，端口电压、电流的关系并不改变。由于这种方法要求变化范围很小，因此，输入信号只能是小信号，一般要求 u_{be}（即 u_i）≤10 mV。这种分析方法只适用于小信号电路的分析，且只能分析放大电路的动态。

从图 9-1-6 可以看出，三极管的输入回路可以等效为输入电阻 r_{be}。在小信号工作条件下，r_{be} 是一个常数，低频小功率管的 r_{be} 可用下式估算，即

$$r_{be} = 300\Omega + (1+\beta)\frac{26(\text{mV})}{I_E(\text{mA})} \tag{9-1-5}$$

式中　I_E——三极管发射极电流的静态值，一般可取 $I_E \approx I_{CQ}$。

在三极管的输出回路中，用一等效的受控恒流源 βi_b 来代替。三极管的输出电阻数值比较大，故在三极管的简化微变等效电路中将它忽略。

（2）放大电路的简化微变等效电路。由于 C_1、C_2 和 V_{CC} 对于交流信号是相当于短路的，所以图 9-1-5（a）所示的共发射极放大电路的交流通路如图 9-1-7（a）所示。放大电路交流通路中的三极管如用其简化微变等效电路来代替，便可得到如图 9-1-7（b）所示的放大电路的简化微变等效电路（以后简称微变等效电路）。

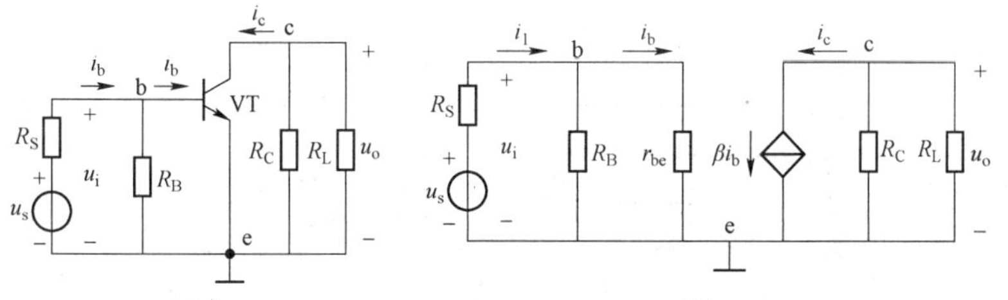

(a)　(b)

图 9-1-7　交流通路和简化微变等效电路

（a）共发射极放大电路的交流通路；（b）放大电路的简化微变等效电路

3. 放大电路的图解分析（选学）

图解分析（简称图解法）是放大电路的另一种分析方法，下面简单介绍放大电路的图解分析方法。

1）用图解法分析放大电路的静态工作情况

如前所述，如图 9-1-1 所示的共发射极放大电路的直流通路如图 9-1-5（b）所示。利用三极管的输出特性曲线，可以画出放大电路输出回路的图解分析曲线，如图 9-1-8 所示。

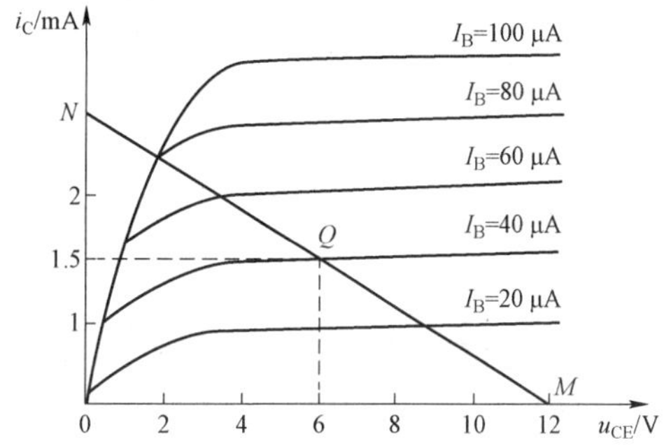

图 9-1-8　放大电路输出回路的图解分析曲线

放大电路的输出回路应当满足的条件为

$$u_{CE} = V_{CC} - i_C R_C$$

这是一条直线，称为放大电路的直流负载线，其斜率为 $-\dfrac{1}{R_C}$。在输出回路的图解分析曲线上作出的 MN 就是这条直流负载线，它与横轴的交点是 M（V_{CC}，0），与纵轴的交点是 $N\left(0,\dfrac{V_{CC}}{R_C}\right)$。$MN$ 与放大电路中 I_{BQ} 的交点就是静态工作点 Q。Q 点的横坐标值为 U_{CEQ}，纵坐标值是 I_{CQ}。在例 9-1-1 中，已知 I_{BQ}=40 μA，MN 与 I_{BQ}=4 μA 的交点为 Q 点，Q 点的横坐标值为 6 V（即 U_{CEQ}=6 V），纵坐标值为 1.5 mA（即 I_{CQ}=1.5 mA）。

2）用图解法分析放大电路的动态工作情况

用图解法能够直观显示出在输入信号作用下，放大电路各点电压和电流波形的幅值大小及相位关系，尤其对判断静态工作点是否合适、输出波形是否会失真等十分方便。图 9-1-9

所示为用图解法分析放大电路的动态工作情况。从图中可以看出，输入信号作用在放大电路输入端（见曲线①），在三极管输入特性曲线上可以对应画出基极电流的曲线（见曲线②），输入曲线上的 Q 点在 Q'和 Q''范围内上下移动。随着放大电路基极电流 i_b 的变化，在输出特性曲线上放大电路的工作点将沿直流负载线移动，其范围是 $Q'\sim Q''$，这样可以得到 i_C 的变化曲线③及 u_{ce} 的变化曲线④。可以发现，当 u_i 为正半周时对应 u_{ce} 的负半周，当 u_i 为负半周时则对应 u_{ce} 的正半周，而 u_{ce} 就是 u_o。这说明，共发射极放大电路的 u_i 和 u_o 是反相的。

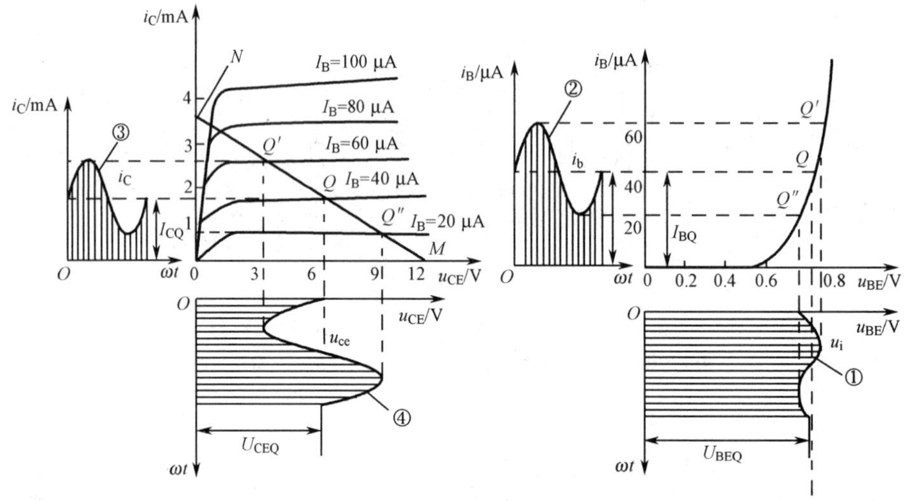

图 9-1-9　用图解法分析放大电路的动态工作情况

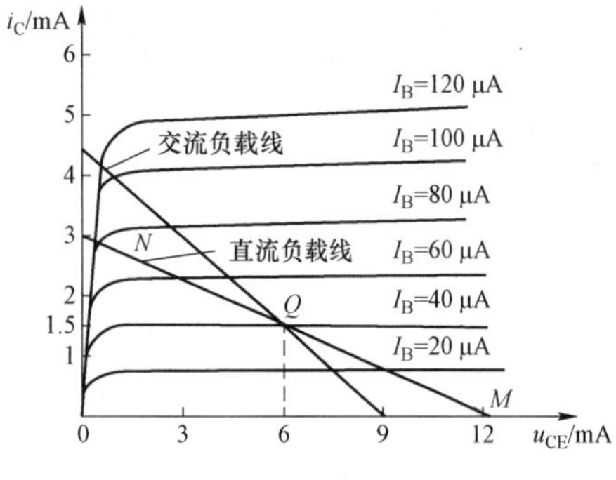

图 9-1-10　放大电路的交流负载线

上述图解分析时，是把放大电路的负载 R_L 作为开路来处理的，如果考虑 R_L，则放大电路的负载应为 $R_L' = R_C//R_L$。这时放大电路的负载线称为交流负载线，如图 9-1-10 所示，从图中看出交流负载线与直流负载线 MN 并不重合，但在 Q 点相交，这是因为输入信号在变化过程中必定会经过零点，在通过零点时 $u_i=0$，相当于放大电路处于静态。通过 Q 点作一条斜率为 $-1/R_L'$ 的直线就能得到放大电路的交流负载线。

9.1.4　放大电路的性能指标

用微变等效电路分析放大电路的步骤是：先画出放大电路的交流通路，再用相应的等效电路代替三极管，最后计算性能指标。

1. 电压放大倍数 A_u

电压放大倍数是指放大器输出信号的电压 u_o 与输入信号的电压 u_i 的比值，它反映放大器的电压放大能力，用 A_u 表示，即 $A_u=\dfrac{u_o}{u_i}$。

放大器的输出端有无负载时，其输出电压各不相同。无负载时的电压放大倍数为

$$A_u = -\beta \frac{R_C}{r_{be}}$$

带负载 R_L 时的电压放大倍数为

$$A_u = -\beta \frac{R_L'}{r_{be}}$$

上两式中，负号表示输出电压与输入电压反相，$R_L' = R_C // R_L$。如果电路的输出端开路，即 $R_L = \infty$，则有

$$A_u = -\frac{\beta R_C}{r_{be}}$$

【例 9-1-2】 在图 9-1-5 中，$V_{CC}=12$ V，$R_C=4$ kΩ，$R_L=4$ kΩ，$R_B=300$ kΩ，$\beta=37.5$，试求放大电路的电压放大倍数 A_u。

解：在例 9-1-1 中已求出，$I_{CQ} = \beta I_{BQ} = 1.5$ mA。

由式（9-1-5）可求出

$$r_{be} = 300 + (1+37.5)\times\frac{26}{1.5} = 967\ (\Omega)$$

则

$$A_u = -\beta\frac{R_C // R_L}{r_{be}} = -\frac{37.5(4//4)}{0.967} = -77.6$$

2. 输入电阻 R_i

放大电路的输入电阻 R_i 是从放大器的输入端看进去的等效电阻，如图 9-1-11 所示，即

$$R_i = R_B // r_{be}$$

通常 $R_B \gg r_{be}$，因此 $R_i \approx r_{be}$，可见共发射极放大电路的输入电阻 R_i 不大。

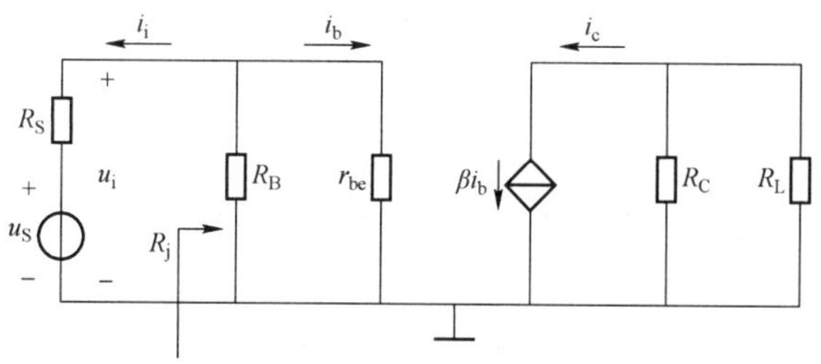

图 9-1-11 共发射极放大电路的输入电阻

3. 输出电阻 R_o

放大电路对负载而言，相当于一个信号源，其内阻就是放大电路的输出电阻 R_o。求输出电阻 R_o 可利用图 9-1-12 所示电路，将输入信号源 u_S 短路和输出负载开路，从输出端外加测试电压 u_T，产生相应的测试电流 i_T，则输出电阻为

$$R_o = \frac{u_T}{i_T}$$

而 $i_T=\dfrac{u_T}{R_C}$，故

$$R_o=R_C$$

在例 9－1－2 中，$R_o=R_C=4\ \text{k}\Omega$。

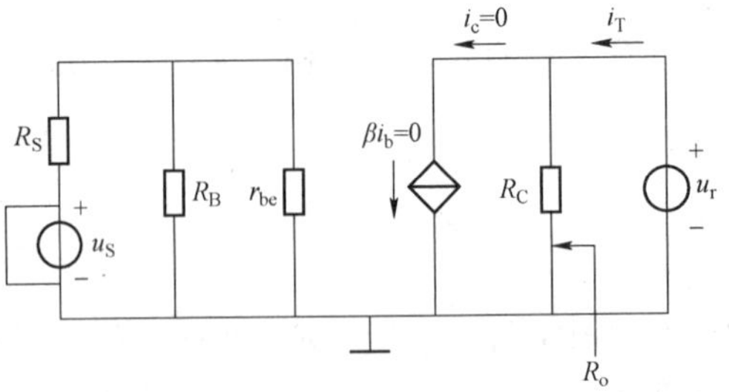

图 9－1－12 共发射极放大电路的输出电阻

上面以共发射极放大电路为例，估算了放大电路的输入电阻和输出电阻。一般来说，希望放大电路的输入电阻高一些，这样可以避免输入信号过多地衰减；对于放大电路的输出电阻来说，则希望越小越好，以提高电路的带负载能力。

9.1.5 分压式射极偏置电路

1. 温度对静态工作点的影响

静态工作点不稳定的原因很多，如电源电压的波动、电路参数的变化，但最主要的是三极管的参数会随外部温度变化而变化。当温度升高时，三极管的 U_{BEQ} 将下降，I_{CBO} 增加，β 值也将增加，这些都表现在静态工作点中的 I_{CQ} 值增加，从而造成静态工作点不稳定。

2. 静态工作点对输出波形失真的影响

对一个放大电路来说，要求输出波形的失真尽可能小。但是，当静态工作点设置不当时，输出波形将出现严重的非线性失真。在图 9－1－13 中，静态工作点设于 Q 点，可以得到失真很小的 i_c 和 u_{ce} 波形。但是，当静态工作点设在 Q_1 或 Q_2 点时，会使输出波形产生严重的失真。

1）饱和失真

当 Q 点设置偏高，接近饱和区时，如图 9－1－13 中的 Q_1 点，i_c 的正半周和 u_{ce} 的负半周都出现了畸变。这种由于动态工作点进入饱和区而引起的失真，称为“饱和失真”。

2）截止失真

当 Q 点设置偏低，接近截止区时，如图 9－1－13 中的 Q_2 点，使得 i_c 的负半周和 u_{ce} 的正半周出现畸变。这种失真称为“截止失真”。

一般，工作点 Q 选在交流负载线的中央，可以获得最大的不失真输出，使放大电路得到最大的动态工作范围。

由于三极管参数的温度稳定性较差，在固定偏置放大电路（基本放大电路）中，当温度变化时，会引起电路静态工作点的变化，造成输出电压失真。为了稳定放大电路的性能，必须在电路的结构上加以改进，使静态工作点保持稳定。分压式偏置放大电路（分压式射极偏置电路）和集电极－基极偏置放大电路就是静态工作点比较稳定的放大电路。

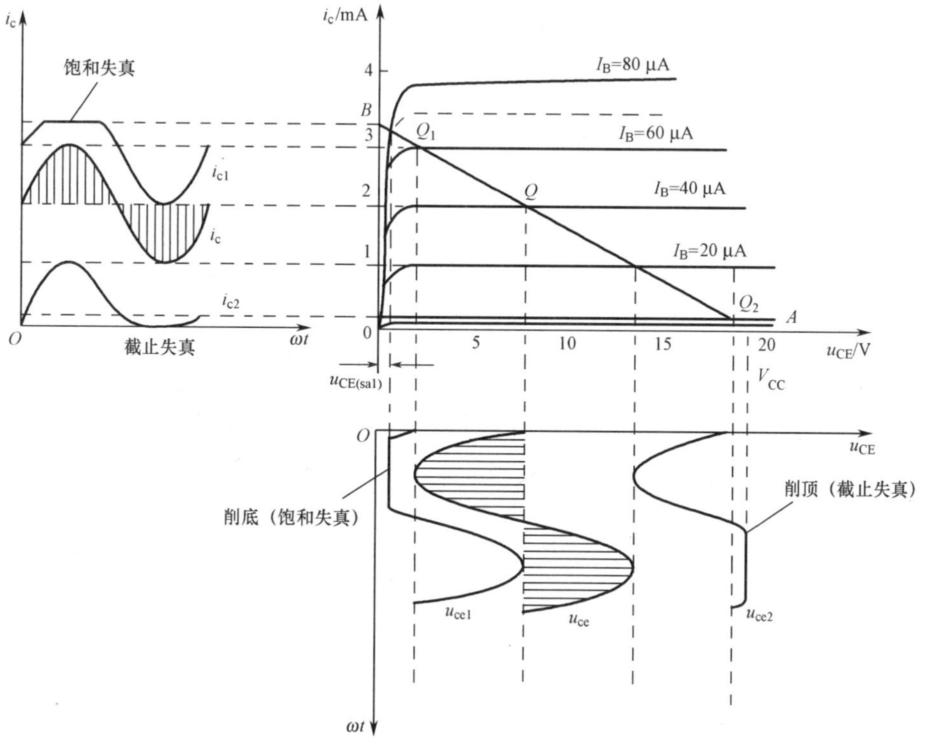

图 9－1－13　静态工作点对输出波形失真的影响

3. 电路组成

分压式射极偏置电路如图 9－1－14 所示。从电路的组成来看，三极管的基极连接有两个偏置电阻：上偏电阻 R_{B1} 和下偏电阻 R_{B2}。发射极支路串接了电阻 R_E（称为射极电阻）和旁路电容 C_E（称为射极旁路电容）。

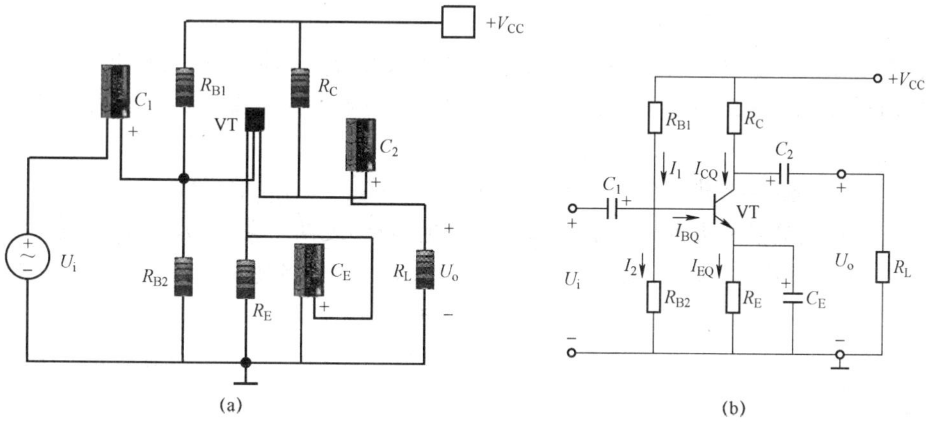

图 9－1－14　分压式射极偏置电路

（a）实物；（b）电路原理

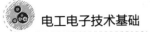

4. 稳定静态工作点的原理

动手做

按图 9-1-15 所示的方式连接电路，观察电路更换三极管（β值不同）前后的静态工作点的情况，同时按图 9-1-1 所示的方式（共发射极放大电路）连接电路，观察电路更换三极管（β值不同）前后的静态工作点的情况，比较两电路的结果。（可以采用仿真演示）

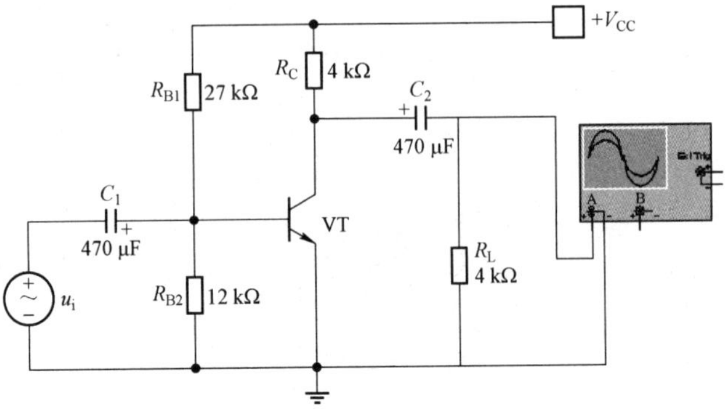

图 9-1-15　分压式偏置放大电路仿真图

实验现象

分压式偏置放大电路：第一只三极管为 I_{CQ1}，输出波形正常；第二只三极管为 $I_{CQ1}=I_{CQ2}$，输出波形正常。

共射放大电路：第一只三极管为 I_{CQ1}，输出波形正常；第二只三极管为 $I_{CQ1}\neq I_{CQ2}$，输出波形不正常。

归纳

由图 9-1-14 可知，当温度升高时 I_{CQ}、I_{EQ} 均会增大，因此 R_E 的压降 U_{EQ} 也会随之增大，由于 U_{BQ} 基本不变化，所以 U_{BE} 减小，而 U_{BE} 减小又会使 I_{BQ} 减小，I_{BQ} 减小又使 I_{CQ} 减小，因此 I_{CQ} 的增大就会受到抑制，电路的静态工作点能基本保持不变。上述变化过程可以表示为

$$\text{温度上升}\rightarrow I_{CQ}\uparrow\rightarrow I_{EQ}\uparrow\rightarrow U_{EQ}\uparrow\rightarrow U_{BE}\downarrow\rightarrow I_{BQ}\downarrow\rightarrow I_{CQ}\downarrow$$

要确保分压式偏置放大电路的静态工作点稳定，应满足两个条件：$I_2\gg I_{BQ}$ 和 $U_{EQ}\gg U_{BEQ}$。这样使得 U_B 和 I_{EQ} 或 I_{CQ} 就与三极管的参数几乎无关，不受温度变化的影响，从而静态工作点能得以基本稳定。

要改变分压式偏置放大电路的静态工作点，通常的方法是调整上偏电阻 R_{B1} 的阻值。

9.1.6 多级放大器的级间耦合

单级放大电路的电压放大倍数是有限的，在信号很微弱时，为得到较大的输出信号电压，必须用若干个单级放大电路级联起来，进行多级放大，以得到足够大的电压放大倍数，如需要输出足够大的功率以推动负载（如扬声器、继电器、控制电动机等）工作，末级还要接功

率放大电路。多级放大器的结构方框图如图 9－1－16 所示。

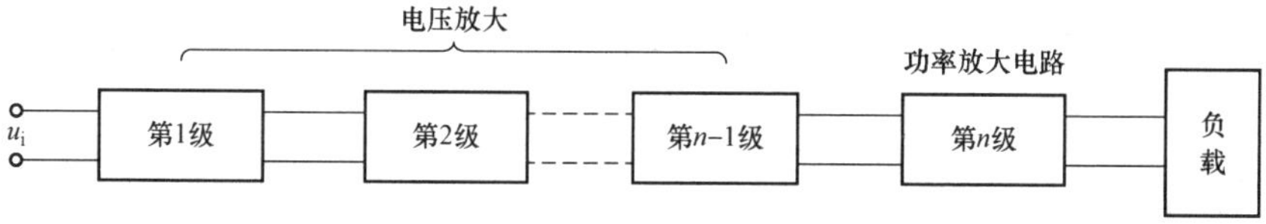

图 9－1－16　多级放大器的结构方框图

多级放大电路是由两个或两个以上的单级放大电路组成的，级与级之间的连接方式叫耦合，常采用的耦合方式有阻容耦合、变压器耦合和直接耦合等。为确保多级放大器能正常工作，级间耦合必须满足以下两个基本要求。

（1）必须保证前级输出信号能顺利地传输到后级，并尽可能减小功率损耗和波形失真。

（2）耦合电路对前、后级放大电路的静态工作点没有影响。

1. 阻容耦合

如图 9－1－17 所示的阻容耦合放大电路，其前级放大电路的输出端通过耦合电容 C_2 和后级放大电路的输入电阻 r_{i2} 连接起来，故称为阻容耦合方式。由于级与级之间由电容隔离了直流电，所以静态工作点互不影响，可以各自调整到合适位置。阻容耦合方式带来的局限性是：不适宜传输缓慢变化的信号，更不能传输恒定的直流信号。

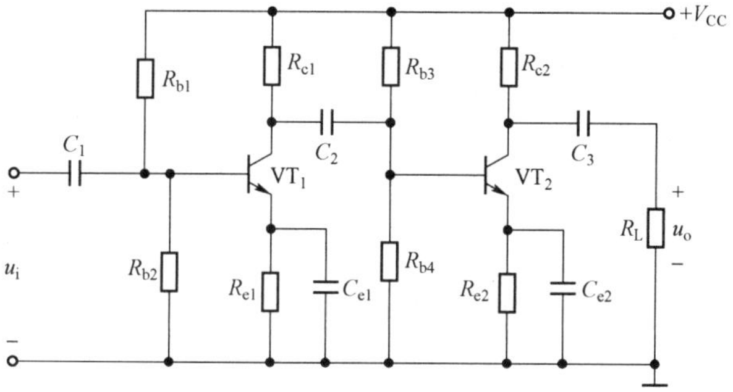

图 9－1－17　阻容耦合放大电路

2. 变压器耦合

利用变压器的一、二次线圈之间具有“隔直流、耦合交流”的作用，使各级放大器的工作点相互独立，而交流信号能顺利输送到下一级，就称为变压器耦合。图 9－1－18 所示为变压器耦合放大电路。

由于变压器制造工艺复杂、价格高、体积大、不宜集成化，所以变压器耦合方式目前已较少采用。

3. 直接耦合

如图 9－1－19 所示的直接耦合放大电路，前后级之间没有隔直流的耦合电容或变压器，因此适用于放大直流信号或变化极其缓慢的交流信号。直接耦合方式需要解决的问题是前、后级静态工作点的配置和相互牵连问题。直接耦合方式便于电路集成化，故在集成电路中得到了广泛应用。

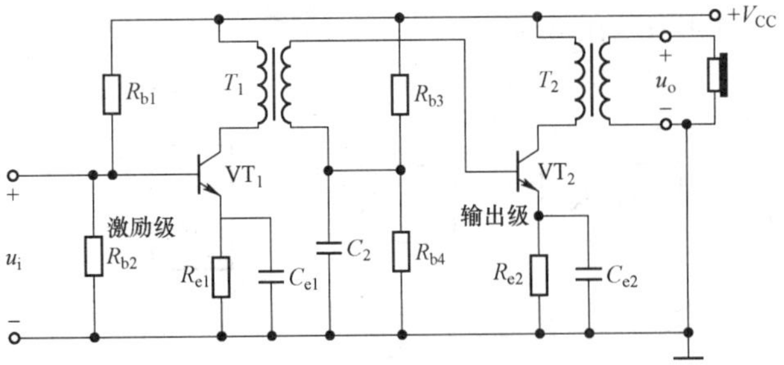

图 9-1-18 变压器耦合放大电路

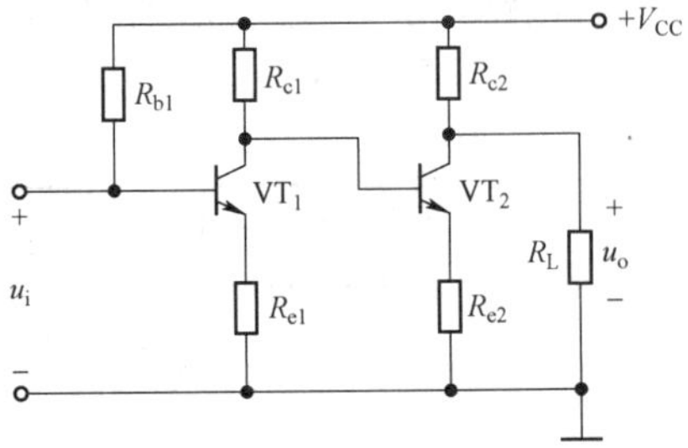

图 9-1-19 直接耦合放大电路

4. 放大电路的典型应用——电子助听器

图 9-1-20 所示为电子助听器的外形和电路原理，使用时对话筒轻轻发出声音，耳机中即可听到放大后的洪亮声音，能帮助听力不好的人提高听力。三极管 VT_1、VT_2、VT_3 组成三级音频放大，级与级之间采用阻容耦合方式连接，所以电子助听器是阻容耦合放大电路。

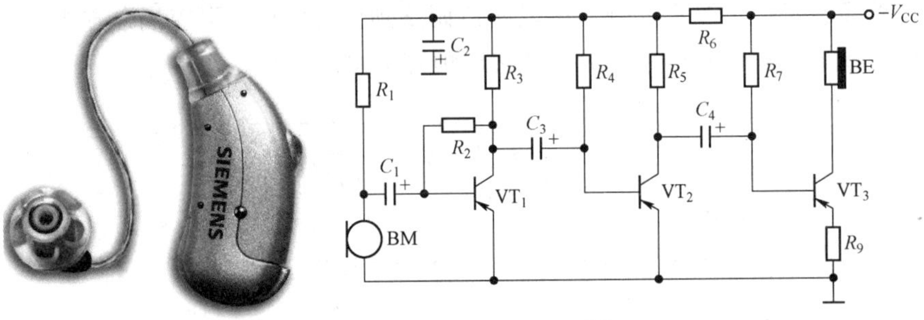

(a)　　(b)

图 9-1-20 电子助听器的外形和电路原理

(a) 外形；(b) 电路原理

9.2 集成运算放大器

9.2.1 认识集成运算放大器

1. 集成运算放大电路简介

在半导体制造工艺的基础上，把整个电路中的元件制作在一块半导体基片上，构成特定功能的电子电路，称为集成电路。集成电路的体积小，性能好。集成电路可分为模拟集成电路和数字集成电路两大类。模拟集成电路的种类繁多，有运算放大器、宽带放大器、功率放大器、直流稳压器以及电视机、收录机和其他电子设备中的专用集成电路等。在模拟集成电路中，集成运算放大器（以下简称集成运放）是应用最为广泛的一种。

常见的集成运放有两种封装形式：金属圆壳式封装、陶瓷或塑料双列直插式封装，其常见封装外形如图 9-2-1 所示。

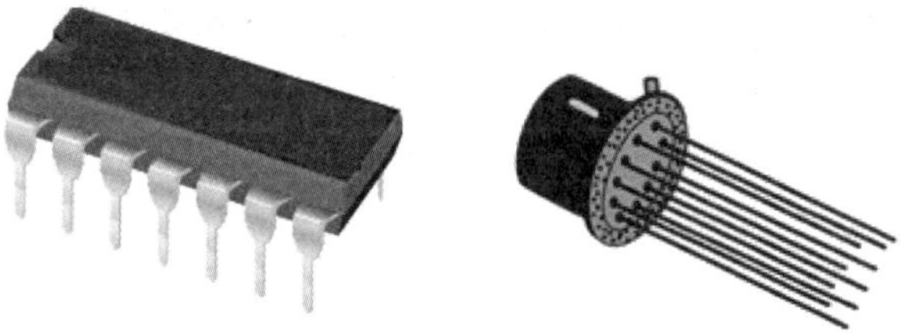

(a)　　(b)

图 9－2－1　集成运放的常见封装外形

（a）陶瓷或塑料双列直插式封装；（b）金属圆壳式封装

集成运放是一种有高电压放大倍数、高输入电阻和低输出电阻的多级直接耦合放大电路。下面介绍集成运放的主要特点及组成原理。

2. 集成运放的组成及各部分的作用

集成运放内部电路由 4 个部分组成，包括输入级、中间级、输出级和偏置电路，如图 9－2－2 所示。

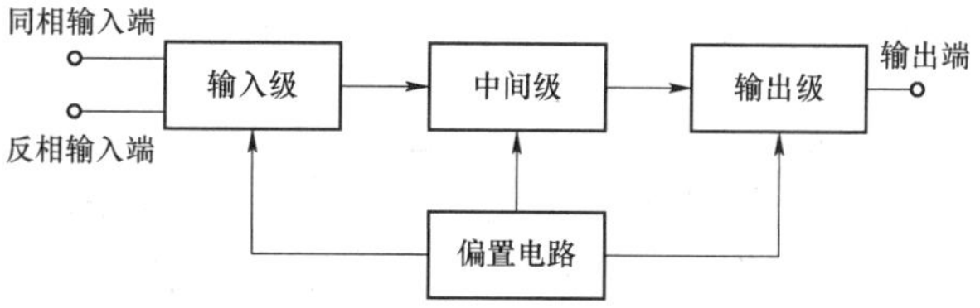

图 9－2－2　集成运放的内部电路框图

1）输入级

输入级又称前置级，它是一个高性能的差动放大电路。输入级的好坏影响着集成运放的大多数参数，一般要求其输入电阻高、放大倍数大、抑制温度漂移的能力强、输入电压范围大且静态电流小。

2）中间级

中间级是整个电路的主放大电路，主要功能是获得高的电压放大倍数，一般由多级放大电路组成，并以恒流源取代集电极电阻来提高电压放大倍数，其电压放大倍数可为千倍以上。

3）输出级

输出级应具有输出电压范围宽、输出电阻小、有较强的带负载能力、非线性失真小等特点。大多数集成运放的输出级采用准互补输出电路。

4）偏置电路

偏置电路用于设置集成运放各级放大电路的静态工作点，与分立元件电路不同，偏置电路采用电流源电路为各级提供合适的集电极静态电流，从而确定合适的管压降，以便得到合适的静态工作点。理想的集成运放是：当同相输入端与反向输入端同时接地时，输出电压为 0 V。

3. 集成运放的电气图形符号与引脚功能

集成运放有 2 个输入端（一个称为同相输入端，一个称为反相输入端），电气图形符号如图 9－2－3（a）所示。图中，带“－”号的输入端称为反相输入端，带“＋”号的输入端称为同相输入端，三角形符号表示运算放大器，“∞”表示开路增益极高，它的三个端分别用 U_-、U_+ 和 U_o 来表示。一般情况下可以不画出电源连线，其输入端对地输入，输出端对地输出。图 9-2-3（b）所示为旧标准的集成运放电气图形符号。

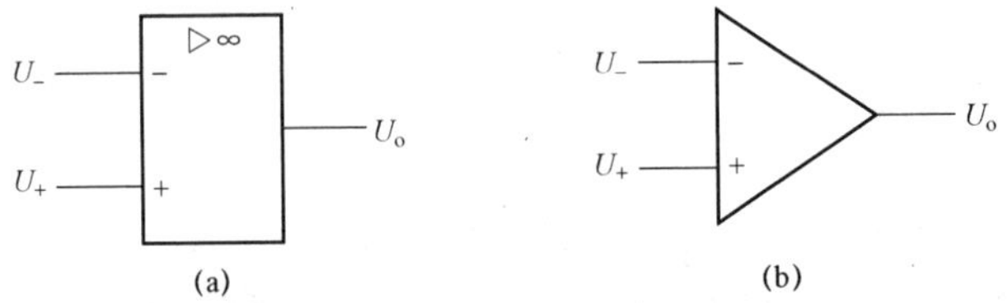

图 9-2-3　集成运放的电气图形符号

（a）新标准；（b）旧标准

集成运放有 8～14 个引脚，它们都按一定顺序用数字编号，每个编号的引脚都连接着内部电路的某一特定位置，以便于与外部电路连接。引脚排列的规则为：对于陶瓷或塑料双列直插式封装集成运放，是将器件正放（顶视），切口或圆形标记放在左边，由左下角开始按逆时针方向排列，如图 9-2-4（a）所示；对于金属圆壳式封装集成运放，则面向引脚正视（底视），由标志键右面第一脚开始，按顺时针方向排列，如图 9-2-4（b）所示。

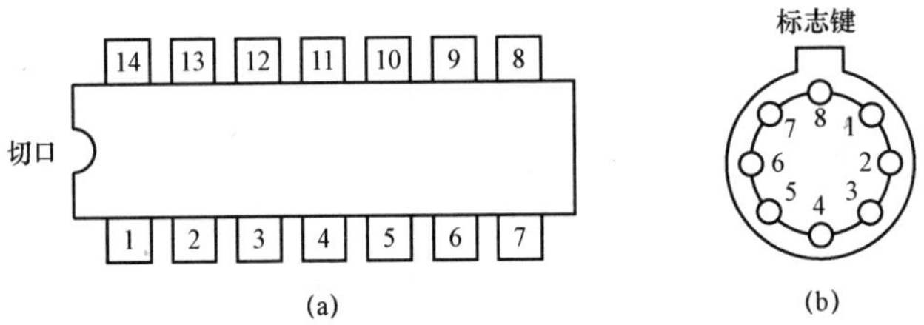

图 9-2-4　集成运放的引脚排列方式

（a）陶瓷或塑料双列直插式封装集成运放（顶视）；（b）金属圆壳式封装集成运放（底视）

集成运放 CF741 有 8 个引脚，引脚的排列及功能如图 9-2-5 所示。由 CF741 组成的基本放大电路如图 9-2-6 所示，图 9-2-6（b）所示为对应的实物。CF741 的 3 脚是同相输入端，输入信号由 3 脚和公共端输入时，6 脚输出信号与输入信号同相位；2 脚是反相输入端，输入信号由 2 脚和公共端输入时，输出信号与输入信号反相位；7 脚接正电源；4 脚接负电源；1、4、5 脚接调零电位器，8 脚为空脚。

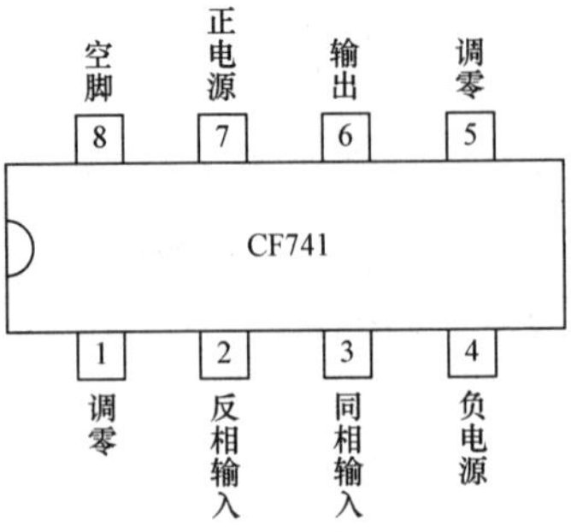

图 9-2-5　CF741 引脚的排列及功能

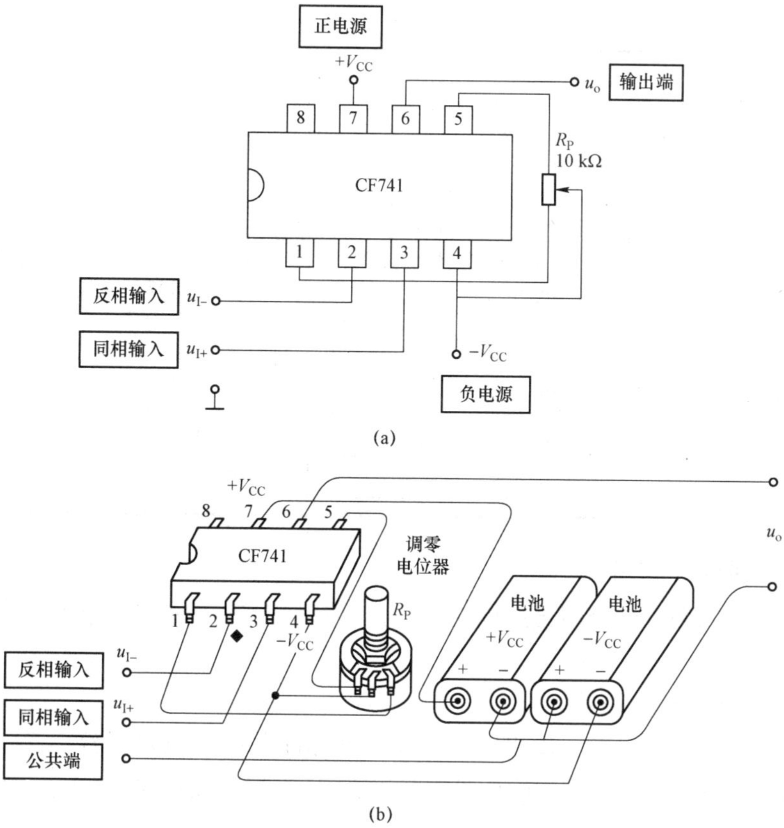

图 9-2-6　集成运放 CF741 组成的基本放大电路

（a）原理；（b）实物

几种典型的集成运放的引脚图及引脚功能如表 9-2-1 所示。

表 9-2-1　几种典型的集成运放的引脚图及引脚功能

型号	名称	引脚图	引脚功能
OP07	低噪声、高精度运算放大器	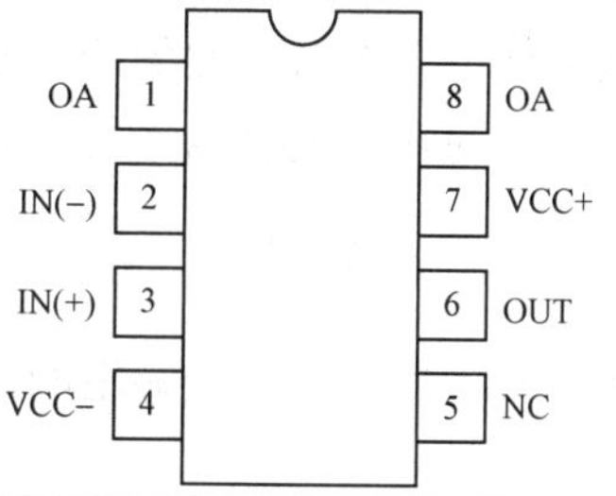	1 脚和 8 脚是调零端，2 脚是反相输入端，3 脚是同相输入端，4 脚接负电源，5 脚为空脚，6 脚为输出端，7 脚接正电源
LM358	通用型双运算放大器	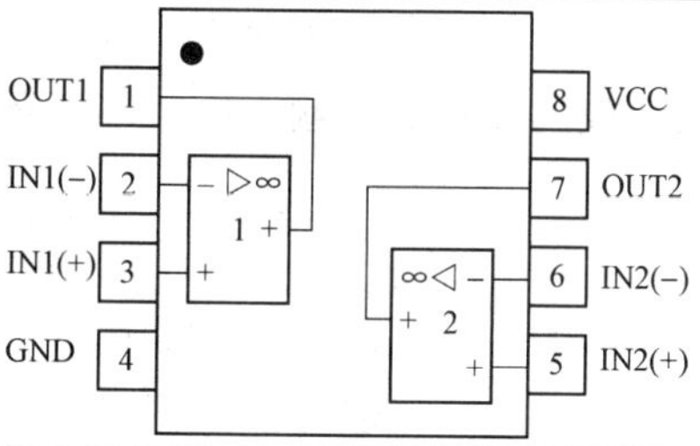	内部包含两组形式完全相同的运算放大器，除电源共用外，两组运算放大器相互独立，每个运算放大器包含同相输入端、反相输入端和输出端。8 脚接正电源，4 脚为接地端

续表

型号	名称	引脚图	引脚功能
LM324	四运放集成电路	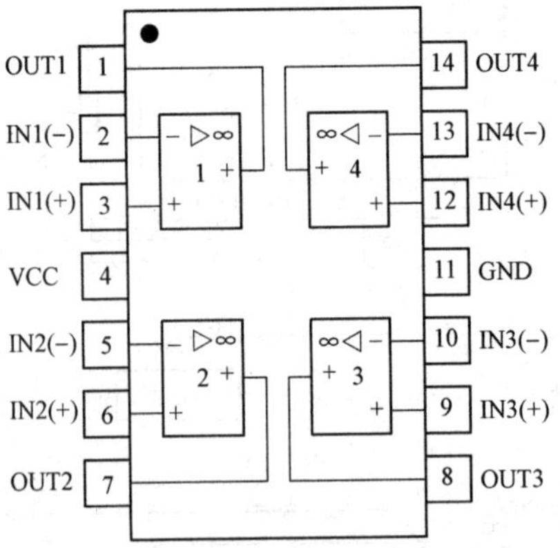	内部包含四组形式完全相同的运算放大器，除电源共用外，四组运算放大器相互独立。4 脚接正电源，11 脚为接地端

4. 集成运放的主要参数

为了合理地选用和正确使用集成运放，必须了解表征其性能的主要参数（或称技术指标）的意义。

1）开环差模电压放大倍数 A_{od}

集成运放不外接反馈电路，输出不接负载时测出的差模电压放大倍数，称为开环差模电压放大倍数 A_{od}。此值越高，所构成的运算电路越稳定，运算精度也越高。A_{od} 一般为 10^4～10^7，即 80～140 dB。

2）输入失调电压 U_{io}

理想的集成运放，当输入电压为 0（即反相输入端和同相输入端同时接地）时，输出电压应为 0。但在实际的集成运放中，由于元件参数不对称等，当输入电压为 0 时，输出电压 $U_o \neq 0$。如果这时要使 $U_o=0$，则必须在输入端加一个很小的补偿电压，它就是输入失调电压 U_{io}。U_{io} 的值一般为几微伏至几毫伏，显然它越小越好。

3）输入失调电流 I_{io}

当输入信号为 0 时，理想的集成运放两个输入端的静态输入电流应相等，而实际上并不完全相等，定义两个静态输入电流之差为输入失调电流 I_{io}。$I_{io}=\left|I_{B1}-I_{B2}\right|$，$I_{io}$ 越小越好，一般为几纳安到 1μA 之间。

4）最大输出电压 U_{omax}

最大输出电压指集成运放工作在不失真情况下能输出的最大电压。

5）最大输出电流 I_{omax}

最大输出电流指集成运放所能输出的正向或负向的峰值电流。

除以上介绍的参数外，集成运放的参数还有输入电阻、开环输出电阻、共模抑制比、带宽、转换速度等。

5. 理想集成运放

尽管集成运放的应用是多种多样的，但是其工作区域只有 2 个，在电路中，它不是工作在线性区，就是工作在非线性区。而且，在一般分析计算中，都将其看为理想集成运放。

所谓理想集成运放就是将各项技术指标都理想化的集成运放，即认为：

（1）开环差模电压放大倍数 $A_{od}\to\infty$；

（2）输入电阻 $r_{id}\to\infty$；

（3）开环输出电阻 $r_o\to0$；

（4）共模抑制比 $K_{CMR}\to\infty$；

（5）输入偏置电流 $I_{B1}=I_{B2}=0$。

理想集成运放等效电路如图 9－2－7 所示。

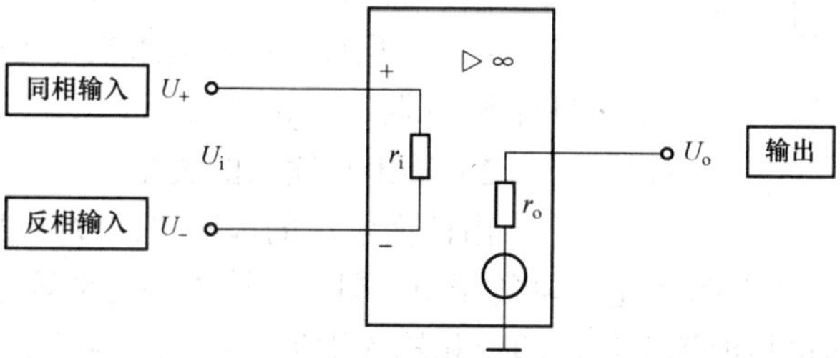

图 9－2－7　理想集成运放等效电路

由以上理想特性可以推导出以下两个重要结论。

（1）虚短路原则（简称虚短）。虚短是指集成运放工作在线性区，其输出电压 U_o 是有限值，而开环差模电压放大倍数 $A_{od}\to\infty$，则

$$U_i=\frac{U_o}{A_{od}}\approx0$$

即

$$U_-=U_+ \tag{9-2-1}$$

式（9－2－1）中的“U_+”为集成运放同相输入端电位，“U_-”为集成运放反相输入端电位。反相输入端电位和同相输入端电位几乎相等，近似于短路又不可能是真正的短路，故称为虚短。

（2）虚断路原则（简称虚断）。虚断是指理想集成运放输入电阻 $r_{id}\to\infty$，这样，同相、反相两输入端没有电流流入运算放大器内部，即

$$I_-=I_+=0 \tag{9-2-2}$$

式（9－2－2）中的“I_+”为集成运放同相输入端电流，“I_-”为集成运放反相输入端电流。输入电流好像断开一样，故称为虚断。

📖 注意

虚短路和虚断路原则简化了集成运放的分析过程。由于许多应用电路中集成运放都工作在线性区，因此，上述两条原则极其重要，应牢固掌握。

9.2.2 集成运放的基本运算电路

集成运放外接不同的反馈电路和元件等，就可以构成比例、加减、积分、微分等各种运算电路。

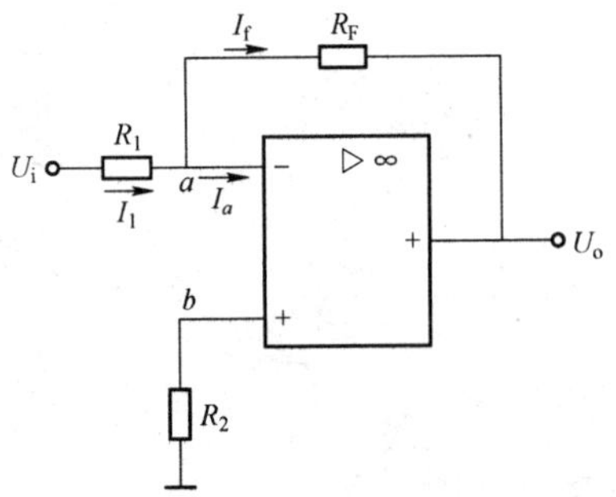

图 9-2-8 反相比例运算电路

1. 反相比例运算电路

1）电路结构

反相比例运算电路如图 9-2-8 所示，输入信号 U_i 从反相输入端与地之间输入，R_F 是反馈电阻，接在输出端和反相输入端之间，将输出电压 U_o 反馈到反相输入端，实现负反馈。R_1 是输入耦合电阻，R_2 是补偿电阻（也叫平衡电阻），$R_2=R_1//R_F$。

2）输出与输入的关系

由前面学习的虚断可知 $I_-=I_+=0$，所以图 9-2-8 所示电路中的 $I_1\approx I_f$，同时 R_2 上电压降等于 0，即同相输入端与地等电位；根据虚短有 $U_-=U_+\approx 0$，则反相输入端也与地等电位，即反相输入端近于接地，称反相输入端为“虚地”，即并非真正“接地”。“虚地”是反相比例运算电路的一个重要特点。

由上述分析可得其闭环电压放大倍数为

$$A_{of}=\frac{U_o}{U_i}=\frac{-R_F I_f}{R_1 I_1}=-\frac{R_F}{R_1} \tag{9-2-3}$$

因此，输出电压与输入电压的关系为

$$U_o=-\frac{R_F}{R_1}U_i \tag{9-2-4}$$

可见输出电压与输入电压存在着比例关系，比例系数为 $-\frac{R_F}{R_1}$，负号表示输出电压 U_o 与输入电压 U_i 相位相反。只要开环差模电压放大倍数 A_{od} 足够大，那么闭环电压放大倍数 A_{of} 就与运算电路的参数无关，只取决于电阻 R_F 与 R_1 的比值。故该电路通常称为反相比例运算电路。

3）实际应用（反相器）

根据反相比例运算放大器输入与输出的关系为：$U_o=-\frac{R_F}{R_1}U_i$，若式中 $R_F=R_1$，则其闭环电压放大倍数等于−1，输出与输入的关系为

$$U_o=-U_i$$

上式表明，该电路无电压放大作用，输出电压 U_o 与输入电压 U_i 数值相等，但相位是相反的，所以它只是把输入信号进行了一次倒相，故把它称为反相器。反相器的电路及符号如图 9-2-9 所示。

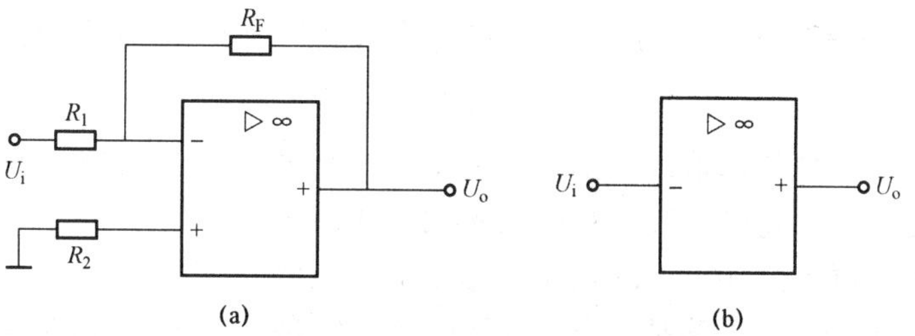

图 9-2-9 反相器

（a）电路；（b）符号

【例 9-2-1】 反相比例运算电路如图 9-2-8 所示，已知 $U_i=0.3\text{ V}$，$R_1=10\text{ k}\Omega$，$R_F=100\text{ k}\Omega$，试求输出电压 U_o 及平衡电阻 R_2。

解：（1）根据式（9-2-4）可得

$$U_o=-\frac{R_F}{R_1}U_i=-0.3\times\frac{100}{10}=-3\text{（V）}$$

（2）平衡电阻 $$R_2=R_1//R_F=\frac{10\times100}{10+100}=9.09\text{（k}\Omega\text{）}$$

2. 同相比例运算电路

1）电路结构

同相比例运算电路如图 9-2-10 所示，输入信号电压 U_i 接入同相输入端，输出端与反相输入端之间接有反馈电阻 R_F 与 R_1，为使输入端保持平衡，$R_2=R_1//R_F$。

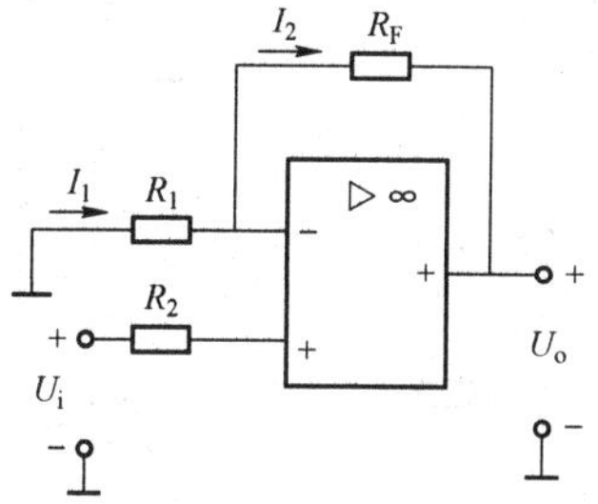

图 9-2-10 同相比例运算电路

2）输出与输入的关系

根据虚断可知，流入同相比例运算电路的电流趋近于 0；根据虚短可知，反相输入端与同相输入端的电位近似相等，所以 $\frac{0-U_-}{R_1}=\frac{U_--U_o}{R_F}$，即 $-\frac{U_i}{R_1}=\frac{U_i-U_o}{R_F}$，得输出电压与输入电压的关系为

$$U_o=\left(1+\frac{R_F}{R_1}\right)U_i \tag{9-2-5}$$

同相比例运算电路的闭环电压放大倍数为

$$A_{uf}=\frac{U_o}{U_i}=1+\frac{R_F}{R_1} \tag{9-2-6}$$

可见输出电压与输入电压也存在着比例关系，比例系数为 $\left(1+\frac{R_F}{R_1}\right)$，而且输出电压 U_o 与输入电压 U_i 相位相同。只要开环差模电压放大倍数 A_{od} 足够大，那么闭环电压放大倍数 A_{of} 就与运算电路的参数无关，只取决于电阻 R_F 与 R_1。故该电路通常称为同相比例运算电路。

3）实际应用（电压跟随器）

在前面学习的同相比例运算电路中，当反馈电阻 R_F 短路或 R_1 开路的情况下，由

式（9−2−5）、式（9−2−6）可知，其闭环电压放大倍数等于 1，输出与输入的关系为

$$U_o = U_i$$

即输出电压的幅度和相位均随输入电压幅度和相位的变化而变化，故称为电压跟随器，它是同相比例运算电路的一种特例，其电路如图 9−2−11 所示。

【例 9−2−2】 试求图 9−2−12 所示电路中输出电压 U_o 的值。

解：分析电路可知，该电路是一个电压跟随器，它是同相比例运算电路的特例。所以输出电压与输入电压大小相等、相位相同，即

$$U_o = U_i = -4\ \text{V}$$

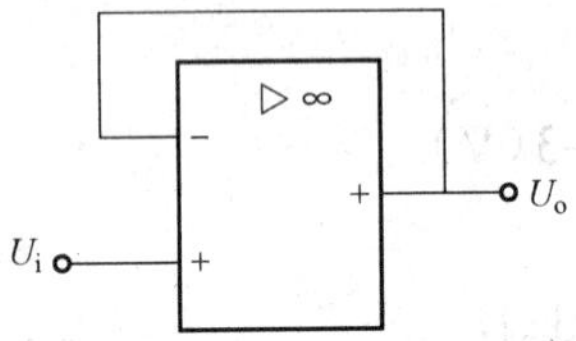

图 9−2−11　电压跟随器

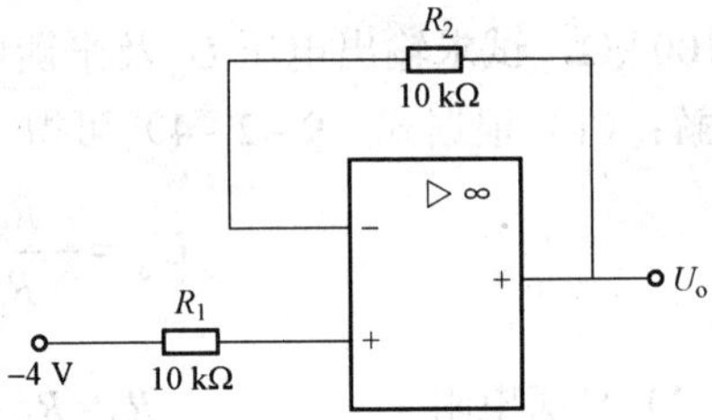

图 9−2−12　例 9−2−2 图

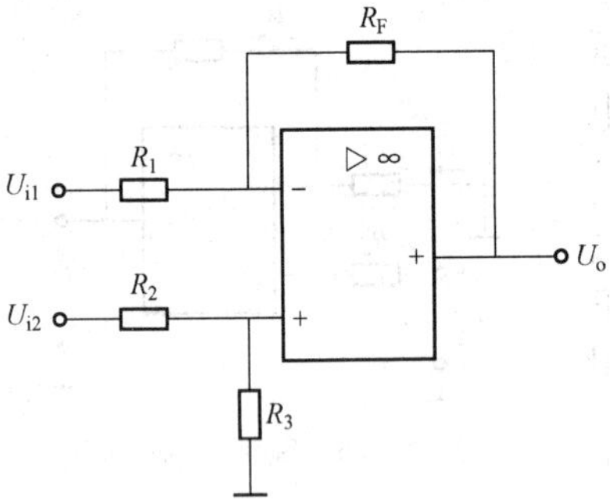

图 9−2−13　差动比例运算电路

3. 差动（减法）比例运算电路

1）电路结构

差动比例运算电路如图 9−2−13 所示，它是把输入信号同时加到反相输入端和同相输入端，使反相比例运算和同相比例运算同时进行，集成运放的输出电压叠加后，即是减法运算结果。

2）输出与输入电压关系

根据理想集成运放的虚断、虚短可得

$$U_o = \left(1+\frac{R_F}{R_1}\right)\left(\frac{R_3}{R_2+R_3}\right)U_{i2} - \frac{R_F}{R_1}U_{i1}$$

当 $R_1=R_2$，且 $R_F=R_3$ 时，上式变为

$$U_o = \frac{R_F}{R_1}(U_{i2}-U_{i1}) \qquad (9-2-7)$$

式（9−2−7）说明，该电路的输出电压与两个输入电压之差成正比例，因此该电路又称为减法比例运算电路，比例系数为 $\frac{R_F}{R_1}$。

【例 9−2−3】 试写出图 9−2−14 所示电路中输出电压和输入电压的关系式。

解：比较图 9−2−13 中电路，图 9−2−14 中电路满足 $R_1=R_2$、$R_F=R_3$ 的条件，因此输出电压与输入电压的关系为

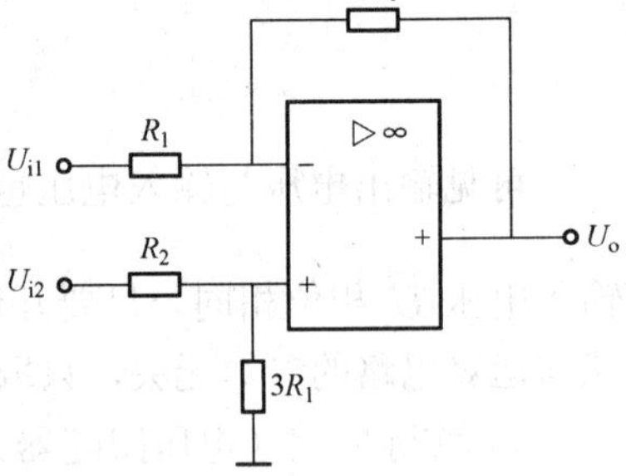

图 9−2−14　例 9−2−3 图

$$U_o = \frac{R_F}{R_1}(U_{i2} - U_{i1}) = \frac{3R_1}{R_1}(U_{i2} - U_{i1}) = 3(U_{i2} - U_{i1})$$

4. 反相加法运算电路（加法器）

1）电路结构

这里介绍的反相加法运算电路实际上是在反相比例运算电路基础上又多加了几个输入端构成的。图 9-2-15 所示的是有 3 个输入信号的反相加法运算电路。R_1、R_2、R_3 为输入电阻，R_4 为平衡电阻，其值 $R_4=R_1//R_2//R_3//R_F$。

2）输出与输入的关系

根据虚断、虚短可得

$$U_o = -I_f R_F = -R_F\left(\frac{U_{i1}}{R_1} + \frac{U_{i2}}{R_2} + \frac{U_{i3}}{R_3}\right) \tag{9-2-8}$$

当 $R_1=R_2=R_F=R_3$ 时，有 $U_o = -(U_{i1} + U_{i2} + U_{i3})$。

式（9-2-8）表明，图 9-2-15 所示电路的输出电压 U_o 为各输入信号电压之和，由此完成加法运算，式中的负号表示输出电压与输入电压相位相反；若在同相输入端求和，则输出电压与输入电压相位相同。

【例 9-2-4】 试写出图 9-2-16 所示电路中输出电压和输入电压的关系式。

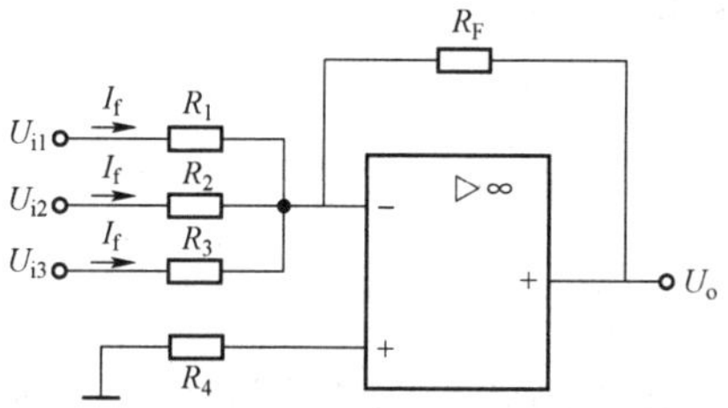

图 9-2-15　反相加法运算电路

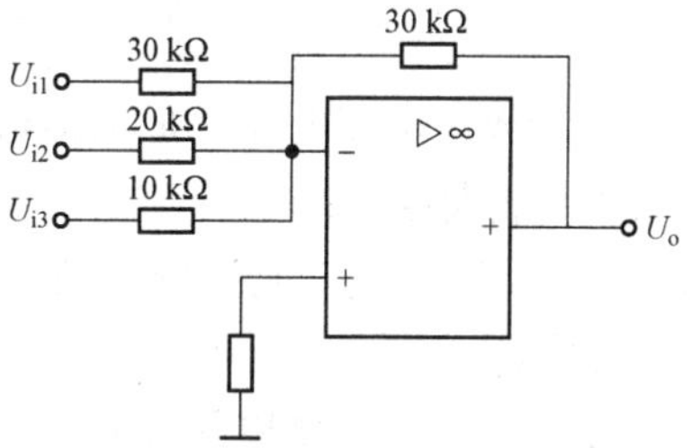

图 9-2-16　例 9-2-4 图

解：根据式（9-2-8），有

$$U_o = -I_f R_F = -R_F\left(\frac{U_{i1}}{R_1} + \frac{U_{i2}}{R_2} + \frac{U_{i3}}{R_3}\right) = -30\left(\frac{U_{i1}}{30} + \frac{U_{i2}}{20} + \frac{U_{i3}}{10}\right)$$
$$= -(U_{i1} + 1.5U_{i2} + 3U_{i3})$$

9.3　放大电路中的负反馈

反馈在科学技术中的应用非常广泛，通常的自动调节和自动控制系统都是基于反馈原理构成的，利用反馈原理还可以实现稳压、稳流等。在放大电路中引入适当的反馈，可以改善放大电路的性能，实现有源滤波及模拟运算，也可以构成各种振荡电路等。

9.3.1 反馈的基本概念

1. 反馈放大电路的组成

将放大电路输出信号（电压或电流）的一部分或全部，通过某种电路（称为反馈电路）送回到输入回路，从而影响输入信号的过程称为反馈，反馈到输入回路的信号称为反馈信号。

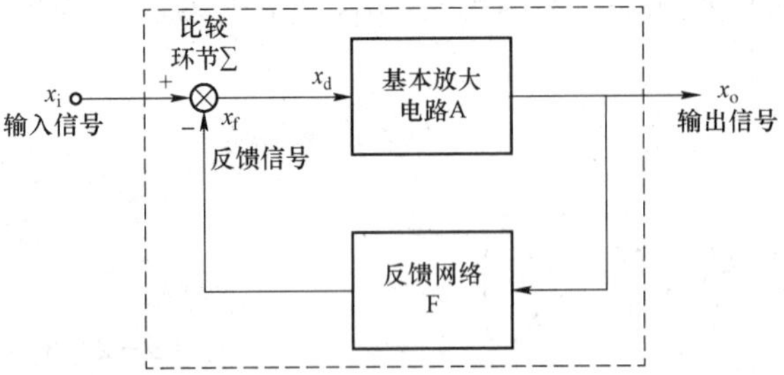

图 9-3-1 负反馈放大电路的原理框图

图 9-3-1 所示为负反馈放大电路的原理框图，它由基本放大电路 A、反馈网络 F 和比较环节Σ三部分组成。基本放大电路由单级或多级放大电路组成，完成信号从输入端到输出端的正向传输；反馈网络一般由电阻元件组成，完成信号从输出端到输入端的反向传输，即通过它来实现反馈。图中箭头表示信号的传输方向，x_i、x_o、x_f 和 x_d 分别表示输入信号、输出信号、反馈信号和基本放大电路的净输入信号，它们既可以是电压，也可以是电流。比较环节实现输入信号与反馈信号的叠加，以得到净输入信号 x_d。

设基本放大电路的放大倍数为 A，反馈网络的反馈系数为 F，则反馈放大电路的放大倍数为

$$A_f=\frac{x_o}{x_i}=\frac{x_o}{x_d+x_f}=\frac{A}{1+AF}$$

式中，A_f——反馈放大电路的闭环放大倍数；

A——开环放大倍数；

$1+AF$——反馈深度，它反映了负反馈的程度。

2. 反馈的类型

放大电路中是否引入反馈和引入何种形式的反馈，对放大电路的性能影响是有很大区别的。

1）正反馈与负反馈

凡是反馈信号削弱输入信号，也就是使净输入信号减小的反馈均称为负反馈，负反馈有着抑制和稳定系统输出量变化的作用；反馈信号如能起到加强净输入信号的作用，则称为正反馈。正、负反馈的示意图如图 9-3-2 所示。

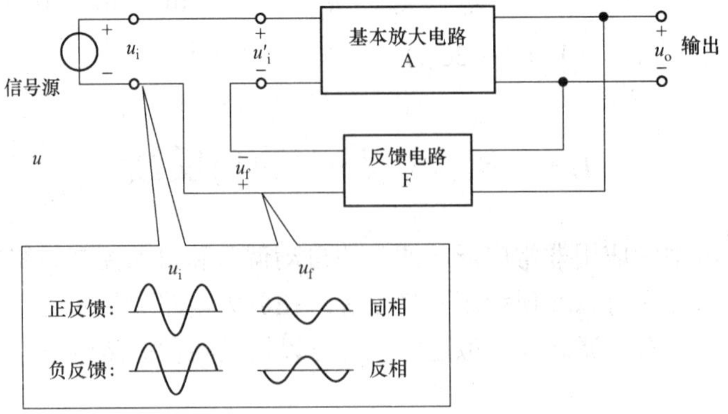

图 9-3-2 正、负反馈示意

2）直流反馈与交流反馈

反馈信号中只含直流成分的称直流反馈；只含交流成分的，则称交流反馈。直流反馈仅对放大电路的直流性能（如静态工作点）有影响；交流反馈则只对其交流性能有影响（如放大倍数、输入电阻、输出电阻等），而交、直流反馈则对二者均有影响。

3）电压反馈与电流反馈

根据反馈信号是反映输出信号中的电压还是电流，有电压反馈和电流反馈之分。反馈信号取自输出电压的称电压反馈，如图 9-3-3（a）所示，反馈信号取自放大电路的输出电压 u_o，反馈信号与输出电压成正比；反馈信号取自输出电流的则称电流反馈，如图 9-3-3（b）所示，负载电阻 R_L 没有直接接地，R_L 与地之间串接有输出电流的取样电阻 R_1，使反馈信号与输出电流 i_o 成正比。电压反馈时，反馈网络与基本放大电路在输出端并联连接，反馈信号正比于输出电压；电流反馈时，反馈网络与基本放大电路在输出端串联连接，反馈信号正比于输出电流。

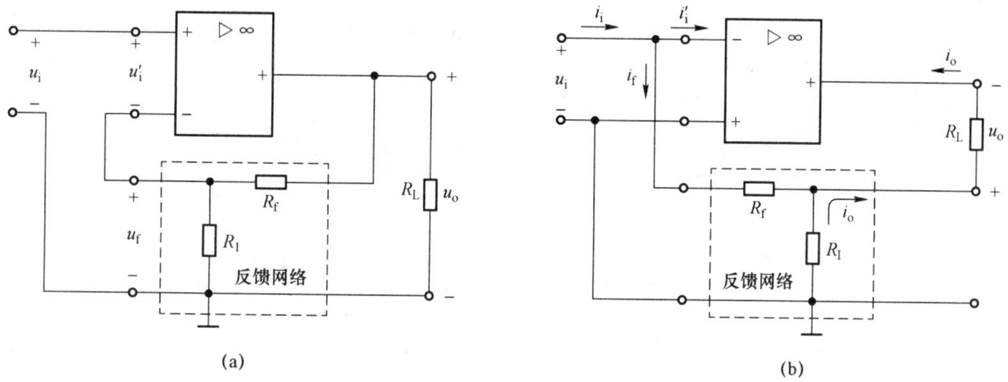

图 9-3-3　反馈信号在输出端的取样方式

（a）电压反馈；（b）电流反馈

一般，在放大电路中引入电压负反馈，可以稳定输出电压；引入电流负反馈，则可以稳定输出电流。

4）串联反馈与并联反馈

根据反馈信号与输入信号在输入回路的作用方式反映在电路连接上是串联还是并联，有串联反馈和并联反馈之分。反馈信号与输入信号在输入回路中串联连接着称串联反馈，并联连接着则称并联反馈。在放大电路中引入串联负反馈，可以使放大电路的输入电阻增大；引入并联负反馈，则可以使放大电路的输入电阻减小。

如图 9-3-4（a）所示的放大电路中，反馈信号 u_f 与信号源 u_i 串联后加至放大器件的输入端，所以为串联反馈，串联反馈信号在输入端以电压形式出现；如图 9-3-4（b）所示的放大电路中，反馈信号 i_f 与外加输入信号 i_i 并联后加至放大器件的输入端，所以为并联反馈，并联反馈信号在输入端以电流形式出现。

按反馈信号的取样方式及接至放大器输入端的连接方式不同，可组合成 4 种不同类型的负反馈：电压串联负反馈，如图 9-3-5（a）所示；电压并联负反馈，如图 9-3-5（b）所示；电流串联负反馈，如图 9-3-5（c）所示；电流并联负反馈，如图 9-3-5（d）所示。

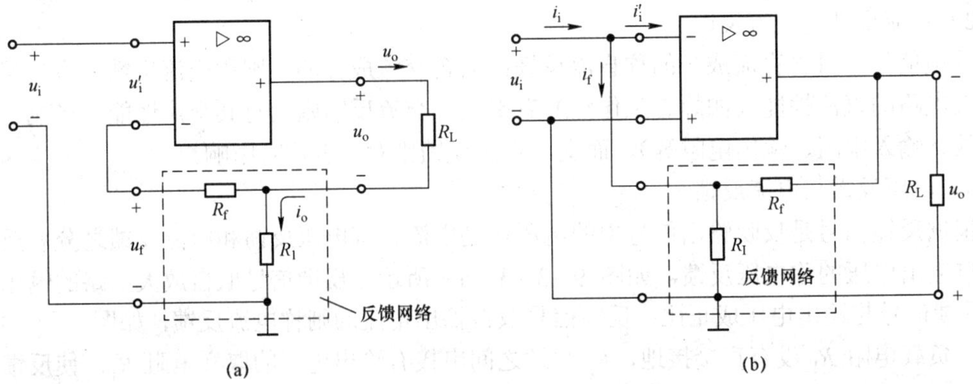

图 9-3-4　反馈信号在输入端的连接方式

(a) 串联反馈；(b) 并联反馈

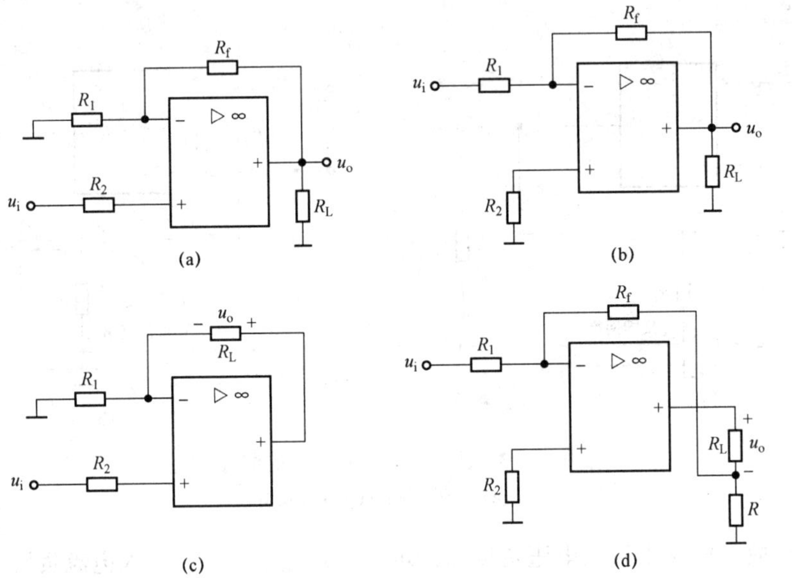

图 9-3-5　负反馈的 4 种基本类型

(a) 电压串联负反馈；(b) 电压并联负反馈；(c) 电流串联负反馈；(d) 电流并联负反馈

9.3.2　负反馈对放大电路性能的影响

1. 降低放大倍数

在负反馈放大电路中，反馈信号削弱了输入信号，使净输入信号减小，放大倍数下降，但是其他指标却可以因此而得到改善。

2. 提高放大倍数的稳定性

当外界条件变化时（如温度变化、元件老化、元件参数变化、电源电压波动等），会引起放大倍数的变化，甚至引起输出信号的失真。而引入负反馈后，则可以利用反馈信号进行自我调节，提高放大倍数的稳定性，这是牺牲了一定的放大倍数而获得的好处。

3. 减小非线性失真

一个无负反馈的放大电路，即使设置了合适的静态工作点，由于存在三极管等非线性元件，故也会产生非线性失真。引入负反馈后，这种失真了的信号经反馈网络又送回到输入端，与输入信号反相叠加，经放大，输出信号的失真得到一定程度的“补偿”，使非线性失真减小，如图 9－3－6 所示。

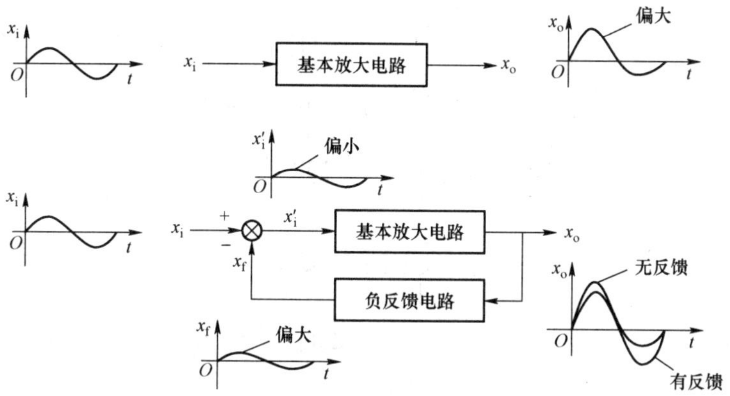

图 9－3－6　负反馈减小非线性失真

4. 改变输入电阻和输出电阻

负反馈对输入电阻和输出电阻的影响，因反馈方式而异。引入电压负反馈将减小放大电路的输出电阻，引入电流负反馈将增大放大电路的输出电阻；串联负反馈将增大放大电路的输入电阻，并联负反馈将减小放大电路的输入电阻。

在电路设计中，可根据对输入电阻和输出电阻的具体要求，引入适当的负反馈。如，若希望减小放大电路的输出电阻，可引入电压负反馈；若希望提高输入电阻，可引入串联负反馈等。

9.4　任 务 训 练

9.4.1　单管低频放大器的安装与调试

技能目标

（1）制作安装单管低频放大器。

（2）应用电子仪器对放大器进行测量和调整。

工具和仪器

示波器、低频信号发生器、直流稳压电源、毫伏表、万用表、电烙铁、镊子、剪线钳等常用工具和单管低频放大器套件。

实训步骤

1. 工作原理与电路原理图

单管低频放大器的电路原理图如图 9－4－1 所示，基本放大电路处于线性工作状态的必要条件是设置合适的静态工作点，工作点的设置会直接影响放大器的性能。放大器的动态技术指标是在有合适的静态工作点时，保证放大电路处于线性工作状态下进行测试的。

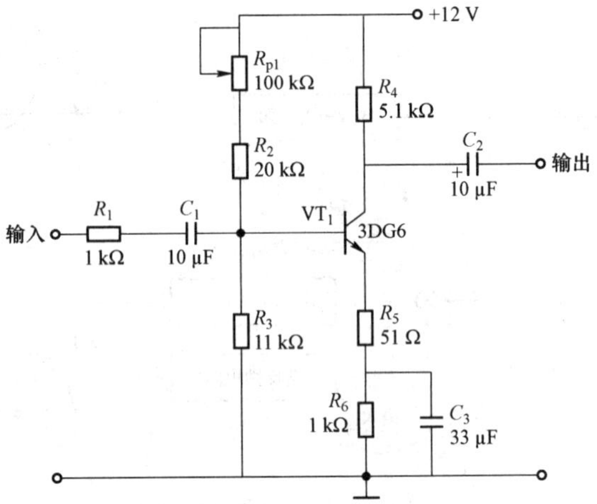

图 9-4-1　单管低频放大器的电路原理图

2. 装配要求和方法

工艺流程：准备→熟悉工艺要求→绘制装配草图→清点元器件→元器件检测→元器件预加工→装配万能印制电路板→总装加工→自检。

（1）准备：令工作台整理有序，工具摆放合理，准备好必要的物品。

（2）熟悉工艺要求：认真阅读单管低频放大器的电路原理图和工艺要求。

（3）绘制装配草图：绘制的单管低频放大器装配草图如图 9-4-2 所示。

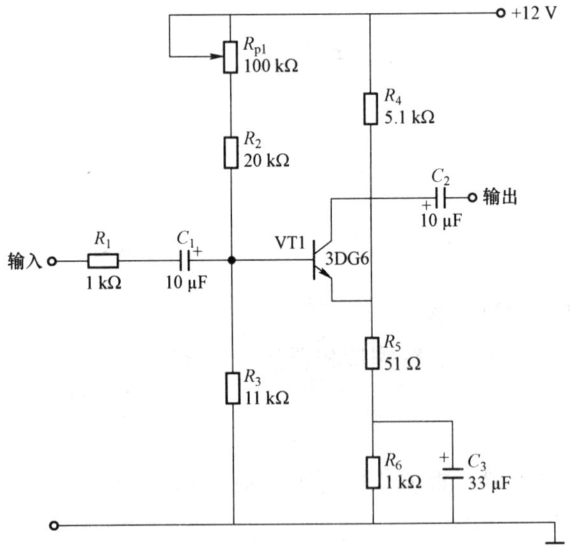

图 9-4-2　单管低频放大器装配草图

（4）清点元器件：核对元器件的数量和规格，应符合工艺要求，如有短缺、差错应及时补缺和更换。

（5）元器件检测：用万用表的电阻挡对元器件进行逐一检测，对不符合质量要求的元器件剔除并更换。

（6）元器件预加工。

（7）装配万能印制电路板：万能印制电路板装配的工艺要求如下。

① 电阻采用水平安装方式，紧贴板面。

② 三极管底部离板高度为 6 mm±1 mm。

③ 电解电容底部离板高度为 4 mm±1 mm。

④ 所有焊点均采用直脚焊，焊接完成后剪去多余引脚，留头在焊面以上 0.5～1 mm，且不能损伤焊接面。

⑤ 万能印制电路板布线应正确、平直，转角处成直角；焊接可靠，无漏焊、短路等现象。

（8）自检：对已完成装配、焊接的工件仔细检查质量，重点是装配的准确性，包括元器件位置、电源变压器的绕组等；焊点质量应无虚焊、假焊、漏焊、搭焊、空隙、毛刺等；检查有无影响安全性能指标的缺陷；元器件整形。其实物如图 9－4－3 所示。

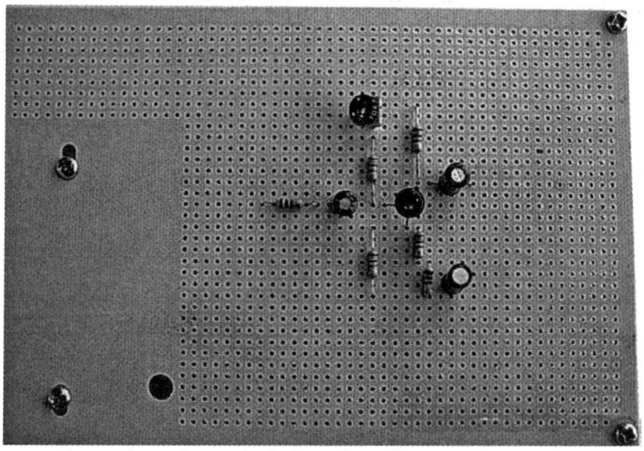

图 9－4－3　单管低频放大器实物

3. 调试、测量

1）静态工作点测量

调节 R_{p1}（100 kΩ电位器），使 $I_E≈1.2$ mA（或 $V_E=1.2$ V），静态工作点选在交流负载线的中点，将所得数据填入表 9－4－1 中。

表 9－4－1　测量表

I_B/μA	V_E/V	I_C/mA	V_{CE}/V	V_{BE}/V	$R_{p1}+R_2$	β

注：$R_{p1}+R_2$ 测量时必须从电路中断开。

2）动态指标测量

从信号发生器输入 $f=1$ kHz 的正弦信号，使有效值 $U_i=1$ V，通过示波器的通道 1 观察 U_i 的波形，通过通道 2 观察 U_o 的波形。画出 U_i 和 U_o 的波形，比较它们的相位关系和幅值大

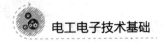

小，将所得数据填入表 9-4-2 中。

表 9-4-2　测量表

	U_i	U_o
波形		
幅值/V		
频率/Hz		
相位关系		

9.4.2　集成运算放大器的使用与测试

技能目标

（1）熟悉集成运放的引脚排列形式和引脚功能。

（2）安装集成运放组成的放大电路。

（3）应用电子仪器对集成运放组成的放大电路进行测量和调整。

工具和仪器

示波器、低频信号发生器、双路稳压电源、毫伏表、万用表、电烙铁、镊子、剪线钳等常用工具和集成运放组成的放大电路套件（LM358）。

知识准备

集成运放组成的反相放大器，输入电压 U_i 从反相放大器的反相输入端输入，输出电压 U_o 与输入电压 U_i 的相位相反。该放大器的输出电压与输入电压存在的比例关系为 $\frac{R_F}{R_1}$，输出电压为 $U_o=-\frac{R_F}{R_1}U_i$，如图 9-4-4 所示。

集成运放组成的同相放大器，输入电压 U_i 从同相放大器的同相输入端输入，输出电压 U_o 与输入电压 U_i 的相位相同。该放大器的输出电压与输入电压存在的比例关系为 $1+\frac{R_F}{R_1}$，输出电压为 $U_o=\left(1+\frac{R_F}{R_1}\right)U_i$，如图 9-4-5 所示。

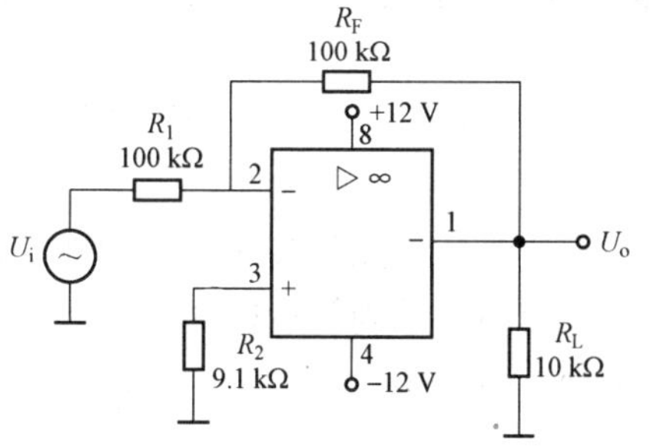

图 9－4－4　反相放大器电路原理图

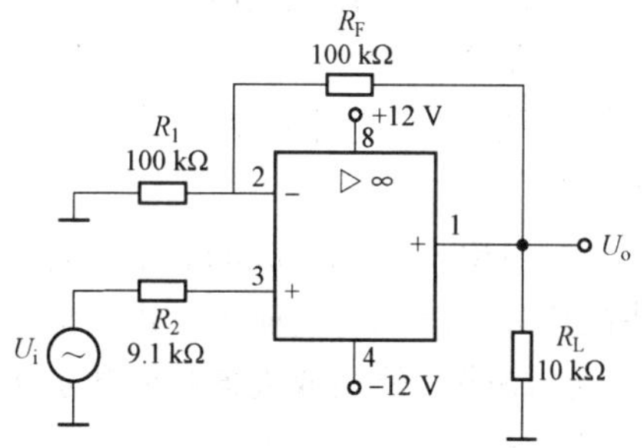

图 9－4－5　同相放大器的电路原理图

实训步骤

1. 装配要求和方法

集成运放 LM358 的引脚排列如图 9－4－6 所示。

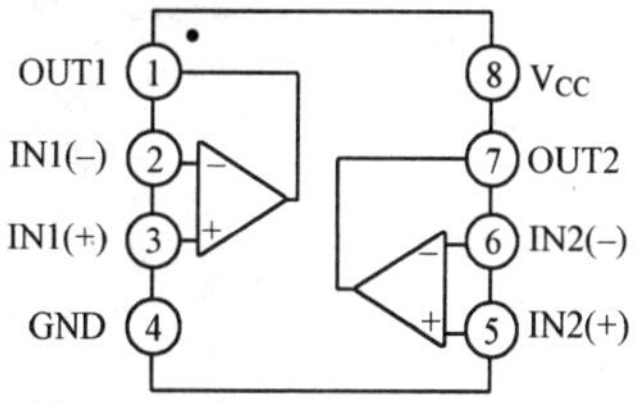

图 9－4－6　LM358 的引脚排列

工艺流程：准备→熟悉工艺要求→绘制装配草图→清点元器件→元器件检测→元器件预加工→装配万能印制电路板→总装加工→自检。

（1）准备：将工作台整理有序，工具摆放合理，准备好必要的物品。

（2）熟悉工艺要求：认真阅读反相放大器与同相放大器的电路原理图和工艺要求。

（3）绘制装配草图：绘制反相放大器和同相放大器装配草图，如图 9－4－7 所示。

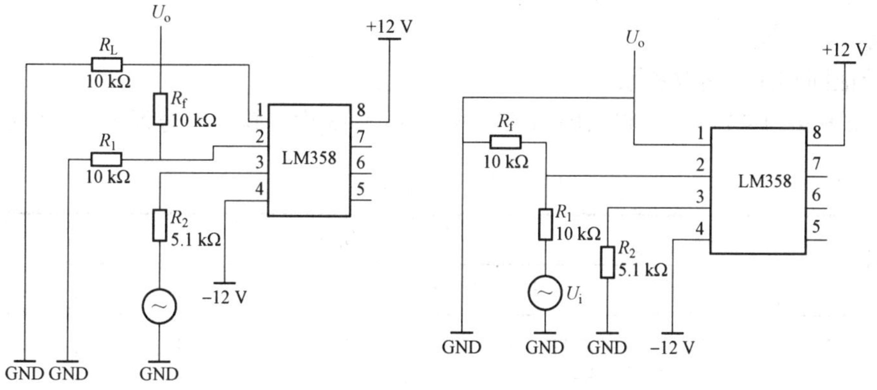

图 9－4－7　反相放大器和同相放大器装配草图

（4）清点元器件：核对元器件的数量和规格，应符合工艺要求，如有短缺、差错应及时补缺和更换。

（5）元器件检测：用万用表的电阻挡对元器件进行逐一检测，对不符合质量要求的元器件剔除并更换。

（6）元器件预加工。

（7）装配万能印制电路板：万能印制电路板装配的工艺要求如下。

① 电阻采用水平安装方式，紧贴印制板，色码方向一致。

② 所有焊点均采用直脚焊，焊接完成后剪去多余引脚，留头在焊面以上 0.5～1 mm，且不能损伤焊接面。

③ 万能印制电路板布线应正确、平直，转角处成直角；焊接可靠，无漏焊、短路等现象。

（8）自检：对已完成的装配、焊接的工件仔细检查质量，重点是装配的准确性，包括元器件位置等；焊点质量应无虚焊、假焊、漏焊、搭焊、空隙、毛刺等；检查有无影响安全性能指标的缺陷。反相放大器和同相放大器实物如图 9－4－8 所示。

图 9－4－8　反相放大器和同相放大器实物

2. 调试、测量

1）验证同相比例运算关系

电路如图 9－4－4 所示，将实验结果填入表 9－4－3 中。输入信号为 f=1 kHz 的正弦波。

表 9－4－3　实验结果表（1）

U_i/V	U_o/V	
	U_o（测试）	U_o（理论）
0.1	幅度：　频率：	

续表

U_i/V	U_o/V	
	U_o（测试）	U_o（理论）
0.2	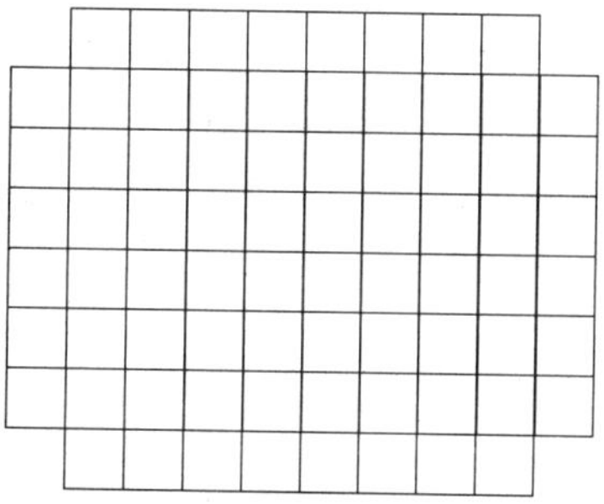 幅度：　　　　频率：	

同时用示波器观察输入、输出波形，其相位关系是____________________。

2）验证反相比例运算关系

电路如图 9-4-5 所示，将实验结果填入表 9-4-4 中。输入信号为 f=1 kHz 的正弦波。

表 9-4-4　实验结果表（2）

U_i/V	U_o/V	
	U_o（测试）	U_o（理论）
0.1	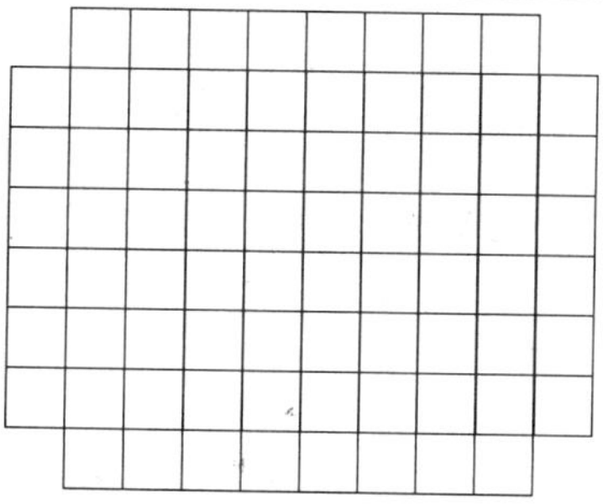 幅度：　　　　频率：	
0.2	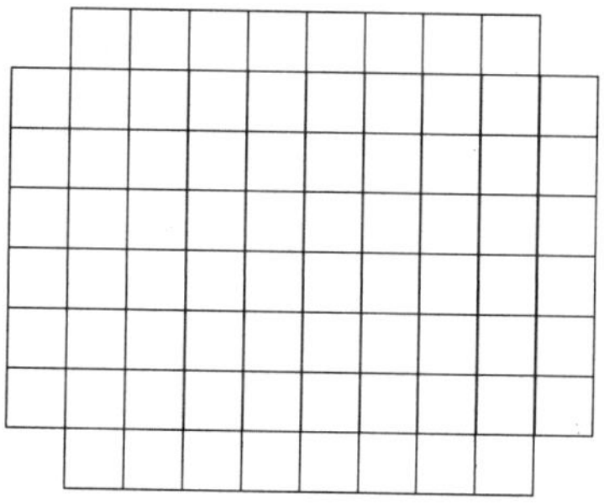 幅度：　　　　频率：	

同时用示波器观察输入、输出波形，其相位关系是____________________。

本 章 小 结

（1）要使放大电路不失真地放大交流信号，必须为放大电路设置合适的静态工作点。

（2）放大电路的主要性能指标有：放大倍数、输入电阻和输出电阻。应用估算法能分析放大电路的静态工作点、输入电阻、输出电阻和放大倍数。

（3）由于三极管参数、温度及电源电压的变化会使电路静态工作点变动，因此在实际放大电路中必须采取措施稳定静态工作点。分压式偏置放大器是一种比较常用的稳定静态工作点的放大电路。

（4）多级放大器的级间耦合方式主要有阻容耦合、变压器耦合和直接耦合 3 种。

（5）集成运算放大器是一种高电压放大倍数的多级直接耦合集成放大电路，内部主要由输入级、中间级、输出级及偏置电路所组成。

（6）集成运放按输入信号的接入方式不同可组成反相放大器和同相放大器。

（7）在放大电路中，把输出信号馈送到输入回路的过程称为反馈。反馈放大器主要由基本放大电路和反馈电路两部分组成。负反馈放大电路主要有 4 种类型，即电压并联负反馈放大电路、电压串联负反馈放大电路、电流并联负反馈放大电路和电流串联负反馈放大电路。

（8）负反馈对放大器的性能有广泛的影响，可稳定放大倍数、展宽通频带、减小非线性失真、增大或减小输入和输出电阻。实际应用中可根据不同的要求引入不同的反馈方式，但负反馈是以损失放大倍数为代价换取放大电路性能的改善的。

思考与练习

1. 什么叫非线性失真？非线性失真与线性失真的区别是什么？

2. 如图 9−a 所示的共射放大电路中各元器件的作用分别是什么？

3. 电路如图 9−b 所示，调整电位器 R_W 可以调整电路的静态工作点。

试问：

（1）要使 I_C=2 mA，R_W 应为多大？

（2）使电压 U_{CE}=4.5 V，R_W 应为多大？

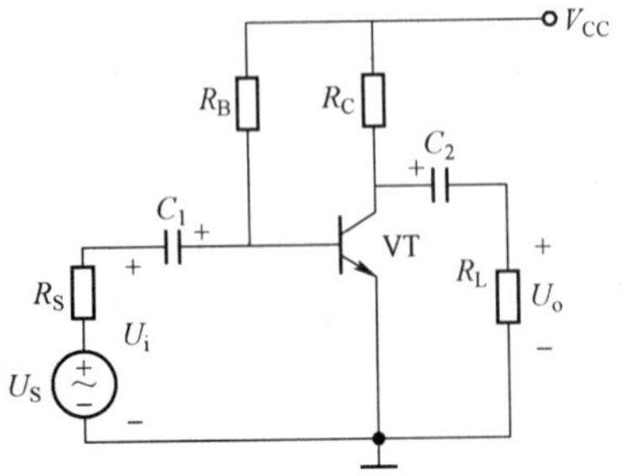

图 9−a　题 2 图

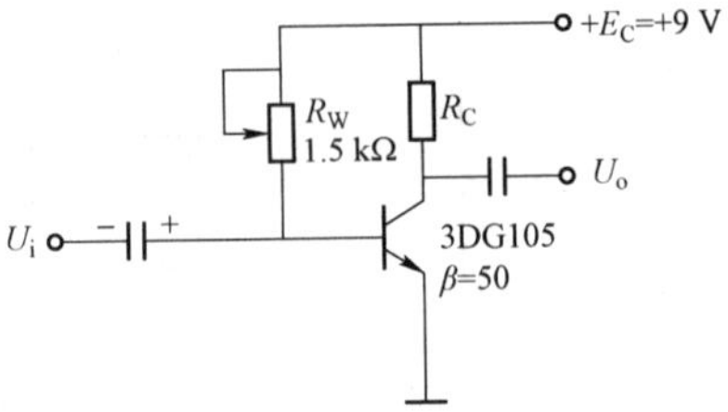

图 9−b　题 3 图

4. 放大电路及元件参数如图 9−c 所示，三极管选用 3DG105，β=50。分别计算 R_L 开路和 R_L=4.7 kΩ时的电压放大倍数 A_u。

5. 在如图 9-d 所示的放大电路中，$V_{CC}=12\ \text{V}$，$R_B=360\ \text{k}\Omega$，$R_C=3\ \text{k}\Omega$，$R_E=2\ \text{k}\Omega$，$R_L=3\ \text{k}\Omega$，三极管的 $U_{BE}=0.7\ \text{V}$，$\beta=60$。

（1）求静态工作点；

（2）画出微变等效电路；

（3）求电路输入输出电阻；

（4）求电压放大倍数 A_u。

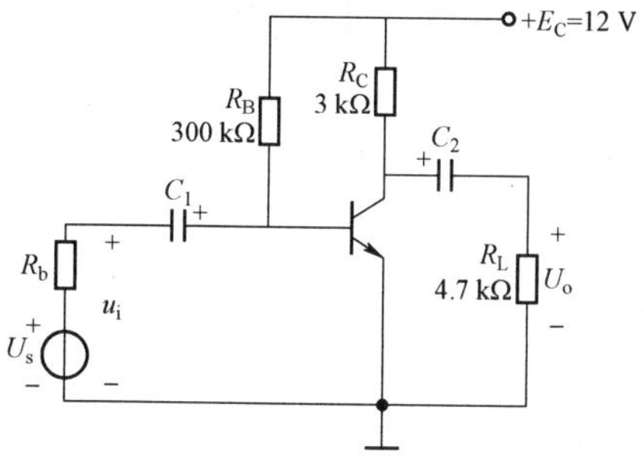

图 9-c 题 4 图

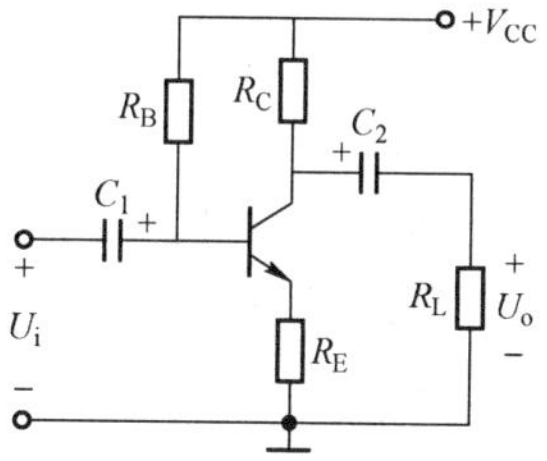

图 9-d 题 5 图

6. 什么叫饱和失真？什么叫截止失真？如何消除这两种失真？

7. 集成运放由哪几部分组成？试分析各自的作用。

8. 什么是虚短和虚断？

9. 运算放大器工作在线性区时，为什么通常要引入深度电压负反馈？

10. 试求图 9-e 所示各电路中输出电压 U_o 的值。

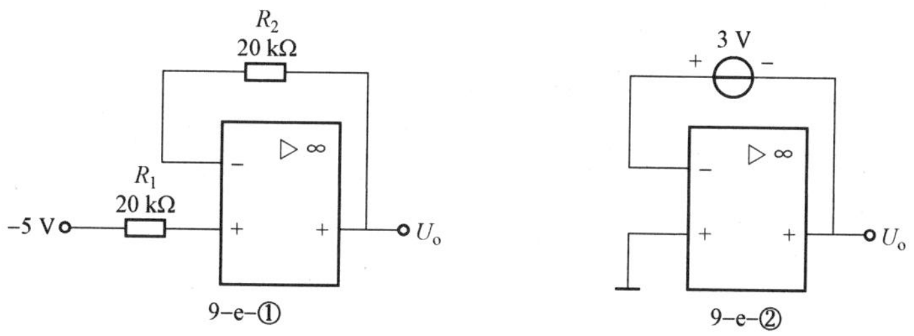

图 9-e 题 10 图

11. 设同相比例运算电路中，$R_1=5\ \text{k}\Omega$，若希望它的电压放大倍数等于 10，试估算电阻 R_F 和 R_2 各应取多大？

12. 试写出图 9-f 所示电路中输出电压和输入电压的关系式。

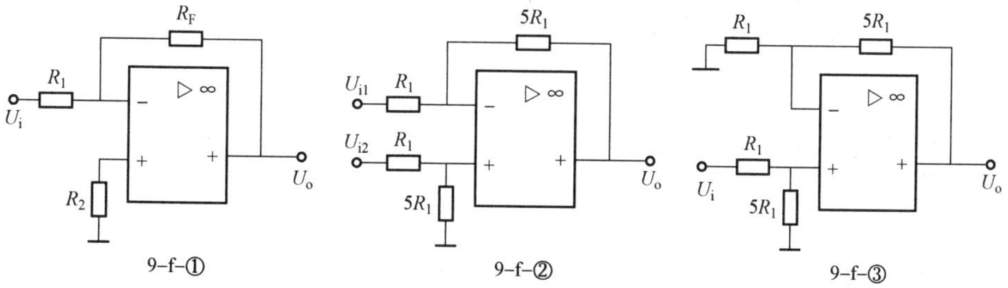

图 9-f 题 12 图

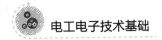

13. 试写出图 9-g 所示电路中输出电压和输入电压的关系式。

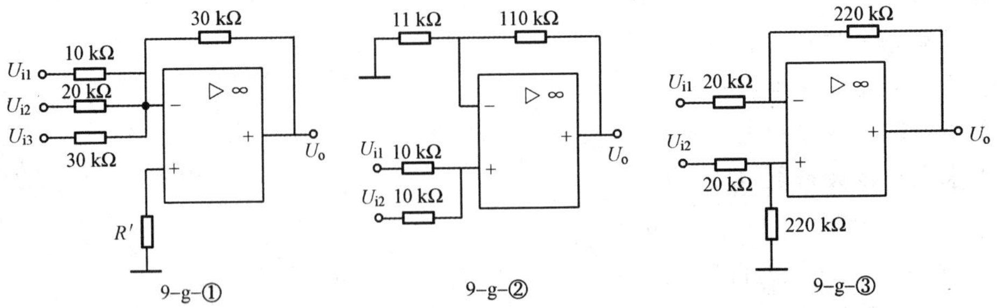

图 9-g 题 13 图

第 10 章

数字电路基础知识

学习目标

1. 能区分模拟信号和数字信号，了解数字信号的特点及应用。
2. 了解脉冲信号的主要波形及参数。
3. 了解二进制的表示方法，会进行二进制与十进制之间的转换。
4. 了解 8421BCD 码的表示形式。
5. 熟悉基本逻辑门、复合逻辑门的逻辑功能，会画电路符号，会使用真值表。
6. 了解 TTL、CMOS 门电路的型号、引脚功能等使用常识，会正确使用各种基本逻辑门电路。

任务导入

数字化的应用在生活中无处不在。信息数字化，使得广播及通信多频道化、双向化和多媒体化。相对模拟信号而言，数字信号不易失真，在传送过程中不易受到干扰，能有效地利用计算机进行各种处理，而且数字化的数据及信息还能被简单可靠地存储。而平时所接触的几乎都是模拟信号，如风、气温、光照，说话的声音，听到的音乐、歌声等。如何将生活中的物理量实现数字化呢？这就是本章要解决的问题。

10.1　数字与脉冲信号

10.1.1　数字信号

1. 模拟信号与数字信号

电信号可以分为模拟信号和数字信号两大类。凡在数值上和时间上都是连续变化的信号，称为模拟信号。例如，模拟语言的音频信号、热电偶上得到的模拟温度的电压信号等，都是模拟信号，如图 10－1－1（a）所示。凡在数值上和时间上不连续变化的信号，称为数字信号，如图 10－1－1（b）所示，不连续性和突变性是数字信号的主要特性。

图 10－1－2 所示为模拟信号与数字信号之间的传输示意图。

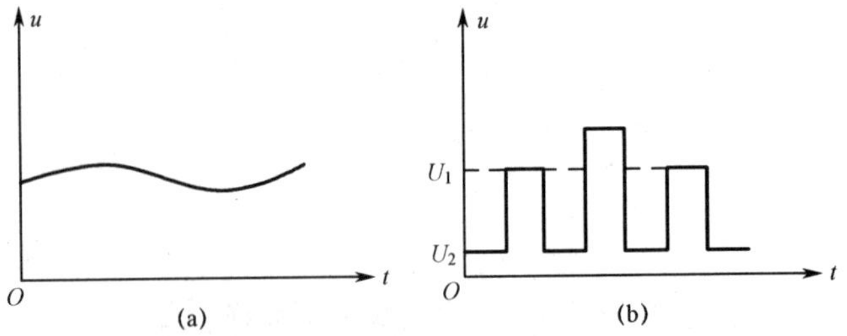

图 10-1-1 模拟信号和数字信号

（a）模拟信号；（b）数字信号

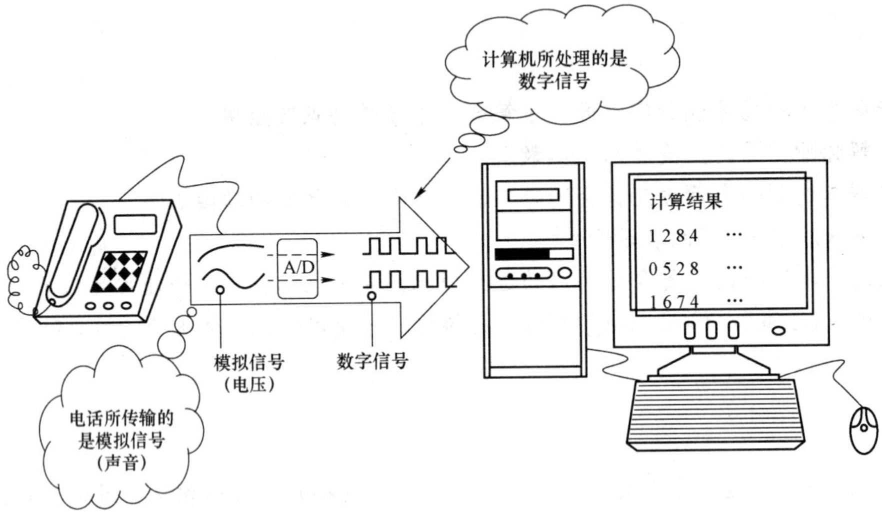

图 10-1-2 模拟信号与数字信号之间的传输示意

2. 数字电路的特点

电子电路可分为两大类：一类是处理模拟信号的电路，称为模拟电路；另一类是处理数字信号的电路，称为数字电路。这两种电路有许多共同之处，但也有明显的区别。模拟电路中工作的信号在时间和数值上都是连续变化的，而在数字电路中工作的信号则在时间和数值上都是离散的。在模拟电路中，研究的主要问题是怎样不失真地放大模拟信号；而数字电路中研究的主要问题，则是电路的输入和输出状态之间的逻辑关系，即电路的逻辑功能。

数字电路有以下特点：

（1）便于高度集成化；

（2）工作可靠性高，抗干扰能力强；

（3）数字信息便于长期保存；

（4）数字集成电路产品系列多、通用性强、成本低；

（5）保密性好。数字信息容易加密处理，不易被窃取。

3. 数字电路的分类

（1）数字电路按组成的结构可分为分立元件电路和集成电路两大类。

集成电路按集成度（在一块硅片上包含的逻辑门电路或元件数量的多少）分为小规模（SSI）、中规模（MSI）、大规模（LSI）和超大规模（VLSI）集成电路。SSI 集成度为 1～10

门/片或 10～100 元件/片，主要是一些逻辑单元电路，如逻辑门电路、集成触发器。MSI 集成度为 10～100 门/片或 100～1 000 元件/片，主要是一些逻辑功能部件，包括译码器、编码器、选择器、算术运算器、计数器、寄存器、比较器、转换电路等。LSI 集成度大于 100 门/片或大于 1 000 元件/片，此类集成电路是一类数字逻辑系统，如中央控制器、存储器、串并行接口电路等。VLSI 集成度大于 1 000 门/片或大于 10 万元件/片，是高集成度的数字逻辑系统，如在一个硅片上集成一个完整的微型计算机。

（2）按电路所用器件的不同，数字电路又可分为双极型和单极型电路。其中双极型电路有 DTL、TTL、ECL、IIL、HTL 等多种，单极型电路有 JFET、NMOS、PMOS、CMOS 4 种。

（3）根据电路逻辑功能的不同，数字电路又可分为组合逻辑电路和时序逻辑电路两大类。

4. 数字电路的应用

数字电子技术不仅广泛应用于现代数字通信、雷达、自动控制、遥测、遥控、数字计算机、数字测量仪表等领域，而且已经进入到千家万户的日常生活中，如图 10－1－3 所示。从传统的电子表、计算器，到目前流行的数字广播、数字电视、数字电影、数字照相机、数字手机、二维条码、网络电子商城等，数字化技术正在引发一场范围广泛的产品革命，各种家用电器设备、信息处理设备都将朝着数字化方向发展。

(a)

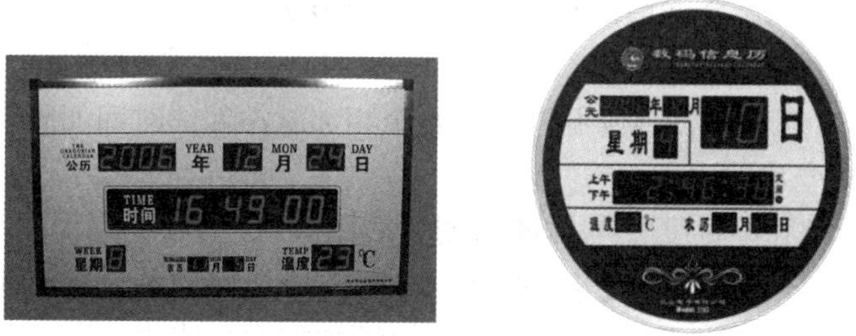

(b)

图 10－1－3　数字电路的应用实例

（a）数字电视；（b）数字电子钟

10.1.2　脉冲信号

1. 常见脉冲信号波形

瞬间突然变化、作用时间极短的电压或电流称为脉冲信号，简称为脉冲。在数字电路中，信号电压和电流属于脉冲信号。常见的脉冲信号波形如图 10－1－4 所示。

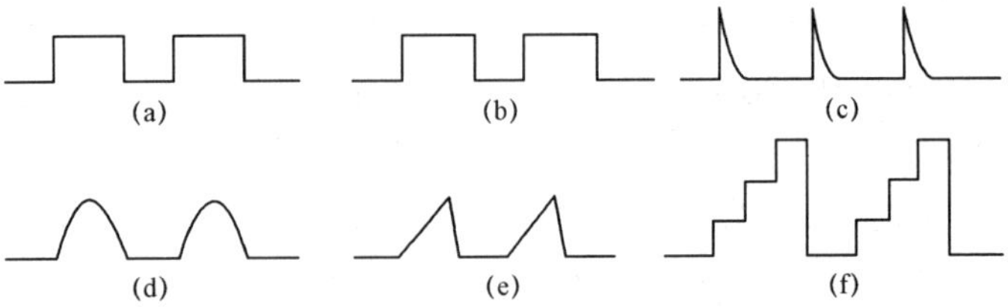

图 10－1－4　常见的脉冲信号波形

（a）矩形脉冲；（b）方波；（c）尖脉冲；（d）钟形波；（e）锯齿波；（f）阶梯波

2. 矩形脉冲波形参数

非理想的矩形脉冲波形是一种最常见的脉冲信号，如图 10－1－5 所示。下面以电压波形为例，介绍描述这种脉冲信号的主要参数。

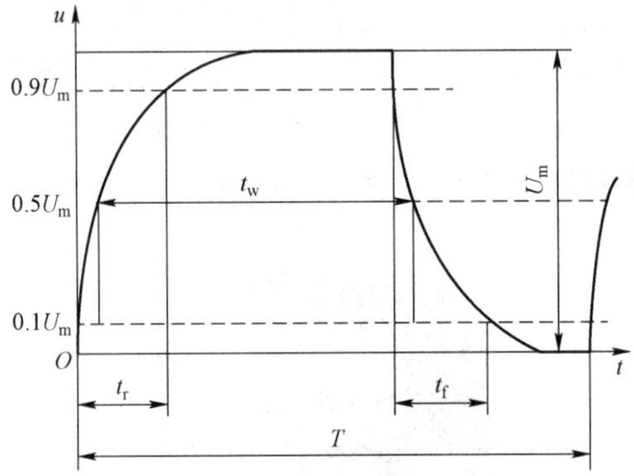

图 10－1－5　非理想的矩形脉冲波形

（1）脉冲幅值 U_m：脉冲电压的最大变化幅度。

（2）脉冲宽度 t_w：脉冲波形前后沿 $0.5U_m$ 处的时间间隔。

（3）脉冲上升时间 t_r：脉冲前沿从 $0.1U_m$ 上升到 $0.9U_m$ 所需要的时间。

（4）脉冲下降时间 t_f：脉冲后沿从 $0.9U_m$ 下降到 $0.1U_m$ 所需要的时间。

（5）脉冲周期 T：在周期性连续脉冲中，两个相邻脉冲间的时间间隔。有时用频率 $f=1/T$ 表示单位时间内脉冲变化的次数。

（6）占空比 q：指脉冲宽度 t_w 与脉冲周期 T 的比值。

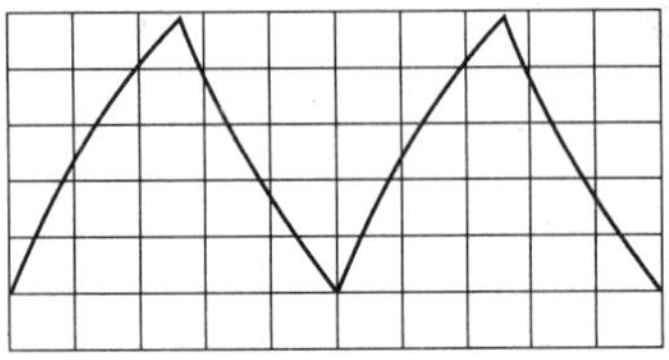

图 10－1－6　例 10－1－1 图

【例 10－1－1】示波器观察到的锯齿波形如图 10－1－6 所示，示波器屏幕的纵轴方向代表电压，每格为 1.5 V，横轴方向代表时间，每格为 2 ms，试读出脉冲幅度、脉冲宽度和脉冲频率。

解：脉冲的幅度是脉冲底部至脉冲顶部之间的电压差，从图 10－1－6 可以看到波形的幅度占屏幕的 5 格，每格为 1.5 V，因而，脉冲幅值 $U_m=1.5\times5=7.5$（V）。

脉冲的宽度由前沿 $0.5U_m$ 至脉冲后沿的 $0.5U_m$ 之间的时间，从图 10－1－6 可以看到波形的脉冲宽度占 2.5 格，每格为 2 ms，因而，脉冲宽度 $t_w=2\times2.5=5$（ms）。

脉冲频率　　　$f=1/T=1/（2\times5\times10^{-3}）=100$（Hz）

10.2　数制与码制

10.2.1　数制

选取一定的进位规则，用多位数码来表示某个数的值，这就是所谓的数制。“逢十进一”的十进制是人们在日常生活中常用的一种计数体制，而数字电路中常采用二进制、八进制、十六进制。

1. 十进制数

十进制是人们最习惯采用的一种数制，它有 0～9 十个数字符号，按照一定的规律排列起来表示数值大小。如，1 875 这个数可写成

$$1\,875 = 1\times10^3 + 8\times10^2 + 7\times10^1 + 5\times10^0$$

从这个十进制数的表达式中，可以看出十进制的特点如下。

（1）每一位数是 0～9 十个数字符号中的一个，这些基本数字符号称为数码。

（2）每一个数字符号在不同的数位代表的数值不同，即使同一数字符号在不同的数位代表的数值也不同。

（3）十进制计数规律是“逢十进一、借一当十”。因此，十进制数右边第 1 位为个位，记作 10^0；第 2 位为十位，记作 10^1；第 3 位，第 4 位，…，第 n 位依次类推记作 10^2，10^3，…，10^{n-1}。通常把 10^{n-1}，10^{n-2}，…，10^1，10^0 称为对应数位的权，它是表示数码在数中处于不同位置时其数值的大小。

所以对于十进制数的任意一个 n 位的正整数都可以用下式表示，即

$$(N)_{10} = k_{n-1}\times10^{n-1} + k_{n-2}\times10^{n-2} + \cdots + k_1\times10^1 + k_0\times10^0 = \sum_{i=0}^{n-1} k_i\times10^i$$

式中　k_i ——第 $i+1$ 位的系数，它为 0～9 十个数字符号中的某一个数；

10^i——第 $i+1$ 位的权；

$(N)_{10}$——十进制数。

2. 二进制数

二进制是在数字电路中应用最广泛的一种数制，它只有 0 和 1 两个符号，适合数字电路状态的表示（例如，用二极管的导通和截止表示 0 和 1，用三极管的饱和和截止表示 0 和 1）。电路实现起来比较容易。

二进制数因只采用两个数字符号，所以计数的基数为 2。各位数的权是 2 的幂，它的计数规律是“逢二进一”。

N 位二进制整数$(N)_2$的表达式为

$$(N)_2 = k_{n-1}\times2^{n-1} + k_{n-2}\times2^{n-2} + \cdots + k_1\times2^1 + k_0\times2^0 = \sum_{i=0}^{n-1} k_i\times2^i$$

式中　$(N)_2$——二进制数；

k_i——第 $i+1$ 位的系数，只能取 0 和 1 的任一个；

2^i——第 $i+1$ 位的权。

【例 10-2-1】一个二进制数$(N)_2=1010\ 1000$，试求对应的十进制数。

解：由题意可得

$$\begin{aligned}(N)_2&=(1010\ 1000)_2\\&=(1\times2^7+1\times2^5+1\times2^3)_{10}\\&=(128+32+8)_{10}\\&=(168)_{10}\end{aligned}$$

即$(1010\ 1000)_2=(168)_{10}$。

由上例可见，十进制数 168，用了 8 位二进制数 1010 1000 表示。如果十进制数数值再大些，位数就更多，这既不便于书写，也易于出错。因此，在数字电路中，也经常采用八进制和十六进制。

3. 十六进制数

在十六进制数中，计数基数为 16，有 16 个数字符号：0、1、2、3、4、5、6、7、8、9、A、B、C、D、E、F。计数规律是“逢十六进一”。各位数的权是 16 的幂，n 位十六进制数表达式为

$$(N)_{16}=k_{n-1}\times16^{n-1}+k_{n-2}\times16^{n-2}+\cdots+k_1\times16^1+k_0\times16^0=\sum_{i=0}^{n-1}k_i\times16^i$$

【例 10-2-2】求十六进制数$(N)_{16}=(A8)_{16}$所对应的十进制数。

解：由题意可得

$$\begin{aligned}(N)_{16}&=(A8)_{16}\\&=(10\times16^1+8\times16^0)_{10}\\&=(160+8)_{10}\\&=(168)_{10}\end{aligned}$$

即$(A8)_{16}=(168)_{10}$。

4. 不同进制数之间的相互转换

1）二进制、十六进制数转换成十进制数

由例 10-2-1、例 10-2-2 可知，只要将二进制、十六进制数按各位权展开，并把各位的加权系数相加，即得相应的十进制数。

2）十进制数转换成二进制数

将十进制数转换成二进制数可以采用除 2 取余法，步骤如下。

（1）把给出的十进制数除以 2，余数为 0 或 1 就是二进制数最低位 k_0。

（2）把第一步得到的商再除以 2，余数即为 k_1。

（3）继续相除，记下余数，直到商为 0，最后余数即为二进制数最高位。

【例 10-2-3】将十进制数$(10)_{10}$转换成二进制数。

解：由题意可得

2 |10 …余 0—— k_0
2 |5 …余 1—— k_1
2 |2 …余 0—— k_2
2 |1 …余 1—— k_3
0

所以$(10)_{10}=k_3k_2k_1k_0 = (1010)_2$。

【**例 10－2－4**】将十进制数$(194)_{10}$转换成二进制数。

解：由题意可得

$$
\begin{array}{r|l}
2 & 194 \quad \cdots 余\ 0 —— k_0 \\
2 & 97 \quad \cdots 余\ 1 —— k_1 \\
2 & 48 \quad \cdots 余\ 0 —— k_2 \\
2 & 24 \quad \cdots 余\ 0 —— k_3 \\
2 & 12 \quad \cdots 余\ 0 —— k_4 \\
2 & 6 \quad \cdots 余\ 0 —— k_5 \\
2 & 3 \quad \cdots 余\ 1 —— k_6 \\
2 & 1 \quad \cdots 余\ 1 —— k_7 \\
 & 0
\end{array}
$$

所以$(194)_{10}=k_7k_6k_5k_4k_3k_2k_1k_0 = (1100\ 0010)_2$。

3）二进制与十六进制的相互转换

因为 4 位二进制数正好可以表示 0～F 十六个数字，所以转换时可以从最低位开始，每 4 位二进制数分为一组，每组对应转换为 1 位十六进制数。最后不足 4 位时可在前面加 0，然后按原来顺序排列就可得到十六进制数。

【**例 10－2－5**】试将二进制数$(1010\ 1000)_2$转换成十六进制数。

解：由题意可得

$$
\begin{array}{cc}
1010 & 1000 \\
\downarrow & \downarrow \\
A & 8
\end{array}
$$

即$(1010\ 1000)_2= (A8)_{16}$

反之，十六进制数转换成二进制数，可将十六进制的每一位，用对应的 4 位二进制数来表示。

【**例 10－2－6**】试将十六进制数$(A8)_{16}$转换成二进制数。

解：由题意可得

$$
\begin{array}{cc}
A & 8 \\
\downarrow & \downarrow \\
1010 & 1000
\end{array}
$$

即$(A8)_{16} = (1010\ 1000)_2$。

10.2.2　码制

1. 码制

数字信息有两类：一类是数值；另一类是文字、符号、图形等，表示非数值的其他事物。对后一类信息，在数字系统中也用一定的数码来表示，以便于计算机进行处理。这些代表信息的数码不再有数值大小的意义，而称为信息代码，简称代码。例如，学生的学号、教学楼里每间教室的编号等就是一种代码。

建立代码与文字、符号、图形和其他特定对象之间一一对应关系的过程，称为编码。为了便于记忆、查找、区别，在编写各种代码时，总要遵循一定的规律，这一规律称为码制。

2. 二－十进制编码（BCD 码）

在数字系统中，最方便使用的是按二进制数码编制的代码。如在用二进制数码表示十进制数 0～9 十个数码的对应状态时，经常用 BCD 码。BCD 码意指“以二进制代码表示十进制数”。BCD码有多种编制方式，8421码制最为常见，它是用4位二进制数来表示一个等值的十进制数，每位二进制数的权依次为8、4、2、1，它的编码如表10－2－1所示。

表10－2－1　8421BCD码表

十进制数	8421BCD码			
	位权8	位权4	位权2	位权1
0	0	0	0	0
1	0	0	0	1
2	0	0	1	0
3	0	0	1	1
4	0	1	0	0
5	0	1	0	1
6	0	1	1	0
7	0	1	1	1
8	1	0	0	0
9	1	0	0	1

例如，$(9)_{10}$=（1001）8421；$(309)_{10}$=（0011 0000 1001）8421。

注意

8421BCD码和二进制数表示多位十进制的方法不同，如$(93)_{10}$用8421BCD码表示为1001 0011，而用二进制数表示为101 1101。

【例10－2－7】将二进制数$(1\ 1011)_2$转换为8421BCD码。

解：本题考查的知识点是二进制与8421BCD码的转换。先将二进制数码转换为十进制数码，然后再转换为8421BCD码。故

$$(1\ 1011)_2=(27)_{10}=(0010\ 0111)8421$$

10.3　逻辑门电路

逻辑关系是渗透在生产和生活中的各种因果关系的抽象概括。事物之间的逻辑关系是多种多样的，也是十分复杂的，但最基本的逻辑关系却只有3种，即“与”逻辑关系、“或”逻辑关系和“非”逻辑关系。

由开关元件经过适当组合构成，可以实现一定逻辑关系的电路称为逻辑门电路，简称门电路。

门电路的分类如下。

（1）按逻辑功能的不同门电路可分为：基本逻辑门和复合逻辑门。基本逻辑门包括与门、或门、非门；复合逻辑门包括与非门、或非门、与或非门等。

（2）按功能特点不同门电路可分为：普通门、输出开路门、三态门等。

（3）按电路结构不同门电路可分为：分立元件门电路和集成门电路两大类。其中集成门电路又包括由双极型晶体管构成的TTL集成门电路和以互补对称单极型MOS管构成的

CMOS 集成门电路等。

10.3.1　基本逻辑门

1. “与”逻辑关系和“与”门电路

1）逻辑关系

当决定某一事件的各个条件全部具备时，这件事才会发生，否则这件事就不会发生，这样的因果关系称为“与”逻辑关系。

2）实验电路

如图 10-3-1 所示，由于 K_1、K_2、K_3 三个开关串联接入电路，只有当开关 K_1、K_2、K_3 都闭合时电灯才会亮，这时电灯和 K_1、K_2、K_3 之间便存在“与”逻辑关系。

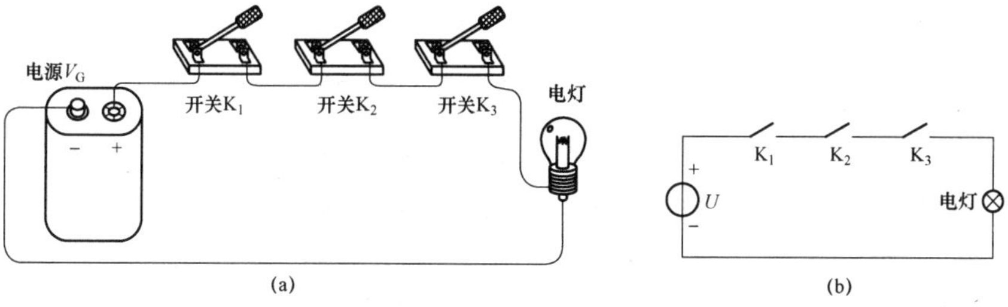

图 10-3-1　“与”逻辑关系实例

（a）实物连接；（b）电路

3）逻辑符号

“与”逻辑关系的逻辑符号如图 10-3-2 所示。

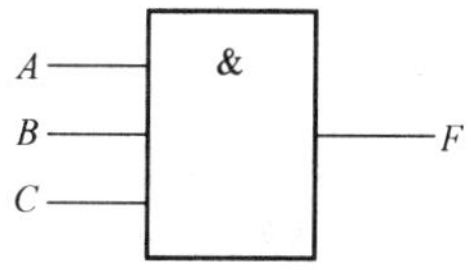

图 10-3-2　“与”逻辑关系的逻辑符号

4）逻辑表达式

“与”逻辑关系也可以用输入、输出的逻辑关系式来表示，若输出（判断结果）用 F 表示，输入（条件）分别用 A、B、C 等表示，则记成

$$F=A\cdot B\cdot C$$

“与”逻辑关系也叫逻辑乘。

5）逻辑真值表

把输入变量 A、B、C 的所有可能取值的组合列出后，对应地列出它们的输出变量 F 的逻辑值，如表 10-3-1 所示，这种用“1”“0”表示“与”逻辑关系的图表称为“与”逻辑关系真值表。

表 10-3-1　“与”逻辑关系真值表

A	B	C	F
0	0	0	0
0	0	1	0
0	1	0	0
0	1	1	0
1	0	0	0
1	0	1	0

续表

A	B	C	F
1	1	0	0
1	1	1	1

归纳

从表 10-3-1 中可见，“与”逻辑关系可采用“全高出高，有低出低”的口诀来记忆。

6）逻辑功能

“与”逻辑功能可表述为：输入全 1，输出为 1；输入有 0，输出为 0。

7）“与”门电路

二极管“与”门电路如图 10-3-3 所示。当 3 个输入端都是高电平（$A=B=C=1$）时，设 3 者电位都是 3 V，则电源向这 3 个输入端流入电流，3 个二极管均正向导通，输出端电位比输入端高一个正向导通压降，锗二极管（一般采用锗二极管）为 0.2 V，输出电压为 3.2 V，接近于 3 V，为高电平，所以 $F=1$。

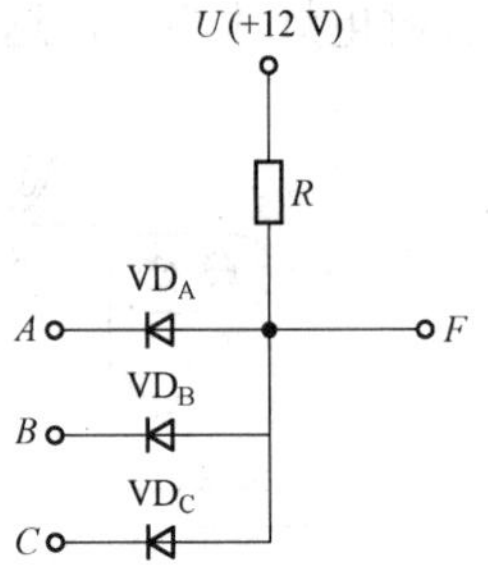

图 10-3-3　二极管“与”门电路

三个输入端中有一个或两个是低电平时，设 $A=0$ V，其余是高电平，由二极管的导通特性知，二极管正端并联时，负端电平最低的二极管抢先导通（VD_A 导通），由于二极管的钳位作用，使其他二极管（VD_B、VD_C）截止，输出端电位比 A 端电位高一个正向导通压降，$U_F=0.2$ V，接近于 0 V，为低电平，所以，$F=0$。输入端和输出端的逻辑关系和“与”逻辑关系相符，故称作“与”门电路（与门）。

2. “或”逻辑关系和“或”门电路

1）逻辑关系

“或”逻辑关系是指：当决定事件的各个条件中只要有一个或一个以上具备时事件就会发生，这样的因果关系称为“或”逻辑关系。

2）实验电路

在图 10-3-4 中，由于各个开关是并联的，只要开关 K_1、K_2、K_3 中任一个开关闭合（条件具备），电灯就会亮（事件发生），这时电灯与 K_1、K_2、K_3 之间就存在“或”逻辑关系。

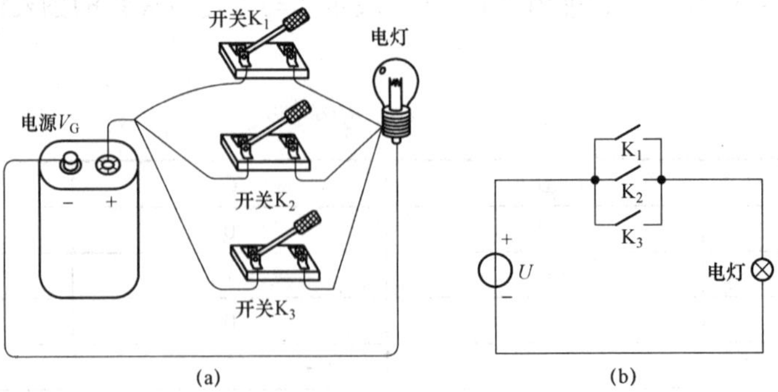

图 10-3-4　“或”逻辑关系实例

（a）实物连接；（b）电路

3）逻辑符号

"或"逻辑关系的逻辑符号如图 10－3－5 所示。

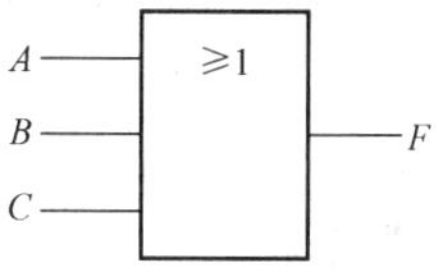

图 10－3－5　"或"逻辑关系的逻辑符号

4）逻辑表达式

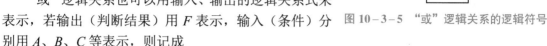

"或"逻辑关系也可以用输入、输出的逻辑关系式来表示，若输出（判断结果）用 F 表示，输入（条件）分别用 A、B、C 等表示，则记成

$$F=A+B+C$$

"或"逻辑关系也叫逻辑加，"+"符号称为"逻辑加号"。

5）逻辑真值表

如果把输入变量 A、B、C 所有取值的组合列出后，对应地列出它们的输出变量 F 的逻辑值，就得到"或"逻辑关系真值表（见表 10－3－2）。

表 10－3－2　"或"逻辑关系真值表

A	B	C	F
0	0	0	0
0	0	1	1
0	1	0	1
0	1	1	1
1	0	0	1
1	0	1	1
1	1	0	1
1	1	1	1

归纳

从表 10－3－2 中可见，"或"逻辑关系可采用"有高出高，全低出低"的口诀来记忆。

6）逻辑功能

"或"逻辑功能可表述为：输入有 1，输出为 1；输入全 0，输出为 0。

7）"或"门电路

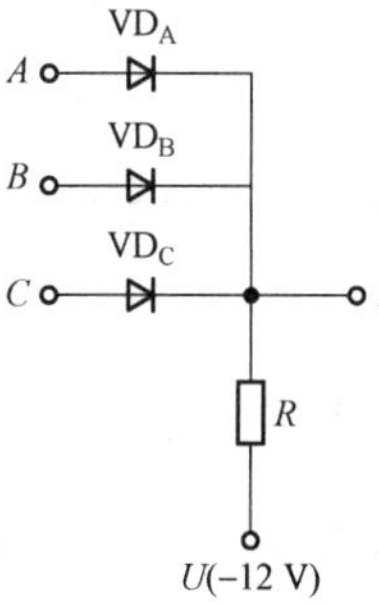

图 10－3－6　二极管"或"门电路

二极管"或"门电路如图 10－3－6 所示。与图 10－3－3 比较可见，这里采用了负电源，且二极管采用负极并联，经电阻 R 接到负电源 U。

若 3 个输入端中只要有一个是高电平（设 $A=1$，$U_A=3$ V），则电流从 A 经 VD_A 和 R 流向 U，VD_A 这个二极管正向导通，由于二极管的钳位作用，使其他 2 个二极管截止，输出端 F 的电位比输入端 A 低一个正向导通压降，锗二极管（一般采用锗二极管）为 0.2 V，输出电压为 2.8 V，仍属于"3 V 左右"，所以 $F=1$。

当 3 个输入端输入全为低电平时（$A=B=C=0$），设 3 者电位都是 0 V，则电流从 3 个输入端经 3 个二极管和 R 流向 U，3 个二极管均正向导通，输出端 F 的电位比输入端低一个正向导通压降，输出电压为−0.2 V，仍属于“0 V 左右”，所以 $F=0$。输入端和输出端的逻辑关系和“或”逻辑关系相符，故称作“或”门电路（或门）。

3. “非”逻辑关系和“非”门电路

1）逻辑关系

“非”逻辑关系是指：决定事件只有一个条件，当这个条件具备时事件就不会发生；条件不存在时，事件就会发生。这样的关系称为“非”逻辑关系。

2）实验电路

如图 10−3−7 所示，只要开关 K 闭合（条件具备），灯就不会亮（事件不发生）；开关断开，灯就亮。这时开关 K 与电灯之间就存在“非”逻辑关系。

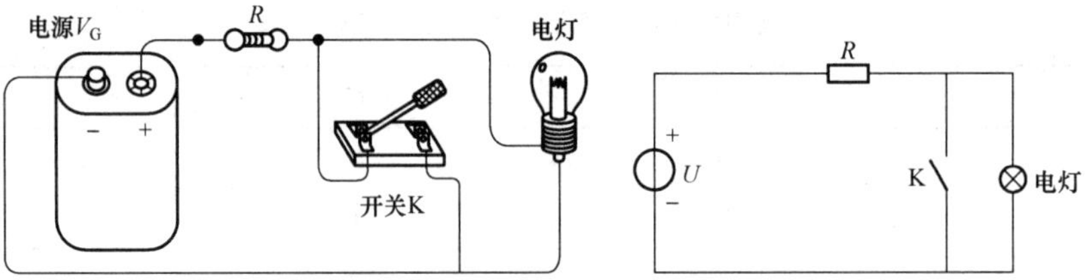

(a)　　(b)

图 10−3−7 “非”逻辑关系实例

（a）实物连接；（b）电路

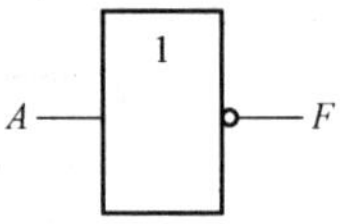

图 10−3−8 “非”逻辑符号

3）逻辑符号

“非”逻辑关系的逻辑符号如图 10−3−8 所示。

$$F=\overline{A}$$

4）逻辑表达式

“非”逻辑关系式可表示成 $F=\overline{A}$。

5）逻辑真值表

“非”逻辑关系的真值表如表 10−3−3 所示。

表 10−3−3 “非”逻辑关系的真值表

A	F
0	1
1	0

6）逻辑功能

“非”逻辑功能可表述为：输入为 1，输出为 0；输入为 0，输出为 1。

7）“非”门电路

三极管“非”门电路（非门）如图 10−3−9 所示。三极管此时工作在开关状态，当输入端 A 为高电平，即 $V_A=3$ V 时，适当选择 R_{B1} 的大小，可使三极管饱和导通，输出饱和压降

$U_{CES}=0.3$ V，$F=0$；当输入端 A 为低电平时，三极管截止，这时钳位二极管 VD 导通，所以输出为 $U_F=3.2$ V，输出高电平，$F=1$。

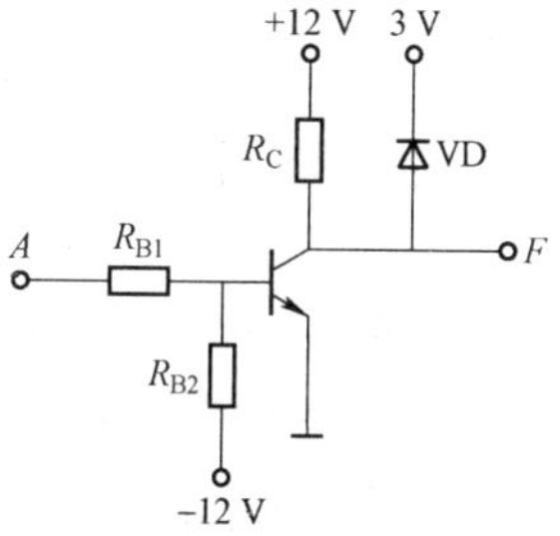

图 10－3－9　三极管“非”门电路

10.3.2　复合逻辑门

“与”“或”“非”是 3 种最基本的逻辑门，其他任何复杂的逻辑门都可以在这 3 种逻辑门的基础上得到。表 10－3－4 所示为常用与非门、或非门、异或门和同或门等复合逻辑门的对比。图 10－3－10 就是“与”门电路、“或”门电路、“非”门电路结合组成的“与非”门电路和“或非”门电路。

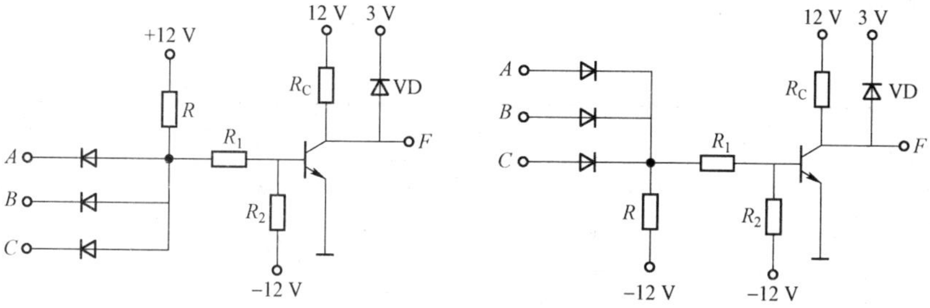

图 10－3－10　“与非”门电路和“或非”门电路

（a）“与非”门电路；（b）“或非”门电路

表 10－3－4　几种常用复合逻辑门的表达式、逻辑符号、真值表和逻辑功能

功能	函数名称			
	与非门	或非门	异或门	同或门
表达式	$F=\overline{AB}$	$F=\overline{A+B}$	$F=A\oplus B$	$F=A\odot B$
逻辑符号	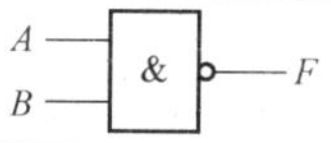	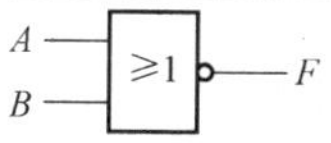	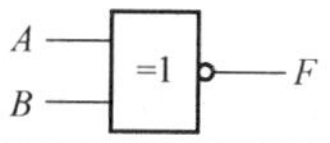	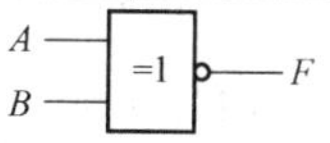
真值表	A B F 0 0 1 0 1 1 1 0 1 1 1 0	A B F 0 0 1 0 1 0 1 0 0 1 1 0	A B F 0 0 0 0 1 1 1 0 1 1 1 0	A B F 0 0 1 0 1 0 1 0 0 1 1 1
逻辑功能	只有输入全部为 1 时，输出才为 0，否则输出为 1。即有 0 出 1，全 1 出 0	只有全部输入都是 0 时，输出才为 1，否则输出为 0。即有 1 出 0，全 0 出 1	当两个输入端输入相反时，输出为 1；当两个输入端输入相同时，输出为 0。即相反出 1，相同出 0	当两个输入端输入相同时，输出为 1；当两个输入端输入相反时，输出为 0。即相同出 1，相反出 0

10.3.3 集成逻辑门电路

集成逻辑门电路（集成门电路）是将逻辑电路的元件和连线都制作在一块半导体基片上。

1. TTL 集成逻辑门电路

TTL 集成逻辑门电路（TTL 集成门电路）是三极管－三极管逻辑门电路的简称，是一种双极型三极管集成电路，它具有运行速度较快、负载能力较强、工作电压低、工作电流较大等特点，是目前应用较多的一种集成逻辑门电路。

1）TTL 集成门电路产品系列及型号的命名法

我国 TTL 集成门电路目前有 CT54/74（普通）、CT54/74H（高速）、CT54/74S（肖特基）和 CT54/74LS（低功耗）4 个系列国家标准的 TTL 集成门电路，其型号组成的符号及意义如表 10－3－5 所示。

表 10－3－5　TTL 集成门电路型号组成的符号及意义

第 1 部分		第 2 部分		第 3 部分		第 4 部分		第 5 部分	
型号前级		工作温度符号范围		器件系列		器件品件		封装形式	
符号	意义	符号	意义	符号	意义	符号	意义	符号	意义
CT	中国制造的 TTL 集成门电路	54	－55～＋125 ℃	H	高速	阿拉伯数字	器件功能	W	陶瓷扁平
				S	肖特基			B	塑封扁平
				LS	低功耗肖特基			F	全密封扁平
SN	美国 TEXAS 公司产品	74	0～＋70 ℃	AS	先进肖特基			D	陶瓷双列直插
				ALX	先进低功耗肖特基			P	塑料双列直插
				FAS	快捷肖特基			J	黑陶瓷双列直插

2）引脚识读

TTL 集成门电路通常是双列直插式外形，如图 10－3－11 所示，根据功能不同，有 8～24 个引脚，引脚编号判读方法是把凹槽标志置于左方，引脚向下，逆时针自下而上顺序排列。

例如，74LS00 为二输入端四与非门，内含有 4 个与非门，每个与非门有 2 个输入端，其引脚排列如图 10－3－12 所示。

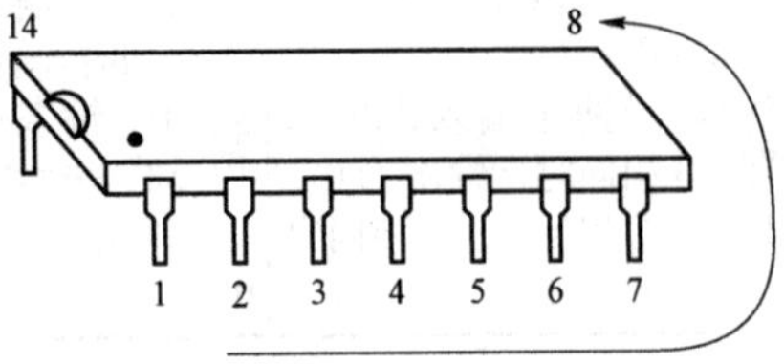

图 10－3－11　TTL 引脚编号排列

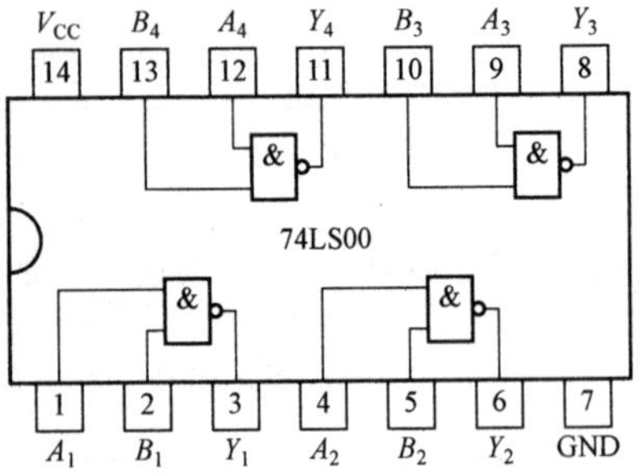

图 10－3－12　74LS00 引脚排列

📖 注意

每个集成门电路内部的各个逻辑单元互相独立，可以单独使用，但电源和接地线是公共的。

3）常用 TTL 集成门电路简介

74X 系列为标准的 TTL 集成门电路系列。表 10-3-6 列出了几种常用的 74LS 系列集成门电路的型号及功能。

表 10-3-6 常用的 74LS 系列集成门电路的型号及功能

型 号	逻辑功能	型 号	逻辑功能
74LS00	二输入端四与非门	74LS27	三输入端三或非门
74LS04	六反相器	74LS20	四输入端双与非门
74LS08	二输入端四与门	74LS21	四输入端双与门
74LS10	三输入端三与非门	74LS30	八输入端与门
74LS11	三输入端三与门	74LS32	二输入端四或门

4）TTL 集成门电路的使用

TTL 集成门电路具有多个输入端，在实际使用时，往往有一些输入端是闲置不用的，需注意对这些闲置输入端的处理。

（1）TTL 集成门电路与非门多余输入端的处理：

① 将一个大于或等于 1 kΩ的电阻接到 V_{CC} 上，如图 10-3-13（a）所示；

② 和已使用的输入端并联使用，如图 10-3-13（b）所示。

（2）TTL 集成门电路或非门多余输入端的处理：

① 可以直接接地，如图 10-3-14（a）所示；

② 和已使用的输入端并联使用，如图 10-3-14（b）所示。

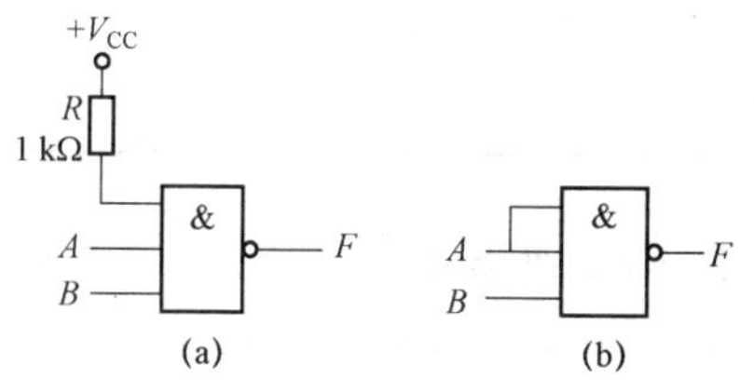

图 10-3-13 TTL 集成门电路与非门多余输入端的处理

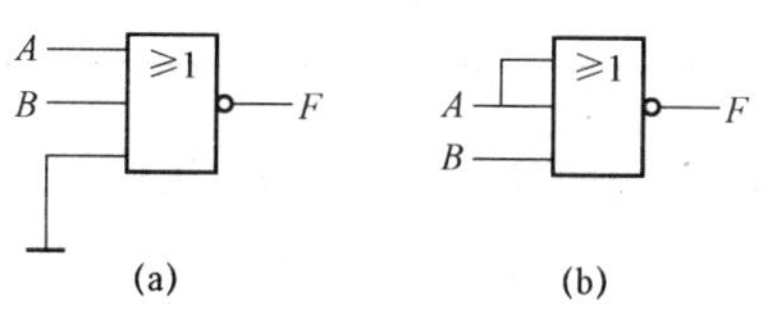

图 10-3-14 TTL 集成门电路或非门多余输入端的处理

对于 TTL 集成门电路与门多余输入端的处理和与非门的处理方式完全相同，而对 TTL 集成门电路或门多余输入端的处理和或非门的处理方式完全相同。

（3）TTL 集成门电路的其他使用注意事项。

① 电路输入端不能直接与高于+5.5 V、低于-0.5 V 的低电阻电源连接，否则会因有较大电流流入器件而烧毁器件。

② 除三态门和 OC 门之外，输出端不允许并联使用，否则会烧毁器件。

③ 防止从电源连线引入干扰信号，一般在每块插板上的电源线接去耦电容，以防止动态尖峰电流产生的干扰。

④ 系统连线不宜过长，整个装置应有良好的接地系统，地线要粗、短。

2. CMOS 集成门电路

MOS 集成门电路是一种以金属–氧化物–半导体（MOS）场效应晶体管为主要元件构成的集成电路，它具有工艺简单、集成度高、抗干扰能力强、功耗低等优点。MOS 集成门电路按所用的晶体管不同，分为 PMOS 集成门电路、NMOS 集成门电路、CMOS 集成门电路。PMOS 集成门电路是指由 P 型导电沟道绝缘栅场效应晶体管构成的电路；NMOS 集成门电路是指由 N 型导电沟道绝缘栅场效应晶体管构成的电路；CMOS 集成门电路是指由 NMOS 和 PMOS 两种集成门电路组成的互补 MOS 集成门电路。这里重点介绍 CMOS 集成门电路。

1）CMOS 集成门电路系列及型号的命名法

CMOS 集成门电路有 3 大系列：4000 系列、74C×× 系列和硅–氧化铝系列。前 2 个系列应用很广，而硅–氧化铝系列因价格昂贵目前尚未普及。表 10–3–7 列出了 4000 系列 CMOS 集成门电路型号组成符号及意义，74C×× 系列的功能及管脚设置均与 TTL74 系列保持一致，此系列 CMOS 集成门电路型号组成符号及意义可参照表 10–3–5。

表 10–3–7　4000 系列 CMOS 集成门电路型号组成符号及意义

第 1 部分		第 2 部分		第 3 部分		第 4 部分	
产品制造单位		器件系列		器件系列		工作温度范围	
符号	意义	符号	意义	符号	意义	符号	意义
CC	中国制造的 CMOS 集成门电路	40 45 145	系列代号	阿拉伯数字	器件功能	C	0～70 ℃
CD	美国无线电公司产品					E	–40～85 ℃
						R	–55～85 ℃
TC	日本东芝公司产品					M	–55～125 ℃

例如，CC4030R 的第 1 部分“CC”表示中国制造的 CMOS 集成门电路，第 2 部分“40”表示器件系列代号，第 3 部分“30”表示器件功能，第 4 部分“R”表示工作温度范围为–55～85 ℃。

2）引脚识读

CMOS 集成门电路通常是双列直插式外形，引脚编号判读方法与 TTL 集成门电路相同。

3）常用 CMOS 集成门电路简介

（1）CMOS 反相器。CMOS 反相器由 N 沟道和 P 沟道的 MOS 管互补构成，其电路组成如图 10–3–15 所示。

当输入端 A 为高电平 1 时，输出 F 为低电平 0；当反之，输入端 A 为低电平 0 时，输出 F 为高电平 1，其逻辑表达式为 $F=\overline{A}$。CMOS 反相器 CC4069 的引脚如图 10–3–16 所示。

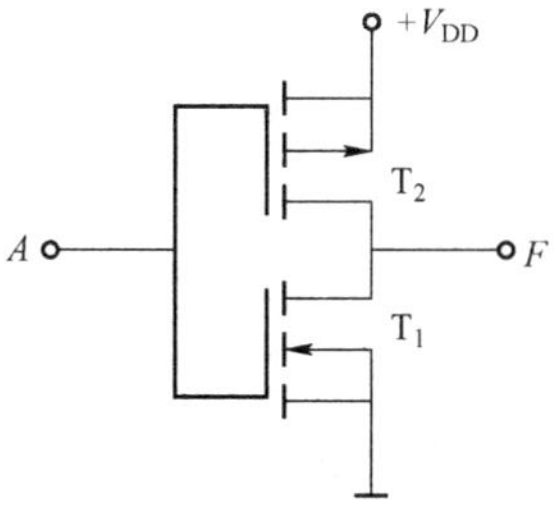

图 10－3－15　CMOS 反相器电路

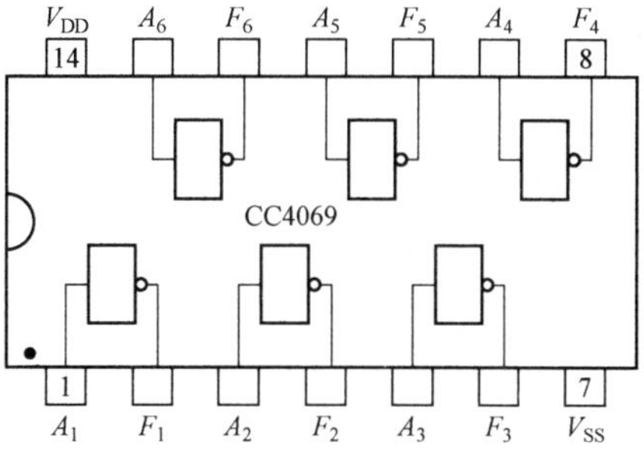

图 10－3－16　CMOS 反相器 CC4069 的引脚

（2）CMOS 与非门。常用的 CMOS 与非门有 CC4011 等，图 10－3－17 所示为 CMOS 与非门 CC4011 的引脚图。

（3）CMOS 或非门。常用的 CMOS 或非门如 CC4001 等，图 10－3－18 所示为 CMOS 或非门 CC4001 的引脚图。

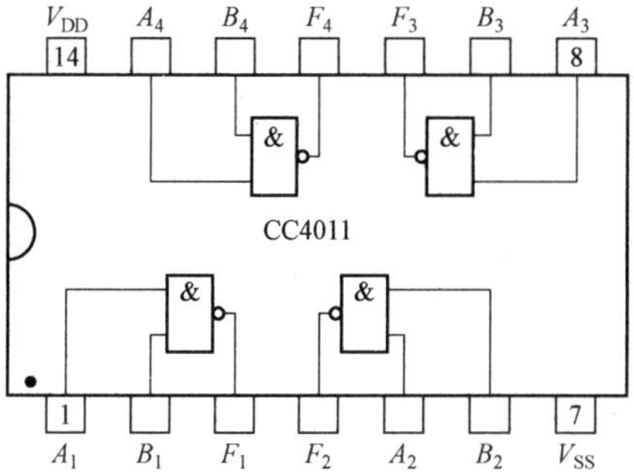

图 10－3－17　CMOS 与非门 CC4011 的引脚图

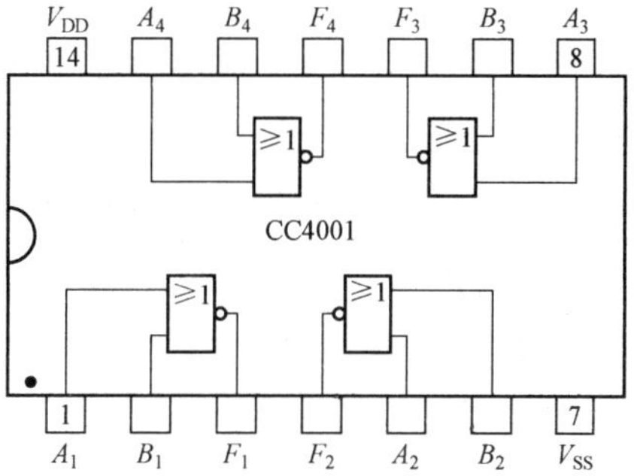

图 10－3－18　CMOS 或非门 CC4001 的引脚图

4）MOS 集成门电路的使用

MOS 集成门电路的多余输入端绝对不允许处于悬空状态，否则会因受干扰而破坏逻辑状态。

（1）MOS 与非门多余输入端的处理：

① 直接接电源，如图 10－3－19（a）所示；

② 和使用的输入端并联使用，如图 10－3－19（b）所示。

（2）MOS 或非门多余输入端的处理：

① 直接接地，如图 10－3－20（a）所示；

② 和使用的输入端并联使用，如图 10－3－20（b）所示。

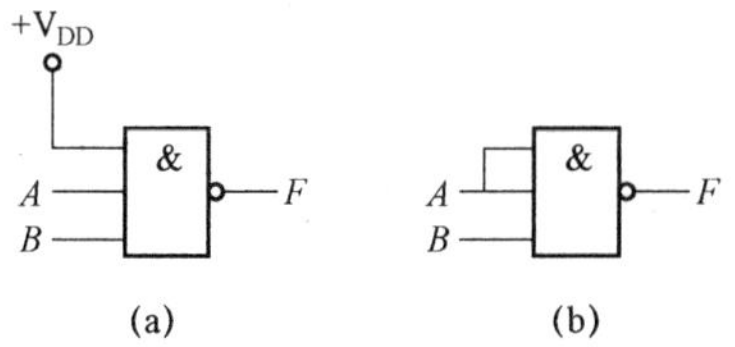

图 10－3－19　MOS 与非门多余输入端的处理

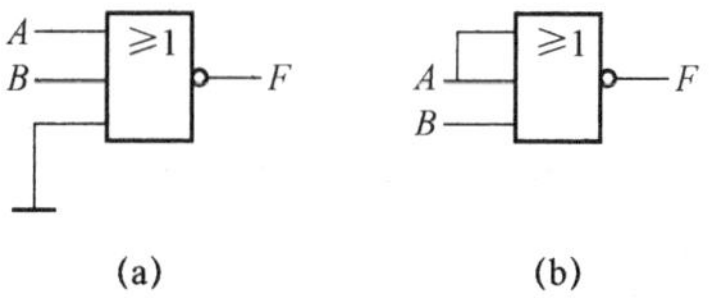

图 10－3－20　MOS 或非门多余输入端的处理

（3）MOS 集成门电路的其他使用注意事项。

① 要防止静电损坏。MOS 集成门电路输入电阻大，可达 $10^9\ \Omega$以上，输入电容很小，即使感应少量电荷也将产生较高的感应电压（$U_{GS}=Q/C$），可使 MOS 管栅极绝缘层击穿，造成永久性损坏。

② 操作人员应尽量避免穿着易产生静电荷的化纤物，以免产生静电感应。

③ 焊接 MOS 集成门电路时，一般电烙铁容量应不大于 20 W，电烙铁要有良好的接地线，且可靠接地；若未接地，应拔下电源，利用断电后余热快速焊接，禁止在通电情况下焊接。

【例 10-3-1】由开关 A、B 和指示灯 Y 组成的电路如图 10-3-21 所示。

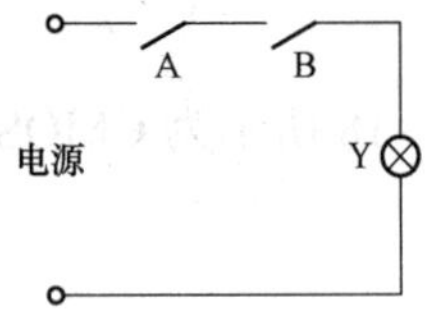

图 10-3-21 例 10-3-1 图

（1）如果用 1 表示开关断开和灯灭，用 0 表示开关闭合和灯亮，则 Y 和 A、B 之间是什么逻辑关系？

（2）如果用 1 表示开关断开和灯亮，用 0 表示开关闭合和灯灭，则 Y 和 A、B 之间是什么逻辑关系？

解：逻辑关系与逻辑体制有关，如果 1 和 0 表示的含义不同，则电路所反映的逻辑关系也不一样，这是一个值得注意的问题。该题的分析方法是：先根据题意列出真值表；再根据真值表确定输入、输出之间的逻辑关系。

（1）根据题意列出真值表，见表 10-3-8。

表 10-3-8 例 10-3-1 表（1）

A	B	Y
0（闭合）	0（闭合）	0（灯亮）
0（闭合）	1（断开）	1（灯灭）
1（断开）	0（闭合）	1（灯灭）
1（断开）	1（断开）	1（灯灭）

从真值表可以看出：有 1 出 1，全 0 出 0。因此，Y 和 A、B 之间是“或”逻辑关系，即 $Y=A+B$。

（2）根据题意列出真值表，见表 10-3-9。

表 10-3-9 例 10-3-1 表（2）

A	B	Y
0（闭合）	0（闭合）	1（灯亮）
0（闭合）	1（断开）	0（灯灭）
1（断开）	0（闭合）	0（灯灭）
1（断开）	1（断开）	0（灯灭）

从真值表可以看出：有 1 出 0，全 0 出 1。因此，Y 和 A、B 之间是“或非”逻辑关系，即 $Y=\overline{A+B}$。

【例 10-3-2】如图 10-3-22 所示各电路，能实现 $Y=1$ 的电路是哪一个？

解：本题考查的知识点是门电路输入、输出之间的逻辑关系。解题时要根据各类门电路的逻辑功能来分析输入、输出之间的逻辑关系。输入端接地，表示该输入端输入为 0；输入端接电源正极，表示该输入端为 1。

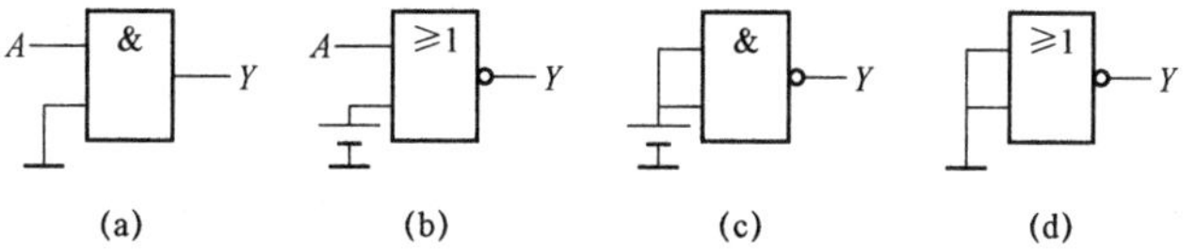

图 10－3－22　例 10－3－2 图

图 10－3－22（a）所示为“与”门电路，有一个输入端接地，表示该端输入为 0。因此 $Y = A \cdot 0 = 0$。

图 10－3－22（b）所示为“或非”门电路，一个输入端接电源正极，表示该输入端输入为 1。因此 $Y = \overline{A+1} = 0$

图 10－3－22（c）所示为“与非”门电路，输入端均接电源正极，表示输入端均输入 1。因此 $Y = \overline{1 \cdot 1} = 0$。

图 10－3－22（d）所示为“或非”门电路，输入端均接地，表示输入端均输入 0。因此 $Y = \overline{0+0} = 1$。

所以，能实现 Y=1 逻辑功能的是图 10－3－22（d）所示的电路。

10.4　任务训练

10.4.1　基本逻辑门电路的功能测试

技能目标

（1）熟悉 TTL 与门、或门、非门、与非门的引脚排列。

（2）测试以上几种门电路的逻辑功能。

（3）学习门电路的使用方法。

工具和仪器

（1）74LS08、74LS04、74LS00、74LS32 芯片各一块。

（2）1 kΩ电阻 2 只，100 Ω电阻 1 只。

（3）+5 V 直流电源。

（4）发光二极管（LED）1 只。

（5）钮子开关 2 个。

（6）DS－IIA 电子实验台。

实训步骤

1. 测试 TTL 与门的逻辑功能

1）接线

按图 10－4－1 所示的方式接好电路。任选一个与门，其输入端分别通过 1 kΩ电阻与+5 V

电源相连，同时与单刀双掷开关公共端连接，开关的 2 个触点一端接地、一端悬空，以实现输入 0、1 转换。输出端接 LED 正极，LED 负极通过 100 Ω电阻接地。集成电路的 V_{CC} 端接+5 V 电源正极，GND 接+5 V 电源负极（地）。

2）调试、测量

操作开关 S1、S2，按表 10-4-1 中的数据给 *A*、*B* 置值，同时记下 *Y* 值（灯亮为 1，不亮为 0）。

表 10-4-1　测试 TTL 与门逻辑功能的真值表

输入		输出
A	*B*	*Y*
0	0	
0	1	
1	0	
1	1	

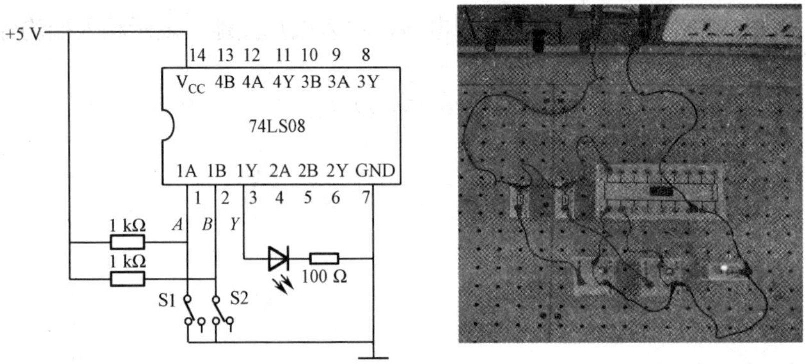

(a)　　(b)

图 10-4-1　测试 TTL 与门逻辑功能的电路接线与实物

（a）电路接线；（b）实物

2. 测试 TTL 或门的逻辑功能

1）接线

按图 10-4-2 所示的方式接好电路。

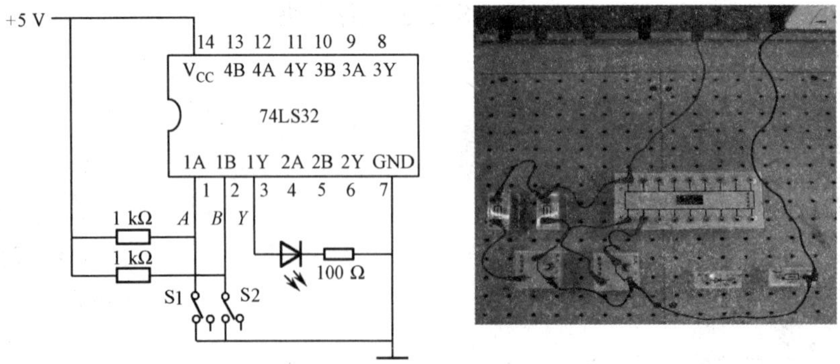

(a)　　(b)

图 10-4-2　测试 TTL 或门逻辑功能的电路接线与实物

（a）电路接线；（b）实物

2）调试、测量

操作开关 S1、S2，按表 10-4-2 中的数据给 A、B 置值，同时记下 Y 值（灯亮为 1，不亮为 0）。

表 10-4-2　测试 TTL 或门逻辑功能的真值表

输　入		输　出
A	B	Y
0	0	
0	1	
1	0	
1	1	

3. 测试 TTL 非门的逻辑功能

1）接线

按图 10-4-3 所示的方式接好电路。

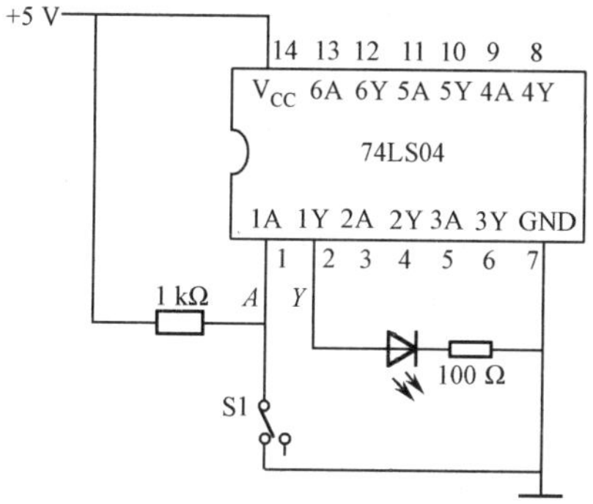

(a)

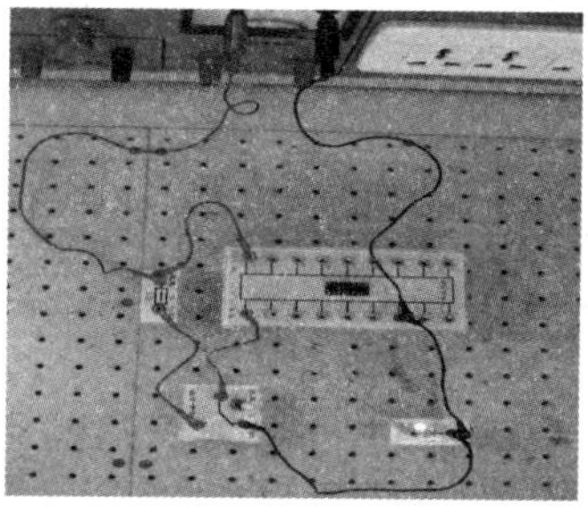

(b)

图 10-4-3　测试 TTL 非门逻辑功能的电路接线与实物

（a）电路接线；（b）实物

2）调试、测量

操作开关 S，按表 10-4-3 中的数据给 A 置值，同时记下 Y 值（灯亮为 1，不亮为 0）。

表 10-4-3　测试 TTL 非门逻辑功能的真值表

输　入	输　出
A	Y
0	
1	

4. 测试 TTL 与非门的逻辑功能

1）接线

按图 10-4-4 所示的方式接好电路。

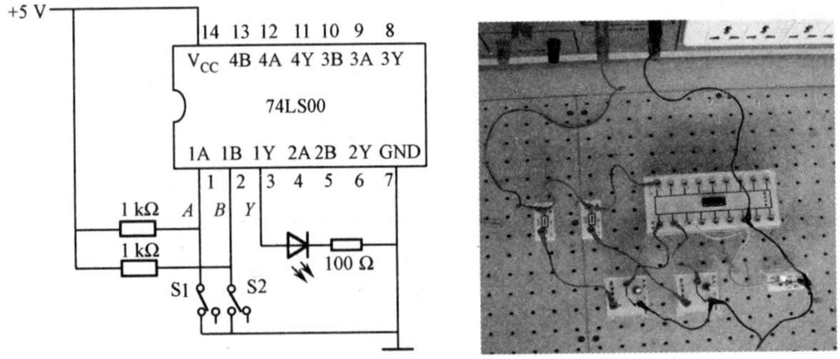

(a) (b)

图 10－4－4　测试 TTL 与非门逻辑功能的电路接线与实物

（a）电路接线；（b）实物

2）调试、测量

操作开关 S1、S2，按表 10－4－4 中的数据给 *A*、*B* 置值，同时记下 *Y* 值（灯亮为 1，不亮为 0）。

表 10－4－4　测试 TTL 与非门逻辑功能的真值表

输　入		输　出
A	*B*	*Y*
0	0	
0	1	
1	0	
1	1	

本 章 小 结

（1）数字信号是数值和时间都不连续变化的信号，常为各种形式的脉冲，以矩形脉冲为代表。数字电路是处理数字信号的电路，与模拟电路相比，数字电路有许多突出的优点。数字电路的研究对象是电路的输入与输出之间的逻辑关系，分析数字电路的工具是逻辑代数。

（2）数的进制多种多样，但常用的有 4 种，即十进制、二进制、八进制和十六进制。数字电路中主要应用二进制。二进制数只有 0、1 两个数码，以 2 为计数基数，是以“逢二进一”为进位规则的数。二进制整数转化为十进制整数的方法是“加权系数展开”法，十进制整数转化为二进制整数的方法是除二取余法。8421BCD 码是一种常用的表示十进制数码的码制。

（3）逻辑门是实现逻辑关系的电路。基本逻辑门有与门、或门和非门。基本逻辑门可组合成各种复合逻辑门，如与非门、或非门、与或非门等。门电路的逻辑关系可用表达式、真值表、逻辑符号、波形图等来表示。实际中，广泛使用 TTL 和 CMOS 集成门电路。不同型号的 TTL、CMOS 集成门电路的引脚排列和功能是有区别的，使用要求也不一样。

思考与练习

1. 什么是数字电路？数字电路具有哪些主要特点？

2. 什么是脉冲信号？如何定义脉冲的幅值和宽度？

3. 脉冲与数字信号之间的关系是什么？

4. 将下列二进制数转换为十进制数：

（1）1011；（2）10101；（3）11101；（4）101001；（5）1000011。

5. 将下列十进制数转换成二进制数：

（1）27；（2）43；（3）127；（4）365；（5）539。

6. 完成表 10−a 所示的数制转换对应表。

表 10−a 数制转换

二 进 制	十 进 制	十 六 进 制
11001		
	42	
		C3A

7. 什么是 TTL 集成门电路？

8. 什么是 CMOS 集成门电路？使用 COMS 集成门电路应注意哪些问题？

9. 图 10−a 所示的电路中，若用 1 表示开关闭合，用 0 表示开关断开，灯亮用 1 表示，求灯 F 点亮的逻辑表达式。

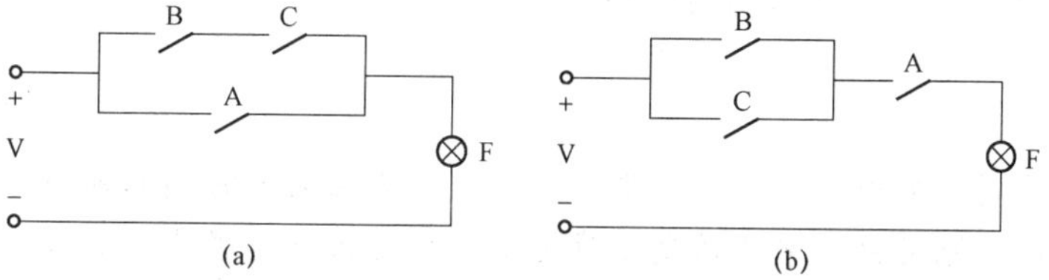

图 10−a 题 9 图

10. 试判断图 10−b 中所示 TTL 集成门电路输出与输入之间的逻辑关系哪些是正确的，哪些是错误的，并将错误的接法改正。

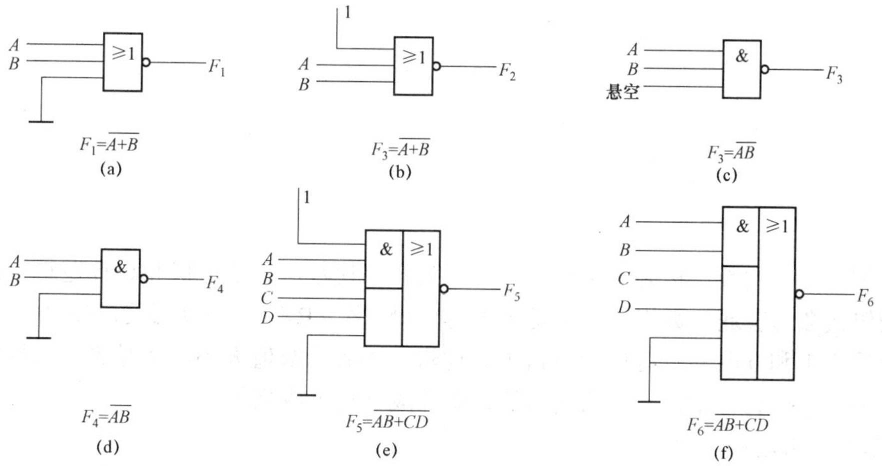

图 10−b 题 10 图

第 11 章

组合逻辑电路与时序逻辑电路

学习目标

1. 了解组合逻辑电路的特点，掌握逻辑代数的运算法则。
2. 能运用逻辑代数对逻辑函数进行化简。
3. 理解组合逻辑电路的读图方法和步骤。
4. 了解典型编码、译码集成电路的引脚功能，会根据功能表正确使用。
5. 了解半导体数码管的基本结构和工作原理。
6. 了解基本 RS 触发器、JK 触发器、D 触发器的电路组成，掌握它们所能实现的逻辑功能。
7. 了解集成移位寄存器的基本功能和应用。
8. 掌握典型计数器集成电路的引脚功能和应用常识。

任务导入

在生活中常遇到多个用户申请同一服务，而服务者在同一时间只能服务于一个用户的情况，这时就需要把其他用户的申请信息先存起来，然后再进行服务。其中，将用户的申请信息先存起来的功能需要使用具有记忆功能的部件。在数字电路中，也同样会有这样的问题，如要对二值（0、1）信号进行逻辑运算，常要将这些信号和运算结果保存起来。因此，也需要使用具有记忆功能的基本单元电路，即时序逻辑电路。

本任务主要学习组合逻辑电路及由触发器组成的时序逻辑电路。

11.1 组合逻辑电路

11.1.1 组合逻辑电路的基本知识

1. 逻辑代数

研究逻辑关系的数学称为逻辑代数，又称为布尔代数，它是分析和设计逻辑电路的数学工具。逻辑代数与普通代数相似，也是用大写字母（A，B，C，…）表示逻辑变量，但逻辑变量取值只有 1 和 0 两种，这里的逻辑 1 和逻辑 0 不表示数值大小，而是表示两种相反的逻辑状态，如信号的有与无、电平的高与低、条件成立与不成立等。

1）基本逻辑运算法则

对应于 3 种基本逻辑关系，有 3 种基本逻辑运算，即逻辑乘、逻辑加和逻辑非。

逻辑乘：简称为乘法运算，是进行“与”逻辑关系的运算的，所以也叫与运算。其运算规则为

$$0 \cdot A=0$$
$$1 \cdot A=A$$
$$A \cdot A=A$$
$$A \cdot \overline{A}=0$$

逻辑加：简称为加法运算，是进行“或”逻辑关系的运算的，所以也叫或运算。其运算规则为

$$0+A=A$$
$$1+A=1$$
$$A+A=A$$
$$A+\overline{A}=1$$

逻辑非：简称为非运算，也称为求反运算，是进行“非”逻辑关系的运算的。对于“非”逻辑关系来说，可得还原律为

$$\overline{\overline{A}}=A$$

2）逻辑代数的基本定律

逻辑代数的基本定律和公式见表 11－1－1。

表 11－1－1　逻辑代数的基本定律和公式

名　称	公式 1	公式 2
0－1 律	$A \cdot 1=A$ $A \cdot 0=0$	$A+0=A$ $A+1=1$
互补律	$A\overline{A}=0$	$A+\overline{A}=1$
重叠律	$A \cdot A=A$	$A+A=A$
交换律	$A \cdot B=B \cdot A$	$A+B=B+A$
结合律	$A(BC)=(AB)C$	$A+(B+C)=(A+B)+C$
分配律	$A(B+C)=AB+AC$	$A+(BC)=(A+B)(A+C)$
反演律（又称摩根定律）	$\overline{AB}=\overline{A}+\overline{B}$	$\overline{A+B}=\overline{A}\,\overline{B}$
吸收律	$A(A+B)=A$ $A(\overline{A}+B)=AB$	$A+AB=A$ $A+\overline{A}B=A+B$
双重否定律	$\overline{\overline{A}}=A$	否定之否定规律

3）逻辑函数的化简

某种逻辑关系，通过与、或、非等逻辑运算把各个变量联系起来，构成了一个逻辑函数表达式。对于逻辑代数中的基本运算，都可用相应的门电路实现，因此一个逻辑函数表达式一定可以用若干门电路的组合来实现。

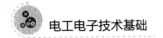

一个逻辑函数可以有许多种不同的表达式。

如：

$$F=AB+\overline{A}C \quad \text{与或表达式}$$
$$=(A+C)(\overline{A}+B) \quad \text{或与表达式}$$
$$=\overline{\overline{AB}\cdot\overline{\overline{A}C}} \quad \text{与非表达式}$$

这些表达式是同一逻辑函数的不同表达式，因而反映的是同一逻辑关系。在用门电路实现其逻辑关系时，究竟使用哪种表达式，要看具体所使用的门电路种类。

在数字电路中，用逻辑符号表示的基本单元电路以及由这些基本单元电路作为部件组成的电路称为逻辑图或逻辑电路图。上述 3 个表达式中的逻辑电路图分别如图 11－1－1（a）～图 11－1－1（c）所示，这些电路的组成形式虽然各不相同，但电路的逻辑功能却是相同的。

一般来说，一个逻辑函数表达式越简单，实现它的逻辑电路就越简单；同样，如果已知一个逻辑电路，按其列出的逻辑函数表达式越简单，也越有利于简化对电路逻辑功能的分析，所以必须对逻辑函数进行化简。

逻辑函数的化简通常有 2 种方法：公式化简法和卡诺图化简法。公式化简法的优点是它的使用不受任何条件的限制，但要求能熟练运用公式和定律，技巧性较强。卡诺图化简法的优点是简单、直观，但变量超过 5 个以上时过于烦琐，本书不作介绍，可参阅有关书籍。

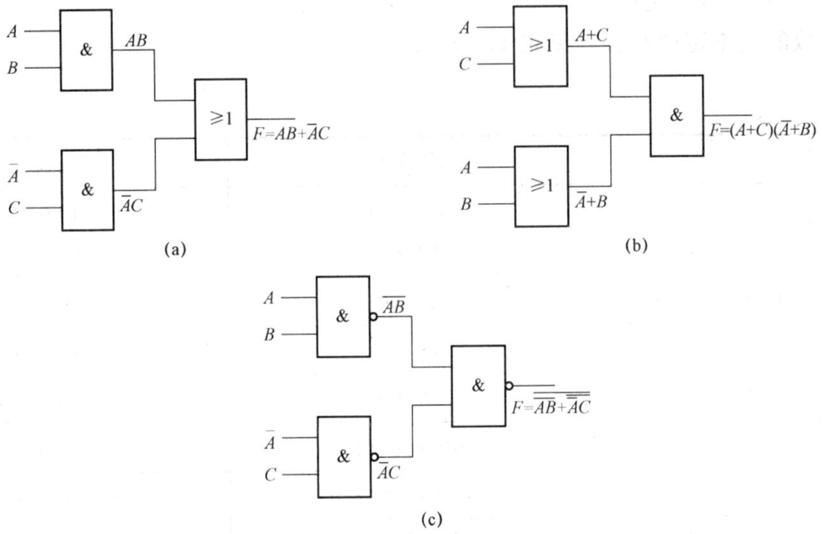

图 11－1－1　逻辑电路图

（a）与或表达式；（b）或与表达式；（c）与非表达式

下面举例说明如何利用逻辑代数的基本公式和定律，对逻辑函数进行化简和变换。

【例 11－1－1】 化简逻辑函数表达式 $F=A\cdot B+A\cdot\overline{B}\cdot C+A\cdot\overline{B}\cdot\overline{C}$。

解： 化简过程为

$$F=A\cdot B+A\cdot\overline{B}\cdot C+A\cdot\overline{B}\cdot\overline{C}$$
$$=A\cdot B+A\cdot\overline{B}\cdot(C+\overline{C})$$
$$=A\cdot B+A\cdot\overline{B}$$
$$=A$$

【**例 11－1－2**】证明逻辑函数表达式 $A \cdot B + \overline{A} \cdot C + B \cdot C = A \cdot B + \overline{A}C$。

证明：因为

$$\begin{aligned} A \cdot B + \overline{A} \cdot C + B \cdot C &= A \cdot B + \overline{A} \cdot C + (A + \overline{A}) \cdot B \cdot C \\ &= A \cdot B + \overline{A}C + A \cdot B \cdot C + \overline{A} \cdot B \cdot C \\ &= A \cdot B \cdot (1 + C) + \overline{A} \cdot C(1 + B) \\ &= A \cdot B + \overline{A}C \end{aligned}$$

故左边等于右边，等式得证。

2. 组合逻辑电路的分析

分析组合逻辑电路的目的就是确定电路的逻辑功能，即根据已知逻辑电路，找出其输入和输出之间的逻辑关系，并写出逻辑函数表达式。一般分析步骤如下。

（1）写出已知逻辑电路的函数表达式。方法是直接从输入到输出逐级写出逻辑函数表达式。

（2）化简逻辑函数表达式，得到最简逻辑表达式。

（3）列出真值表。

（4）根据真值表或最简逻辑表达式确定电路逻辑功能。

组合逻辑电路分析的一般步骤，可用图 11－1－2 所示框图表示。

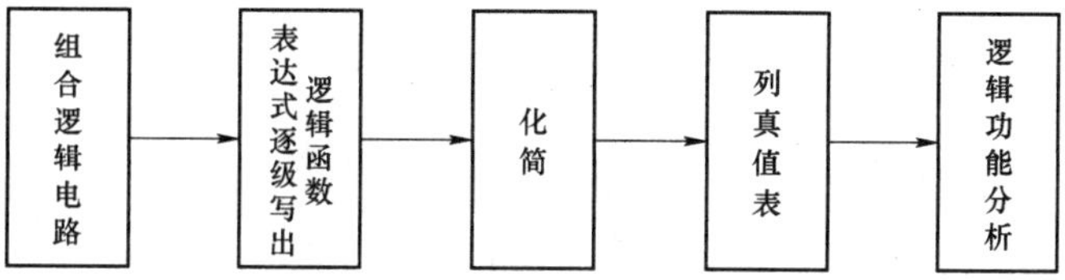

图 11－1－2　组合逻辑电路分析步骤框图

下面举例说明组合逻辑电路的分析方法。

【**例 11－1－3**】试分析图 11－1－3 所示电路的逻辑功能。

解：（1）从输入到输出逐级写出输出端的逻辑函数表达式。

$$F_1 = \overline{A}$$

$$F_2 = \overline{B}$$

$$F_3 = \overline{\overline{A} + B} = A\overline{B}$$

$$F_4 = \overline{A + \overline{B}} = \overline{A}B$$

$$F = \overline{F_3 + F_4} = \overline{A\overline{B} + \overline{A}B}$$

（2）对上式进行化简。

$$\begin{aligned} F &= \overline{A\overline{B} + \overline{A}B} \\ &= \overline{A\overline{B}} \cdot \overline{\overline{A}B} \\ &= (\overline{A} + B)(A + \overline{B}) \\ &= \overline{A}\overline{B} + AB \end{aligned}$$

（3）列出函数真值表，如表 11－1－2 所示。

表 11-1-2　例 11-1-3 真值表

A	B	F
0	0	1
0	1	0
1	0	0
1	1	1

（4）确定电路逻辑功能。

由式 $F=\overline{A}\overline{B}+AB$ 和表 11-1-1 可知，图 11-1-3 所示为一个同或门。

【例 11-1-4】 试分析图 11-1-4 所示电路的逻辑功能。

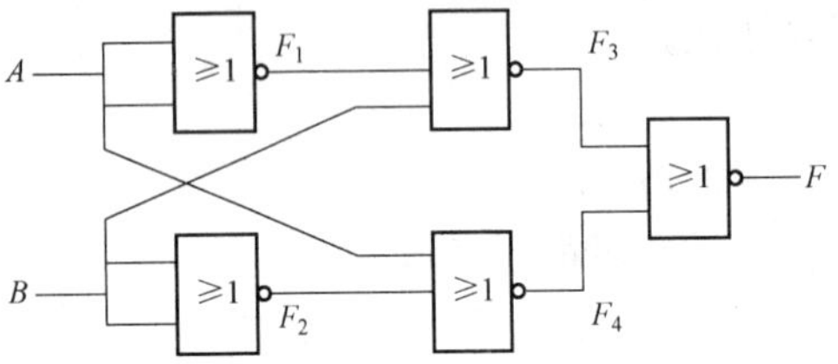

图 11-1-3　例 11-1-3 图

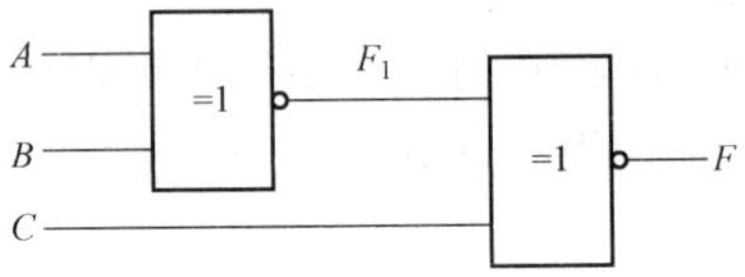

图 11-1-4　例 11-1-4 图

解：（1）逐级写出输出端的逻辑函数表达式。

$$F_1=A\oplus B$$

$$F=F_1\oplus C=A\oplus B\oplus C$$

（2）化简。上式已是最简，故可不化简。

（3）列真值表，如表 11-1-3 所示。

表 11-1-3　例 11-1-4 真值表

A	B	C	F
0	0	0	0
0	0	1	1
0	1	0	1
0	1	1	0
1	0	0	1
1	0	1	0
1	1	0	0
1	1	1	1

（4）确定电路逻辑功能。

由表 11-1-2 可知，当 A、B、C 的取值组合中，只有奇数个 1 时，输出为 1，否则为 0，所以图 11-1-4 所示电路为 3 位奇偶检验器。

11.1.2　编码器

在数字电路中，经常要把输入的各种信号（例如十进制数、文字、符号等）转换成若干位二进制码，这种转换过程称为编码。编码器是指能够实现编码功能的组合逻辑电路。

编码器是一个多输入、多输出的电路，通常输入端多于输出端。例如有 4 个信息 I_0、I_1、I_2、I_3 可用 2 位二进制代码 A、B 表示。A、B 为 00、01、10、11，分别代表信息 I_0、I_1、I_2、I_3，而 8 个信息要用 3 位二进制代码 A、B、C 来表示。要表示的信息越多，二进制代码的位数也越多。n 位二进制代码有 2^n 个状态，可以表示 2^n 个信息。编码器的框图如图 11－1－5 所示，它有 n 个输入端、m 个输出端。在 n 个输入端中，每次只能有 1 个信号有效，其余无效；每次输入有效时，只能有唯一的 1 组输出与之对应，即 1 个输入对应 1 组 m 位二进制代码的输出。

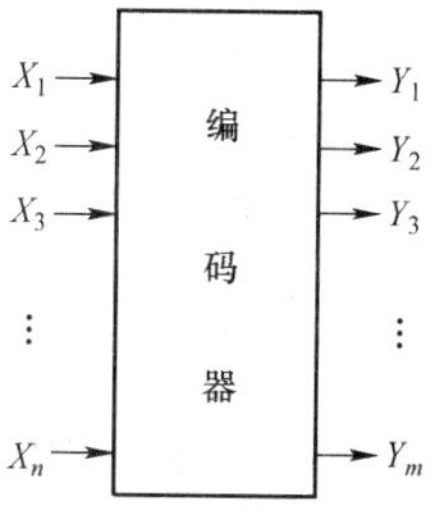

图 11－1－5　编码器框图

常用的编码器有二进制编码器、二－十进制编码器、优先编码器等。

1. 二进制编码器

能够将各种输入信息编成二进制代码的电路称为二进制编码器。1 位二进制代码可以表示 0、1 这 2 种不同的输入信号，2 位二进制代码可表示 00、01、10、11 这 4 种不同的输入信号，n 位二进制代码可以表示 2^n 种不同的输入信号。

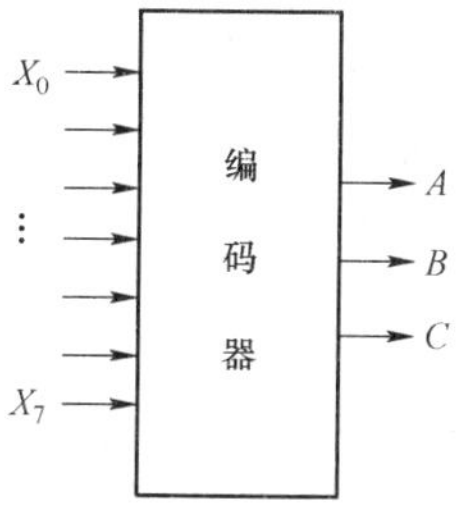

图 11－1－6　3 位二进制编码器框图

3 位二进制编码器的框图如图 11－1－6 所示，8 个输入信号分别用 X_0，X_1，…，X_7 表示 0，1，…，7 这 8 个数字，3 个输出 C、B、A 为 3 位二进制代码。

设输入、输出均为高电平有效，列出 3 位二进制编码器的真值表，见表 11－1－4。

表 11－1－4　3 位二进制编码器的真值表

十进制数	输入								输出		
	X_0	X_1	X_2	X_3	X_4	X_5	X_6	X_7	C	B	A
0	1	0	0	0	0	0	0	0	0	0	0
1	0	1	0	0	0	0	0	0	0	0	1
2	0	0	1	0	0	0	0	0	0	1	0
3	0	0	0	1	0	0	0	0	0	1	1
4	0	0	0	0	1	0	0	0	1	0	0
5	0	0	0	0	0	1	0	0	1	0	1
6	0	0	0	0	0	0	1	0	1	1	0
7	0	0	0	0	0	0	0	1	1	1	1

写出输出逻辑函数表达式，具体为

$$C = X_4 + X_5 + X_6 + X_7$$

$$B = X_2 + X_3 + X_6 + X_7$$

$$A = X_1 + X_3 + X_5 + X_7$$

由逻辑函数表达式画出逻辑图，图 11－1－7 所示即为 3 位二进制编码器的逻辑图。

当 8 个输入端中输入某一个变量时，表示对该输入信号进行编码，在任何时刻只能对 X_0～X_7 中的某 1 个输入信号进行编码，不允许同时输入 2 个或多个高电平，否则在输出端将发生混乱，如输入信号 X_3，则产生 011 的输出。在图 11－1－7 中没有十进制数 0 的输入线，因为在 X_1～X_7 信号线上都不加信号时，输出 C、B、A 必为 000，实现对 0 的编码。

2. 二－十进制编码器

将十进制数中的 0～9 这 10 个数码转换为二进制代码的电路，称为二－十进制编码器。要对 10 个输入信号编码，至少需要 4 位二进制代码，即 $2^i \geqslant 10$，所以二－十进制编码器的输出信号为 4 位，其框图如图 11－1－8 所示。因为 4 位二进制代码有 16 种取值组合，可任选其中 10 种组合表示 0～9 这 10 个数字，因此有多种二－十进制编码方式，其中最常用的是 8421BCD 码。

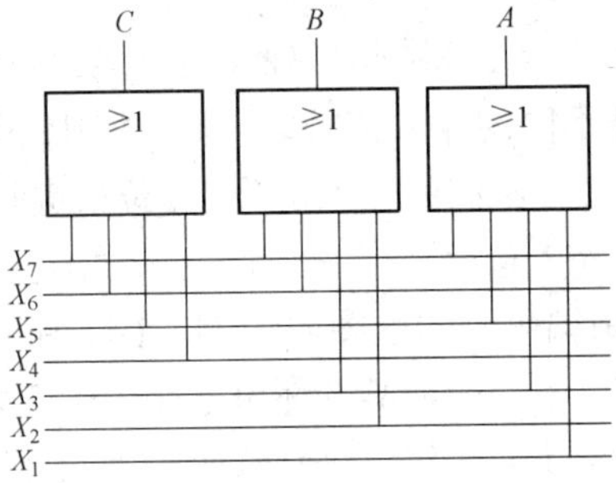

图 11－1－7　3 位二进制编码器逻辑图

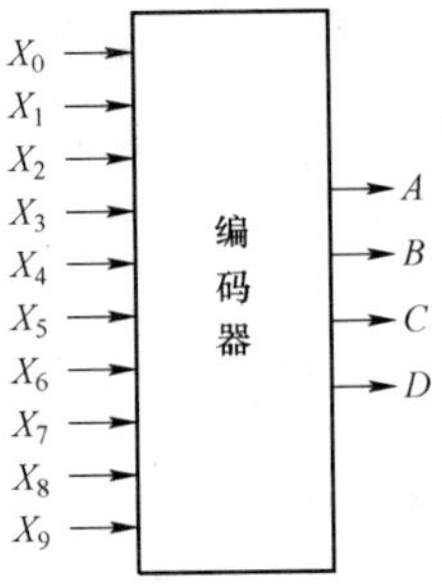

图 11－1－8　二－十进制编码器框图

表 11－1－5 所示为 8421BCD 码编码器的真值表。

表 11－1－5　8421BCD 码编码器的真值表

十进制数	输　入	输出（8421BCD 码）			
		D	C	B	A
0	X_0	0	0	0	0
1	X_1	0	0	0	1
2	X_2	0	0	1	0
3	X_3	0	0	1	1
4	X_4	0	1	0	0
5	X_5	0	1	0	1
6	X_6	0	1	1	0
7	X_7	0	1	1	1
8	X_8	1	0	0	0
9	X_9	1	0	0	1

由表 11－1－4 写出逻辑函数表达式，具体为

$$D = X_8 + X_9 = \overline{\overline{X_8} \cdot \overline{X_9}}$$

$$C = X_4 + X_5 + X_6 + X_7 = \overline{\overline{X_4} \cdot \overline{X_5} \cdot \overline{X_6} \cdot \overline{X_7}}$$

$$B = X_2 + X_3 + X_6 + X_7 = \overline{\overline{X_2} \cdot \overline{X_3} \cdot \overline{X_6} \cdot \overline{X_7}}$$

$$A = X_1 + X_3 + X_5 + X_7 + X_9 = \overline{\overline{X_1} \cdot \overline{X_3} \cdot \overline{X_5} \cdot \overline{X_7} \cdot \overline{X_9}}$$

用与非门实现上式，如图 11－1－9 所示，输入低电平有效，即在任一时刻只有一个输入为 0，其余为 1。

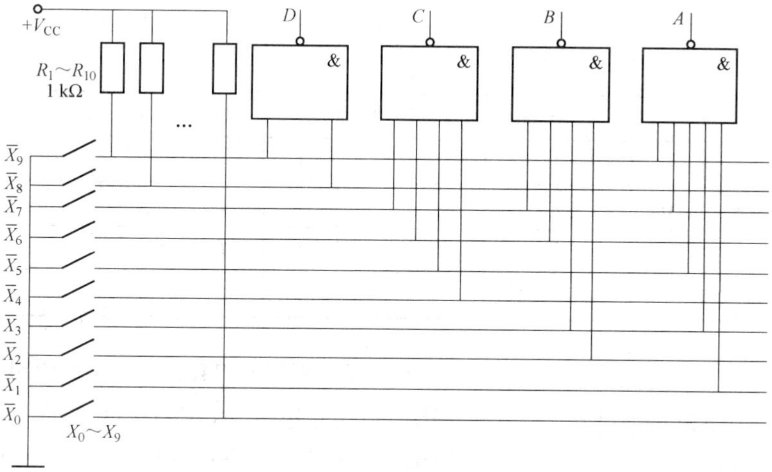

图 11－1－9　8421BCD 码编码器逻辑图

3. 优先编码器

在前面讨论的编码器中，在同一时刻仅允许有 1 个输入信号，如有 2 个或 2 个以上信号同时输入，输出就会出现错误码的编码。在优先编码器中，允许同时输入 2 个以上的编码信号，编码器自动对所有输入信号按优先顺序排队。当几个信号同时输入时，它只对优先级最高的信号进行编码。计算机的键盘输入逻辑电路就是优先编码器的典型应用。

4. 集成电路优先编码器产品简介

常见的优先编码器都是集成门电路的，这里介绍 2 种常用的集成门电路优先编码器。

1）3 位优先编码器 74LS148、CC40148

74LS148 是 3 位 TTL 集成门电路优先编码器，CC40148 是 3 位 CMOS 集成门电路优先编码器，它们在逻辑功能上没有区别，只是电性能参数不同，下面仅以 74LS148 为例介绍 3 位优先编码器。

（1）封装形式及引脚排列。74LS148 的引脚排列如图 11－1－10 所示。

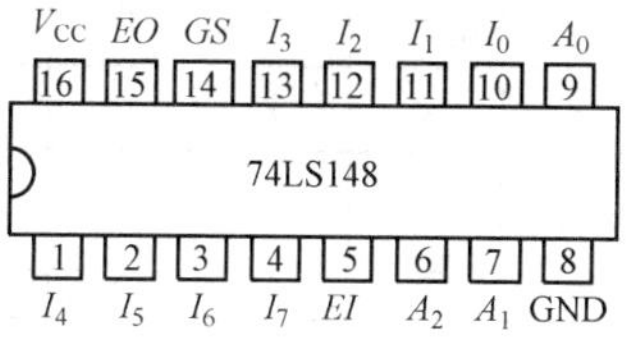

图 11－1－10　74LS148 的引脚排列

（2）功能表。3 位优先编码器 74LS148 的功能见表 11－1－6。

表 11－1－6　74LS148 的功能

输入									输出				
EI	I_0	I_1	I_2	I_3	I_4	I_5	I_6	I_7	A_2	A_1	A_0	GS	EO
1	×	×	×	×	×	×	×	×	1	1	1	1	1
0	1	1	1	1	1	1	1	1	1	1	1	1	0
0	×	×	×	×	×	×	×	0	0	0	0	0	1
0	×	×	×	×	×	×	0	1	0	0	1	0	1
0	×	×	×	×	×	0	1	1	0	1	0	0	1
0	×	×	×	×	0	1	1	1	0	1	1	0	1
0	×	×	×	0	1	1	1	1	1	0	0	0	1
0	×	×	0	1	1	1	1	1	1	0	1	0	1
0	×	0	1	1	1	1	1	1	1	1	0	0	1
0	0	1	1	1	1	1	1	1	1	1	1	0	1

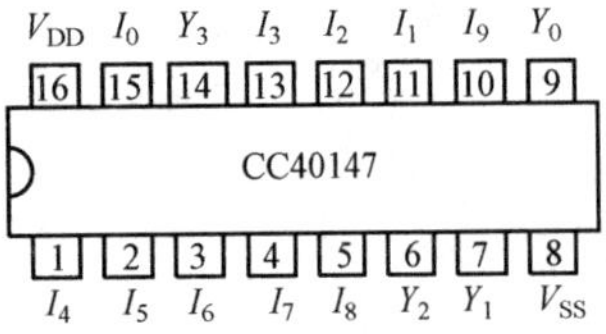

图 11－1－11　CC40147 的引脚排列

2）4 位优先编码器 74LS147、CC40147

74LS147、CC40147 分别为 TTL 集成门电路和 CMOS 集成门电路，下面以 CC40147 为例介绍 4 位优先编码器。

（1）封装形式及引脚排列。CC40147 的引脚排列如图 11－1－11 所示。

（2）功能表。4 位优先编码器 CC40147 的功能见表 11－1－7。

表 11－1－7　CC40147 的功能

输入										输出			
I_0	I_1	I_2	I_3	I_4	I_5	I_6	I_7	I_8	I_9	Y_3	Y_2	Y_1	Y_0
1	0	0	0	0	0	0	0	0	0	0	0	0	0
×	1	0	0	0	0	0	0	0	0	0	0	0	1
×	×	1	0	0	0	0	0	0	0	0	0	1	0
×	×	×	1	0	0	0	0	0	0	0	0	1	1
×	×	×	×	1	0	0	0	0	0	0	1	0	0
×	×	×	×	×	1	0	0	0	0	0	1	0	1
×	×	×	×	×	×	1	0	0	0	0	1	1	0
×	×	×	×	×	×	×	1	0	0	0	1	1	1
×	×	×	×	×	×	×	×	1	0	1	0	0	0
×	×	×	×	×	×	×	×	×	1	1	0	0	1
0	0	0	0	0	0	0	0	0	0	1	1	1	1

【**例 11－1－5**】分析图 11－1－12 所示的逻辑电路图，写出逻辑函数表达式，画出真值表，并分析电路的逻辑功能。

解：本题考查的知识点是编码电路的分析。解题时按组合逻辑电路的分析方法和步骤进行，即由逻辑电路图写逻辑函数表达式，化简逻辑函数表达式，列真值表，由此分析电路的逻辑功能。

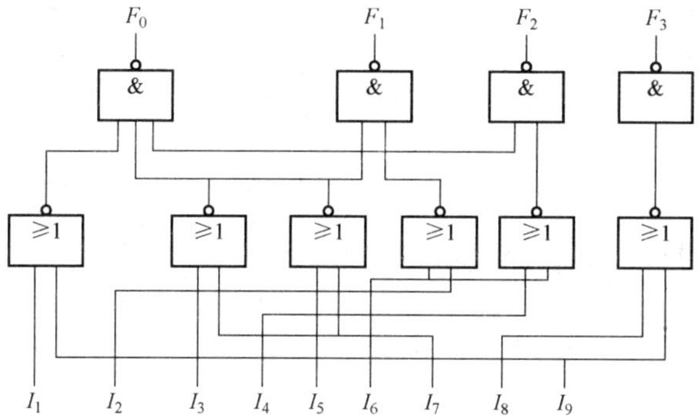

图 11－1－12 例 11－1－5 图

（1）根据逻辑电路图写出 F_0、F_1、F_2、F_3 的逻辑函数表达式并化简。

$$F_0 = \overline{(\overline{I_1 + I_9})(\overline{I_3 + I_7})(\overline{I_5 + I_7})} = I_1 + I_3 + I_5 + I_7 + I_9$$

$$F_1 = \overline{(\overline{I_3 + I_7})(\overline{I_2 + I_6})} = I_2 + I_3 + I_6 + I_7$$

$$F_2 = \overline{(\overline{I_5 + I_7})(\overline{I_4 + I_6})} = I_4 + I_5 + I_6 + I_7$$

$$F_3 = \overline{\overline{I_8 + I_9}} = I_8 + I_9$$

（2）根据逻辑函数表达式列出真值表，如表 11－1－8 所示。

表 11－1－8 例 11－1－5 真值表

输 入	输 出			
	F_3	F_2	F_1	F_0
I_0	0	0	0	0
I_1	0	0	0	1
I_2	0	0	1	0
I_3	0	0	1	1
I_4	0	1	0	0
I_5	0	1	0	1
I_6	0	1	1	0
I_7	0	1	1	1
I_8	1	0	0	0
I_9	1	0	0	1

（3）根据表 11－1－7 分析可知：逻辑电路有 I_0 、I_1 、I_2 、I_3 、I_4 、I_5 、I_6 、I_7 、I_8 、I_9 这 10 个输入（I_0 的编码是隐含的），有 4 个输出 F_3、F_2、F_1、F_0，其关系满足 8421BCD 码的编码方式，因此可判断图 11－1－12 是 8421BCD 编码电路。

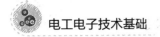

11.1.3 译码器

译码是编码的反过程，是将给定的二进制代码翻译成编码时赋予的原意，即将每一组输入的二进制代码译成相应特定的输出高、低电平信号，完成这种功能的电路称为译码器。译码器是多输入、多输出的组合逻辑电路。译码器按照功能不同，可分为通用译码器和显示译码器两大类。

1. 通用译码器

通用译码器常用的有二进制译码器、二－十进制译码器。

1）二进制译码器

二进制译码器是将 n 位二进制数翻译成 $m=2^n$ 个输出信号的电路。2 位二进制译码器的示意图如图 11－1－13 所示，输入变量为 A、B，输出变量为 Y_0、Y_1、Y_2、Y_3，其为 2 线输入、4 线输出译码器，设输出高电平有效，其真值表如表 11－1－9 所示。

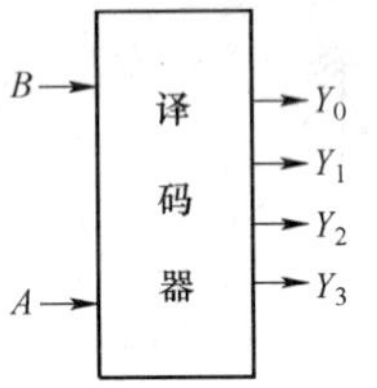

图 11－1－13　2 位二进制译码器的示意

表 11－1－9　2 位二进制译码器真值表

输　入		输　出			
B	A	Y_3	Y_2	Y_1	Y_0
0	0	0	0	0	1
0	1	0	0	1	0
1	0	0	1	0	0
1	1	1	0	0	0

由真值表可写出输出表达式为

$$Y_0=\overline{A}\,\overline{B}\text{，}\quad Y_1=A\overline{B}\text{，}\quad Y_2=\overline{A}B\text{，}\quad Y_3=AB$$

由输出表达式可作出 2 位二进制译码器的逻辑电路图，如图 11－1－14 所示。

集成二进制译码器有 2 线－4 线译码器（74LS139）、3 线－8 线译码器（74LS138）和 4 线－16 线译码器（74LS154）等。

2）二－十进制译码器

将 8421BCD 码翻译成对应的 10 个十进制数字信号的电路，叫作二–十进制译码器。该译码器的输入是十进制数的二进制编码，输出的 10 个信号与十进制数的 10 个数字相对应，如图 11－1－15 所示。图 11－1－16 所示为二－十进制译码器逻辑图，输出低电平有效。表 11－1－10 为二－十进制译码器的真值表。

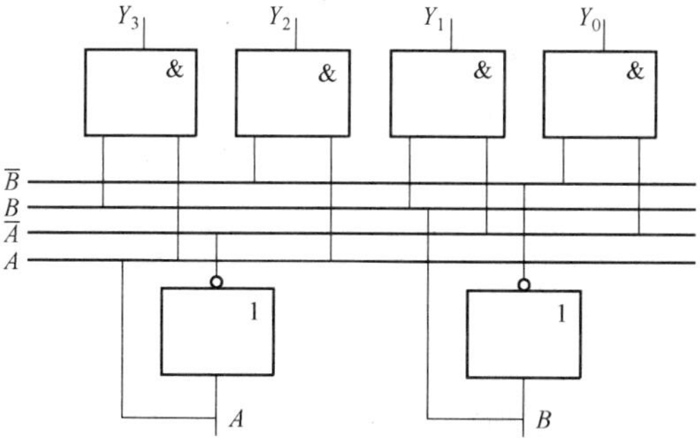

图 11-1-14　2 位二进制译码器的逻辑电路图

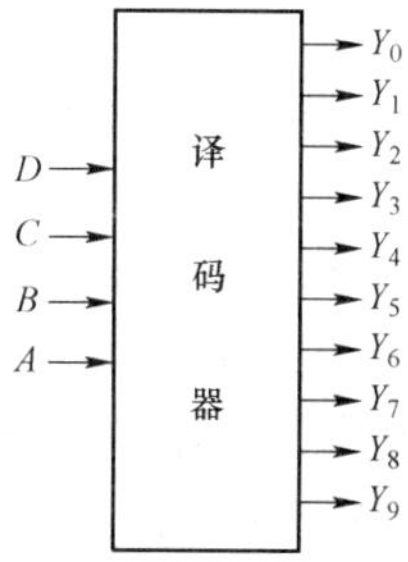

图 11-1-15　二-十进制译码器的示意

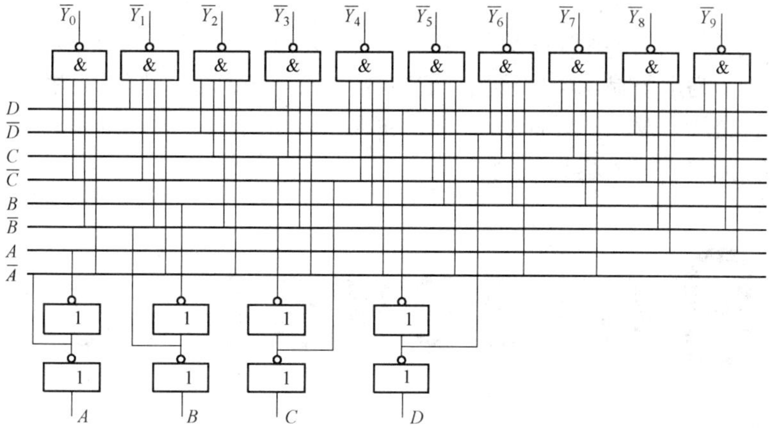

图 11-1-16　二-十进制译码器逻辑图

表 11-1-10　二-十进制译码器真值表

十进制数	输入				输出									
	A	B	C	D	$\overline{Y_0}$	$\overline{Y_1}$	$\overline{Y_2}$	$\overline{Y_3}$	$\overline{Y_4}$	$\overline{Y_5}$	$\overline{Y_6}$	$\overline{Y_7}$	$\overline{Y_8}$	$\overline{Y_9}$
0	0	0	0	0	0	1	1	1	1	1	1	1	1	1
1	0	0	0	1	1	0	1	1	1	1	1	1	1	1
2	0	0	1	0	1	1	0	1	1	1	1	1	1	1
3	0	0	1	1	1	1	1	0	1	1	1	1	1	1
4	0	1	0	0	1	1	1	1	0	1	1	1	1	1
5	0	1	0	1	1	1	1	1	1	0	1	1	1	1
6	0	1	1	0	1	1	1	1	1	1	0	1	1	1
7	0	1	1	1	1	1	1	1	1	1	1	0	1	1
8	1	0	0	0	1	1	1	1	1	1	1	1	0	1
9	1	0	0	1	1	1	1	1	1	1	1	1	1	0

由逻辑图或真值表写出表达式为

$\overline{Y_0}=\overline{\overline{A}\cdot\overline{B}\cdot\overline{C}\cdot\overline{D}}$，$\overline{Y_1}=\overline{\overline{A}\cdot\overline{B}\cdot\overline{C}D}$，$\overline{Y_2}=\overline{\overline{A}\cdot\overline{B}C\overline{D}}$，$\overline{Y_3}=\overline{\overline{A}\cdot\overline{B}CD}$，$\overline{Y_4}=\overline{\overline{A}\cdot B\overline{C}\cdot\overline{D}}$，

$\overline{Y_5}=\overline{\bar{A}B\bar{C}D}$，$\overline{Y_6}=\overline{\bar{A}BC\bar{D}}$，$\overline{Y_7}=\overline{\bar{A}BCD}$，$\overline{Y_8}=\overline{A\bar{B}\cdot\bar{C}\cdot\bar{D}}$，$\overline{Y_9}=\overline{A\bar{B}\cdot\bar{C}D}$

当输入为 1010～1111 六个码中的任一个时，$\overline{Y_0}$ ～ $\overline{Y_9}$ 均为 1，即得不到二－十进制译码器的输出，该电路能拒绝伪码。

二－十进制译码器有输入低电平有效，也有输入高电平有效，可查阅相关资料。74LS42 就是二－十进制译码器，并且为输出低电平有效。

2. 显示译码器

在数字系统中，运算、操作的对象主要是二进制数码。人们往往希望把运算或操作的结果用十进制数直观地显示出来，因此数字显示电路就成为此数字系统的一个组成部分。

数字显示器件的种类较多，主要有半导体发光二极管显示器、液晶显示器等。显示的字形是由显示器的各段组合成数字 0～9，或者其他符号。我国字形管标准为七段字形，图 11－1－17 所示为七段显示器字形图，它有 7 个能发光的段，当给某些段加上一定的电压或驱动电流时，它就会发光，从而显示出相应的字形。由于各种数码显示管的驱动要求不同，驱动各种数码显示管的译码器也不同。

图 11－1－17　七段显示器字形图

1）发光二极管显示器（LED 数字显示器）

发光二极管与普通二极管的主要区别在于它外加正向电压导通时，能发出醒目的光。发光二极管工作时要加驱动电流。驱动电路通常采用与非门，由低电平驱动和高电平驱动，如图 11－1－18 所示，R_s 为限流电阻，调节 R_s 的大小可以改变流过发光二极管的电流，从而控制发光二极管的亮度。

LED 数字显示器又称 LED 数码管，它由七段发光二极管封装组成，它们排列成“日”字形，如图 11－1－19 所示。

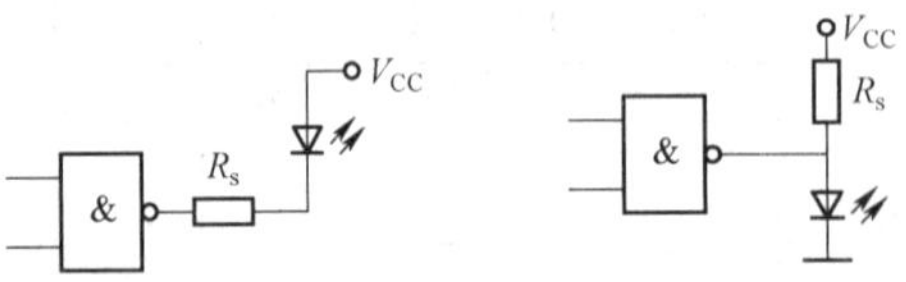

图 11－1－18　发光二极管的驱动电路

图 11－1－19　LED 数字显示器外形

LED 数字显示器各引脚说明：

a，*b*，*c*，*d*，*e*，*f*，*g*——字形七段输入端；

DP——小数点输入端；

V_{CC}——电源；

GND——接地。

LED 数字显示器内部发光二极管的接法有两种：共阳极接法和共阴极接法，如图 11－1－20 所示。

共阳极接法时将 LED 数字显示器中 7 个发光二极管的阳极共同连接，并接到电源。若要某段发光，该段相应的发光二极管阴极须经限流电阻 R 接低电平，如图 11－1－20（d）所示。

共阴极接法是将 LED 数字显示器中 7 个发光二极管的阴极共同连接，并接地。若要某段发光，该段相应的发光二极管阳极应经限流电阻 R 接高电平，如图 11－1－20（b）所示。

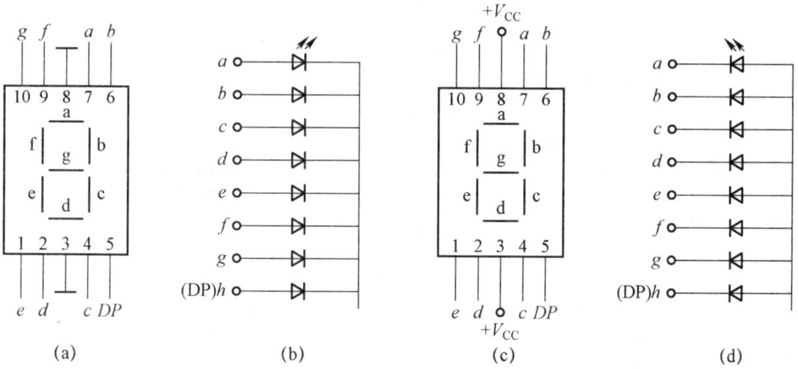

图 11－1－20 LED 数码管

（a）共阴极 LED 数字显示器的引脚排列；（b）共阴极 LED 数字显示器的内部接线；

（c）共阴极 LED 数字显示器的引脚排列；（d）共阳极 LED 数字显示器的内部接线

2）BCD－七段显示译码器

BCD－七段显示译码器能把二－十进制代码译成对应于数码管的 7 个字段信号，驱动数码管，显示出相应的十进制数码。

BCD－七段显示译码器的品种很多，其功能也不尽相同，下面以共阳极显示译码器 CT74LS247 为例，对它的各功能作一些简单的分析，CT74LS247 译码器的外形如图 11－1－21 所示，其引脚排列如图 11－1－22 所示。

图 11－1－21 CT74LS247 显示译码器的外形

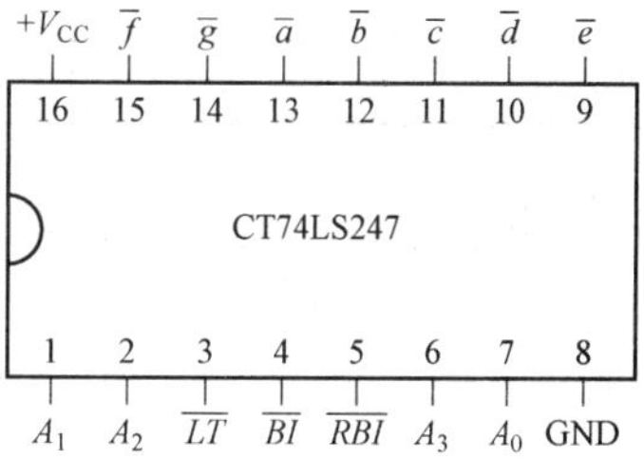

图 11－1－22 CT74LS247 显示译码器的引脚排列

各引脚说明如下：

A_3、A_2、A_1、A_0——8421BCD 码的 4 个输入端；

$\overline{a}$，$\overline{b}$，$\overline{c}$，$\overline{d}$，$\overline{e}$，$\overline{f}$，$\overline{g}$——7 个输出端（低电平有效）；

V_{CC}——电源；

GND——接地；

$\overline{LT}$——试灯输入端；

$\overline{BI}$——灭灯输入端；

$\overline{RBI}$——灭 0 输入端；

A_3、A_2、A_1、A_0 是 8421BCD 码的输入端，$\overline{a}$、$\overline{b}$、$\overline{c}$、$\overline{d}$、$\overline{e}$、$\overline{f}$、$\overline{g}$ 为译码输出端，它们分别与七段显示器的各段相连接。当 $A_3\ A_2\ A_1\ A_0=0000$ 时，$\overline{a}=\overline{b}=\overline{c}=\overline{d}=\overline{e}=\overline{f}=0$，只有 $\overline{g}=1$。所以，七段显示器的 a、b、c、d、e、f 段分别发亮，而 g 段不亮，七段显示器显示“0”。

当 $A_3\ A_2\ A_1\ A_0=0001$ 时，$\overline{b}=\overline{c}=0$，而 $\overline{a}=\overline{d}=\overline{e}=\overline{f}=\overline{g}=1$，七段显示器的 b、c 段发亮，而 a、d、g、f、g 段不亮，七段显示器显示“1”。依此类推，就可以得到如表 11－1－11 所示的 CT74LS247 显示译码器功能表。

表 11－1－11　CT74LS247 显示译码器功能表

功能和十进制数	输入							输出笔划段状态							显示字符
	$\overline{LT}$	$\overline{RBI}$	$\overline{BI}$	D	C	B	A	$\overline{a}$	$\overline{b}$	$\overline{c}$	$\overline{d}$	$\overline{e}$	$\overline{f}$	$\overline{g}$	8
试灯	0	×	1	×	×	×	×	0	0	0	0	0	0	0	全灭
灭灯	×	×	0	×	×	×	×	1	1	1	1	1	1	1	灭 0
灭 0	1	0	1	0	0	0	0	1	1	1	1	1	1	1	
0	1	1	1	0	0	0	0	0	0	0	0	0	0	1	0
1	1	×	1	0	0	0	1	1	0	0	1	1	1	1	1
2	1	×	1	0	0	1	0	0	0	1	0	0	1	0	2
3	1	×	1	0	0	1	1	0	0	0	0	1	1	0	3
4	1	×	1	0	1	0	0	1	0	0	1	1	0	0	4
5	1	×	1	0	1	0	1	0	1	0	0	1	0	0	5
6	1	×	1	0	1	1	0	0	1	0	0	0	0	0	6
7	1	×	1	0	1	1	1	0	0	0	1	1	1	1	7
8	1	×	1	1	0	0	0	0	0	0	0	0	0	0	8
9	1	×	1	1	0	0	1	0	0	0	0	1	0	0	9

常用的共阴极显示译码器有 74LS347、74LS48、74LS49、CD4056、CC4511、CC14513、MC14544 等。

常用的共阳极显示译码器有 74LS247、74LS248、74LS429、74LS47、74LS447 等。

3. 集成译码器产品简介

常见的集成通用译码器有 74LS138、74LS42 等，常见的集成显示译码器有 74LS48、CC4511 等。下面仅介绍两种常见的集成通用译码器。

1）74LS138 集成通用译码器

① 封装形式及引脚排列。74LS138 是 2 位二进制译码器，其引脚排列如图 11－1－23 所示，它有 3 条输入线 A、B、C，8 条输出线 $\overline{Y_0}\sim\overline{Y_7}$，输出低电平有效。

② 功能表。74LS138 的功能见表 11－1－12。

表 11－1－12　74LS138 的功能

输入						输出							
G_1	$\overline{G_{2A}}$	$\overline{G_{2B}}$	C	B	A	$\overline{Y_0}$	$\overline{Y_1}$	$\overline{Y_2}$	$\overline{Y_3}$	$\overline{Y_4}$	$\overline{Y_5}$	$\overline{Y_6}$	$\overline{Y_7}$
×	1	×	×	×	×	1	1	1	1	1	1	1	1
×	×	1	×	×	×	1	1	1	1	1	1	1	1
0	×	×	×	×	×	1	1	1	1	1	1	1	1
1	0	0	0	0	0	0	1	1	1	1	1	1	1
1	0	0	0	0	1	1	0	1	1	1	1	1	1
1	0	0	0	1	0	1	1	0	1	1	1	1	1
1	0	0	0	1	1	1	1	1	0	1	1	1	1
1	0	0	1	0	0	1	1	1	1	0	1	1	1
1	0	0	1	0	1	1	1	1	1	1	0	1	1
1	0	0	1	1	0	1	1	1	1	1	1	0	1
1	0	0	1	1	1	1	1	1	1	1	1	1	0

根据表 11－1－11 可知，当输入二进制码为 011 时，译码器的 $\overline{Y_0} \sim \overline{Y_7}$ 输出端口中，只有 $\overline{Y_3}$ 端输出为低电平，而其他输出端均为高电平，表示输出为 3，此时的逻辑函数表达式为 $\overline{Y_3} = \overline{\overline{C}BA}$ 。

注意

集成通用译码器 74LS138 有 G_1、$\overline{G_{2A}}$ 、$\overline{G_{2B}}$ 3 个使能控制端。当 $G_1=0$ 或 $\overline{G_{2A}} + \overline{G_{2B}} =1$ 时，处于译码禁止状态，即封锁了译码器的输出，所有输出端均为高电平；当 $G_1=1$，$\overline{G_{2A}} = \overline{G_{2B}} =0$ 时，译码器处于译码状态。

2）74LS42 集成通用译码器

① 封装形式及引脚排列。74LS42 是二－十进制译码器，其引脚排列见图 11－1－24，它有 4 个输入端 A、B、C、D，10 个输出端 $\overline{Y_0} \sim \overline{Y_9}$ ，输出低电平有效。

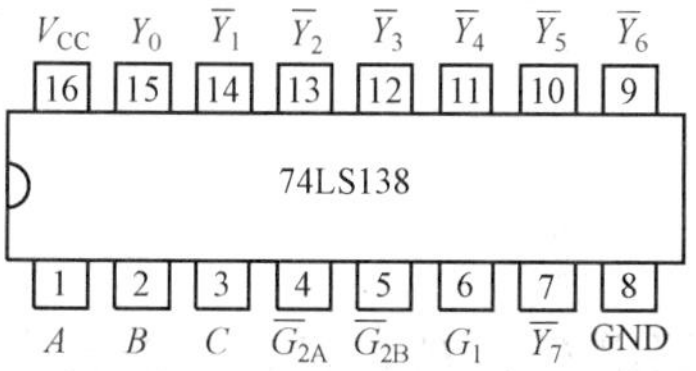

图 11－1－23　74LS138 的引脚排列

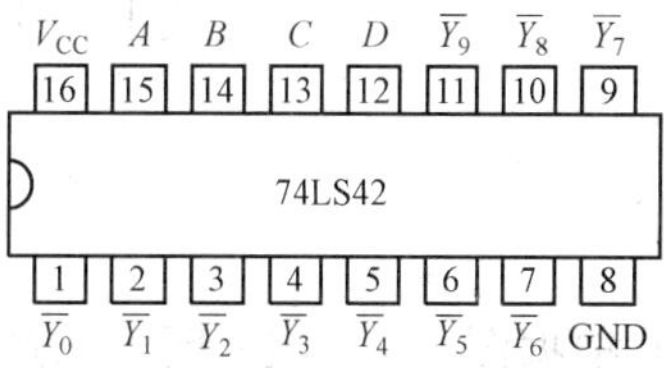

图 11－1－24　74LS42 的引脚排列

② 功能表。74LS42 的功能见表 11－1－13。

表 11－1－13　74LS42 的功能

输　入				输　出									
D	C	B	A	$\overline{Y_0}$	$\overline{Y_1}$	$\overline{Y_2}$	$\overline{Y_3}$	$\overline{Y_4}$	$\overline{Y_5}$	$\overline{Y_6}$	$\overline{Y_7}$	$\overline{Y_8}$	$\overline{Y_9}$
0	0	0	0	0	1	1	1	1	1	1	1	1	1
0	0	0	1	1	0	1	1	1	1	1	1	1	1
0	0	1	0	1	1	0	1	1	1	1	1	1	1
0	0	1	1	1	1	1	0	1	1	1	1	1	1
0	1	0	0	1	1	1	1	0	1	1	1	1	1
0	1	0	1	1	1	1	1	1	0	1	1	1	1
0	1	1	0	1	1	1	1	1	1	0	1	1	1
0	1	1	1	1	1	1	1	1	1	1	0	1	1
1	0	0	0	1	1	1	1	1	1	1	1	0	1
1	0	0	1	1	1	1	1	1	1	1	1	1	0

根据表 11－1－12 可知，当输入二进制代码 0010 时，译码器的 $\overline{Y_0}\sim\overline{Y_9}$ 输出端口中，只有 $\overline{Y_2}$ 端输出为低电平，而其他输出端均为高电平，表示输出为 2，此时的逻辑函数表达式为 $\overline{Y_2}=\overline{\overline{D}\,\overline{C}B\overline{A}}$。

【例 11－1－6】分析图 11－1－25 所示电路的逻辑功能。

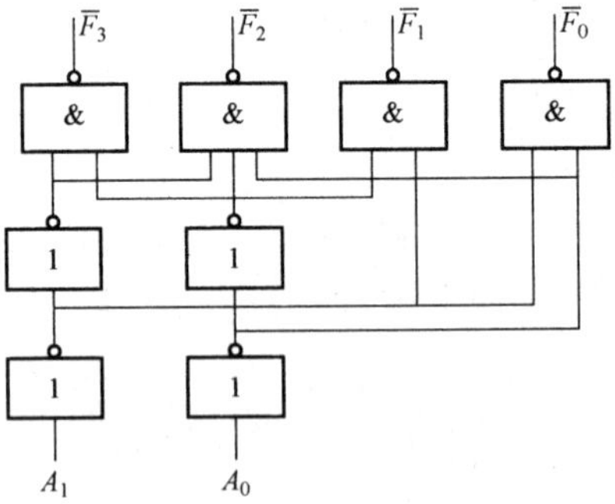

图 11－1－25　例 11－1－6 图

解：（1）根据图 11－1－25 所示的逻辑电路图写出 F_3、F_2、F_1、F_0 的表达式，具体为

$$\overline{F_0}=\overline{\overline{A_1}\,\overline{A_0}}，\quad \overline{F_1}=\overline{A_0\overline{A_1}}，\quad \overline{F_2}=\overline{\overline{A_0}A_1}，\quad F_3=\overline{A_0A_1}$$

（2）本题的逻辑函数表达式不用化简，可根据逻辑函数表达式直接列真值表，见表 11－1－14。

表 11-1-14　例 11-1-6 真值表

输　入		输　出			
A_1	A_0	$\overline{F}_3$	$\overline{F}_2$	$\overline{F}_1$	$\overline{F}_0$
0	0	1	1	1	0
0	1	1	1	0	1
1	0	1	0	1	1
1	1	0	1	1	1

从表 11-1-13 可知，图 11-1-25 的组合逻辑电路是一个 2 线-4 线译码器，输出低电平有效。

11.2　触　发　器

触发器是具有记忆功能、能存储数字信息的最常用的一种基本单元电路。按结构的不同，触发器可以分为两大类：基本触发器和时钟触发器。

11.2.1　RS 触发器

1. 基本 RS 触发器

基本 RS 触发器是构成各种功能触发器最基本的单元，可以用来表示和存储 1 位二进制数码。

1）电路组成

基本 RS 触发器由两个与非门 G_1、G_2 交叉相连而成，其逻辑电路如图 11-2-1（a）所示，图 11-2-1（b）所示为逻辑符号。图中 $\overline{R}$ 、$\overline{S}$ 为触发器的输入端，字母上面的反号及逻辑符号图上 $\overline{R}$ 、$\overline{S}$ 端的圆圈表示低电平有效。Q 和 $\overline{Q}$ 是触发器的 2 个输出端，正常工作时这 2 个输出端状态相反。触发器的输出状态有 2 个：0 态（通常规定 $Q=0$，$\overline{Q}=1$ 时）和 1 态（$Q=1$，$\overline{Q}=0$ 时）。

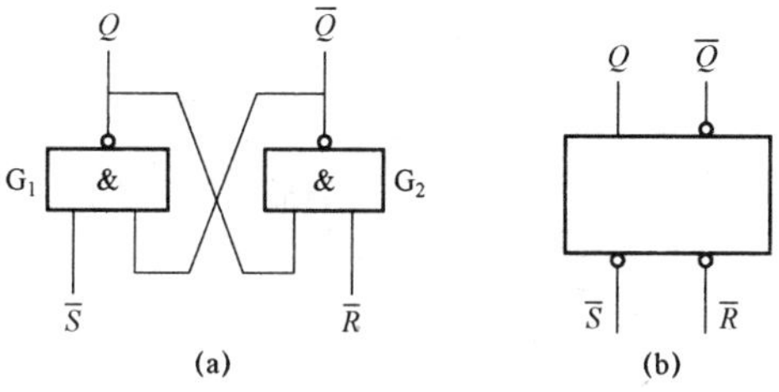

图 11-2-1　基本 RS 触发器

（a）逻辑电路；（b）逻辑符号

2）逻辑功能

根据 $\overline{R}$ 、$\overline{S}$ 输入的不同，可以得出基本 RS 触发器的逻辑功能如下。

（1）$\overline{R}=\overline{S}=1$ 时，触发器保持原状态不变。当 $\overline{R}=\overline{S}=1$ 时，电路可有两个稳定状态 0 态和 1 态。如果电路处于 0 态，即 $Q=0$，$\overline{Q}=1$，则 $\overline{Q}$ 反馈到 G_1 输入端，G_1 的两个输入端均

为 1，使 Q 为低电平 0，Q 反馈到 G_2，由于这时 $\bar{R}=1$，使 $\bar{Q}$ 为高电平 1，保证了 $Q=0$，故电路保持 0 态。如果电路处于 1 态，即 $Q=1$，$\bar{Q}=0$，则 Q 反馈到 G_2 输入端，使 $\bar{Q}$ 为低电平 0，$\bar{Q}$ 反馈到 G_1 的输入端，由于这时 $\bar{S}=1$，使 Q 为高电平 1，保持 $\bar{Q}=0$，故电路保持 1 态。可见，触发器保持原状态不变，也就是触发器将原有的状态存储起来，即通常所说的触发器具有记忆功能。

（2）$\bar{R}=1$，$\bar{S}=0$ 时，触发器被置成 1 态。由于 $\bar{S}=0$（即在 $\bar{S}$ 端加有低电平触发信号），G_1 门的输出 $Q=1$，G_2 的输入全为 1，$\bar{Q}=0$，即触发器被置成 1 状态。因此称 $\bar{S}$ 端为置 1 输入端，又称置位端。

（3）$\bar{R}=0$，$\bar{S}=1$ 时，触发器被置成 0 态。由于 $\bar{R}=0$（即在 $\bar{R}$ 端加有低电平触发信号）时，G_2 门的输出 $\bar{Q}=1$，G_1 门输入全为 1，$Q=0$，即触发器被置成 0 态。因此称 $\bar{R}$ 端为置 0 输入端，又称复位端。

（4）$\bar{R}=0$，$\bar{S}=0$ 时，触发器状态不定。当 $\bar{R}=0$，$\bar{S}=0$（即在 $\bar{R}$、$\bar{S}$ 端同时加有低电平触发信号）时，G_1 和 G_2 门的输出 $Q=\bar{Q}=1$，这在 RS 触发器中属于不正常状态。这是因为在这种情况下，当 $\bar{R}=\bar{S}=0$ 的信号同时消失变为高电平时，由于无法预知 G_1、G_2 门延迟时间的差异，故触发器转换到什么状态将不能确定，可能为 1 态，也可能为 0 态。因此，对于这种随机性的不定输出，在使用中是不允许出现的，应予以避免。

由上述可见，基本 RS 触发器具有保持、置 0 和置 1 的逻辑功能。

3）真值表

由基本 RS 触发器的逻辑功能可列出其真值表，如表 11－2－1 所示。

表 11－2－1　基本 RS 触发器的真值表

$\bar{R}$	$\bar{S}$	Q^{n+1}	逻辑功能
0	0	不定	避免
0	1	0	置 0
1	0	1	置 1
1	1	Q^n	保持

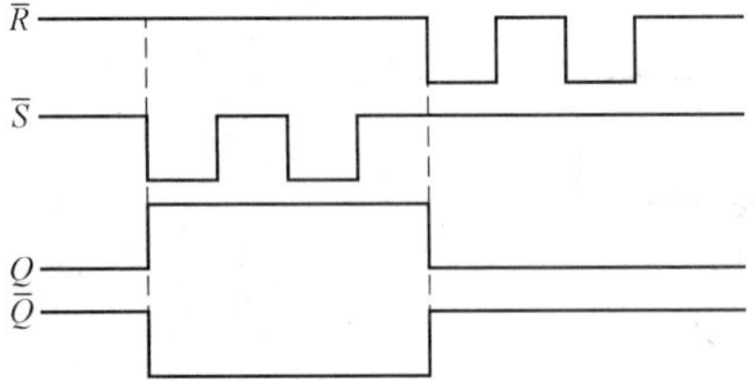

图 11－2－2　基本 RS 触发器时序图

表 11－2－1 中 Q^n 称为现态或初态，指的是输入信号作用之前触发器的状态；Q^{n+1} 称为次态，指的是输入信号作用之后触发器的状态。

4）时序图（又称波形图）

时序图是以输出状态随时间变化的波形图的方式来描述触发器的逻辑功能。用波形图的形式可以形象地表达输入信号、输出信号、电路状态等的取值在时间上的对应关系。在图 11－2－1（a）所示电路中，假设触发器的初始状态为 $Q=0$、$\bar{Q}=1$，触发信号 $\bar{R}$、$\bar{S}$ 的波形已知，则 Q 和 $\bar{Q}$ 的波形见图 11－2－2 所示的时序图。

5）实际应用

常用的机械开关都有抖动现象，而采用如图 11－2－3 所示电路，可消除开关的抖动。

图 11－2－3 中采用了基本 RS 触发器后，当开关由 A 扳向 B 时，触点 B 则由于开关的弹性回跳，需要过一段时间才能稳定在低电平，造成 $\overline{S}$ 在 0、1 之间来回变化，如图 11－2－3（b）中的 $\overline{R}$ 、$\overline{S}$ 的波形。尽管如此，但在 $\overline{S}$ 端出现的第一个低电平时，就使 Q 端由 0 状态变为 1 状态，如图 11－2－3（b）所示 Q 端的输出波形。一旦 Q 置 1，即使 $\overline{S}$ 在 0、1 之间来回变化，输出 Q 端都无抖动，也就是说，触发器输出波形无抖动。

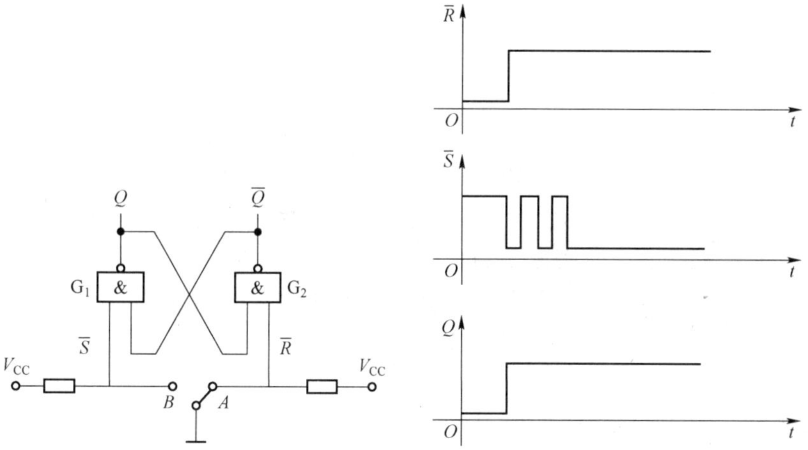

(a)　　(b)

图 11－2－3　基本 RS 触发器输出波形无抖动电路及波形

（a）电路图；（b）波形图

6）集成基本 RS 触发器

在实际的数字电路中，CC4043 是由 4 个或非门基本 RS 触发器组成的锁存器集成电路，其引脚排列如图 11－2－4 所示。其中 NC 表示空脚。CC4043 内包含 4 个基本 RS 触发器。它采用三态单端输出，由 CC4043 的 5 脚 EN 信号控制。电路的核心是或非门结构，输入信号经非门倒相，高电平为有效信号。CC4043 的功能如表 11－2－2 所示。

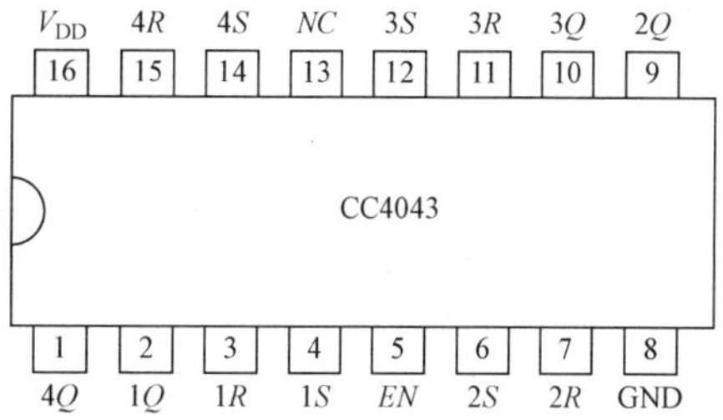

图 11－2－4　CC4043 引脚排列

表 11－2－2　CC4043 的功能

输　入			输　出
S	R	EN	Q
×	×	0	高阻
0	0	1	Q^n（原态）
0	1	1	0
1	0	1	1
1	1	1	1

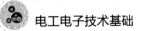

2. 同步 RS 触发器

在生活中，常常会遇到图 11－2－5 所示的情况：要等时间到了，几个门同时打开，即同步。在数字系统中，为保证各部分电路工作协调一致，常常要求某些触发器于同一时刻动作，为此引入同步信号，使这些触发器只有在同步信号到达时才能按输入信号改变状态。通常把这个同步控制信号称为时钟信号，简称时钟，用 CP 表示。把受时钟控制的触发器统称为时钟触发器或同步触发器。

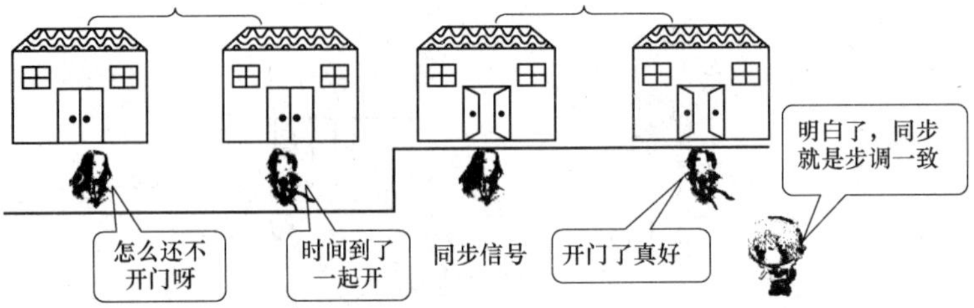

图 11－2－5　同步概念示意

1）电路组成

同步 RS 触发器是同步触发器中最简单的一种，其逻辑电路和逻辑符号如图 11－2－6 所示。图中 G_1 和 G_2 组成基本 RS 触发器，G_3 和 G_4 组成输入控制门电路。CP 是时钟脉冲的输入控制信号，S、R 是输入端，Q 和 $\overline{Q}$ 是互补输出端。$\overline{R}_d$ 是异步置 0 端，$\overline{S}_d$ 是异步置 1 端，$\overline{R}_d$、$\overline{S}_d$ 不受时钟脉冲控制，可以直接置 0 或置 1。

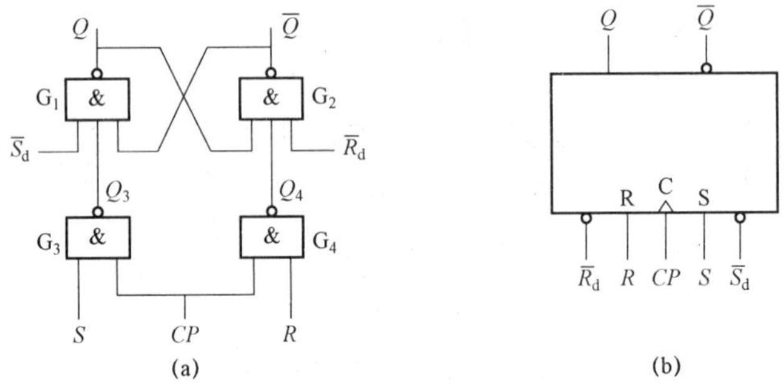

图 11－2－6　同步 RS 触发器

（a）逻辑电路；（b）逻辑符号

2）逻辑功能

（1）当 $CP=0$ 时，G_3、G_4 被封锁，$Q_3=1$，$Q_4=1$，此时 R、S 端的输入不起作用，所以触发器保持原状态不变。

（2）当 $CP=1$ 时，G_3、G_4 打开，$Q_3=\overline{S}$，$Q_4=\overline{R}$，触发器将按基本 RS 触发器的规律发生变化。

3）真值表

同步 RS 触发器的真值表如表 11－2－3 所示。

表 11－2－3　同步 RS 触发器的真值表

时钟脉冲 CP	输入信号		输出状态 Q^{n+1}	逻辑功能
	S	R		
0	×	×	Q^n	保持
1	0	0	Q^n	保持
1	0	1	0	置 0
1	1	0	1	置 1
1	1	1	不定	避免

4）同步触发特点

在 $CP=1$ 的全部时间里，R 和 S 的变化均将引起触发器输出端状态的变化，这就是同步 RS 触发器的动作特点。

由此可见，在 $CP=1$ 的期间，输入信号多次变化，触发器也随之多次变化，这种现象称空翻。空翻现象会造成逻辑上的混乱，使电路无法正常工作。这也是同步 RS 触发器除了存在状态不确定的缺点外，存在的另一个缺点——空翻现象。为了克服上述缺点，后面将介绍功能更加完善的主从 RS 触发器、JK 触发器和 D 触发器。

3. 主从 RS 触发器

为提高触发器工作的稳定性，希望在每个 CP 周期里输出端的状态只能改变一次。因此在同步 RS 触发器的基础上设计出了主从 RS 触发器。主从 RS 触发器是由两级触发器构成的。其中一级直接接收输入信号，称为主触发器；另一级接收主触发器的输出信号，称为从触发器。两级触发器的时钟信号互补，主触发器接收输入与从触发器改变输出状态分开进行，从而有效地克服了空翻现象。

主从 RS 触发器的真值表与同步 RS 触发器相同。

11.2.2　JK 触发器

主从 RS 触发器虽然解决了空翻的问题，但输入信号仍需遵守约束条件 $RS=0$。为了使用方便，希望即使出现 $R=S=1$ 的情况，触发器的次态也是确定的，为此，通过改进触发器的电路结构，设计出了主从 JK 触发器。为了提高触发器工作的可靠性，增强抗干扰能力，产生了边沿 JK 触发器。边沿 JK 触发器只在 CP 的上升沿（或下降沿），根据输入信号的状态翻转，而在 $CP=0$ 或 $CP=1$ 期间，输入信号的变化对触发器的状态没有影响。边沿 JK 触发器分为 CP 上升沿触发型和 CP 下降沿触发型两种，也称正边沿触发型和负边沿触发型。

1. 主从 JK 触发器

1）电路组成

将主从 RS 触发器的 Q 端和 $\overline{Q}$ 端反馈到 G_7、G_8 的输入端，并将 S 端改称为 J 端，R 端改称为 K 端，即构成了主从 JK 触发器。逻辑图如图 11－2－7（a）所示，逻辑符号如图 11－2－7（b）所示。

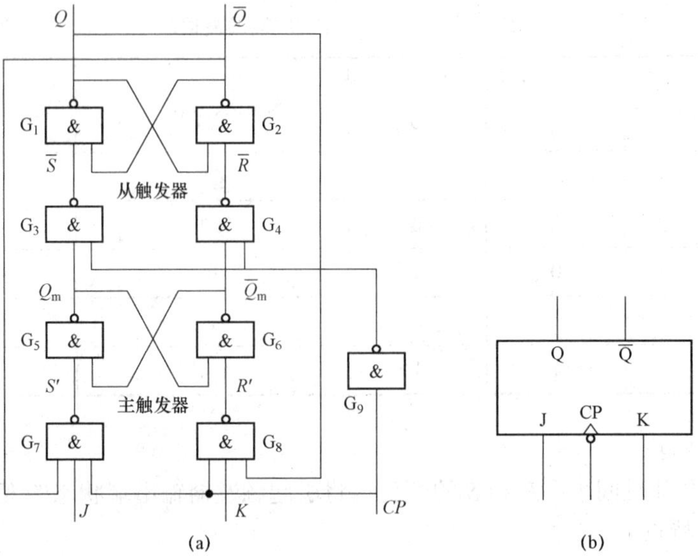

图 11-2-7　主从 JK 触发器

（a）逻辑图；（b）逻辑符号

2）逻辑功能

（1）$J=1$、$K=1$时，在 CP 作用后，触发器的状态总发生一次翻转，具有计数翻转功能。

（2）$J=0$、$K=1$时，无论触发器的初始状态是 0 还是 1，在 CP 脉冲下降沿到来时，触发器的状态为 0 态，具有置 0 功能。

（3）$J=1$、$K=0$时，无论触发器的初始状态是 0 还是 1，在 CP 脉冲下降沿到来时，触发器的状态为 1 态，具有置 1 功能。

（4）$J=0$、$K=0$时，在 CP 脉冲下降沿到来时，触发器保持原来的状态不变，触发器具有保持功能。

3）真值表

主从 JK 触发器的真值表如表 11-2-4 所示。

表 11-2-4　主从 JK 触发器的真值表

CP	J	K	Q^{n+1}	逻辑功能
↓	0	0	Q^n	保持
↓	0	1	0	置 0
↓	1	0	1	置 1
↓	1	1	$\overline{Q^n}$	翻转

可见，主从 JK 触发器是一种具有保持、翻转、置 0、置 1 功能的触发器。

【例 11-2-1】已知主从 JK 触发器的输入 CP、J 和 K 的波形，如图 11-2-8 所示，试画出 Q 端对应的电压波形。设触发器的初始状态为 0 态。

解：这是一个用已知的 J、K 状态确定 Q 状态的问题。只要根据每个时间里 J、K 的状态，

去查真值表中 Q 的相应状态，即可画出输出波形图。解得 Q 的波形如图 11－2－8 所示。

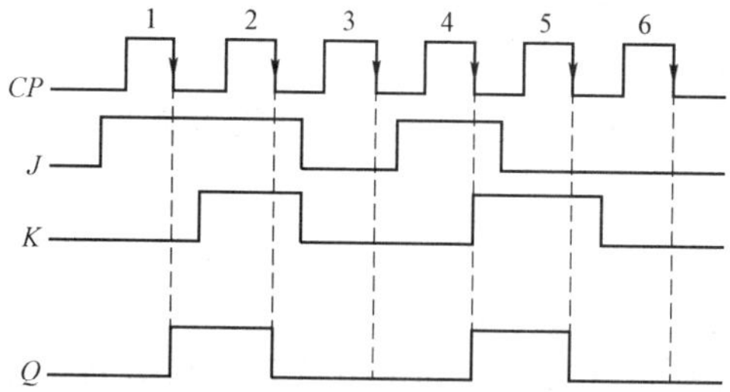

图 11－2－8　例 11－2－1 图

2. 边沿 JK 触发器

1）逻辑符号

图 11－2－9 所示为边沿 JK 触发器的逻辑符号，其中图 11－2－9（a）所示为 CP 上升沿触发型，图 11－2－9（b）所示为 CP 下降沿触发型，除此之外，二者的逻辑功能完全相同。图中，J、K 为触发信号的输入端；$\overline{R}_d$、$\overline{S}_d$ 为异步直接复位端和异步直接置位端，二者均为低电平有效；Q 和 $\overline{Q}$ 为互补输出端。

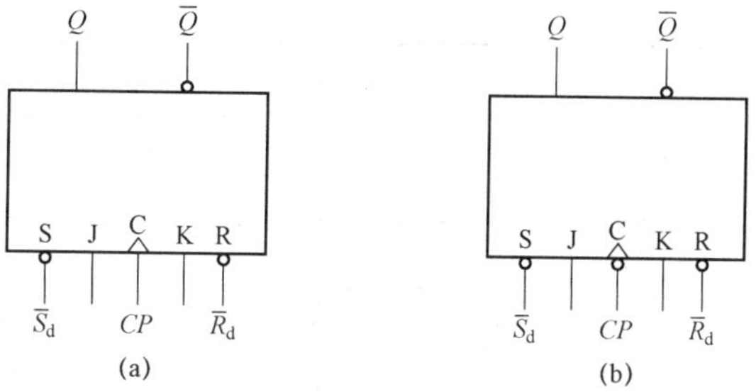

图 11－2－9　边沿 JK 触发器的逻辑符号

（a）CP 上升沿触发型；（b）CP 下降沿触发型

2）逻辑功能

（1）$J=1$、$K=1$ 时，在 CP 作用后，触发器的状态总发生一次翻转，具有计数翻转功能。

（2）$J=0$、$K=1$ 时，无论触发器的初始状态是 0 还是 1，在 CP 脉冲下降沿（或上升沿）到来时，触发器的状态为 0 态，具有置 0 功能。

（3）$J=1$、$K=0$ 时，无论触发器的初始状态是 0 还是 1，在 CP 脉冲下降沿（或上升沿）到来时，触发器的状态为 1 态，触发器具有置 1 功能。

（4）$J=0$、$K=0$ 时，在 CP 脉冲下降沿（或上升沿）到来时，触发器保持原来的状态不变，触发器具有保持功能。

3）真值表

边沿 JK 触发器的真值表与主从 JK 触发器的真值表相同。

4）时序图

图 11－2－10 所示为边沿 JK 触发器的时序图。

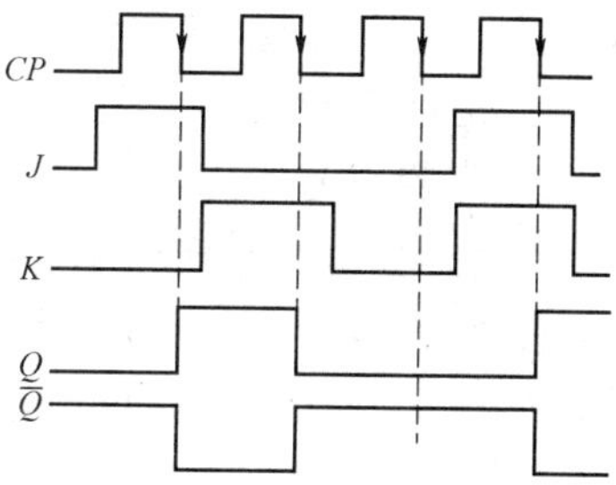

图 11－2－10　边沿 JK 触发器的时序图

11.2.3 D 触发器

数字系统中另一种应用广泛的触发器是 D 触发器。D 触发器按结构不同分为同步 D 触发器、主从 D 触发器和边沿 D 触发器。几种 D 触发器的结构虽不同，但逻辑功能基本相同。

1. 同步 D 触发器

1）逻辑符号

如图 11－2－11 所示为同步 D 触发器的逻辑符号。图中 D 为信号输入端（数据输入端），CP 为时钟脉冲控制端。

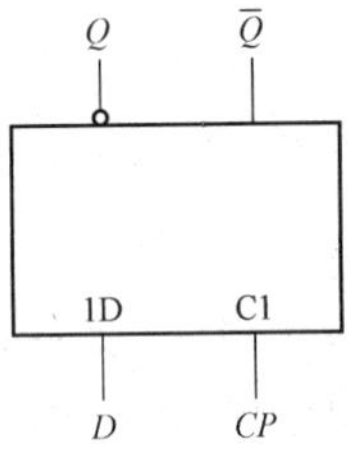

图 11－2－11 同步 D 触发器的逻辑符号

2）逻辑功能

（1）当输入 D 为 1 时，在 CP 脉冲到来时，Q 端置 1，与输入端 D 状态一致。

（2）当输入 D 为 0 时，在 CP 脉冲到来时，Q 端置 0，与输入端 D 状态一致。

同步 D 触发器的真值表如表 11－2－5 所示。

表 11－2－5 同步 D 触发器的真值表

CP	D	Q^n	Q^{n+1}	逻辑功能
0	×	0 1	0 1	保持
1	1	1 0	1	置 1
1	0	0 1	0	置 0

同步 D 触发器仍然存在空翻现象，因此，它只能用来锁存数据，而不能用作计数器等来使用。

【例 11－2－2】 已知同步 D 触发器的输入 CP、D 的波形如图 11－2－12 所示，试画出 Q 和 $\overline{Q}$ 端对应的电压波形。设触发器的初始状态为 0 态。

解： 这是一个用已知的 D 的状态确定 Q 状态的问题。只要根据每个时间里 D 的状态，去查真值表中 Q 的相应状态，即可画出输出波形图，解得的电压波形如图 11－2－12 所示。

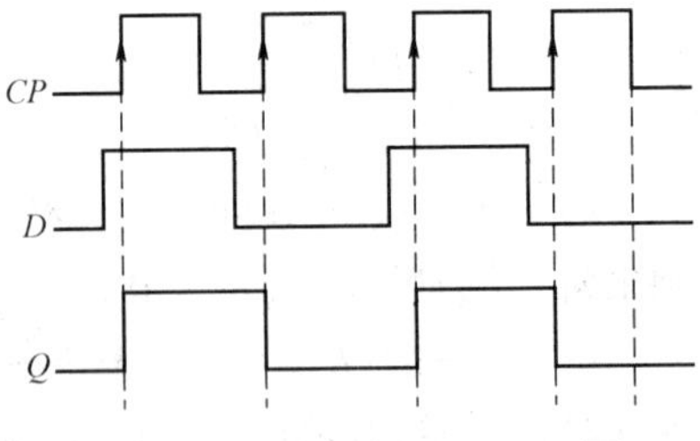

图 11－2－12 例 11－2－2 图

2. 边沿 D 触发器

1）逻辑符号

图 11－2－13 所示为边沿 D 触发器的逻辑符号。图中 D 为触发信号输入端，CP 为时钟脉冲控制端，$\overline{R_d}$ 、$\overline{S_d}$ 为异步直接复位端和异步直接置位端，二者均为低电平有效，Q 和 $\overline{Q}$ 为互补输出端。时钟脉冲控制端标有“∧”，表示脉冲上升沿有效。

2）逻辑功能

边沿 D 触发器逻辑功能与同步 D 触发器基本相同，区别仅在于对 CP 的要求不同。边沿

D 触发器只能在 CP 脉冲上升沿（或下降沿）到来时，输出 Q 和 $\overline{Q}$ 的状态才能改变。

3）时序图

边沿 D 触发器的时序图如图 11－2－14 所示。

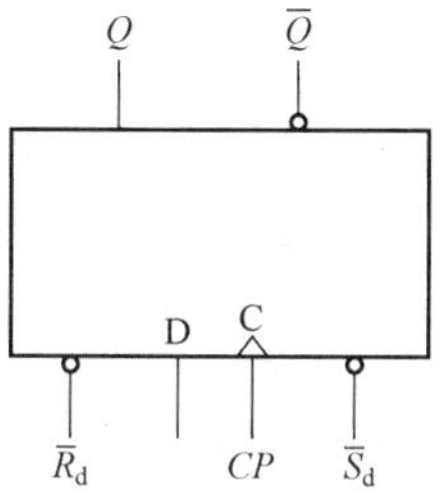

图 11－2－13　边沿 D 触发器的逻辑符号

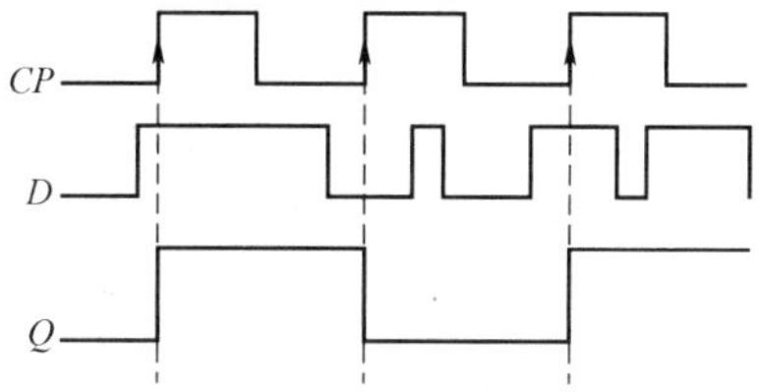

图 11－2－14　边沿 D 触发器的时序图

3. 集成 D 触发器

74LS74 为双上升沿 D 触发器，引脚排列如图 11－2－15 所示。CP 为时钟输入端；D 为数据输入端；Q 和 $\overline{Q}$ 为互补输出端；$\overline{R}_d$ 、$\overline{S}_d$ 为异步直接复位端和异步直接置位端，二者均为低电平有效；$\overline{R}_d$ 和 $\overline{S}_d$ 用来设置初始状态。

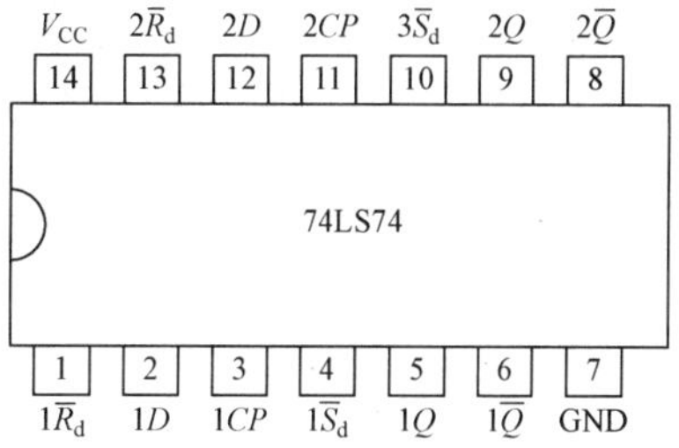

图 11－2－15　74LS74 的引脚排列

图 11－2－16 所示为利用 74LS74 构成的单按钮电子转换开关，该电路只利用一个按钮即可实现电路的接通与断开。电路中，74LS74 的 D 端和 $\overline{Q}$ 端连接，这样有 $Q^{n+1}=\overline{Q^n}$，则每按一次按钮 SB，相当于为触发器提供一个时钟脉冲下降沿，触发器状态翻转一次。如，假设 $Q=0$，当按下 SB 时，触发器状态由 0 变为 1；当再次按下 SB 时，触发器状态又由 1 翻转为 0，Q 端经三极管 VT 驱动继电器 KA，利用 KA 的触点转换即可通断其他电路。在继电器 KA 线圈的两端并联续流二极管 VD，当线圈通过电流时，会在其两端产生感应电动势；当电流消失时，其感应电动势会对电路中的元件产生反向电压，若反向电压高于元件的反向击穿电压，会对元件造成损坏。续流二极管并联在线圈两端，当流过线圈中的电流消失时，线圈产生的感应电动势通过二极管和线圈构成的回路做功而消耗掉，从而保证了电路中元件的安全。续流二极管在连接时将负极接直流电的正极端。

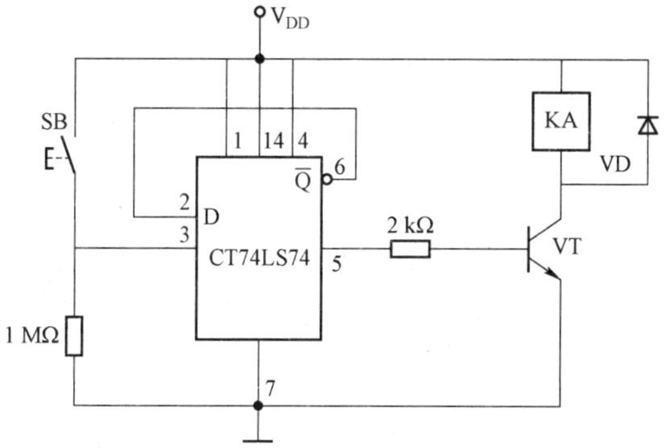

图 11－2－16　单按钮电子转换开关

11.3 时序逻辑电路

时序逻辑电路是这样一种逻辑电路，它在任何时刻的稳定输出不仅取决于该时刻电路的输入，而且还取决于电路过去的输入所确定的电路状态，即与输入的历史过程有关。

11.3.1 寄存器

寄存器主要用来暂存数码和信息，在计算机系统中常常需要将二进制数码暂时存放起来等待处理，这就需要由寄存器存储参加运算的数据。寄存器由具有存储功能的触发器和门电路组成，一个触发器可以存储 1 位二进制代码，存放 *n* 位二进制代码的寄存器，需用 *n* 个触发器来构成。

寄存器有多种类型，按照功能的不同，可分为数码寄存器和移位寄存器；按寄存器输入、输出方式不同，可分为并行方式寄存器和串行方式寄存器。并行方式寄存器是各位数码从寄存器各个触发器同时输入或同时输出，如图 11－3－1（a）所示；串行方式寄存器是各位数码从寄存器输入端逐个输入，在输出端逐个输出，如图 11－3－1（b）所示。

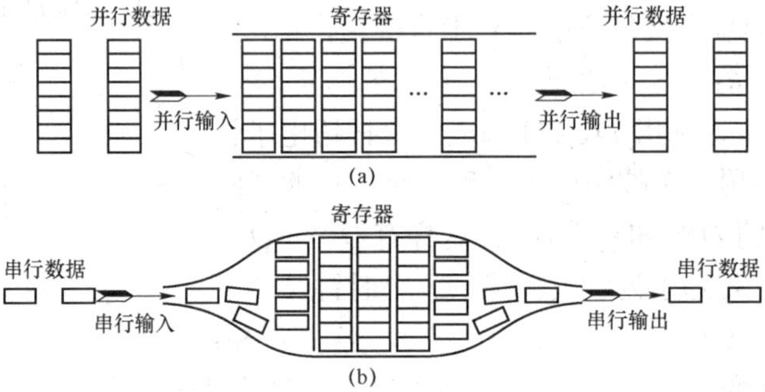

图 11－3－1　并行方式和串行方式寄存器

（a）并行方式寄存器；（b）串行方式寄存器

1. 数码寄存器

具有存储数码功能的寄存器称为数码寄存器。图 11－3－2 所示电路是由 4 个 D 触发器构成的 4 位数码寄存器，它属于并行方式寄存器。$D_3 \sim D_0$ 是寄存器并行的数据输入端，输入四位二进制数码；$Q_3 \sim Q_0$ 是寄存器并行的输出端，输出 4 位二进制数码。

若要将 4 位二进制数码 $D_3D_2D_1D_0=1010$ 存入寄存器中，只要在 *CP* 输入端加时钟脉冲。当 *CP* 脉冲上升沿出现时，4 个触发器的输出端 $Q_3Q_2Q_1Q_0=D_3D_2D_1D_0=1010$，于是这 4 位二进制数码便同时存入 4 个触发器中，当外部电路需要这组数据时，可从 $Q_3Q_2Q_1Q_0$ 端读出。目前，专用的数码寄存器产品很多，如锁存器 74LS373，其引脚排列如图 11－3－3 所示。

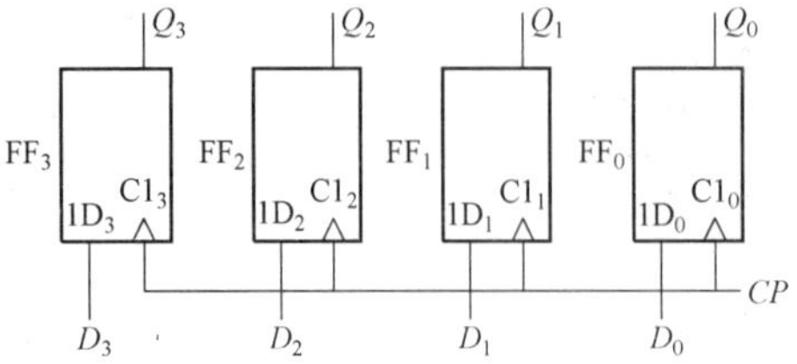

图 11－3－2　4 位数码寄存器

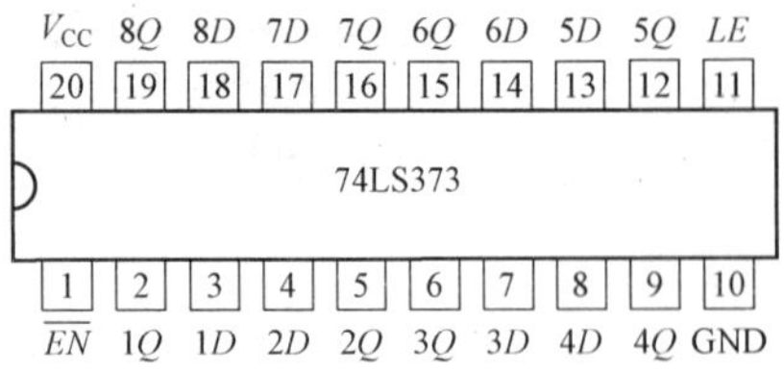

图 11－3－3　锁存器 74LS373 的引脚排列

74LS373 内部有 8 个锁存器，由锁存允许端 LE 来控制，当 LE=1 时，锁存器开，输入信号从 1D～8D 端进入锁存器，只要 LE 保持 1，各锁存器内容将随 D 端状态变化而变化，这一点与 D 触发器不同，呈"透明"状态。当 LE=0 时，锁存器关，保持关状态前各位的状态。

74LS373 的 8 个锁存器输出端还带有三态门，受输出使能端 $\overline{EN}$ 控制，当 $\overline{EN}$ =0 时，三态门打开，锁存器输出；当 $\overline{EN}$ =1 时，输出呈高阻状态。

2. 移位寄存器

在数字电路系统中，由于算术逻辑运算或缓冲存储的需要，常常要求寄存器中输入的数码能逐位向左或向右移动，这种寄存器就是移位寄存器。移位寄存器按种类可分为串入并出、并入串出、串入串出、并入并出 4 种移位寄存器；按工作方式可分为单向移位寄存器（右移或左移）和双向移位寄存器两大类。

1）单向移位寄存器

（1）右移寄存器。图 11-3-4 所示为 4 位右移寄存器电路，它由 4 个 D 触发器组成，D_{SR} 为数码串行输入端，Y 为数码串行输出端，各触发器串行连接，移位控制脉冲为 CP，各 CP 脉冲输入端并联，各清零端 $\overline{CR}$ 也并联。

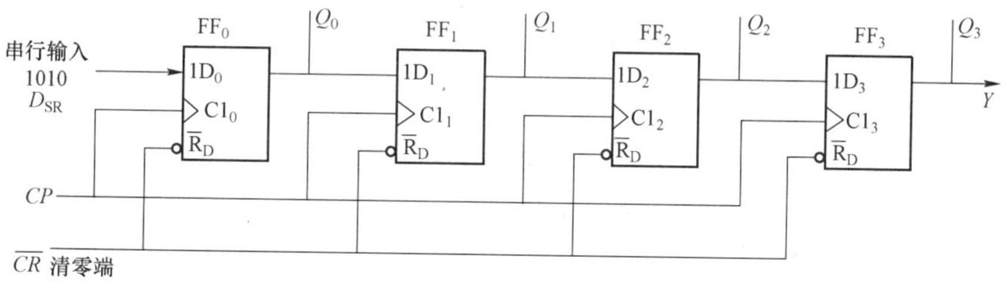

图 11-3-4　4 位右移寄存器电路

4 位右移寄存器的工作过程为：假设要把数码 1010 右移串行输入给寄存器，各触发器初始状态为 $Q_0Q_1Q_2Q_3$=0000，各 D 端初始状态为 $D_0D_1D_2D_3$=0000。工作时，由于是右移串行输入，数码 1010 由输入端 D_{SR} 按顺序自右向左逐一输入，即先把数码最右一位数 0 送给 D_0，再相继输入 1 和 0，最后把最左位的数码 1 送入 D_0。因为 D 触发器在每个 CP 脉冲到来时，其 Q 端状态是按 D 端状态翻转的，则 D_0 的输入数码将按输入顺序逐步右移。经 4 个 CP 脉冲，即可使寄存器的状态变为 $Q_0Q_1Q_2Q_3$=1010，而完成数码的寄存。

上述右移寄存器的工作过程列于表 11-3-1 中。

表 11-3-1　右移寄存器的工作过程

CP 顺序	输入	输出				移位过程
	D_{SR}	Q_0	Q_1	Q_2	Q_3	
0	0	0	0	0	0	清零
1	1	0	0	0	0	输入第一个数码
2	0	1	0	0	0	右移一位
3	1	0	1	0	0	右移二位
4	0	1	0	1	0	右移三位

（2）左移寄存器。图 11－3－5 所示是 4 位左移寄存器电路，它也是由 4 个 D 触发器组成的，它的工作过程与 4 位右移寄存器类似，不同的只是该寄存器的数码输入顺序是自左向右，依次在 *CP* 脉冲作用下左移，逐个输入寄存器中，如图 11－3－6 所示。

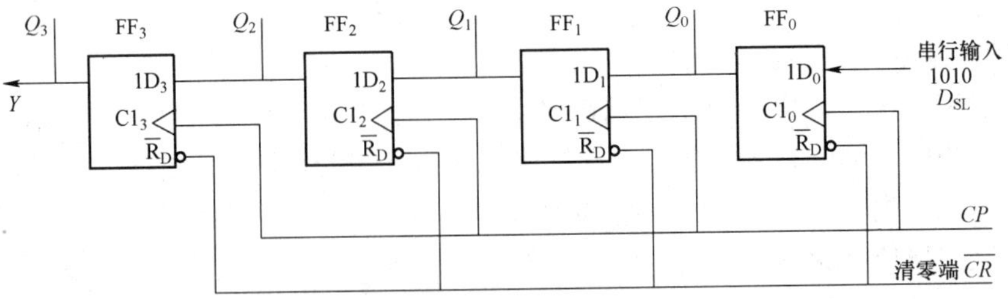

图 11－3－5　4 位左移寄存器电路

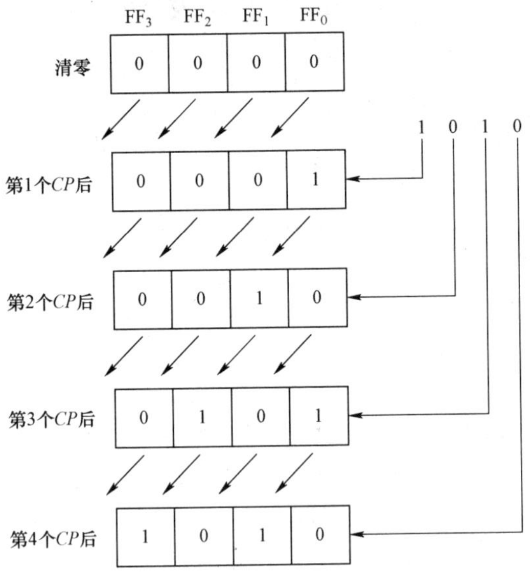

图 11－3－6　4 位左移寄存器工作状态示意

（3）集成单向移位寄存器。74LS164 是一种串入并出 8 位右移寄存器，其引脚排列如图 11－3－7 所示。74LS164 的逻辑功能见表 11－3－2。

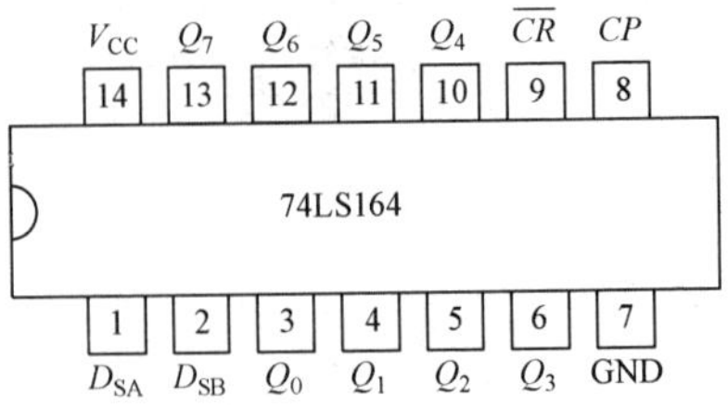

图 11－3－7　74LS164 的引脚排列

表 11-3-2　74LS164 的逻辑功能

输　入				输　出								功能
$\overline{CR}$	CP	D_{SA}	D_{SB}	Q_0	Q_1	Q_2	Q_3	Q_4	Q_5	Q_6	Q_7	
0	×	×	×	0	0	0	0	0	0	0	0	清零
1	0	×	×	Q_0	Q_1	Q_2	Q_3	Q_4	Q_5	Q_6	Q_7	保持
1	$\uparrow$	0	×	0	Q_0	Q_1	Q_2	Q_3	Q_4	Q_5	Q_6	右移
1	$\uparrow$	×	0	0	Q_0	Q_1	Q_2	Q_3	Q_4	Q_5	Q_6	右移
1	$\uparrow$	1	1	1	Q_0	Q_1	Q_2	Q_3	Q_4	Q_5	Q_6	右移

2）双向移位寄存器

将右移寄存器和左移寄存器组合起来，并引入控制端便可构成既可左移又可右移的双向移位寄存器。74LS194 是一个典型的 4 位双向移位寄存器，它有 4 个并行数据输入端 D_0、D_1、D_2、D_3，4 个并行数据输出端 Q_0、Q_1、Q_2、Q_3，串行右移输入端 D_{SR}，串行左移输入端 D_{SL}，时钟端 CP，清除端 $\overline{CR}$，工作方式控制端 M_1 和 M_0。74LS194 使用十分灵活，其引脚排列如图 11-3-8 所示，逻辑功能示意如图 11-3-9 所示，逻辑功能如表 11-3-3 所示。

表 11-3-3　74LS194 的逻辑功能

输入变量										输出变量				说明
$\overline{CR}$	M_1	M_0	CP	D_{SL}	D_{SR}	D_0	D_1	D_2	D_3	Q_0	Q_1	Q_2	Q_3	
0	×	×	×	×	×	×	×	×	×	0	0	0	0	置 0
1	×	×	0	×	×	×	×	×	×	保　持				
1	1	1	$\uparrow$	×	×	d_0	d_1	d_2	d_3	d_0	d_1	d_2	d_3	并行置数
1	0	1	$\uparrow$	×	1	×	×	×	×	1	Q_0	Q_1	Q_2	右移输入 1
1	0	1	$\uparrow$	×	0	×	×	×	×	0	Q_0	Q_1	Q_2	右移输入 0
1	1	0	$\uparrow$	1	×	×	×	×	×	Q_1	Q_2	Q_3	1	左移输入 1
1	1	0	$\uparrow$	0	×	×	×	×	×	Q_1	Q_2	Q_3	0	左移输入 0
1	0	0	×	×	×	×	×	×	×	保　持				

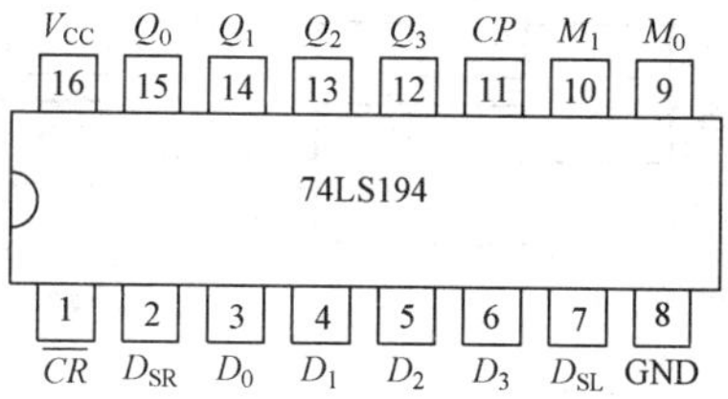

图 11-3-8　74LS194 的引脚排列

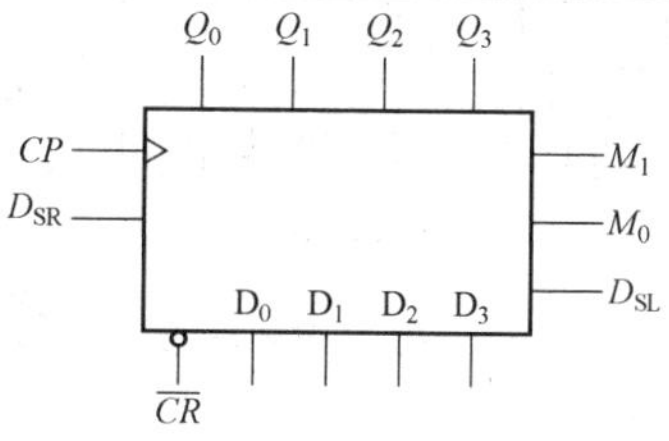

图 11-3-9　74LS194 的逻辑功能示意

双向移位寄存器具有以下功能。

（1）置 0 功能。$\overline{CR}=0$ 时，寄存器置 0。$Q_3 \sim Q_0$ 均为 0 状态。

（2）保持功能。$\overline{CR}=1$ 且 $CP=0$，或 $\overline{CR}=1$ 且 $M_1M_0=00$ 时，寄存器保持原态不变。

（3）并行置数功能。$\overline{CR}=1$ 且 $M_1M_0=11$ 时，在 CP 脉冲上升沿作用下，$D_3 \sim D_0$ 端输入的数码 $d_3 \sim d_0$ 并行送入寄存器，是同步并行置数。

(4) 右移串行送数功能。$\overline{CR}=1$ 且 $M_1M_0=01$ 时，在 CP 脉冲上升沿作用下，执行右移功能，D_{SR} 端输入的数码依次送入寄存器。

(5) 左移串行送数功能。$\overline{CR}=1$ 且 $M_1M_0=10$ 时，在 CP 脉冲上升沿作用下，执行左移功能，D_{SL} 端输入的数码依次送入寄存器。

11.3.2 计数器

计数器是一种应用十分广泛的时序逻辑电路，除用于计数、分频外，还广泛用于数字测量、运算和控制，从小型数字仪表到大型数字电子计算机，几乎无所不在，是任何现代数字系统中不可缺少的组成部分。

计数器的种类很多，按计数的进制不同可分为二进制、十进制及 N 进制计数器；按触发器翻转次序来划分有同步计数器和异步计数器两大类。在同步计数器中，各个触发器都受同一 CP 脉冲的控制，因此各触发器的翻转是同步的。而异步计数器则不同，有的触发器只接受 CP 脉冲控制，有的则是用其他触发器的输出作计数脉冲，因此各触发器的翻转有先有后，是异步的。按计数增减趋势分类，计数器分为加法计数器、减法计数器和可逆计数器 3 种。

1. 二进制计数器

1）二进制异步加法计数器

(1) 电路组成。图 11-3-10 所示为由 3 个 D 触发器组成的 3 位二进制异步加法计数器。FF_1 为最低位触发器，其控制端 CP 接输入脉冲，FF_3 为最高位计数器。

(2) 工作原理。

① 计数器清零：使 $\overline{R}_D=0$，则 $Q_3Q_2Q_1=000$。

② 每当一个 CP 脉冲上升沿到来时，FF_1 就翻转一次；每当 Q_1 的下降沿到来时，FF_2 就翻转一次；每当 Q_2 的下降沿到来时，FF_3 就翻转一次，其工作状态见表 11-3-4，工作波形如图 11-3-11 所示，实现了每输入一个脉冲就进行一次加 1 运算的加法计数器操作。

3 位二进制异步加法计数器的计数范围是 000～111，对应十进制数的 0～7，共 8 个状态，第 8 个计数脉冲输入后计数器又从 000 开始计数。

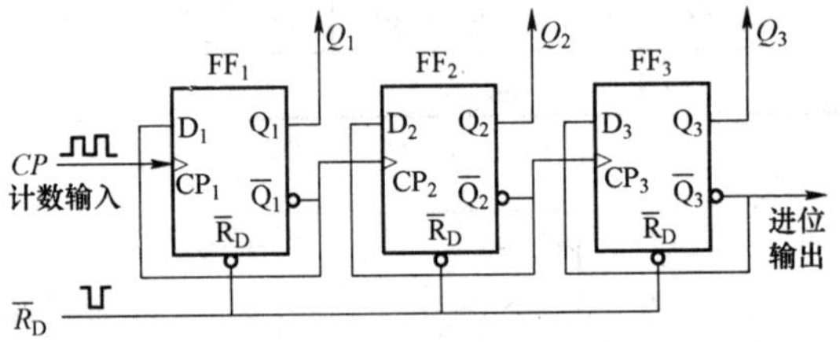

图 11-3-10　3 位二进制异步加法计数器

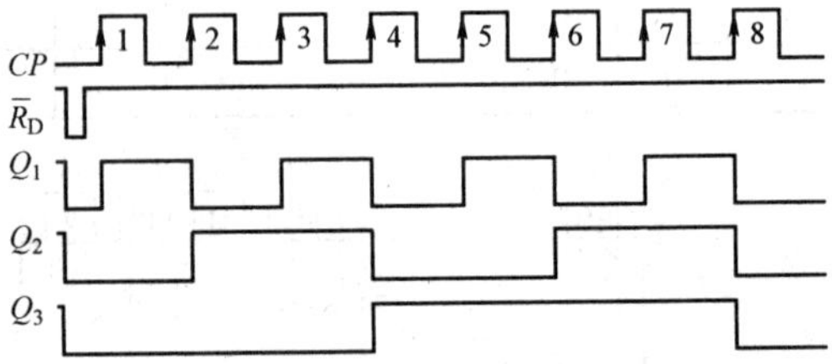

图 11-3-11　3 位二进制异步加法计数器的工作波形

表 11-3-4　3 位二进制异步加法计数器的工作状态

CP	Q_3	Q_2	Q_1
0	0	0	0
1	0	0	1
2	0	1	0
3	0	1	1
4	1	0	0

续表

CP	Q_3	Q_2	Q_1
5	1	0	1
6	1	1	0
7	1	1	1
8	0	0	0

由图 11－3－11 可以看出，Q_1 的频率为 CP 频率的 1/2，为二分频；Q_2 的频率为 CP 频率的 1/4，为四分频；Q_3 的频率为 CP 的 1/8，为八分频。

2）二进制异步减法计数器

图 11－3－12 所示为由 3 个 D 触发器组成的 3 位二进制异步减法计数器，其工作状态见表 11－3－5。

表 11－3－5　3 位二进制异步减法计数器的工作状态

CP	Q_3	Q_2	Q_1
0	1	1	1
1	1	1	0
2	1	0	1
3	1	0	0
4	0	1	1
5	0	1	0
6	0	0	1
7	0	0	0
8	1	1	1

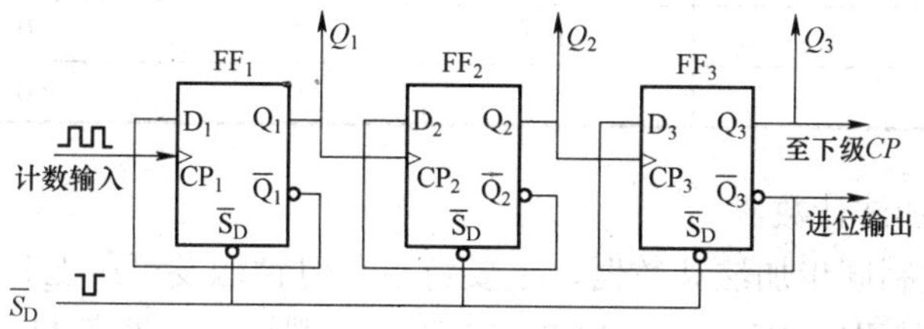

图 11－3－12　3 位二进制异步减法计数器

异步计数器电路简单，但各触发器逐级翻转，工作速度慢，在实际使用中，多采用同步计数器。

2. 十进制计数器

1）十进制异步加法计数器

如图 11－3－13 所示电路是由 4 个 JK 触发器组成的十进制异步加法计数器。

十进制异步加法计数器的工作原理如下：

（1）清零负脉冲作用于各个触发器后，$Q_4Q_3Q_2Q_1=0000$，等待计数脉冲到来。

（2）每来一个计数脉冲 CP，触发器 FF_1 状态翻转一次。

（3）每来一个 Q_1 的下降沿，当 $\overline{Q}_4=1$ 时，触发器 FF_2 翻转；当 $\overline{Q}_4=0$ 时，触发器 FF_2 置 0。

（4）每来一个 Q_2 的下降沿，触发器 FF_3 状态翻转一次。

（5）每来一个 Q_1 的下降沿，当 Q_2、Q_3 全为 1 时，触发器 FF_4 翻转，当 Q_2、Q_3 不全为 1 时，触发器 FF_4 置 0。

根据上述分析，得到十进制异步加法计数器的工作波形如图 11-3-14 所示。

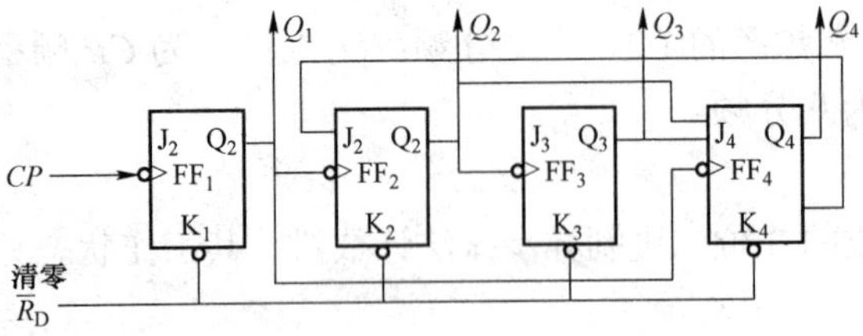

图 11-3-13　十进制异步加法计数器

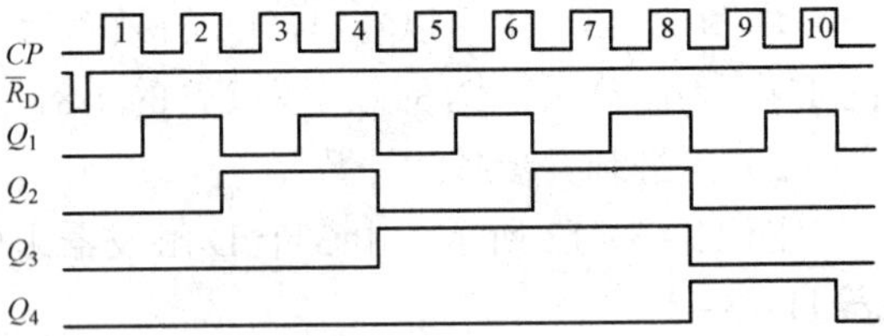

图 11-3-14　十进制异步加法计数器的工作波形

十进制异步加法计数器的工作状态见表 11-3-6。

表 11-3-6　十进制异步加法计数器的工作状态

CP	Q_4	Q_3	Q_2	Q_1
0	0	0	0	0
1	0	0	0	1
2	0	0	1	0
3	0	0	1	1
4	0	1	0	0
5	0	1	0	1
6	0	1	1	0
7	0	1	1	1
8	1	0	0	0
9	1	0	0	1
10	0	0	0	0

2）十进制同步加法计数器

CC4518 是十进制同步加法计数器，主要特点是时钟触发可用上升沿，也可用下降沿，采用 8421BCD 码，其引脚排列如图 11-3-15 所示，逻辑功能见表 11-3-7。

表 11-3-7　CC4518 的逻辑功能

输入			输出
CP	CR	EN	
↑	0	1	加计数
0	0	↓	加计数
↓	0	×	保持

续表

输　入			输　出
CP	CR	EN	
×	0	↑	保持
↑	0	0	
1	0	↓	
×	1	×	全部为 0

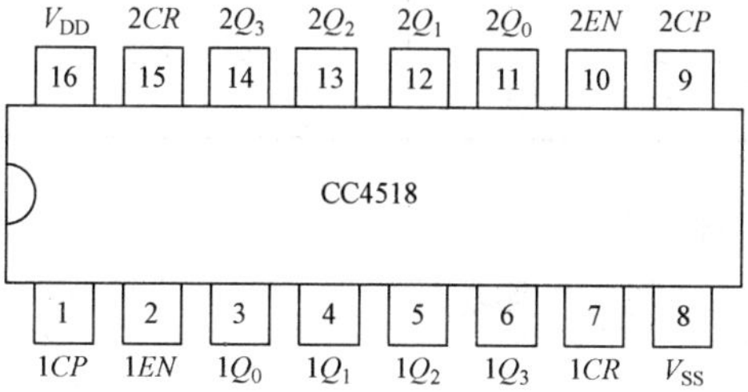

图 11-3-15　CC4518 的引脚排列

CC4518 内含两个功能完全相同的计数器。每一计数器，均有时钟输入端 *CP* 和计数允许控制端 *EN*，若用时钟上升沿触发，则信号由 *CP* 端输入，同时将 *EN* 端设置为高电平；若用时钟下降沿触发，则信号由 *EN* 端输入，同时将 *CP* 端设置为低电平。CC4518 的 *CR* 为清零信号输入端，当在该脚加高电平或正脉冲时，计数器各输出端均为低电平。

3. 集成计数器的应用

常用集成计数器分为二进制计数器（含同步、异步、加减和可逆计数器）和非二进制计数器（含同步、异步、加减和可逆计数器），下面介绍几种典型的集成计数器。

1）集成二进制同步计数器

74LS161 是 4 位二进制可预置同步计数器，由于它采用 4 个主从 JK 触发器作为记忆单元，故又称为 4 位二进制同步计数器，其的引脚排列如图 11-3-16 所示。

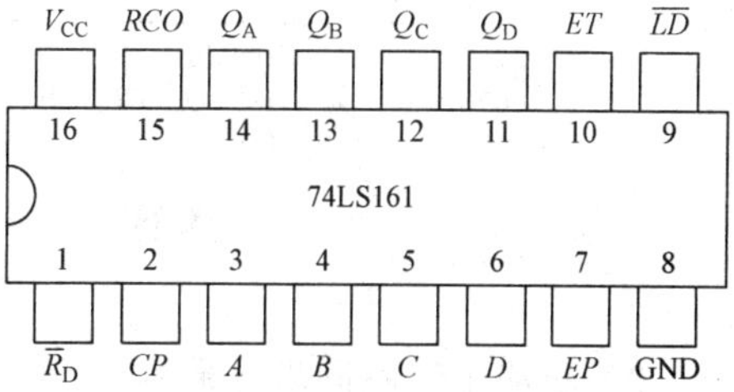

图 11-3-16　74LS161 的引脚排列

引脚符号说明如下。

V_{CC}：电源正端，接 +5 V。

$\overline{R}_D$：异步置零（复位）端。

CP：时钟脉冲。

$\overline{LD}$：预置数控制端。

A，*B*，*C*，*D*：数据输入端。

Q_A，Q_B，Q_C，Q_D：输出端。

RCO：进位输出端

该计数器由于内部采用了快速进位电路，所以具有较高的计数速度。各触发器翻转是靠时钟脉冲信号的正跳变上升沿来完成的。时钟脉冲每正跳变一次，计数器内各触发器就同时翻转一次，74LS161 的逻辑功能如表 11－3－8 所示。

表 11－3－8　74LS161 的逻辑功能

输入									输出			
$\overline{R_D}$	$\overline{LD}$	ET	EP	CP	A	B	C	D	Q_A	Q_B	Q_C	Q_D
0	×	×	×	×	×	×	×	×	0	0	0	0
1	0	×	×	↑	a	b	c	d	a	b	c	d
1	1	1	1	↑	×	×	×	×	计数			
1	1	0	×	×	×	×	×	×	保持			
1	1	×	0	×	×	×	×	×	保持			

2）集成二进制异步计数器

74LS197 是 4 位集成二进制异步加法计数器，其的引脚排列和逻辑符号如图 11－3－17 所示，逻辑功能如下：

① $\overline{CR}=0$ 时异步清零；

② $\overline{CR}=1$、$CT/\overline{LD}=0$ 时异步置数；

③ $\overline{CR}=CT/\overline{LD}=1$ 时，异步加法计数。若将输入时钟脉冲 CP 加在 CP_0 端，把 Q_0 与 CP_1 连接起来，则构成 4 位二进制即十六进制异步加法计数器。若将 CP 加在 CP_1 端，则构成 3 位二进制即八进制异步加法计数器，FF_0 不工作。如果只将 CP 加在 CP_0 端，CP_1 接 0 或 1，则形成 1 位二进制即二进制异步加法计数器。

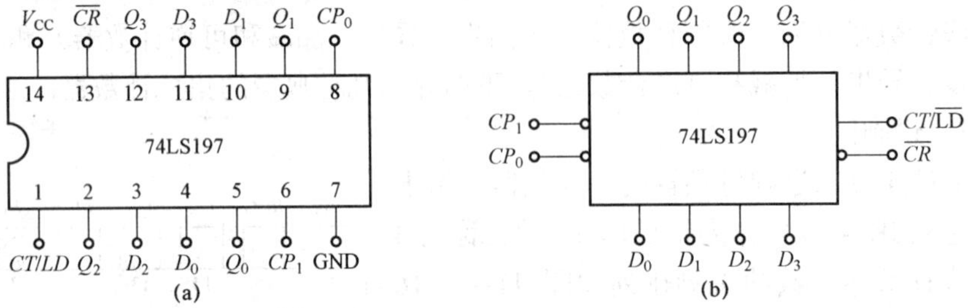

图 11－3－17　74LS197 引脚排列及逻辑符号

（a）引脚排列；（b）逻辑符号

3）集成十进制同步计数器

74LS160 是十进制同步计数器，具有计数、同步置数、异步清零等功能，其引脚排列和逻辑符号如图 11－3－18 所示。各引脚功能如下。

CP 为输入计数脉冲，上升沿有效；$\overline{CR}$ 为清零端；$\overline{LD}$ 为预置数控制端；D_0～D_3 为并行输入数据端；CT_T 和 CT_P 为两个计数器工作状态控制端；CO 为进位信号输出端；Q_0～Q_3 为计数器状态输出端。

当复位端 $\overline{CR}=0$ 时，不受 CP 控制，输出端立即全部为“0”，功能表第一行。当 $\overline{CR}=1$ 时，$\overline{LD}$ 端输入低电平，在时钟共同作用下，CP 上跳后计数器状态等于预置输入 $DCBA$，即所谓“同步”预置功能（第二行）。若 $\overline{CR}$ 和 $\overline{LD}$ 都无效（即为高电平），CT_T 或 CT_P 任意一个为低电平，计数器处于保持功能，即输出状态不变。只有当四个控制输入都为高电平，计数器实现模 10 加法计数。表 11－3－9 所示为 74LS160 的逻辑功能。

表 11－3－9 74LS160 的逻辑功能

$\overline{CR}$	$\overline{LD}$	CT_T	CT_P	CP	D_3	D_2	D_1	D_0	Q_3	Q_2	Q_1	Q_0
0	×	×	×	×	×	×	×	×	0	0	0	0
1	0	×	×	↑	D	C	B	A	D	C	B	A
1	1	0	×	×	×	×	×	×	保持			
1	1	×	0	×	×	×	×	×	保持			
1	1	1	1	↑	×	×	×	×	计数			

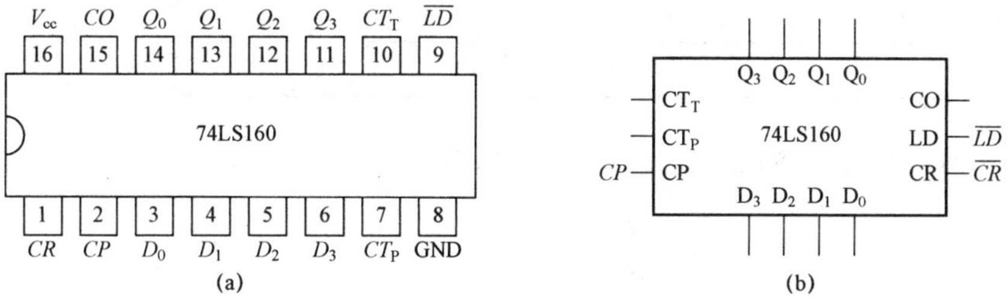

图 11－3－18 74LS160 引脚排列和逻辑符号

（a）引脚排列；（b）逻辑符号

11.4 任务训练

11.4.1 三人表决器的制作

技能目标

（1）能进行手工焊接操作。

（2）能在万能印制电路板上进行合理布局布线。

（3）掌握组合逻辑电路的分析与功能测试方法。

（4）能正确组装与调试三人表决器电路。

工具和仪器

（1）电烙铁等常用电子装配工具。

（2）CD4011（2 输入端四与非门）、CD4023（3 输入端三与非门）、电阻等。

（3）万用表。

实训步骤

1. 三人表决器使用组合逻辑电路的实现方法

（1）根据题意列出真值表。3 个输入（0 表示同意，1 表示不同意），1 个输出（0 表示通过，1 表示不通过），根据题意两人以上同意即可通过，得到真值表如表 11-4-1 所示。

表 11-4-1　三人表决器的真值表

A	B	C	Y
0	0	0	0
0	0	1	0
0	1	0	0
0	1	1	1
1	0	0	0
1	0	1	1
1	1	0	1
1	1	1	1

（2）根据真值表写出逻辑函数表达式，具体为

$$\begin{aligned} Y &= \overline{A}BC + A\overline{B}C + AB\overline{C} + ABC \\ &= AC + AB + BC \\ &= \overline{\overline{AC} \cdot \overline{AB} \cdot \overline{BC}} \end{aligned}$$

（3）根据逻辑函数表达式画出逻辑电路图（见图 11-4-1）。

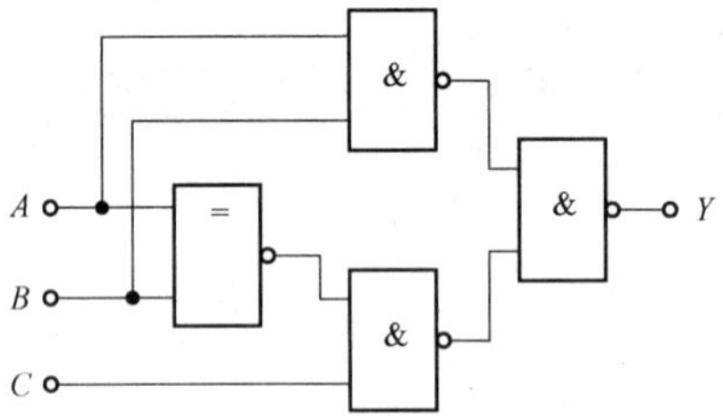

图 11-4-1　三人表决器的逻辑电路图

（4）进一步完善电路原理图（见图 11-4-2）。

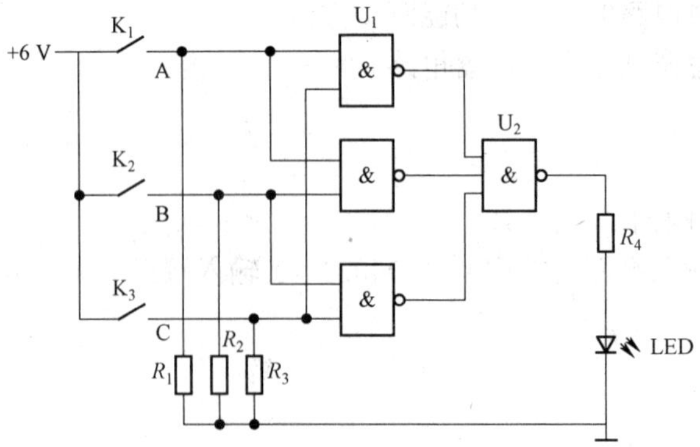

图 11-4-2　完善后的电路原理图

2. 装配要求和方法

工艺流程：准备→熟悉工艺要求→绘制装配草图→清点元器件→元器件检测→元器件预加工→装配万能印制电路板→自检。

（1）准备：将工作台整理有序，工具摆放合理，准备好必要的物品。

（2）熟悉工艺要求：认真阅读完善后的电路原理图和工艺要求。

（3）绘制装配草图：绘制的装配草图如图 11－4－3 所示。

（4）清点元器件：按表 11－4－2 的元器件清单核对元器件的数量和规格，选用的元器件应符合工艺要求，如有短缺、差错应及时补缺和更换。

表 11－4－2　元器件清单

代号	品　名	型号/规格	数量
U_1	数字集成电路	CD4011	1
U_2	数字集成电路	CD4023	1
K_1～K_3	拨动开关		3
R_1～R_3	碳膜电阻	100 kΩ	3
R_4	碳膜电阻	1 kΩ	1
LED	发光二极管	红色	1

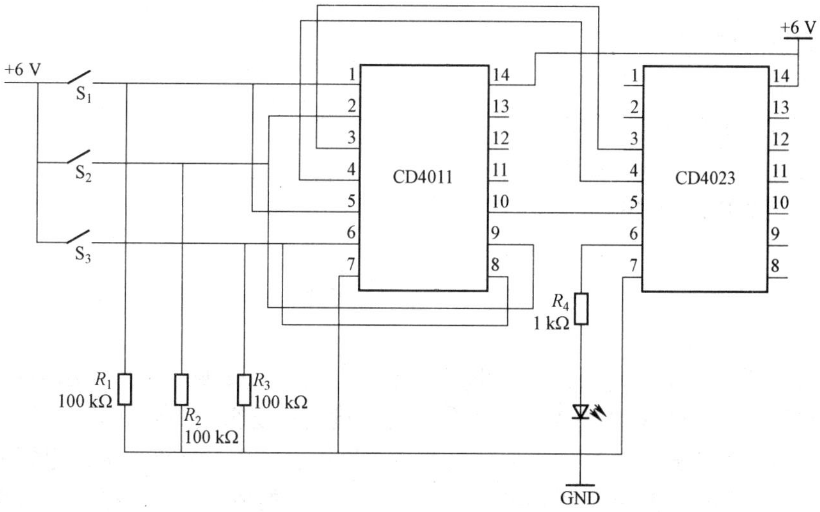

图 11－4－3　装配草图

（5）元器件检测：用万用表的电阻挡对元器件进行逐一检测，对不符合质量要求的元器件剔除并更换。

（6）元器件预加工。

（7）装配万能印制电路板：万能印制电路板的装配工艺要求如下。

① 电阻采用水平安装方式，紧贴印制板，色码方向一致。

② 发光二极管采用垂直安装方式，高度要求底部离板 8 mm。

③ 所有焊点均采用直脚焊，焊接完成后剪去多余引脚，留头在焊面以上 0.5～1 mm，且不能损伤焊接面。

④ 万能印制电路板布线应正确、平直，转角处成直角；焊接可靠，无漏焊、短路等现象。

（8）自检：对已完成的装配、焊接的工件仔细检查质量，重点是装配的准确性，包括元器件位置、电源变压器的绕组等；焊点质量应无虚焊、假焊、漏焊、搭焊、空隙、毛刺等；检查有无影响安全性能指标的缺陷；元件器整形。装配完成后的实物如图 11-4-4 所示。

图 11-4-4　装配完成后的实物

3. 调试、测量

测试、测量的过程如下。

（1）不拨动开关，LED 不亮。

（2）任意拨动 1 个开关，LED 不亮。

（3）任意拨动 2 个开关，LED 亮。

（4）拨动 3 个开关，LED 亮。

本章小结

（1）组合逻辑电路是没有记忆功能的逻辑电路，常见的有编码器、译码器等。组合逻辑电路的分析过程是：根据所给的逻辑电路图，写出输出的逻辑函数表达式；对逻辑函数表达式进行化简，得到最简式；由最简式列出真值表；根据真值表，分析、确定电路的逻辑功能。

（2）在数字系统中，经常需要将某一信息（输入）变换成某一特定的代码（输出），把二进制数码按一定的规律排列组合，并给每组代码赋予一定的含义（代表某个数或控制信号）称为编码。具有编码功能的电路称为编码器。常见的编码器有普通编码器（二进制编码器、二-十进制编码器）、优先编码器等。

（3）译码是编码的逆过程，它将二进制数码按其原意翻译成相应的输出信号。实现译码功能的电路，称为译码器。译码器有通用译码器和显示译码器（驱动器）之分，常见的通用译码器有 74LS138、74LS42 等，常见的显示译码器有 74LS48、CC4511 等。

（4）时序逻辑电路的输出状态不仅与当时电路的输入状态有关，而且与电路原有状态有关，电路具有记忆功能。

（5）触发器是一种具有记忆功能而且在触发脉冲作用下会翻转的电路。触发器有 2 个稳态：0 态和 1 态。触发器按逻辑功能分有：RS 触发器、JK 触发器和 D 触发器等。基本 RS 触发器没有实用价值，但它是各种触发器的构成基础。同步 RS 触发器具有保持、置 0、置 1 三种逻辑功能，输入信号在时钟信号 $CP=1$ 期间起作用。在 $CP=1$ 期间，它仍存在输入信号的直接控制和约束问题。

（6）JK 触发器具有保持、翻转、置 0、置 1 四种逻辑功能。主从 JK 触发器工作分两拍进行，在 $CP=1$ 期间，接收输入信号；在 CP 脉冲下降沿时刻，进行输出状态改变。JK 触发器还有边沿 JK 触发器。使用 JK 触发器可构成各种不同的实际电路。使用时，要注意 JK 触发器的触发时钟条件是上升沿还是下降沿，以及引脚排列和逻辑功能、使用条件等。

（7）D 触发器具有置 0、置 1 两种逻辑功能，也是被广泛应用的实用触发器。使用 D 触发器可构成各种不同的实际电路，使用时，要注意触发时钟条件、引脚排列、逻辑功能和使用条件等。

（8）寄存器是具有存储数码或信息功能的逻辑电路，是一种常用的时序逻辑电路，它分为数码寄存器和移位寄存器两大类。

（9）计数器是对脉冲的个数进行计数的电路，它分为二进制和十进制、同步和异步、加法和减法等类别。常用的集成计数器有 74LS161、74LS197、74LS160 等产品，可用来构成各种实用的控制电路，使用时要注意其各引脚的功能。

思考与练习

1. 组合逻辑电路的特点是什么？如何对组合电路进行读图分析？
2. 写出图 11−a 的逻辑函数表达式。

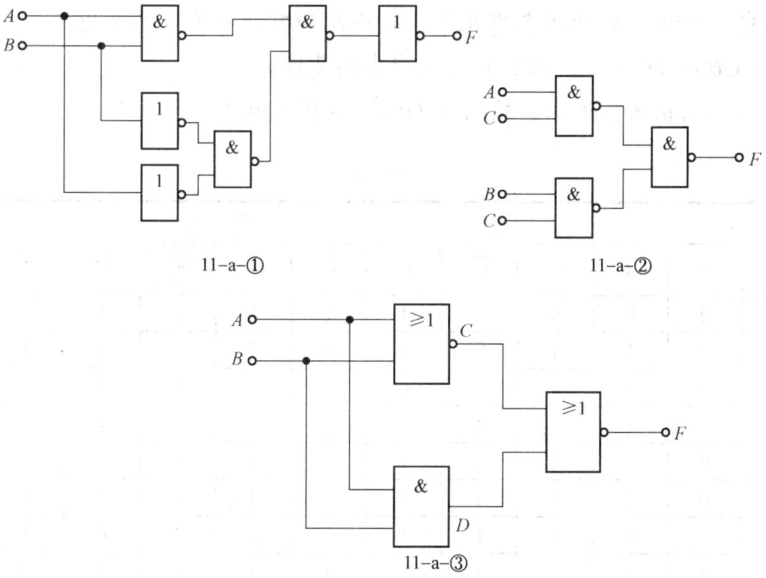

图 11−a　题 2 图

3. 试分析图 11－b 电路的逻辑功能。

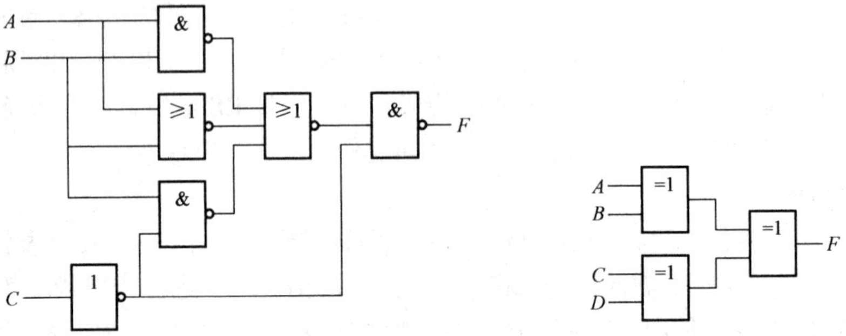

图 11－b　题 3 图

4. 什么是编码器？

5. 如图 11－c 所示是用与非门构成的 3 位二进制编码器，写出 Y_2、Y_1、Y_0 的逻辑表达式，并列出真值表。

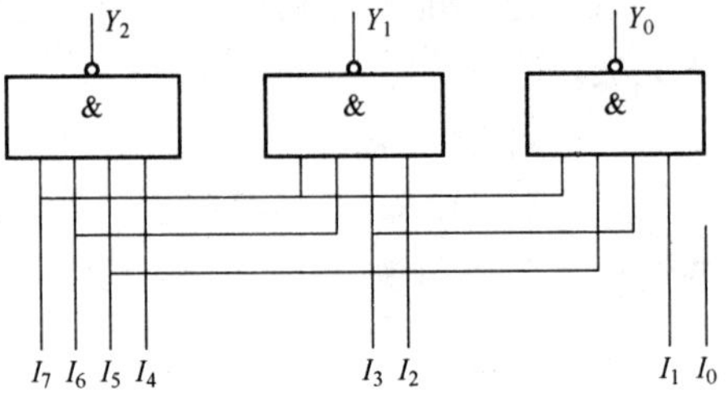

图 11－c　题 5 图

6. 74LS42 是二－十进制译码器，它有 4 个输入端 A、B、C、D，10 个输出端 $\overline{Y_0}\sim\overline{Y_9}$，输出低电平有效。根据 74LS42 功能表（见表 11－a），回答以下问题，即

（1）74LS42 的输入、输出端各有几个？输出端的有效电平是怎么规定的？

（2）输入 $DCBA=0011$ 时，对应的有效输出端是什么？

（3）为使 $\overline{Y}_6$ 端输出为低电平，输入端 $DCBA$ 应置何电平？

表 11－a　74LS42 功能表

输　入				输　出									
D	C	B	A	$\overline{Y_0}$	$\overline{Y_1}$	$\overline{Y_2}$	$\overline{Y_3}$	$\overline{Y_4}$	$\overline{Y_5}$	$\overline{Y_6}$	$\overline{Y_7}$	$\overline{Y_8}$	$\overline{Y_9}$
0	0	0	0	0	1	1	1	1	1	1	1	1	1
0	0	0	1	1	0	1	1	1	1	1	1	1	1
0	0	1	0	1	1	0	1	1	1	1	1	1	1
0	0	1	1	1	1	1	0	1	1	1	1	1	1
0	1	0	0	1	1	1	1	0	1	1	1	1	1
0	1	0	1	1	1	1	1	1	0	1	1	1	1
0	1	1	0	1	1	1	1	1	1	0	1	1	1
0	1	1	1	1	1	1	1	1	1	1	0	1	1
1	0	0	0	1	1	1	1	1	1	1	1	0	1
1	0	0	1	1	1	1	1	1	1	1	1	1	0

7. 基本 *RS* 触发器有哪几种功能？对其输入有什么要求？

8. 同步 *RS* 触发器与基本 *RS* 触发器比较有何优缺点？

9. 由两个与非门组成的电路如图 11-d-① 所示，输入信号 *A*、*B* 的波形如图 11-6（b）所示，试画出输出端 *Q* 的波形。（设初态 *Q*=0）

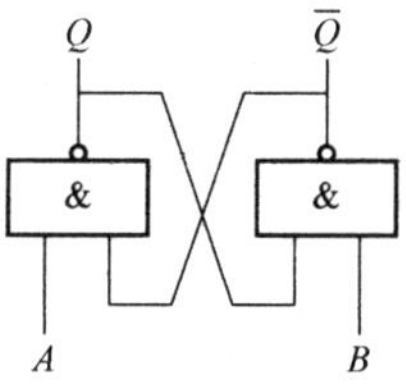

11-d-①

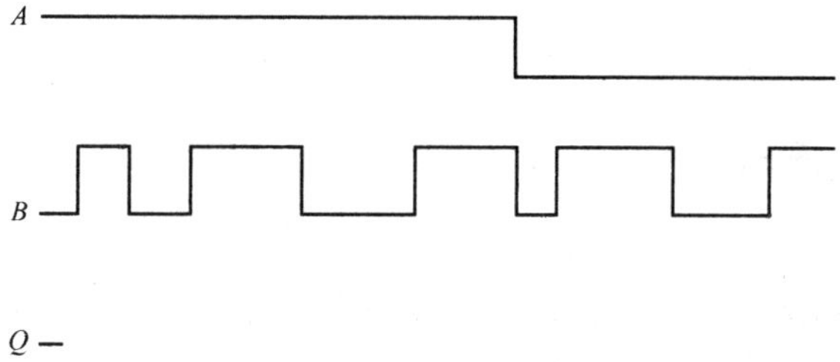

11-d-②

图 11-d　题 9 图

10. 如图 11-e-① 所示，输入信号 *A*、*B* 的波形如图 11-e-② 所示，试画出输出端 *Q* 的波形。（设初态 *Q*=0）

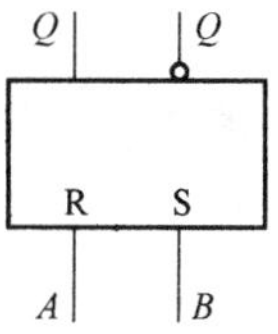

11-e-①

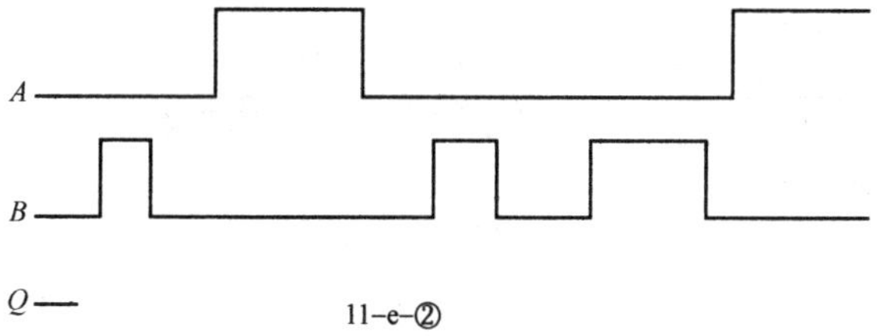

11-e-②

图 11-e　题 10 图

11. 主从 RS 触发器中 *CP*、*R* 和 *S* 的波形如图 11-f 所示，试画出 *Q* 端的波形。（设初态 *Q*=0）

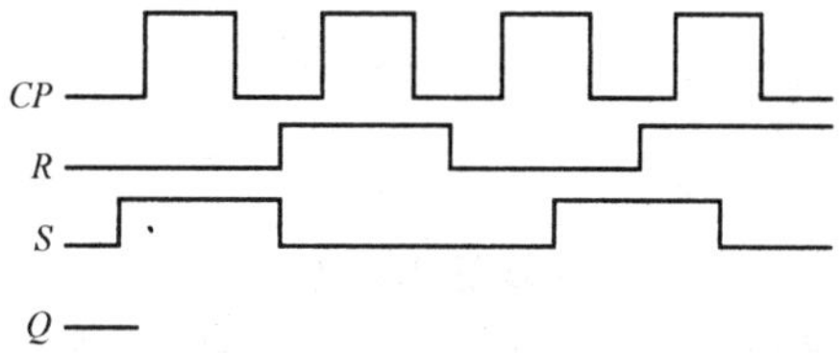

图 11-f　题 11 图

12. 什么是空翻现象？

13. JK 触发器与同步 RS 触发器有哪些区别？

14. 如图 11-g-①所示主从 JK 触发器中，*CP*、*J*、*K* 的波形如图 11-9-②所示。试对应画出 *Q* 端的波形。（设 *Q* 初态为 0）

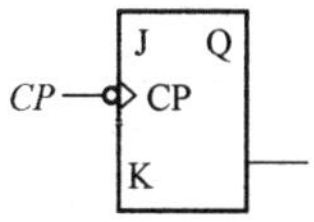

11-g-①

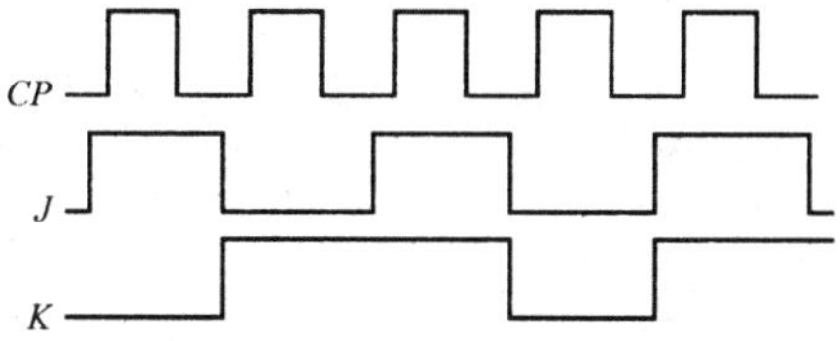

11-g-②

图 11-g　题 14 图

15. 如图 11-h-① 所示边沿 JK 触发器中，*CP*、*J*、*K* 的波形如图 11-h-② 所示。试对应画出 *Q* 端的波形。（设 *Q* 初态为 0）

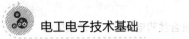

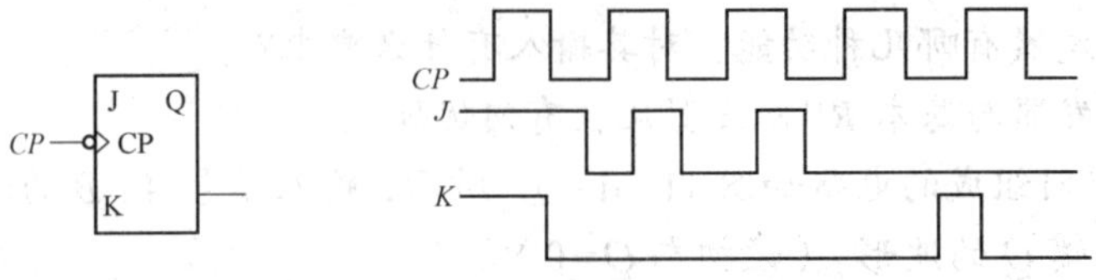

11-h-①　　11-h-②

图 11-h　题 15 图

16. 设图 11-i 中各个触发器初始状态为 0，试画出 Q 端波形。

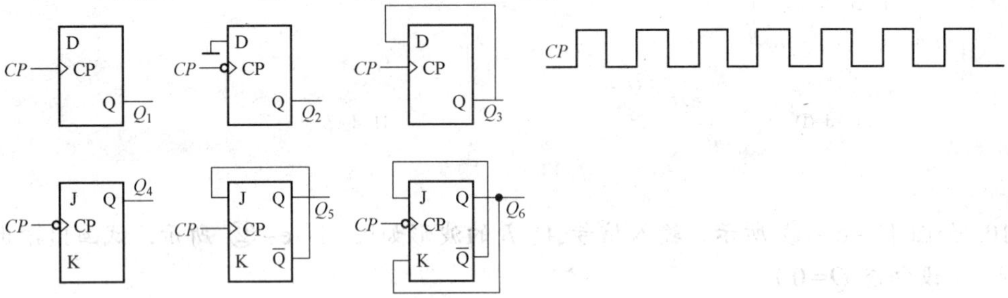

图 11-i　题 16 图

17. 分析图 11-j 所示电路，它具有什么功能，并填于表 11-b。（设各触发器初态为 0）

表 11-b　题 17 表

CP	输入信号	Q_0	Q_1	Q_2	Q_3
1	1				
2	0				
3	0				
4	1				

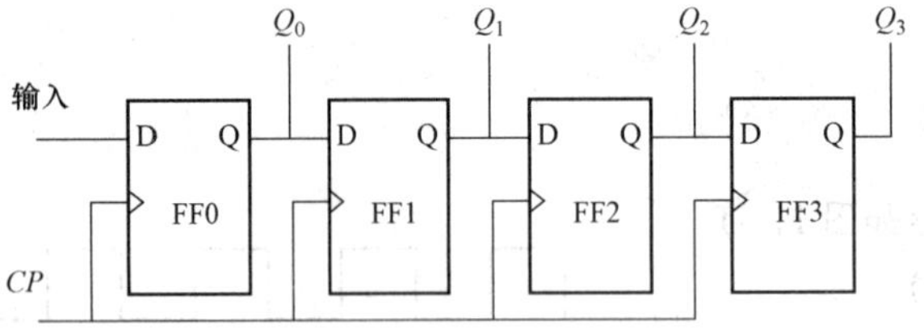

图 11-j　题 17 图

18. 一组数据 10110101 串行移位（首先输入最右边的位）到一个 8 位并行输出移位寄存器中，其初始状态为 11100100，在 2 个时钟脉冲之后，该寄存器中的数据为多少。

19. 使用4个触发器进行级联而构成二进制计数器时，可以对从0到多少的二进制数进行计数。

20. 查阅集成电路手册，识读可逆十进制计数器 CC4510 各引脚功能，并完成表 11-c。

表 11-c　题 20 表

CR	PE	$\overline{CI}$	CP	$U/\overline{D}$	D_3	D_2	D_1	D_0	Q_3	Q_2	Q_1	Q_0	功　能
1	×	×	×	×	×	×	×	×	0	0	0	0	
0	1	×	×	×	d_3	d_2	d_1	d_0					
0	0	1	×	×	×	×	×	×					
									0000→1001				加 1 计数
0	0	0	↑	0	×	×	×	×	1001→0000				

参 考 文 献

[1] 范次猛. 电子技术基础［M］. 北京：电子工业出版社，2009.
[2] 陈振源，褚丽歆. 电子技术基础［M］. 北京：人民邮电出版社，2006.
[3] 陈梓城，孙丽霞. 电子技术基础［M］. 北京：机械工业出版社，2006.
[4] 石小法. 电子技术［M］. 北京：高等教育出版社，2000.
[5] 张惠敏. 电子技术［M］. 北京：化学工业出版社，2006.
[6] 唐成由. 电子技术基础［M］. 北京：高等教育出版社，2004.
[7] 刘阿玲. 电子技术［M］. 北京：北京理工大学出版社，2006.
[8] 王忠庆. 电子技术基础［M］. 北京：高等教育出版社，2001.
[9] 胡斌. 电子技术学习与突破［M］. 北京：人民邮电出版社，2006.
[10] 杨承毅. 模拟电子技能实训［M］. 北京：人民邮电出版社，2005.
[11] 罗小华. 电子技术工艺实习［M］. 武汉：华中科技大学出版社，2003.
[12] 黄士生. 无线电装接工（初、中级应会）. 无锡职业技能鉴定指导中心，2004.
[13] 胡斌. 电源电路识图入门突破［M］. 北京：人民邮电出版社，2008.
[14] 胡斌. 放大器电路识图入门突破［M］. 北京：人民邮电出版社，2008.
[15] 陈小虎. 电工电子技术［M］. 北京：高等教育出版社，2000.
[16] 胡峥. 电子技术基础与技能［M］. 北京：机械工业出版社，2010.
[17] 陈振源. 电子技术基础学习指导与同步训练［M］. 北京：高等教育出版社，2004.
[18] 范次猛. 电子技术基础与技能［M］. 北京：电子工业出版社，2010.
[19] 陈振源. 电工电子技术基础与技能［M］. 北京：人民邮电出版社，2010.
[20] 凌艺春，黄东. 电工电子技术［M］. 北京：北京理工大学出版社，2014.
[21] 李娅. 电工技术基础［M］. 南京：江苏教育出版社，2016.
[22] 人力资源和社会保障厅组织. 电工基础［M］. 北京：中国劳动和社会保障出版社，2014.
[23] 邵泽强. 机电设备装调工艺与技术［M］. 北京：北京理工大学出版社，2017.
[24] 翟熊翔. 常用电机控制及调速［M］. 北京：北京理工大学出版社，2017.
[25] 李金钟. 电机与电气控制［M］. 北京：中国劳动社会保障出版社，2014.